国家科普能力建设研究论文集

中华人民共和国科学技术部政策法规司　编

文汇出版社

图书在版编目(CIP)数据

国家科普能力建设研究论文集/中华人民共和国科
技部政策法规司主编. —上海：文汇出版社，2013.12
ISBN 978 - 7 - 5496 - 1033 - 4

Ⅰ. ①国… Ⅱ. ①中… Ⅲ. ①科普工作—中国—文集
Ⅳ. ①N4 - 53

中国版本图书馆 CIP 数据核字(2013)第 278049 号

国家科普能力建设研究论文集

编　　者 / 中华人民共和国科学技术部政策法规司

责任编辑 / 黄　勇
特约编辑 / 刘非非
封面装帧 / 周夏萍

出版发行 / 文汇出版社
　　　　　　上海市威海路 755 号
　　　　　　(邮政编码 200041)
经　　销 / 全国新华书店
排　　版 / 南京展望文化发展有限公司
印刷装订 / 江苏省启东市人民印刷有限公司
版　　次 / 2013 年 12 月第 1 版
印　　次 / 2013 年 12 月第 1 次印刷
开　　本 / 787×960　1/16
字　　数 / 480 千
印　　张 / 29.75

ISBN 978 - 7 - 5496 - 1033 - 4
定　　价 / 58.00 元

前　　言

　　《国家中长期科学和技术发展规划纲要(2006—2020 年)》《全民科学素质行动计划纲要(2006—2010—2020 年)》发布以来,为加强国家科普能力建设,提升全民科学素质,推进我国科普事业发展,科技部先后在上海、南宁、北京、广州、贵阳召开国家科普能力建设论坛(后改为年会),邀请国内科普理论、政策研究和管理工作者进行深入的理论研究和政策探讨,为推进国家科普能力建设做了重要的基础性工作。

　　《国家科普能力建设研究论文集》收录了历次国家科普能力建设论坛征集的部分研究论文,从新媒体与科学普及、科技资源科普化、科普活动与传播、科普能力政策研究等领域反映了我国科普理论与政策的研究进展与成果。

　　本论文集所收录的论文作者单位,均系作者当时提交论文时的所属单位,论文截止时间为 2013 年 5 月底特此说明。

目　录

新媒体与科学普及

科技资源科普化

科普活动与传播

科普能力政策研究

新媒体与科学普及

从《生活大爆炸》看网络科普传播规律与科普视频制作

赵志耘　　佟贺丰

中国科学技术信息研究所

摘要：科普网络化日益成为提高公众科学素养的重要措施，本文通过对搜狐视频播出的流行科普剧集《生活大爆炸》的相关播放数据进行分析，解读网络科普传播的规律，探讨网络科普视频的制作理念，并提出要加大对西部和农村地区的科普投入，缩小城乡之间网络科普的差距，使网络科普服务均等化。

关键词：网络，科普，传播，生活大爆炸。

《生活大爆炸》是由美国哥伦比亚广播公司热播的一部情景喜剧类电视剧。这是一部以4位高智商的加州理工学院的"科学天才"为背景的生活喜剧片，播出后受到观众的好评。自2007年开播，到2012年《生活大爆炸》已经制作播出了五季。很多观众将其称为披着戏剧外衣的科普片，该剧将大量物理、工程、生物、化学、历史等理论和知识应用于生活，发人深思。这种科学与影视娱乐交融的科普模式，非常值得重视和学习[1]。国内荧屏一直缺乏既能传播科学知识、又好看好玩、能吸引人的电视剧。这一方面是国内缺乏这种能够将科学与娱乐结合的编剧，另一方面，网络科普的传播方式也有自身特点，不遵循其规律同样会被收视所抛弃。

一、数据与方法

2010年9月中旬，搜狐视频独家受权同步美国播出《生活大爆炸》最新第四季，以及前三季完整版全集。在搜狐视频的网站上，可以查看该剧的点击播出情况及相关收视统计数据。本文所用数据，查询时间为2012年4月3日15时30分到16时30分。在不到两年的时间内，107集剧集共被点击播出5.65亿次，平均单集播出528万次。这还只是搜狐视频一家的播出数据，可见热门科普剧集在网络上非常受欢迎。如果能利用好网络这个新媒体渠道，可以让科普更好地为公民科学素养提升做出贡献。

二、分析结果

我国的网民数量近年来快速上升。根据中国互联网信息中心的数据，截至2012年3月，我国网民规模预计为5.27亿人，互联网普及率为39.4%[2]。而在2008年底，我国网民数 2.98 亿,互联网普及率为 22.6%[3]。在三年多的时间里,我国上网的人数增加了将近一倍。同时,社会公众通过网络获取相关信息的比例也越来越高。2003 年我国公众的科学素养水平达到 1.98%,公众通过因特网获得科技知识和信息的比例仅有5.9%。城市(11.4%)和农村(1.3%)差异显著;东、中、西不同经济发展地区差异显著(7.1%、6.3%、3.6%)。2010 年我国具备基本科学素养的公民比例达到了 3.27%,2010年,我国公民获取科技信息的渠道,由高到低依次为:电视(87.5%)、报纸(59.1%)、与人交谈(43.0%)、互联网(26.6%),公民利用互联网渠道获取科技信息的比例明显提高[4]。所以,网络在科普中的作用越来越明显。网络为人们在更广的时空范围内进行科学技术的普及提供了一条最佳捷径,从而使网络科普具有传统科普无法比拟的优越性,大大提高科普的效率[5]。本文利用网上的科普视频播出情况,来探讨网络科普传播的一些规律问题。通过对数据进行分析,我们发现有以下一些规律。

第一,每季第一集的播放次数远高于其他各集。从五季共计 107 集的播放情况看,播出次数在第一集后都是快速衰减。每季第一集的播放次数平均是第二集的 1.69 倍,是该季平均播放次数的 2 倍左右。其中第四季表现得最突出,第一集播出的次数是该季平均次数的 2.73 倍。分析其原因,可能是因为很多观众观看第一集是带着看热闹的心态,追随某种潮流。因此,第一集对一个剧集的收视情况有至关重要的影响,如果第一炮不能打响,对以后的收视会有恶劣的影响。这从一个反例也可以得到印证。《生活大爆炸》播出后,国内一家视频网站推出网络电视剧集《新生活大爆炸》,以向《生活大爆炸》致敬的名义,尝试本土版幽默科普。但刚刚播出两集,就广招恶评,自 2011 年 7 月播出 2集后,再也没有新的剧集播出。

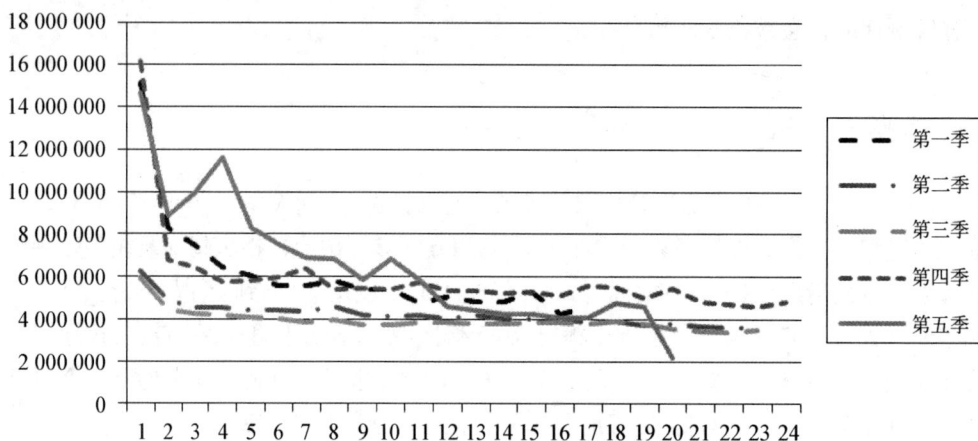

图 1 《生活大爆炸》五季视频每集播放次数

第二,一些娱乐元素对于视频播出情况仍有很大影响。从图 1 还可以看出,自每季的第一集播放次数衰减后,之后的播出情况相对平稳,不会有太大的升降幅度。但也存在一些奇异点,我们可以对该点产生的原因进行进一步分析。第一季第 15 集、第五季第

4 集和第五季第 10 集等都属于这种情况。下面对这几集的剧情概要进行分析。在第一季第 15 集,Sheldon 的孪生妹妹从德州过来看望他,Sheldon 的三个朋友们为了他这位孪生妹妹争风吃醋,都想成为她的男朋友。在第五季的第四集,Raj 终于遇到一个和他有共同语言的女孩,一直单身的 Raj 即将开始一段恋情。在第五季第 10 集,为了留住 Amy 的心,Sheldon 考虑将自己和 Amy 的关系发展到下一阶段。从这几集看,都是因为某个女孩的出现,与剧中的男主角产生了情感线索,然后引发了播放高峰。这部剧集虽然有科普性质,但同样也是青春片,收视观众也是青年人为主,所以这些青年男女间爱情因素的加入增加了剧集的可看性。此外,第五季的第 21 集在本文收集收据时尚未播出,该集中知名物理学家霍金出场进行了客串表演,结果该集在 4 月 20 日播出后,较短时间内播出次数即达到了 649 万次(查询时间 2012 年 5 月 13 日),远高于一般剧集在同样时间内的播出次数,可见知名科学家在科普剧集中一样可以产生明星效应。

第三,网络科普可能会加大地区间科学素养的鸿沟。因为经济发展水平的不同,我国不同地区的信息化程度和网络普及程度必然也受到影响。搜狐视频网站可以根据用户的 IP 地址进行播放视频人所在地的判断。根据搜狐的调查数据发现,收视排名前三的地区一直是广东、上海和北京,而排名靠后的三个地区一直是宁夏、青海和西藏。这基本与各地区的网络普及程度成正比。这种网络普及程度的差异会造成科普传播中的马太效应,使得落后地区在网络时代更加不容易获取相关资源,影响公众科学素养的提高。同时,城乡在互联网可获取性上的差别,也会影响到城镇居民与农民无法同步提高。CNNIC 发布的《中国科普市场现状及网民科普使用行为研究报告》显示,城镇网民对网络科普接受度比农村网民更高,而互联网在城镇中的普及率远高于农村,城镇居民是网络科普的主要用户,其占比达到 72%[4]。同时,科学素养调查的结果显示,对于互联网渠道,公民利用其获取科技信息的比例为 26.6%,比 2007 年的 10.74% 提高了近 16 个百分点,城镇居民利用的比例更是接近 40%,那么农民的这一比例不会超过 15%。我国在推进信息化,促进三网融合的过程中,更加应该关注落后地区的网络普及工作。

表 1 　　　　　　　　　《生活大爆炸》的收视地区排名

	排名前三位的地区	排名后三位的地区
第一季	广东、上海、北京	宁夏、青海、西藏
第二季	广东、上海、北京	宁夏、青海、西藏
第三季	广东、上海、北京	宁夏、青海、西藏
第四季	广东、上海、北京	宁夏、青海、西藏
第五季	广东、北京、上海	宁夏、青海、西藏

第四,网络科普不受性别因素的太大影响。搜狐视频对视频点播人员的性别进行了识别,可以看出,在前三季的时候,都是男性观众略高于女性。从第四季开始,则女性观

众的比例超过男性。可见性别因素不是科普视频播出的主要影响因素。科学素养调查的结果显示,不同性别公民的科学素养水平差异明显。以第八次调查结果为例:男性公民具备基本科学素养的比例为 3.69%,比女性公民的 2.59% 高出 1.1 个百分点[4]。如果能够充分利用网络这个渠道,可以使其在提高不同性别公民的科学素养水平上发挥更大作用。

表2   《生活大爆炸》的收视性别情况

	男	女
第一季	51.62%	48.38%
第二季	53.64%	46.36%
第三季	50.57%	49.43%
第四季	46.02%	53.98%
第五季	47.27%	52.73%

第五,其他影响因素的分析。搜狐视频对视频收看的峰值时间进行了记录,通过表3 可以看出,播放峰值时间集中出现在 2011 年"十一"前后,这时视频在搜狐播出大概一年左右,可能已经形成一定的品牌效应。2011 年 5 月 20 日是周五,9 月 25 日是周日。可见视频在周末和节假日期间更容易迎来播放的高峰。此外,结合表3 的收看指数和图1 也可以看出,第五季和第一季是最受欢迎的两季剧集,这可能是一些新进入的收视观众大多是追看最新的剧集或者是从头看起,这再次证明了一个剧集的开头对于它的收视常青是多么重要。

表3   《生活大爆炸》各季的收视峰值时间及收看指数

	峰 值 时 间	收 看 指 数
第一季	2011.9.25	78.9
第二季	2011.10.6	75.28
第三季	2011.10.6	76.11
第四季	2011.5.20	73.88
第五季	2011.10.7	90.36

三、主要结论

网络越来越成为人们获取科技信息和相关知识的重要新媒体,网络科普用户已具备一定的规模,科普网络化日益成为提高公众科学素养的重要措施之一。我国的科普工作应该足够重视和利用好这个渠道。

对于科普视频的制作部门,必须足够重视第一集的制作和宣传,只有做到一炮打响才能让用户坚持看下去。就像《生活大爆炸》一样,让用户慢慢地接受剧集宣传的观念:Smart is the new sexy. 同时,要在剧集中要处理好流行和科学元素之间的关系,让他们共同发酵发挥化学反应。

城乡网络发展的极度不平衡,势必带来科学普及的差异化,随着差异的扩大,将导致"知识鸿沟"现象的产生。国家在科普投入上,应适当向财政比较紧张的欠发达地区和农村倾斜,加大欠发达地区和农村的网络建设力度,缩小城乡之间网络科普的差距,使网络科普服务均等化。

参考文献

[1] 王一鸣.科学与影视娱乐交融的科普模式——以美国电视剧《生活大爆炸》为案例[J].科普研究,2012,7(2):57—61.

[2] 中国互联网络信息中心 (CNNIC).互联网发展信息与动态[R]. 2012,3(76).

[3] CNNIC发布《第23次中国互联网络发展状况统计报告》,http://www.cnnic.cn/research/zx/qwfb/200905/t20090522_17759.html [EB/OL],2009 年 3 月 22 日

[4] 中国科普研究所.第八次中国公民科学素养调查主要结果[R].2010,11.

[5] 黄牡丽.论网络社会科普方式的转变[J].广西大学学报(哲学社会科学版),2002,24(4):15—17.

植物学科学普及传播途径研究

陈训　陈宜新

贵州省科技厅 贵州师范大学生命科学院

摘要： 对植物科学普及传播的途径进行了研究，包括两个方面，一是一般传播方式：传统传播普及方式——常识性传承、书籍、文献；专业前瞻性传播普及方式——各种学术机构、学校及其相关学术研究及教育；与时代相适应、服务民众为主的传播方式——各地展览馆，植物园，特色观光，以及科技下乡为主题的科普教育等；与生活息息相关的传播普及方式——生活用品、食品；二是新媒体传播方式——以网络、媒体等现代技术信息手段为载体的传播普及方式：以植物学的科普网络传播为例，分析了网络传播中关键词（内容）的选择、不同网络传播检索的差异。

关键词： 植物学，科普，传播途径，研究。

植物学相关知识和人们的日常生活及活动具有密切的联系，所有的动物都要依靠绿色植物的光合作用能力把日光能转化为化学能，释放出氧气来维持其生活。植物是人类衣、食、用、住、行原料的直接或间接来源，是维持生物圈生态平衡的重要环节。植物学的科普传播是一项提高国民素质，丰富大众文化，服务大众，使其更好了解自然，更好利用自然资源，并与其和谐相处的公益活动。

一、一般传播方式

（1）传统传播普及方式——常识性传承、书籍、文献。在旧石器时代，植物学的科普是在觅食的过程中有意或无意地传播的，随着文字的出现，植物学知识开始被以文字的形式记载下来。有了文字的记述方式，使很多植物科学知识得以完整、长久的保存下来，如中国《诗经》就已经讲究"多识于鸟兽草木之名"。古希腊亚里士多德的学生提奥夫拉斯图被视为植物学的创始人，他在公元前300年写的《植物历史》或称《植物调查》一书，在哲学原理基础上将植物分类，描绘其各部分、习性和用途。此类的著述为后人的学习提供依据，也为植物学史的研究提供考证。书籍、文献作为文化传承的经典方式不会随时代进步而滞后，植物学的传承与发展正是基于此基础才有现在的规模形式。同样，在现代的植物学传播及科学普及中书籍、文献也有着不可替代的作用。常识性传承主要基于经验认识的交流与探讨，在植物学的普及中也扮演了重要的角色。

（2）专业前瞻性传播普及方式——各种学术机构、学校及其相关学术研究与教育。知识的传播离不开学校、科研所等学术机构。知识在学校的普及是最为成功的，因为其知识系统性、专业性都比较强，且具有先进性。这是一种由浅入深，日积月累的方式，但是他具有局限性，他的系统性和专业性致使他无法在广大公众中普及，只能面向学生、研究者或具有一定文化知识水平的人群。其研究有前瞻性是各领域先进理论与技术的原产地。在这些学术机构中进行的学术研究更是具有引领意义的传播普及方式，其不断探索掌握新的知识，并将这些知识在不断的实践中传播，如植物药用领域的开发、利用。

（3）与时代相适应、服务民众为主的传播方式——各地展览馆，植物园，特色观光，以及科技下乡为主题的科普教育等，这些都是最为直观的普及方式。展览馆、植物园、特色观光等为公众展示了珍贵、稀缺、健全的植物知识，在一定程度上帮助公众克服了某些自身因素、环境因素的制约。科技下乡更是针对农民，不仅提高他们对植物的认识，更引领他们更好的利用植物改善其生活水平，做到人与大自然的共同发展，和谐共处。

（4）与生活息息相关的传播普及方式——生活用品、食品。植物是人类衣、食、用、住、行原料的直接或间接来源，在利用某些植物的同时，以不同的方式帮助使用者了解某种植物。如食品袋上印有植物形态，如贵州特产——野木瓜干，刺梨干等，在植物科普知识宣传方面就做得很好。野木瓜干的包装袋上除印有野木瓜的果、枝叶形态外，还有一个专门的科普知识小窗口。在小窗口的短短文字中，介绍了野木瓜的生长习性和营养成分。这样的传播普及方式紧密地联系着人们的生产和生活。

二、新媒体传播方式

网络信息内容丰富，涵盖面广，种类繁多的门户网站为各类信息的获取与传播提供了方便有效的渠道。科学普及是一项面向大众的教育，网络渠道的迅捷与与影响广泛的特点使其成为重要之选。电脑的广泛应用和电视、广播走进千家万户，为植物科普的广泛传播提供了便利。网络、媒体作为传播媒介，面向广大公众，其表现方式丰富多样又通俗易懂，适合不同阶层、年龄段及文化水平的人群，是一种目前最普遍，最有效的途径。在百度或搜狗上输入"植物学科普"关键词，不到1秒钟就出现上百万条搜索结果；电脑的普及让一个3岁的小孩就会玩QQ农场，通过QQ农场，他所认识的植物种类就能超过他的父母。电脑游戏加速了这些小孩的认字速度和认知植物的速度。电视、广播又弥补了网络的局限性，他们普遍存在于人们的生活当中。其以通俗易懂、直观的传播方式，照顾到了社会各个阶层的公众，不受阶层、年龄段及文化水平的严重制约。

实例：以植物学科普为例，选取5个网站，筛选5个植物学科普关键词（内容）进行检索，分析检索出来的数据（见图1—7）。（有关植物学的部分网站检索信息时间：2012年4月30日）

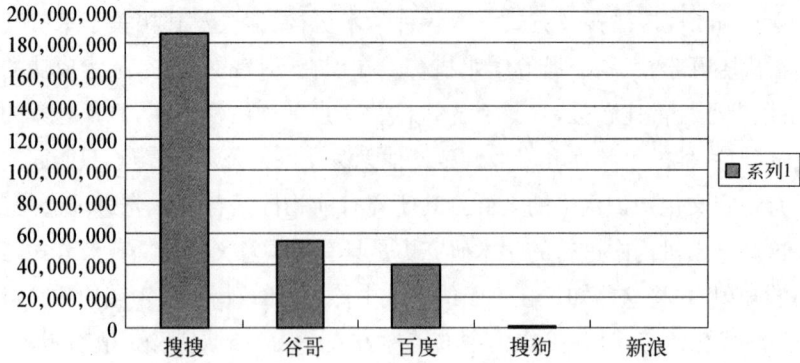

图1　全部内容检索量网站排名

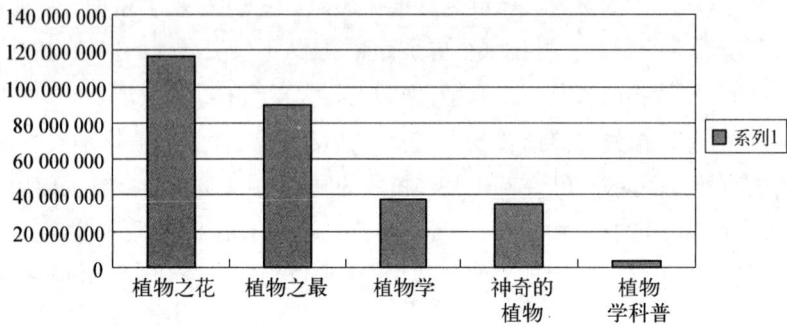

图2　全部网站检索量关键词(内容)排名

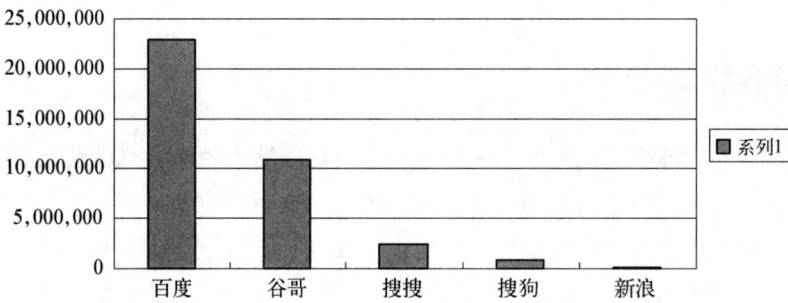

图3　植物学检索量网站排名

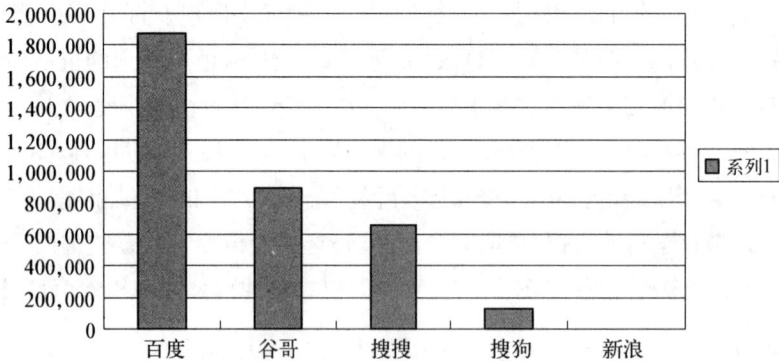

图4　植物学科普检索量网站排名

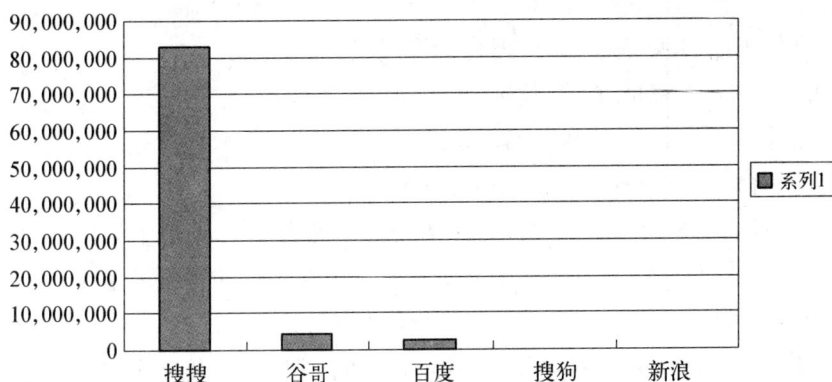

图 5　植物之最检索量网站排名

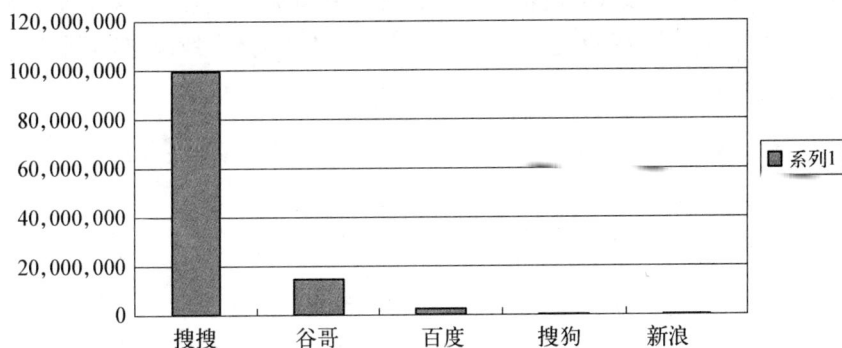

图 6　植物之花检索量网站排名

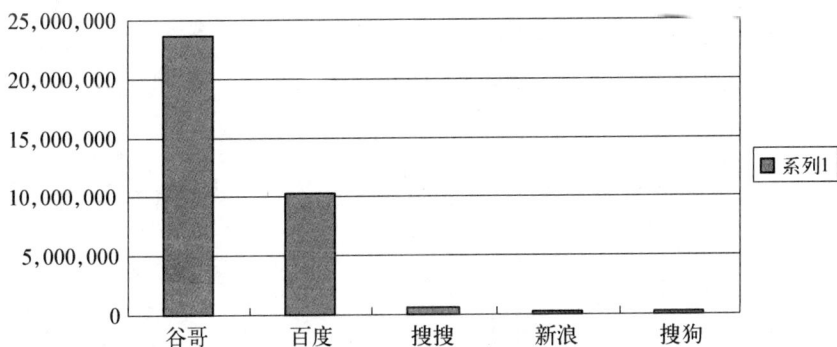

图 7　神奇的植物检索量网站排名

根据以上网站检索分析：

（1）按总检索量比较，从 186 286 000 到 733 152 条，网站排名为：搜搜、谷哥、百度、搜狗、新浪。

（2）根据各网站的检索量，检索内容排名为：植物之花、植物之最、植物学、神奇的植物、植物学科普。

（3）按各内容检索量的网站检索排名：

植物学：百度、谷哥、搜搜、搜狗、新浪。

植物学科普：百度、谷哥、搜搜、搜狗、新浪。

植物之最：搜搜、谷哥、百度、搜狗、新浪。

植物之花：搜搜、谷哥、百度、搜狗、新浪。

神奇的植物：谷哥、百度、搜搜、新浪、搜狗。

（4）从以上的分析可以看出，各网站的检索量虽然有差异，但是量都很大，说明网络的传播很重要；不同网络对植物科普关键词检索量存在差异；选取的关键词会影响检索量。在植物学科普中，要选择大众易于接受和了解的关键词。

综上所述，植物科普的传播途径是多样的。由于其是面向大众的，因此传播途径不是单一的，往往要综合交错利用才能达到最佳效果，如展览的同时以文字描述和广播讲解同时进行。网络作为新媒体，对植物学科普传播有着极重要的作用，必须高度重视。总之，植物科普的传播途径受传播对象、地域及当时的社会形态所决定，不能一概而论。但是植物学的科学普及目标——面向大众服务大众——是不变的。

强化人才、平台和政策支撑,
充分发挥新媒体在科普传播中的作用

姜郁文

湖南省科技厅

摘要: 结合实际工作,我们对新媒体定义为:新媒体是对传统媒体而言的一个相对概念,是继报刊、广播、电视等传统媒体之后发展起来的新的媒体形态,它是基于计算机技术、通信技术、数字广播等技术,通过互联网、无线通信网、数字广播电视网和卫星等渠道,以电脑、电视、手机等设备为终端的媒体形态。新媒体已经深入人们生活的方方面面。

关键词: 新媒体,特征,基本类型。

随着科学技术的飞速发展和传媒理念的不断演变,我们所处的传媒时代已经逐渐步入了以数字媒体、网络媒体和移动媒体等为代表的新媒体时代。新媒体已经深入人们生活的方方面面,给我们的工作方式、生活方式、思维方式都带来了新的变化,其积极作用逐渐凸显。科普工作是一项群众性、公益性、广泛性极强的工作,这就给我们利用新媒体开展科普工作提供了广阔的空间。下面,我们从人才、平台、政策三个方面,如何利用新媒体开展科普工作进行交流探讨。

一、强化科普团队建设,为新媒体提供智力支撑

人力资源是第一资源,利用新媒体开展科普工作,必须要有一支优秀的科普创作队伍。

1. 彰显科普作家协会主导作用

在科普的传统媒体传播中,科普作家协会无疑起到了主体作用。由于科普作家协会会员具有科普创作专业性强、素质过硬的先天优势,在新媒体科普创作上同样具有主导地位。只有以科普作家协会为主要科普创作阵营,在科普网站、手机报等新媒体介质上发布作品,才能保证新媒体形势下科普作品的数量和质量。要切实加强科普作家协会的建设,保障协会正常运营的经费支持,进行科学管理,最终实现提高科普作家队伍建设,打造一支活跃在新媒体上的富有实力的主力军。

早在1980年,我省就成立了湖南省科普作家协会。30年多来,协会走过了初建、撤

销、重建的历程,历经曲折终于迎来新的发展。近年来,协会团结组织全省科普工作者,积极开展科普创作、理论研究、学术交流等工作,为提高全省人民科学素质做了大量卓有成效的工作。协会已成为了全省科普创作中心,协会会员更是科普创作的中坚力量,协会中的大部分成员特别是年轻的同志,已经成为利用新媒体加快科普传播的先锋模范。

2. 发挥高校院所人才摇篮作用

我们知道,大学生朝气蓬勃,又生活在新媒体时代,受到电脑、手机的熏染,学习和创造力强,易于接受新鲜事务,对最新科技成果等也最容易接受,发挥热情,因此,也更能发挥在新媒体上进行科普创作的才能。要充分认识到高校院所人才在科普创作上的储备作用,将其合理分流到科普作家协会、各网站编辑岗位,坚强有力地发挥其在科普创作的支撑作用。

我省高校、院所近年来设置了科技传媒课程,培养了一大批朝气蓬勃、富有梦想的年轻科普创作队伍。湖南大学、湖南师范大学开设的新闻媒体专业培养了大批优秀学生,有力地推动了新媒体在湖南科普实践工作中的应用与发展。部分高校正在探索设置科技写作课程。

3. 注重挖掘发现乡土人才

乡土人才,也就是我们常说的草根人才,分布于广大乡镇、社区,与当地农民等存在天然的联系,可以弥补当前农村地区科普知识宣传力度的不足。我省就有不少杰出的乡土人才。如中华民族史专家何光岳,他只读过小学,从农村中走出来,自学中国古典文学、古汉语、历史地理和传统文化方面的知识,潜心于中国和世界历史地理的研究,掌握了大量的史料。他在"中国姓氏源流史"、"炎黄历史文化"专业研究方面具有专长和突出成就。

对于乡土人才,要进行必要的培训,开展各种学习活动,有助于提高乡土业务人才的业务素质,扩大科普宣传队伍。同时将其纳入评选、奖励的人才激励机制,鼓励他们积极创作,从农村的实际出发,针对现实生活,写出一批受广大农民欢迎的科普作品。

二、强化科普载体建设,为新媒体提供平台支撑

1. 利用专业网站开展科普

专业科普网站是新媒体科普的重要平台,旨在传播科学思想、普及科学知识、提高全民素质。随着互联网接入条件、网络使用能力、教育理念等的进步,人们使用互联网获得科普教育的比例越来越高。专业科普网站以其简洁的版面和生动活泼、色彩明快的图片将大众带入了知识的殿堂,必将成为开展科普工作的重要新媒体。

我省拥有不少优秀的专业科普网站。如长沙市科协建立的长沙数字科技馆开设有

科普博览、科普广场、学术之窗、青少年科技、科学之声等科普栏目，不同群体可以选择不同的科普知识版块，听声音或看视频。湖南湘西自治州科协、张家界科协2010年建立的"三农"网络书屋精选了各类专业期刊、工具书、报纸、年鉴等权威科技文献资料，内容丰富，信息海量，可提供有针对性信息服务。湖南长沙市文广新局开展了"文化共享科普行"活动，在长沙图书馆网上增设数字科普专栏，建立数字科普专题库，设立科普图书网络展、科普活动成果网络展、科普阅读示范基地网络展等专题，通过"绿网"网络进入广大农村和城区。

2. 利用手机动漫等开展科普

手机媒体传播应用了手机报、手机视频、手机博客，因为自身覆盖面较大，科普市场空间得到了显著扩展。科普中的动漫能运用形象、直观、动感的动漫效果，大大加强了科普内容的接受理解度、表现力和丰富性。

文化创意是我省的战略性新兴产业之一，利用手机动漫开展科普我省具有一定的优势。如拓维信息，2005年开始手机动漫业务运营，是国内最早从事手机动漫业务和业务品种最丰富的服务提供商之一。2011年我省科技活动周借助短信宣传、数字影视巡演、网络访谈等现代传媒手段，扩大公众受益面，提高活动效果。《潇湘手机报》融合了湖南54家新闻媒体的精彩信息，用户可以根据自己需要查询气象、交通、购物等与日常生活息息相关的服务信息，并可选用WAP、彩E、如意邮箱版本等多种形态。

3. 利用政府、高校网站开展科普

政府网站中的科普栏目利用政府网站平台，在提高政府服务水平及效率，增加政府工作透明度的同时宣传了科普知识，可以取得较好的效果。高校网站中的科普栏目主要针对在校学生进行科普知识宣传。要充分发挥政府及高校网站的支撑作用，务必要在网站建设、管护的同时树立科普宣传的意识，发挥网络媒体对传统媒体象文字、图表（片）、声音、动画和影视等的兼容性，丰富科普传播手段，使传播形式多样化，增强科普传播效果。

我省在这方面进行了积极探索。如湖南省委组织部搭建和完善了红星网"专家在线答疑"平台，聘请省内知名专家，组成形式多样的专家科技咨询服务团，农民朋友们在网上提出的问题，基本上都能在最短的时间内得到及时解答和回复。湘潭市电子政务网打造了科普短信平台，为全市2 000余名领导干部、公务员定期发布科普短信，内容涉及科学饮食、运动养生、文明礼仪等，真正地将互联网、手机、数字电视全面利用起来，形成了立体化科普宣传体系。湖南农业大学等网站宣讲了有关科普内容。

4. 利用微博的开展科普

微博作为一个全新的互联网交流平台，正在全球快速发展。充分整合资源，优势互补,准确无死角的传播科学知识,为人们带来最新的科技咨询,最前沿的科技成果,最权威的科学解释,有趣的科技趣闻,丰富的科普资源,温馨的生活技巧,丰富多彩乐趣无限的科学活动。

科普微博方阵将成为提升全民科学素质的又一重要阵地。要秉承"让科学流行起来"的理念,使科学不再艰涩难懂、枯燥乏味,让科学更加贴近生活,更加生动有趣,使人们随时随地的可以获取科学知识,参与科学传播。同时,要加强科技微博的管理,完善微博资料,多做微博中的每日任务,积累等级经验,添加管理个人标签、加入微博群等。

5. 要发挥传统媒体的补充作用

新媒体的出现绝不意味传统媒体的消亡。传统媒体,如出版物,可以与互联网等新媒体实现内容、渠道和市场的融合。出版物可以针对新媒体难以覆盖的群体(如山区农民、老年人等),将新媒体的内容以出版物的形式出版出来。

2011年3月,湖南评选出《时间简史(插图本)》等55部省级优秀科普作品,在此基础上,向国家推荐了10部科普创作,其中,《自然史》获全国优秀科普作品一等奖。科普创作的出版,对新媒体是很好的补充。值得注意的是,传统媒体在融合新媒体中,必须找准结合点和突破口,依靠新技术,实现与新媒体的融合,在融合中发展,在发展中融合。

三、强化政策扶持,为新媒体提供环境支撑

1. 以奖代补,加强财政支持

科学传播是社会化的大科普,而在新媒体时代,所有的受众都是科学知识、科学方法、科学思想和科学精神的接受者,同时也是传播者,甚至在一定程度上也是生产者。针对当前存在的众多移动传媒公司和企业以及组织,我们应该鼓励其开发更具科学价值的素材和产品,以满足广大用户日益增加的科学需求。要创新财政的投入方式,通过奖励、后补助等多种方式,对贡献突出的单位给予资金等方面的支持和鼓励,推动科普社会化。

2. 减免税率,加强税收政策支持

财政部、海关总署和国家税务总局联合下发《财政部、海关总署、国家税务总局关于鼓励科普事业发展的进口税收政策的通知》(财关税[2012]4号),提出了一系列有关科普的优惠政策,要加快落实。由教育行业、农业企事业单位、少数民族企事业单位等创办的符合国家政策的新媒体,也应享有相应的增值税、营业税和所得税减免政策。建议加快制定和完善新媒体广告、电子商务收入税收的法律法规,以提高新媒体产业市场占有率和竞争力,促进本国新媒体产业的发展。

3. 加强表彰，发挥榜样示范作用

榜样的力量是无穷的。在推动新媒体参与科普的过程中，要充分发挥榜样的作用，树立先进典型，加强表彰宣传，总结推广他们的经验。我省在科普工作中始终完善省科普奖励机制。去年10月在郴州召开的全省科技活动周工作总结表彰大会，表彰奖励了70个全省科技活动周工作先进集体和72名全省科技活动周工作先进个人，充分调动了广大科普工作者进一步做好科普各项工作，献身科普事业的积极性、创造性。

4. 加强监管，规范新媒体的管理

建设好、利用好、管理好网络视听新媒体，要坚持一手抓建设、一手抓管理；要遵循网络视听媒体特点和规律，实行科学分类管理；要大兴网络文明之风，净化网络环境；要创新管理方式，强化动态管理；要鼓励中国特色文化的网络视听产品创作。要加强互联网等新媒体监管体制、技术手段的创新，以创新的精神推进互联网视听新媒体监管。我们要以创新的精神推进互联网视听新媒体监管工作，推动社会主文化大繁荣、大发展。

发挥新媒体优势，创新科学普及方式

邱成利

科学技术部政策法规司

摘要： 新媒体由于其依托信息技术成果而成为科学传播的新形式和重要渠道，它具有的即时性、互动性、可视性、平等性等特点和优势使其有别于传统媒体而深受公众喜爱。科普要利用好新媒体就必须针对公众的需求变化，适应新媒体的特点，发挥新媒体的优势制作新媒体科普节目，使之微型化，开展"微科普"，政府有关部门应认真研究新媒体传播方式方法，分析并比较其效果，制定鼓励新媒体科普发展的政策和规划，促进其健康发展，使新媒体更好地服务于科普工作和全民科学素质纲要工作。

关键词： 新媒体，科普，创新，微科普，传播方式。

以互联网、移动互联网为载体的新媒体的出现是适应社会发展和人们需求变化的结果，信息技术特别是互联网技术突破为其提供了可能，企业家的创新使之得以实现。随着科技创新成果不断应用于传播领域，新媒体越来越受到人们的关注，成为人们议论的热门话题。

随着人们生活和工作节奏日益加快，交通成本的不断提高，出行时间不断增加，人们的闲暇时间不断被挤压，呈碎片化趋势，从而对信息和科学技术知识和方法的获取产生了新需求。传统媒体，特别是报刊、广播和电视的劣势开始显现，而广告成了人们不胜其烦的原因，越来越厚的报纸和广告使阅读成为一种新负担，冗长的、不断插入的电视广告驱离了越来越多的观众，难以自主选择和充分满足个性需求的传统媒体颓势初现。新媒体由于充分利用了互联网的优势，实现了人与人的即时数字化传播，每个人都成为了信息的便捷接受者，并可成为发布者，新媒体信息等由于保持了原汁原味，快速简捷等诸多特点，征服了年轻人和越来越多的公众。新媒体可以定制，增加了人们获取信息与科学知识新的便捷方式与途径。

一、科学技术普及概念及发展

1. 科普概念及特点

"科学技术普及，是指以公众易于理解的内容和易于接受、参与的方式，普及科学技术知识、倡导科学方法、传播科学思想、弘扬科学精神。"①因此科普必须面向广大公众，通俗易懂、深入浅出；科普的内容既包括自然科学与技术，也包括社会科学和思维科学，包括科学技术知识的普及，还包括科学方法、科学思想、科学精神的普及；科普活动具有双向互动性，即公众对科普不仅是接受，重要的是参与其中、享受科学技术的便捷与快乐。目前，社会上对自然科学与技术的普及比较重视，社会科学和思维科学知识与方法的普及未引起足够的重视，需要政府和社会各界转变这种状况，加大社会科学和思维科学的普及和传播。

2. 科普的主要内容与途径

科普要提高公众的科学文化素养和思想道德素养，推动物质文明和精神文明建设，从而使政府科技方针政策的贯彻落实更加畅通；推动经济发展和社会进步，改变人们的生产生活方式，进而提高全社会的创新能力，增强全民族的竞争实力和精神力量，促进科学技术更好更快的发展。需要指出的是，科普包括科学普及和技术普及两个方面。科学普及是指通过大众传媒和各种社会教育活动，对广大公众传播科学知识、科学方法、科学思想、科学精神的活动及其过程；技术普及是指对需要了解、掌握某些技术、技能的群众进行传播、传授的活动。科普是一种教育活动，学校的正规科学教育是科普的基本途径和主要渠道。其意义不仅在于科技知识、科学方法、科学思想、科学精神的普及，更强调培养学生的科学探索精神和科学探究能力。

3. 大众传播和科普活动是科普的主要途径和手段

科普是面向广大公众的社会性活动。社会性科普的内容更广阔、形式更灵活，成为重要的科普途径和手段。主要有大众传播和科普活动。大众传播是指主要包括通过广播、电视、报刊、图书、戏剧、音乐、互联网等大众媒体包括新媒体进行的科普活动。科普活动是指包括科普(技)展览、讲座、培训、体验、游戏、咨询与服务等群众性科学技术活动等，科普活动一般需要借助各种科普场馆、科普基地，以便与科普受众面对面地互动与交流。

早在上世纪末，科技部、中科院、中国科协等就率先建立了科普网站。2004年，科技部立项支持了中国数字科技馆建设项目，由中国科协承担。目前中国的专门科普网站已超过3 000余家，手机短信、微博、科普视频网站、微电影、微信等科普传播方式不断涌现，为人们带来了极大便利，改变了人们获取信息的方式和习惯。科技部2012年专门举办了主题为新媒体与科普的国家科普能力建设年会，征集了一批理论与学术论文，200多名国内专家学者与科普管理工作者对新媒体与科普发展相关理论与实践问题进行了广泛交流和探讨，有力推进了新媒体科普的研究工作。

---

① 《中华人民共和国科学技术普及法》，2002年十届全国人大常委会第28次会议通过。

二、新媒体的特点和优势为科普提供了新平台

1. 新媒体的概念及发展

新媒体是新的技术支撑体系下出现的媒体形态,如数字杂志、数字报纸、数字广播、手机短信、移动电视、网络、桌面视窗、数字电视、数字电影、触摸媒体、手机网络等。相对于报刊、户外、广播、电视四大传统意义上的媒体,新媒体被形象地称为"第五媒体"。[3]新媒体较之于传统媒体有其特点。吴征认为:"相对于旧媒体,新媒体的第一个特点是它的消解力量——消解传统媒体(电视、广播、报纸、通信)之间的边界,消解国家与国家之间、社群之间、产业之间边界,消解信息发送者与接收者之间的边界,等等"。[1]美国《连线》杂志对新媒体的定义:"所有人对所有人的传播。"新媒体就是能对大众同时提供个性化的内容的媒体,是传播者和接受者融会成对等的交流者、而无数的交流者相互间可以同时进行个性化交流的媒体。

对于新媒体的界定,学者们可谓众说纷纭,至今没有定论。新媒体是相对于传统媒体而言,是报刊、广播、电视等传统媒体以后发展起来的新的媒体形态,是利用数字技术,网络技术,移动技术,通过互联网,无线通信网,有线网络等渠道以及电脑、手机、数字电视机等终端,向用户提供信息和娱乐的传播形态和媒体形态。新媒体具有交互性与即时性,海量性与共享性,多媒体与超文本,个性化与社群化。

2. 新媒体的主要特点

新媒体与传统媒体既有相同的性质,又有其不同的特点和新功能,综合各方意见,我认为主要包括以下几点。

(1) 即时性。科学技术渗透到人们生产、生活的方方面面,在日新月异的技术创新成果面前,人们面临问题的技术含量越来越高,需要学习和普及的知识越来越多,书到用时方恨少,技遇困时急需学。新媒体显示出传播与更新速度快,成本低、信息量大独特优势和魅力,为人们提供了及时便捷的科普途径和渠道。任何新的科技知识、科学方法通过新媒体可以迅速传播,第一时间到达人们的手机上、网络上,效率和效果是广播、电视和报刊等传统媒体难以企及的。特别是面对突发地震、火灾、水灾、海啸、飓风等灾害及公共安全事件,借助新媒体开展科普是最好途径和最便捷的办法,是传授避险方法的有效途径和方式。

(2) 便捷性。传统媒体对于在工作状态和家中人们尚可发挥很大作用,但是对于移动着的人们则作用有限,广播对于驾车人仍保持着影响力,但对于乘坐交通工具和户外人员则显得无能为力。而通过手机短信、移动互联网、移动电视、微博、微信等方式,十分方便人们获取相关科技知识。生活节奏的加快和人们闲暇时间的碎片化,很难指望人们经常挤出整块的宝贵时间去接受科普,而上下班及外出途中零散地学点科技知识,接受

科普则成为了一个很好的选择，也使人们在拥堵的交通途中找到了利用时间的好方法，许多科普发生在交通途中，成为人们学习科学知识和方法极佳时机，提高公民科学素质多了一个便捷的时段。为适应人们闲暇时间少和碎片化的特点，科普知识则可以"微科普"形式传播。

（3）互动性。我国公民整体科学文化水平的提高，使得人们对科普的需求层次不断深入，探求精神日益凸显，科普传播者与受众间的区分不再那么明显，许多有专业技术背景和爱好者的水平甚至超过了传播者，从而建立开放的科普传播渠道和平台成为了亟待解决的问题。维基百科、谷歌和百度等搜索引擎巨头早就认识到了这一点，建立了开放的百科知识平台，向公众和专业人士开放，创建和维护相关知识信息，为科普传播者和受众提供了互动平台，分享了专业人士和业余爱好者的贡献，充实、丰富和不断更新着科普资源库。可视化与虚拟化是科普的重要形式，效果远超过书面传播和口头传播方式。新媒体科普由于其可视的特点，对于人们学习和掌握新的科技知识和方法，反复学习和演练提供了方便，最明显体现于电子游戏中，如体感游戏，空间、环境、现实状况、身份等的虚拟。目前，许多政府网站、知名网站和专业科普、科技网站均提供了许多科普视频、微视频、科普PPT等，供人们选择学习、反复观看、演练，从而收到了很好的效果，深受人们欢迎。麦当劳公司招募员工后的培训，为了降低培训成本，不是请培训师来面授，而是让新员工通过观看录像或视频来自我培训的，成本低又标准、直观，效果很不错。这个案例对我国开展科普培训是很好的借鉴。

（4）个性化。传统科普大多是无差异的讲座、一般的展板、泛泛的科普咨询，传播者面对不同知识背景和兴趣的受众，科普的难易、深浅难以把握，效果大打折扣。新媒体科普则针对人们个性化的需求和兴趣，打造出不同程度的科普平台共人们选择。同时新媒体科普也具有可定制的特点，你只需提出要求，专门机构或业余爱好者就可很快为你提供结果。可以在线迅速解决人们寻求的科技问题答案，遇到一般人无力解决的科技难题，则可求助专家或专业机构，很快可以得到解决，另寻求支持、帮助者低成本、快捷地解决问题，十分满意。

（5）参与性。美国对新媒体的定义就是人人对人人的传播。新媒体科普的生命力就在于每个人都可以成为科普的传播者和受众。随着新媒体影响力的扩大，人们在科学技术知识和信息发布和转发中，实际上已形成了无形的规则，不懂的、没把握的不发（包括转发）。百科全书式的人物已很难出现在如今的现实社会。新媒体由于有了无数人的参与，才及时更新着新媒体科普的内容，创新着新媒体的形式，从而吸引着更多的人加入进来。为此，科普工作管理部门必须充分利用新媒体平台，吸引人们参与新媒体科普的创作和传播，促进提高全民科学素质目标的早日实现。

三、新媒体科普面临的问题分析

1. 公众科学素质低

尽管我国实行了九年制义务教育,逐渐实现着高等教育的普及化,然而,公民的科学素质仍较低。据中国科协调查显示,2011 年,我国公民具备基本科学素质的比例仅为3.27%,农民和未成年人是我国科学素质工作的重点和难点。同时,由于科技创新日新月异,新知识、新产品和服务方式不断面世,社会各界、包括科技、教育人员同样面临着不断被科普需求,从而对科普传播、特别是新媒体传媒形成了多样化的需求。中共中央、国务院在《关于深化科技体制改革加快国家创新体系建设的意见》中明确提出,"十二五"时期我国具备基本科学素质的比例超过 5%。到 2020 年,"创新环境更加优化,创新效益大幅提高,创新人才竞相涌现,全民科学素质普遍提高,科技支撑引领经济社会发展的能力大幅提高,进入创新型国家行列"。要实现这些目标,新媒体科普大有可为。

2. 专业技术人才和优秀的科普作品匮乏

新媒体作为新技术刚刚在科普领域崭露头角,提供了强大的传播媒介,然而面临着缺乏新媒体与科普兼具的跨界人才的困境,一方面科普创作人才对新媒体技术不够熟悉,创作的作品很难适应新媒体传播的要求,特别是时间性要求;另一方面是新媒体人员对科学知识如何深入浅出的传播普及了解有限,难以独立完成新媒体科普作品的制作,导致可用于新媒体科普的优质资源稀缺,影响着新媒体科普效果的发挥。我国从事科普创作人员目前尚不足 1 万人[1]。科普作品创作不同一般科技著作创作,它要求撰写者必须用通俗易懂的语言和插图,将科技知识深入浅出地进行表述,适合普通文化程度的读者阅读和理解。著名科学家和科普大家欧阳志远先生认为,科普作品只有科技专业人士才能写好。在我国,由于科普创作者中的科技背景人员较少,编辑及记者的科技知识水平所限,高水平、深受读者喜爱的科普作品十分匮乏,与国外优秀科普作品水平差异较大。在这种背景下,创作适合新媒体科普的作品、制作适合新媒体科普的节目尚显力不从心。中国科协 2011 年启动了科普团队试点工程,对提高科普创作水平是一个好的开始,期待早日结出硕果。

3. 科学家参与兴趣低

我国科技界历来重创新、轻科普,中科研、轻转化。各种科技评价、考核中主要考核科技论文、科研成果和专利数量,科技计划项目和科技人才项目评审也参照这方面的指标,导致科技人员不重视科普,不愿意从事科普,从根本上制约了我国普及科学技术与创

---

[1] 科学技术部:中国科普统计 2012 年版,科学技术文献出版社,2012 年。

新科学技术的同步、协调发展。发达国家与我国的不同之处在于,政府将促进科学技术普及作为重要责任,制定了完善的科技政策(包含科普方面的具体规定),明确了科技计划、项目承担者从事科普的责任和义务。美国科学促进会对所有科技项目承担者均提出了科普任务的要求,并采取单独列支或后补助的方式,鼓励科技项目承担者从事科学普及,惠及百姓,并为其增加政府科技投入赢得民众的支持。日本政府规定,科技计划项目可以列支不高于 3‰ 的比例从事科普。我国政府科技主管部门目前已经启动了国家科技计划项目增加科普任务的政策研究制定工作,必将为丰富社会科普资源,支持新媒体科普发展提供有力支撑。

4. 政府扶持力度小

科普和创新一样,是科技工作不可缺少的一个重要方面。然而,在现实中,国家财政科技资源主要投到了科技创新领域,对科普领域的支持十分缺少。据不完全统计,我国 2011 年度,全国科普经费筹集额仅为 105 亿元,而政府财政科普经费仅为 75 亿元[①],人均科普活动专项经费仅为 2.84 元,某些省份甚至仅为 0.2 元。

5. 社会力量重视和参与不够

我国科普发展,既要依靠政府的推动,更要借助社会力量发展科普产业。目前,一批新的科普企业开始涌现,生产的科普产品和提供的新型科普服务受到了消费者的热捧。新媒体科普已显示出强大的生命力,政府科技、财政、税务、金融部门应该认真分析研究我国科普产业发展的状况,研究制定鼓励科普产业发展的财政支持和税收扶持政策,加大金融支持力度,促使科普企业加快成长,促进科普产业不断壮大,从而为科普事业平稳、健康、快速发展做出应有贡献。

6. 新媒体对科学技术普及审核和规范尚存不足

新媒体对传播的科学技术知识、方法等的科学性、准确性的掌握是做好新媒体科普的重要前提,人云亦云,传播不正确的观点、知识、方法,充当了伪科学的传播者则会造成恶劣的影响。特别是当社会上对一些科学技术知识和应用方面存在不同看法和理解时,新媒体机构必须审慎审核,没有准确的、权威的科学支撑,不可轻易传播或转发。目前在一些网站和搜索引擎上,存在着一些不正确,甚至是错误的知识和信息,给新媒体使用者带来了误导和危害,影响着新媒体的声誉及公众对其的信任度。2013 年,全国科技活动周期间、国家卫生计生委、科技部等部门与百度公司合作启动了医药卫生百科知识条目撰写者的资格认证工作,仅对经国家卫生计生委专业委员会认可的医疗专家给予百度百科医疗条目的撰写和修改权限,遏制了部分医疗机构和医药企业对条目的非科学性解释

---

① 科学技术部:中国科普统计 2012 年版,科学技术文献出版社,2012 年。

和广告式误导,发挥了很好的作用,深受网民的称赞和力挺。

四、促进新媒体科普发展政策建议

政府有关部门要充分认识互联网技术不断创新条件下新媒体传播信息与科学技术知识的重要作用,与时俱进,利用新媒体的优势与特点,将其作为科普的重要内容与方式。

1. 研究制定鼓励新媒体科普的相关政策措施

新媒体科普作为新型科普方式,由于具有传统科普难以具有的优势和特点,已呈现出很强的生命力,极大地改变了科普格局,吸引了一大批受众,深受年轻人喜爱,有望很快超过电视成为科学传播第一媒介。新媒体科普增强了政府部门和科普组织的科普能力,有助于提高科普效率和提高公众科学素质,成为社会主义精神文明建设的新途径。为此,政府有关部门应加紧调查分析和研究,制定鼓励新媒体科普发展的政策,促进新媒体科普的广泛普及和大力应用,加快提高我国公民的科学素质,夯实科技创新的社会基础,从而为创新型国家建设打下更深厚更持久的广泛社会基础。

2. 支持新媒体科普项目的研发与应用推广

新媒体技术日新月异,网络科普、手机短信、移动互联网、移动电视、微博、微信等形式不断创新,技术日趋成熟、应用更加简单、费用逐渐降低,应用及依赖者日益增加,很快将超过电视成为科普第一媒体。为此政府相关部门应将新媒体技术研发纳入高新技术产品目录,国家科技计划应加大对新媒体的立项支持。科研机构、媒体和文化创意机构应该开展协同研发和集成创新,为新媒体科普提供技术支撑,促进新媒体科普广泛应用,走进百姓生活,服务百姓生活需求。

3. 促进新媒体科普传播方式创新

新媒体科普对应急科普提供了可靠保障,地震、火灾、水灾、飓风、海啸等灾害防御、避险、自救和救援等科学知识和方法的普及借助新媒体可以迅速传播,即时见效。新媒体科普在避免科学现象、科学事件带来的恐慌、消除人们的疑虑方面同样发挥了十分重要的作用。2010年,针对即将出现的日全食天文现象,国务院应急办部署了相关措施,一方面普及天文科学知识,同时就如何人们如何正确地观看日全食及日全食发生时全国的交通、治安、等方面做出了周密的部署和安排,开展了大规模的科学技术普及活动,取得了意想不到的效果,在一定程度上可以说是一次全国范围最成功、影响最大的单项科普活动。我国创作人员和科普创作人员、机构应加强隐形科普传播方式的应用,寓科普于电视、电影、小说、戏剧、歌曲等文艺作品之中,类似于中国电影中出现的"软广告",从而使公众不知不觉中学习新科技知识，掌握新的科学技术方法。美国文学作品中早就掌握和熟练应用了这一方法和技巧，一些美国大片、侦破题材、科幻题材的影片大量应用和推介、示范新技术和新装备。前两年热播的美国电视剧《lie to me》(千谎百计)通过科学家借助计算技术和表意学分析技术协助警方缉拿罪犯的现代侦破故事，普及数字技术和表意学知识，深受观众喜爱，并借机在公众中引导人们树立尊重科学、尊重知识、尊重人才的意识，其作用不可低估，值得我国创作和传媒机构借鉴、学习。

4. 加强科普人员应用新媒体的能力培养和培训

互联网改变了人们的生产和生活方式，由于互联网的便捷、快速和低成本等优势，人们获取信息和知识越来越多地依赖互联网进行搜索和查询，甚至科研和教育人员也是如此，许多人甚至成了一日不可不上网。电视和广播由于插入过多的广告，使得人们对其产生了腻烦，而新媒体由于其新颖的形式、精彩的内容、可视的效果、充分满足个性的需求及相互的互动性等特点，迅速成为人们获取信息，被科普的主要方式。人们对传统的发放科普资料、举办讲座、摆放展板普及科技知识的方式兴趣逐渐降低，至多是老年人受众。利用新媒体开展科普，首先要加强科普人才队伍建设，提高科普从业人员准入标准，开展科普人员的资格认证工作，其次要对现有科普人员开展新媒体技术知识和新媒体方法的系统培训，再次，通过科普网站、手机、移动电视等媒介和微博、微信等方式建立开放式的新媒体科普培训平台，方便科普人员学习新媒体科普知识和掌握新媒体科普传播方法，从而增强新媒体科普能力，提高科普效果，为提高全民科学素质做出应有的贡献。第四，适时启动新媒体从业人员与科普人员交流锻炼，增进相互了解，促进融合，提高从业人员的新媒体科普传播能力。最后，在高校尽快设立新媒体科普传播专业，招收培养一批本科生、双学位学生和研究生等，以充分满足新媒体机构对专业人才的需求。

5. 启动新媒体科普试点示范工作

新媒体作为新出现的媒体形态，为科学传播提供了便捷、大容量、低成本的新渠道和途径。鉴于新媒体机构的专业节目创作、制作人员还较少，更多地还是转发或形式上的二次创作，与传统媒体一样也面临着优质科普资源匮乏的问题，为此，政府相关部门应该与新媒体机构、科普创作、制作机构及人员合作，借助各类科技与科普计划、文化科技创新、创意类计划予以资助和支持，选择若干机构作为试点，着力提高其新媒体科普制作能力和水平，从而为其他新媒体做出示范。中国科协 2012 年开展了全国科普创作于产品研发师范团队创建活动，命名了 29 个团队为全国科普创作与产品研发示范团队，为促进科普创作与产品研发团队成长和源头创新能力的提高开始了有益探索和示范。

6. 开展新媒体科普的国际交流合作

美国作为信息高速公路的创建者，新媒体成为了新闻、信息及科普传播的重要方式和手段,不断创新着新媒体传播方式和方法。欧洲、日本、韩国等同样进行了有益探索和创新。大学生、青少年等年轻人更是大胆尝试者。我国目前在这方面与发达国家和地区还有不小的差距。手机短信、科普视频网站、微博、微信、微视频、微电影等科普传播方式不断涌现,然而,其科普内容精品不多、制作方式和手段尚存不小的差距、艺术水平和技巧亟待提高。为此,必须加强向发达国家学习新媒体科普技术,开展多层次交流合作。应该启动专门项目,选派一些新媒体机构制作人员和科普创作人员到美国、欧洲一些国家的新媒体机构进行进修和实习。在新媒体科普技术研发方面与国外开展合作研究,相互促进,相信对提高我国新媒体科普制作水平和技巧十分必要。

新媒体机构和利用新媒体传播科技的人员,总体上是负责任的,因此新媒体科普作为一种新的传播形态开始进入和影响人们的生产和生活,改变了人们接受信息和科普的方式。政府相关部门应该对此持欢迎、鼓励、支持的态度,同时针对其遇到的问题和实际困难,认真研究分析其原因,制定鼓励措施。过早地进行所谓的管理或试图限制等只会伤害其发展,切不可因为出现一些小问题而因噎废食。

参考文献

［1］ 大数据将带动产业调整结构.《中国新媒体发展报告 2013》.社会科学文献出版社,2013.

［2］ 中华人民共和国科学技术部,中国科普统计 2012 年版,科学技术文献出版社,2013 年.

［3］ 新媒体成为央视产业发展的重点.中国广告网.2012 - 12 - 03.

［4］ 程东红、米歇尔·克奋森思,托斯·加斯科因,等。社会语境下的科学传播——新模式 新实践［M］徐然,贾文渊、候海强,等.北京：中国科学技术出版社 2012：序言 1—3.

［5］ 任福君、翟杰全.科技传播与普及概论［M］.北京：中国科学技术出版社.

［6］ 百视通新媒体研究院：技术引擎拉动新媒体产业.人民网.2012 - 06 - 10.

［7］ 任福君、陈玲。中国科普研究进展报告(2002—2007)［M］北京：科学普及出版社,2008.

［8］ 胡萍,科普图书"再加工"的有益尝试［J］,科普研究,2013(2)：90—91.

［9］ 任福君,翟杰全.我国科普的新发展和需求深化研究的重要课题［J］.科普研究,2011(5)：8—17.

［10］ 科学技术部政策法规司,中国科普法律法规与政策汇编,科学技术文献出版社,2013.

［11］ 陶春,企业协同创新的实现途径［J］,中国科技论坛,2013(9),20—24.

新媒体技术助推科普传播

冯步云　朱东旦　冯　熠

江苏省科技厅 江苏大学 南京财经大学

摘要：随着国民素质的不断提高，对科普传播有了新的需求，如何更好地运用新媒体技术这一载体推动科普传播已成为实践提出的亟待解决的问题。本文通过对我国科普活动借助新媒体传播的现状分析，揭示了借助新媒体技术进行科普传播过程中存在的问题和困难，进而提出了新媒体技术助推科普传播的对策建议。

关键词：科普传播，新媒体技术，发展对策。

报纸、电视、广播等传统媒体自诞生以来，相当长的时期都是单向传播的，其受众只是信息的单纯接收者。随着计算机技术不断更新换代，web更新的日新月异，以网络、手机为代表的新媒体使我们的生活发生了翻天覆地的变化——新媒体的作用影响着生活的方方面面。借助新媒体技术，互动有了新的渠道和载体，媒体的互动得到了强化和发展，走向一个更高的层次。

一、科普活动借助新媒体传播的现状分析

目前，我国的科普活动借助新媒体传播的途径主要包括数字广播、数字电视、数字电影、移动电视、网络媒体和触屏媒体等。

1. 动漫技术广泛有效利用

动漫产业被誉为"朝阳产业"，是国家文化产业发展的重点板块。科普传播结合动漫技术，将会使科普传播更加快速而有效。

在我国，一般的科普动画片大都是几十秒到几分钟的短片。真正能产生影响力的长篇动画片屈指可数。最有代表性的是《蓝猫淘气3000问》，这部我国第一部大型科普动画系列片以"知识卡通"的艺术创意走出了自己的道路。但在艺术性和科学性结合上它也存在着一定的欠缺，因此对这部作品褒贬不一。

再比如，我国在2011年11月1日发射的神舟八号飞船，在发射过程中，广播电视、网络视屏等都对其发射过程进行了全程直播，并对广大民众进行了科普宣传，特别是进入轨道以后，已经超出了摄像范围，此时就开始利用三维动画技术对飞船的运行轨迹进

行了模拟,让广大民众了解了飞船在太空中运行过程。并在此后的神舟八号飞船与天宫一号的对接过程中,再一次用三维动画技术对其进行模拟。这种三维动画模拟非常有效的使广大民众,直观地了解了航天飞船这种高科技产品的样子结构、运行过程等方面知识。

2. 网络媒体助推科普传播

近年来,网络媒体的快速发展,也为我国的科普传播提供了有效的传播载体。据中国新闻出版总署统计,截止 2011 年 7 月,我国的网民数量高达 7.85 亿,手机网络用户也有 3.78 亿,网络媒体几乎覆盖了生活的方方面面。

通过网络传播科普知识,不再需要像以前那样在课堂上强制讲解,也不用在宣传栏大幅宣传,那样的传播成本高而效率低。利用网络媒体,相关的科普宣传单位可以建立专门网站,或者在已有网站投放科普图片和科普视屏,让广大的民众由"被科普"转为主动去吸收学习科普知识,而且利用网络媒体传播科普知识因为网络自身的特性,而具有传播方便、储存海量等特点,网络媒体已经成为科普传播的生力军。

3. 移动电视科普无所不在

移动电视也是新媒体的一个重点板块,移动电视作为科普传播的载体也不是新生事物了。近年来,随着移动电视技术的发展,在公交车、轨道交通等公共设施里移动电视终端也比较常见,这为传播科普知识打下了良好的设备基础。

2011 年 3 月日本强震伴生的核泄漏引起广大民众担心,一些貌似"科学"的传言更引发了恐慌。上海市为帮助市民科学认识核辐射等,市科协与东方明珠移动电视将合作推出《权威访谈》栏目。市科协借助下属 180 多个学会的丰厚专家资源和长期开展公众科普的丰富经验,负责提供内容;而东方明珠移动电视则充分发挥传播优势,利用 100% 覆盖中心城区的公交、楼宇、轨道交通、水上巴士等 32 000 个移动终端,以及同步播出的 FM98.1 广播频率每天滚动播出 50 余次,每天可到达 1 500 万人次受众。这是国内移动电视为科普知识的传播载体的一次成功尝试,也是一个良好开端,以后将更加深化和扩展科普知识借助移动媒体的传播。

4. 触屏技术展现非凡魅力

触屏技术是一种新型的人机交互输入方式,摆脱了键盘和鼠标操作,使人与机交互更为直截了当。触屏技术是 1991 年才走进中国的,概念相对较新,但是发展飞速,也许 10 年前很少有人知道触屏手机,5 年前很少有人使用触屏手机,而如今,触屏电子产品随处可见,几乎所有新生产的手机都是触屏手机。

当前,随着信息社会的发展,触屏技术的发展呈现专业化、多媒体化、立体化和大屏幕化等趋势;以触屏技术为交互窗口的公共信息传输系统通过采用先进的计算机技术,运用文字、图像、音乐、解说、动画、录像等多种形式,直观、形象地把各种信息介绍给人们,给人民的生活带来了极大的方便,也为科普传播提供了新的渠道。

科普传播中,触屏技术的应用,最多的是在科技馆的一些展示中。普通的图片或者视屏展示,参观者只能观看了解,而触摸屏的使用可以使参观者用手亲自去体会一些技术或者产品,感觉更加直观明了,更能引发参观者的兴趣,而且这种展示的舒适程度也比普通的图片或者视屏展示更好。触摸屏在科普传播方面的使用,才刚刚起步,今后定会更加丰富。

二、我国科普活动借助新媒体传播存在的问题

目前,我国在应用新媒体传播科普方面虽然取得了一定的成绩,但是不足总是必不可免,问题肯定存在,可以从政策制度、传播主体和接受主体等几个方面分析。

1. 缺乏政策有力支持

国家对科学普及历来重视,也出台了不少支持政策,但这些重视和政策大多只是停留在最基本的科普知识推广层面,对于开辟新途径、藉助新技术更全面深入推广科普还刚刚处于起步阶段。2010 年,政府对于科普活动的投入为 68 亿元,人均科普专项经费为 2.61 元,相对于 2009 年,增长是明显的,可是相对于发达国家而言,仅相当于 20 世纪 80 年代的水平,远远达不到我国这样一个人口大国的科普推广经费需求水平。更何况在这些经费中,投资在科普场馆基建上的经费达到了 25 亿,而在新媒体的传播渠道上的经费则可想而知,不足以形成一个新媒体科普产业。如在动漫科普方面,不仅投资量小,而且激励性的政策也很少。动漫科普是科普活动的重要部分,且具有公益性质,对其的关注度则远远不够。

2. 新媒体企业对科普产业兴趣较低

新媒体行业属于文化产业范畴,具有良好的产业前景,一般新媒体行业市场也较好。然而,科普产业却具有公益性质,公共商品因为其本身特点,跟商业的结合相对较差,所以一般企业很难把目光放到科普产业上。科普活动很难形成一项产业,更多的是依靠政府的投资,而光靠政府的投资当然是远远不够,所以如何像其他公共商品一样引起广大新媒体企业的投资兴趣,也是科普传播需要解决的一个问题。

3. 科普很少结合新媒体

科学技术知识的普及,本来就是为了提高民众科学素养,提高生活质量,不能很好地跟生活结合,科普肯定是不成功的。在我国,大部分的科普传播是"教科书"式的,大多是通过课本、讲座和展览,很少结合新媒体传播,传播内容干瘪,传播形式单调,传播成本较

高,受益对象有限,让受益人众对所宣传知识缺乏直观感受,更多的只是"开开眼界"。

三、藉助新媒体有效传播科普的对策建议

1. 加大政策扶持

科普传播具有公益性质,政府在科普传播中的地位非常重要。对于如何通过新媒体技术有效进行科普传播,政府的政策支持相当重要。政府首先要重视科普传播中新媒体的重要性,一方面政府可以通过政策引导、财力支持,推动技术创新,促进新媒体技术的发展,助推科普传播;另一方面,政府要对科普传播相关的新媒体企业给予财政和税收上的支持,来引导这些新媒体企业加大对科普的有效传播。

2. 推进新媒体科普产业化

如果藉助新媒体技术进行科普传播,仅仅是个别尝试、单个案例,肯定是不够的。要让更多的新媒体相关企业参与进科普传播,使得科普传播市场化,形成科普产业。必须有效地将科普活动的公益性和科普产品的商业性结合起来,使得新媒体相关企业在科普传播上有获利,自然就能保证科普创作创新,形成良性循环,从而促进科普产业化。

3. 艺术性和科学性相结合

科学和艺术不能等同,科学思维和艺术构想有区分,但艺术需要科学的温床,科学需要艺术的滋养,故应倡导科学与艺术的结合。利用新媒体作为载体进行科普传播,本身就是利用了新媒体所具有的艺术性特征,让本身枯燥乏味的科学技术知识,变得更加让人感兴趣,更加容易接受。所以,在利用新媒体技术进行科普传播的过程中,一定要非常注重艺术性和科学性的结合。比如可以借助动漫技术,将科普知识融入故事中,潜移默化中让民众了解到本身比较枯燥的科普知识。再如可以利用触摸屏技术,可以使得很多看得见摸不着的东西,变得看得见"摸得着",且富有美感,增加科普对象对科普知识的兴趣。

参考文献

[1] 李成芳,李锐锋.科技体验——助推我国科普进步的有效方式[J].武汉科技大学学报,2006(8).
[2] 武丹,姚义贤.我国科普动漫发展现状浅析[J].科普研究,2011(2).
[3] 黄牡丽.论网络社会科普方式的转变[J].广西大学学报,2002(8).
[4] 林闻娇,牛峰.科普如何借助媒体有效传播探析[J].科技传播,2011(4).

网络新媒体：科普传播的重要平台

龙 健

贵州师范大学山地环境重点实验室

摘要： 本文从我国新媒体的特点、规模出发，介绍网络媒体在科普知识传播中的重要作用，举例说明公众对新媒体和科普的需求使得网络新媒体成为主体，浅析了网络新媒体作为科普传播重要途径的发展需求，要求网络新媒体在科普传播应遵循客观发展需求，用网络新媒体给科普创作带来的机遇和挑战，培养和壮大科普创作队伍。

关键词： 网络新媒体，科普，受众。

一、网络与新媒体

网络是一个由不同类型和规模、独立运行和管理的计算机网络组成的世界范围内的巨大计算机网络—全球性计算机网络。组成互联网的计算机网络包括小规模的(LAN)，城市规模的区域网(MAN)以及大规模的广域网(WAN)等[①]。

所谓的新媒体，实质上没有一个准确的概念界定。新媒体是一个相对概念，相对于图书，报纸是新媒体；相对于广播，电视是新媒体；所谓'新'是相对于'旧'而言的。新媒体有是一个时间概念，在一定的时间内，新媒体应该有一个相对稳定的新内涵。新媒体同时又是一个发展概念，科学技术的发展不会终结，人们的需求不会终结，新媒体也不会停留在一个现存的平台[②]。

二、网络新媒体传播的特性

1. 超媒体和实效性

超媒体性是指在多种媒体中非线性地组织和呈现信息[③]，网络新媒体可以为信息受众提供文本、图片、声音、影像等多媒体信息。这些多媒体可以按照超文本方式组织，用户可以点击获取相关的信息。另外，网络媒体使得人们可以根据自己的需要"拉"出信

---

① 姚义贤，尹林等. 新媒体科普发展研究专题报告. 中国科协"十二五规划".
② 斯蒂夫·琼斯主编《新媒体百科全书》清华大学出版社 2007 年出版.
③ 宫承波主编《新媒体概论》，中国广播电视出版社 2007 年版.

息,能自主选择自己喜爱的栏目①。

同样,网络新媒体也大大缩短了信息传播的速度。通过互联网传输文字、声音图像等不会受到印刷、运输、发行等因素的限制。传统的大众媒体的信息交流时单向的传播,受众只能通过其他媒介进行反馈,而且反应相当迟缓。而网络新媒体能将信息瞬间发送给用户,具有即时发布、即时传递的特点,这也大大缩短了受众反馈信息的时间,电子邮件就是很好的例子,它可以将信息在很短的时间传到世界各国的任何一部联网信息终端,同时信息接受者又会很快的将信息反馈给对方。网络媒体及时的通讯服务完全打消了在时间间隔上的障碍,使得信息的传播完全不受时间的约束。

2. 表现形式多样化

随着多媒体的技术的迅速发展、网络媒体将报纸、广播、电视等传统的各种表现形式融合在一起,突破了传统媒体在传播形式上的只有一种或几种符号、手段的单一传播方式。网络媒体的表现形式丰富多样,其中包含了文本、声音、图像、动画等多种不同形式,这大大提高了人们对信息的吸引,同时使得信息的传播价值在突破时空的迅捷输送过程中也得到更加有效的保证②。

3. 超时空和开放性

传统的大众媒体主要依靠地面信息(如报纸、电视等)的传递系统,同时国与国之间出于文化控制的需要对境外媒体在境内媒体在本国的传播进行限制,所以传统大众媒体所传播的大部分信息会受限于本国家和地区的范围内,并没能实现信息的全球化传播。然而网络新媒体利用连接全球电脑的互联网和通信卫星,这就完全打破地理区域的限制。只要有相应的信息接收设备,任何人在任何地方都可以查询和实用网站上的内容和信息。除此之外,无线网络的迅速发展,同样使新媒体摆脱了有限网络的限制,用户就是信息就不会受时间和地域的限制。

4. 个性化信息服务

传统的大众媒体因为媒体本身的特性,无法针对个人的需求开展服务,但现在网络新媒体采用计算机数据库的设计,网络可以对网民进行分辨,从而提供点对点的信息传播服务,这可以使信息的传播者针对不同的信息受众传送不同信息的个性化服务。例如 IP 地址、电子邮箱地址、QQ 号码等,它们的信息终端在网络中都有一个固定的地址。除此之外,受众可以通过新媒体订制、选择和检索信息,这样就可以使用户都能接受和发布个性化的信息。

---

① 彭兰主编《网络传播概论》中国人民大学出版社 2001 版.
② 高丽华主编《新媒体经营》,机械工业出版社 2009 版.

5.虚拟信息传播

在现在的网络新媒体中,人们利用各种软件,可以非常方便且地修改文本、图片、声音、影像,同样还可以制作出逼真的虚拟信息,例如数字电影的特效制作、数字动画、Flash、电脑游戏中的任何信息,包括文字、声音、影像都是由技术人员利用数字技术模拟真实世界制作出来的①。

三、网络媒体受众的规模

据第二十一次中国互联网络发展统计报告,截至 2007 年 12 月,网民数已增至2.1亿人。中国网民数增长迅速,比 2007 年 6 月增加 4 800 万人,2007 年一年则增加了7 300万人,年增长率达到 53.3%(见图 1)②。

根据 2007 年的调查结果显示,以中国互联网络信息中心(CNNIC)定义计,2006年 12 月中国互联网普及率是 10.5%,2007 年 12 月中国互联网普及率增至 16%,中国正处于网民快速增长的阶段(见图 2)③。

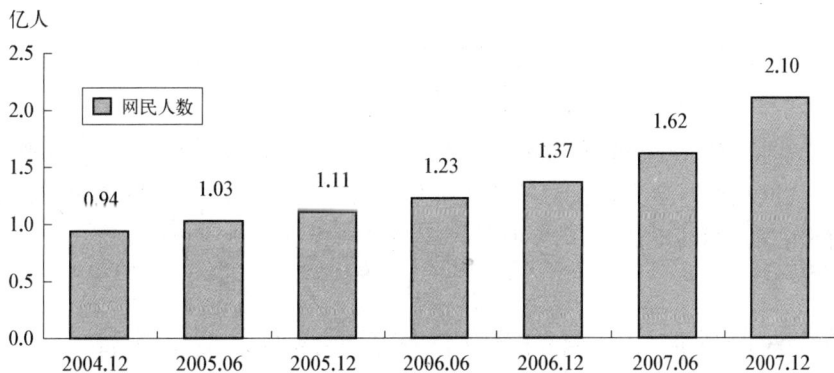

图1 中国网民人数增长情况

四、网络媒体在科普知识传播中的重要作用

科普知识的传播是指科学文化知识信息通过跨越时空的扩散而使不同的个体间实现知识共享,及传统的科学普及③。作为一种面向普通公众的传播过程,它的主要功能就是使公众理解相关的科学技术,掌握必要的科学技术知识,从而使得公民的科

---

① 宫承波主编《新媒体概论》,中国广播电视出版社 2007 年版.
②③ http://www.cnnic.net.cn/uploadfiles/doc/2008/1/17/104126.doc
③ 徐樱.新媒体技术的发展对我国科技文化的影响[J].科技导刊,2010 年 2 月.

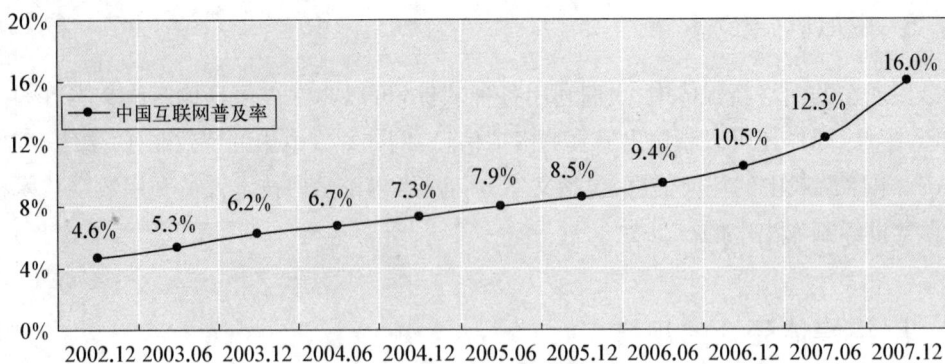

图 2　中国互联网的普及率

学素养得到提升,使他们具备参与科学技术发展与应用讨论的知识基础。传统的科普传播主要是现行的单向传播。然而,随着网络时代的到来,科普知识已由传统的单向传播方式转变成为公众与科学家之间的双向的互动交流,网络使得传播变得更为复杂,对科普知识的传播提出了更多新的途径,如网站博客、群发邮件、在线服务等使得科普知识的传播变得更快捷。网络的出现使传播过程网络媒体在科技文化传播中扮演着重要角色。

科普知识的传播包括专业交流、科技教育、科学普及、技术传播的四个基本渠道,在科学与公众之间,媒体不仅肩负着传播知识的重大责任,同时也承担着对公众提出的疑问、反思以及专家解析、探究等这些科学精神和思维方法的传播。因此媒体是科学与受众之间进行科学文化交流的桥梁。公众可以通过网络媒体尽快的对科学的看法和疑问得到及时的反馈,能够及时的接收到科学家对问题的客观解释。

五、公众对新媒体和科普的需求使得新网络媒体成为主体

2010 年,我国公民获取科技信息的渠道,由高到低依次为:电视(87.5%)、报纸(59.1%)、与人交谈(43.0%)、互联网(26.6%)、广播(24.6%)、一般杂志(12.2%)、图书(11.9%)和科学期刊(10.5%)。与 2005 年的调查结果相比,2010 年公民利用互联网渠道获取科技信息的比例明显提高,比 2005 年的 6.4% 提高了 20.2 个百分点①。

2012 年 4 月 5 日北京日报报道,该市三级医院及卫生系统机关应全部开设"官方微博",增加医患沟通渠道。研究者调查发现,该市 50 家三级医院中绝大部分已开设微博,吸引粉丝近 200 万②。

2012 年 4 月 11 日,中国知网龙山县网络科普书屋管理员培训班在县劳动技校开

---

① http://www.docin.com/p-337082207.html
② http://www.wldbs.com/wangluowenming/2012/0405/22433.html

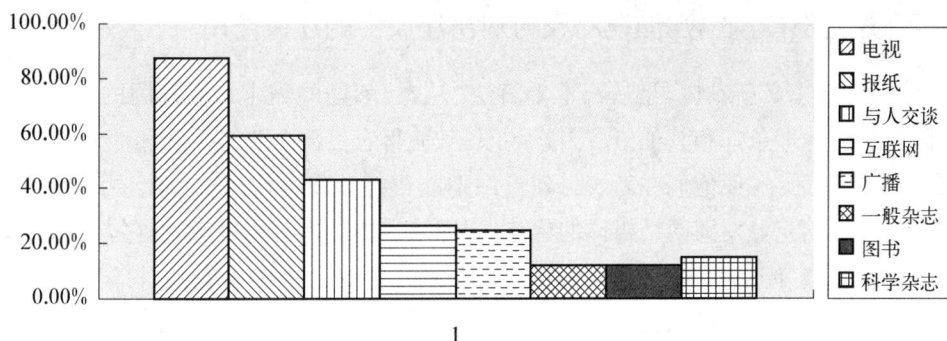

图3 我国公民获取科技信息的渠道

班,标志着网络科普书屋正式走进龙山,服务广大群众。这次培训是中国知网 2012 年全国"三农"网络书屋巡回培训的第一站。培训班上,相关技术专家详细讲解了中国知网中"三农"网络书屋的使用、管理方法,还对龙山县的 68 个网络书屋进行开通。

"三农"网络书屋是为满足农村、农业、农民科技文化需要建立的,以丰富的、权威的、最新的、实用的农业科技知识信息为主要内容,提供有针对性信息服务的网络平台。网络书屋以信息化、网络化和远程教育的手段开展农村科普工作,有助于提高广大农民进行科普学习,进一步满足其科技文化知识需求①。

六、网络新媒体发展需求

1. 以科协网站为媒体,创新科普信息传播工作

随着科技的不断发展,网络以其自身的优势,在人们的生活中正发挥着越来越重要的作用,在很大程度上改变着人们的生活和工作方式。网站这一展示科协系统整体形象的窗口,在各地越来越多的涌现出来。对于城市科协来说,完全有必要组建自己的网站,以其为平台、为桥梁、为纽带,传播现代科普②。同时,在各级科普网站上开办科普创作,充分利用科协地方特色资源,增加自身的吸引力而引起更多人的关注。作为科学技术普及和传播新形式的网络科普作品,应利用互联网多样化、实时平等交互的强大功能,为科学家和科技专家搭建科普传播平台,借助互联网的互动功能,开发新的科普创作形式。开设网上科普大讲堂,特别邀请著名的科学家在网络平台上向青少年介绍生动有趣的科学知识,并在网上与青少年朋友交谈,回答他们的问题等③。

---

① http://hn.rednet.cn/c/2012/04/11/2579873.htm
② 曲彬赫,冷盈盈.新媒体时代的科普信息传播.科协论坛[J],2011,3:46—48.
③ http://blog.sina.com.cn/s/blog_570258950100kysp.html

2. 充分发挥网络媒体在新农村科普建设中的建设作用

建设社会主义新农村,是从根本上解决"三农"问题的需求。在我国的大部分农村,因为受到地理条件和其他诸多因素的限制,使得农民群众获得的信息量少,思想观念仍然比较落后,这使他们在新农村建设中不能很好地发挥作用。因此,为了改善这种弊端,就必须充分发挥网络媒体的优势,让网络媒体进入新农村,使得它能及时的向广大农民朋友宣传新的科普知识,通过科普知识的宣传使得他们对新农村建设中出现的问题有一些认识,了解问题解决的方法,交流总结问题的经验。通过科普知识的学习能培养出有文化、懂技术、会经营的新农民,这对提高广大农民朋友的整体科学文化素质有着举足经重的作用[1]。

3. 必须加强网络管理、提高网络科普的质量

我国的网络科普发展迅速,网络的分布范围广、信息量大,利用网络媒体传播科普知识,使得网络科普有很大的发展空间,但是由于网络科普的发展时间短,受到各种因素的限制,使得科普知识在网络媒体中的传播仍然存在诸多问题。例如,网络科普的表现形式比较单一,大多仍停留在单一的静态文字和图片中,因此很难吸引网民的注意力。另外,网络科普缺乏专业的科技管理人员、网络技术人员和热心科普事业的人员的共同运作。为了充分利用网络新媒体在科普知识传播中的优势,就必须加强网络管理,逐渐改善科知识普在网络媒体传播中存在的种种问题,提高网络科普的质量,是网络科普向更加广阔的领域延伸,与时俱进,全面推进我国科普事业的发展。

参考文献

[1] 游苏苏.科普教育的重要传播平台——电视科技栏目.科学教育[J],2008,6.
[2] 宫承波.新媒体概论[M].北京:中国广播电视出版社,2007.
[3] 彭兰.网络传播概论[M].北京:中国人民大学出版社,2001.
[4] 斯蒂夫·琼斯.新媒体百科全书[M].北京:清华大学出版社,2007.
[5] 高丽华.新媒体经营[M].北京:机械工业出版社,2009.
[6] 徐樱.新媒体技术的发展对我国科技文化的影响[J].科技导刊,2010,2.
[7] 曲彬赫,冷盈盈.新媒体时代的科普信息传播[J].科协论坛,2011,3.
[8] 张林军.科普宣传与新农村建设—论平面媒体在农村科普宣传中的作用[J].China's Foreign Trade,2011,18.

① 张林军.科普宣传与新农村建设—论平面媒体在农村科普宣传中的作用. China's Foreign Trade [J],2011,18.

科学史、科普与新媒体结合的思考

戴吾三

清华大学深圳研究生院

摘要： 科学史和科普在国民科学素质教育中占有重要地位,对提升民族的创新能力具有不可忽视的作用。本文分析了科学史与科普的内在联系,探讨了它们作为新媒体的资源优势,指出科学史、科普工作者要学习新媒体技术的意义,并建议国家采取措施,加快培养高端科技文化人才。

关键词： 科学史,科普,新媒体,科技文化。

由于科学史、科普与传媒分属不同的专业领域,从业者各有不同的训练,在知识结构和思维方式上有很大差异,无形存在着壁垒。而凡有杰出创意的作品,都需要跨越专业藩篱,进行深度合作。推动科学史、科普与新媒体的结合,从理论到实践都有许多问题值得思考。

一、科学史与科普有着内在联系

表面上看,科学史重在文献研究,科普重在普及或传播科学知识(包括科学思想、科学方法等),二者之间的关系不大。其实它们有着内在的深层联系,这是因为,科学史有些内容曾经就是昨天普及的科学知识;而今天正在普及的科学知识有些也将成为明天科学史研究的内容。

好的科普作品都会自觉运用科学史。新的科学概念、理论乃至观念,不可能完全凭空而生,或多或少与早期某一科学家的思考有关,与曾经进行的研究有关。在科普中适当给予介绍,不仅引导读者(或观众)重视科学发现和发明的历史,还在于传播科学思想,启迪读者的思考。具体的科学知识可能过时,而科学思想却有持久的魅力。

以当今非常热的纳米技术为例,最早可以追溯到美国著名物理学家理查德·费恩曼(亦译费曼,Richard Feynman,1918—1988)于1959年做的一个演讲。当时费恩曼在加州理工大学任教,他向同事们提出一个新想法:从石器时代开始,人类所有的技术思想都是削去或者融合数以亿计的原子来将物质做成可用的形态。那么换一个角度想,我们可不可以反过来做,从单个的分子甚至原子开始进行组装,以满足我们的要求呢? 他说:"至少在我看来,物理学的规律不排除一个原子、一个原子地制造物品的可能性。"①今天,纳米技术展示了其广泛的应用,而费恩曼的这一想法被科学界公认是纳米技术的思想起源。顺便说一下,费恩曼也是一位极富个人魅力的科学家,如果适时介绍《迷人的科学风采——费恩曼传》,可想对引导青少年的科学兴趣,激发想象力,都有很大裨益。

说到著名科学家霍金(Stephen Hawking),他的《时间简史》,以及《果壳中的宇宙》《大设计》等著作,都显示了科学史与科普的密切联系。在《时间简史》中,霍金从科学史的角度先介绍牛顿的宇宙,爱因斯坦的相对论,然后引导读者进入最新的科学进展,从弦论的探讨,到寻求物理学各种力的完备统一理论。霍金无愧为科普大师,某种意义也可说他是科学史大师。

科学史与科普的联系不仅表现于著作,在科普场馆中也如此。比如电子技术展介绍最新的芯片,大都要回顾早期的晶体管发明和集成电路发明,以及相关的科学家和发明家,正是前人的开拓,才有今天电子世界的精彩。航天技术展也如是,1957年,前苏联发射了世界上第一颗人造卫星,此后大国展开激烈的太空竞争,中国人奋起直追,浓墨重彩书写了辉煌篇章,早期的奋斗成为历史,历史又延伸出新的超越。

强调科学史与科普的联系还在于,要看到传统科普的某些效能如今已被网络取代,只是通俗讲授科学知识已不能满足大众的需求。而把科学史与科普结合起来,讲出生动故事,讲出文化情趣,释放更多的能量,才可让人受益。

二、科学史和科普作品可为新媒体资源

受近代西方科学的影响,中国的科学史和科普研究缓慢生长,而真正意义的发展是在新中国诞生后。1950年成立"中华全国科学技术普及协会",推动了科普事业的繁荣;1956年中国科学院成立自然科学史研究室,开启了中国科学史研究的建制化。

按国际学术规范,科学史分科学史、技术史和医学史,在不太严格的意义上我们统称科学史。半个多世纪以来,我国科学史研究者辛勤耕耘,涌现了一批高水平研究成果,出版了通史、专门史、专题研究等若干著作。有影响的综合著作如:《中国科学技术史》(30卷),《中国近现代科学技术史研究丛书》(25卷),《中国传统工艺全集》(14卷),《中国工程技术史大系》(12卷);近年翻译出版的西方科技史综合性著作,如李约瑟《中国科学技术史》(已出8个分册),《技术史》(7卷),《剑桥科学史》(6卷)等。也有其他系列性著作,或直接与科学史有关,或与科普有关。如北京大学出版社的"科学素养·科学元典丛书",专收世界著名科学家的原创著述,如哥白尼的《天体运行论》、牛顿的《自然哲学之数学原理》、达尔文的《物种起源》等;上海科技教育出版社的"哲人石丛书"包括当代科学家传记、科学史与科学文化、当代科普名著和当代科学思潮4个系

---

① 戴吾三等编:《20世纪的科学名篇》,第309页,武汉:湖北教育出版社,2005年。

列,至今出版已愈百种。

翻阅中外科学史(或与之相关)著作可见,不仅有大量的科学知识,蕴含可贵的思想,做出重大发现的科学家,也大都有独特的人格魅力,他们所处的环境,他们的师生链,同窗情,铺展开来都是很有趣味的故事。科学史对新媒体来言,可以说是丰富的资源库。

与科学史相比,科普的研究和积累独具特色。不仅有大量单本著作、也有各种系列、丛书或科学百科,按天文、地理、数学、物理、化学、生物等分类,或面向成人读者,或面向少年儿童,可谓缤纷多彩。更有多种类型的期刊,如 20 世纪 60、70 年代发行甚广的《科学画报》《科学实验》《大众医学》《无线电》等,都拥有一大批读者。科普电影也曾有激情燃烧的岁月,当时设有科普专场,甚至正片放映前也多加一个科普短片。科教(科普)电影在中国一度渗透大众的生活。

随着时代变迁,过去的科普图书从知识形态看或已显陈旧,但从科学史(或科普史)的角度看,却仍有利用的价值。而说到科教电影(也包括科学人物的故事片),从影像资料的角度看不少画面弥足珍贵,今天都可以转化为新媒体的利用资源。

三、科学史和科普要学习新媒体技术

在科学史、科普与媒体结合方面,西方学者有很多成功经验可资借鉴。如霍金的《时间简史》搬上银幕,风靡世界。后来根据电影内容补充出版《时间简史续编》,也广受好评。美国著名天文学家、科普作家卡尔·萨根(Carl Sagan)上世纪 80 年代主持拍摄 13 集电视系列片《宇宙》,译成丨几种语言,在近 70 个国家播出。与此配套的同名图书在全球热销,达 500 万册以上。[①] 再如美国的"discovery"、"伟大工程巡礼"等已成品牌节目,在世界上产生了广泛影响。

20 世纪六七十年代,中国曾制作了一批优秀的科普电影。改革开放后科普电影工作者不断努力,1999 年推出大型科普片《宇宙与人》,在全国各地放映,观众以千万计,创下了票房佳绩。然而不可否认,近十几年来,中国与西方科普电影和电视的水准差距拉大,与国内广大群众的期望相去甚远。这里面原因复杂,不可简单而论。大致上说,与国家的重视和投入,与高端科技文化人才都有关系。

这里,笔者结合实践谈谈对科学史与新媒体结合的体会,认为不可低估学习新媒体的难度和挑战。

1997 年,笔者所在的清华大学科技史与古文献研究所编撰出版了《中华科技五千年》一书,次年该书荣获中国国家图书奖提名奖。时隔不久,新成立的清华大学多媒

---

① 凯伊·戴维森著,暴永宁译:《展演科学的艺术家》,上海:上海科技教育出版社,2003。

中心主动与我们联系,商谈合作出版多媒体光盘。① 当时双方可以说一拍即合,大家都十分乐观,有原著文稿和数百张照片为基础,有多媒体新技术,联手创新,岂不是可以在国内造成影响?然而,接下来的进展远非顺利。除了需要大量彩色图片(当时都不太懂图像处理以及图片版权等),更有两大不曾想过的问题:一是分界面设计,从远古到现代分 10 个部分,按学科、按分门类科学技术要分 20 多类,再有按著作、人物、事件、年代等界面检索,都要有不同的设计区分。作者习惯的方式是分工写作,最后交主编统稿,这显然不符合新媒体制作的方式,所有这些都需双方人员密切配合,共同讨论处理,单是磨合就花去不少时间。二是动画设计,必须按技术人员的要求分解步骤和程序,而所有发明的细节要由科学史研究者确定(而不是动画制作者),最后动画的节奏、流畅性也要由科学史研究者把关。可想,这对习惯研究文献的人都是全新的课题。由于以往科学史研究者没有媒体技术知识,致使在动画设计上——当时认为最可能出彩的——成为技术瓶颈。正是在那次合作中,我明白新媒体技术不是说说而已,并开始思考如何深入的问题。

自 2001 年,我在央视科教频道《科学历程》等栏目多次作嘉宾出镜,2002 年又担任科教频道的《天工开物》科学顾问,在与电视工作者的合作中,促使我对科学史、科普与新媒体有更多的思考。科学史、科普研究者习惯文字,熟悉篇幅、讲求知识准确等;而电视工作者注重画面,习用镜头、配音、时间控制、节奏。拘泥传统的文本表达,在转化为新媒体形式时都会遇到问题。为了使科技传播有良好效果,科学史研究者必须学习和了解新媒体的技术特点,才能同编导有效的合作。

就目前国内的教育体制看,科学史、传媒分属不同院校、不同专业,彼此并没有交叉课程,而科普至今没有正式专业。所谓科普(特别是有关创作),长期是凭科学家、科学史研究者的个人兴趣而为。可想,如果没有一种机制保证,只靠科学史、科普工作者的个人行为,与媒体的合作很难持久,无法制作高水准的作品,也就不可能走向世界。

因此,从国家文化战略高度考虑,应尽快制定培养高端科技文化人才的计划,采取有效措施推动科学史、科普与新媒体的结合,改变目前科技文化相对薄弱的状态。

四、加快培养高端科技文化人才

党的十七届六中全会提出"推动社会主义文化大发展大繁荣,队伍是基础,人才是关键。创新人才培养模式,实施高端紧缺文化人才培养计划,搭建文化人才终身学习平台"。这一精神完全适用促进科学史、科普与新媒体结合,培养高端科技文化人才。

鉴于我国现行的教育体制,大学文理科之间存在鸿沟,这无形制约了高端科技文化人才培养。以艺术类学生为例,在中学阶段他们就远离数理化,当着这些艺术学生

---

① 《中华科技五千年》多媒体光盘,获 1999 年"第八届莫比斯多媒体光盘大奖赛中国赛区提名奖"。

毕业从事影视、动漫、游戏设计时,你可以指望他们应用电脑软件做出炫目的图形,但能指望他们为科学讲出一个好故事吗?

再看科学史学者的培养模式,先要具备本科理工基础,在研究生阶段学习科学史,要求他们重视文献,却没有要求他们学习新媒体。而说到科普,国内目前还谈不上成熟的本科和研究生专业,虽然在中国科普研究所建立了博士后工作站,但多是研究西方理论,鲜有科普创作实践。

从笔者的观察看,即使央视科教频道等主流媒体,制作科技文化节目多是短期目标,临时找专家,缺乏长远规划,遑论制作精品?

从国家文化战略高度看,必须加大对科技文化的支持,营造科技文化的社会氛围,这对激发公众关注科技创新,引导企业建立自主创新机制,都有重要的意义。要把实施高端科技文化人才培养计划提到日程,为此建议:

(1) 科技部组织牵头,结合《国家中长期科学和技术发展规划纲要(2006—2020年)》和《关于加强国家科普能力建设的若干意见》,制订我国未来 5—8 年科技文化发展路线图,可确定一批重点科技文化选题,通过评审选择有实力的文化单位,着力打造科技文化精品。

(2) 科技部可与国内著名大学共建培养基地,利用大学条件,组织专题培训,加快培养一批高端科技文化人才。课程可包括介绍国外科学传播动态,解读科技文化案例,学习新媒体技术,探讨新选题等。

(3) 国家科技奖可在已有奖励科技著作的范围,考虑增设对科技文化优秀影视作品的奖励,引导社会各界创作科技文化精品。

总之,只有国家层面的举措,培养本土高端科技文化人才,才能真正改变我国目前科技文化相对薄弱甚至局部滑坡的状态。

适应互联网发展趋势，做好互联网科普工作

王　红

湖南省科技厅

摘要：利用互联网进行科普有了很大的发展，一批科普网站、虚拟博物馆等科普网络平台形成了很好的影响，发挥了应有的作用。同时，在实践中也发现存在一些问题，如科普网站访问利用率不高，网络环境信息污染严重，移动互联网、微博、社交网络等新型网络利用难等。因而，在已有成功经验的基础上，认真分析发展中存在的问题，对于用好互联网科普平台和发挥互联网科学传播效益，具有重要的理论和实践价值。

关键词：互联网，科学平台，科学传播影响。

一、互联网发展对科普工作的影响

进入 21 世纪新的十年，互联网从网络普及程度、利用程度以及新型传播渠道等方面进一步蓬勃发展。互联网迅猛发展的态势，将对科普工作带来新的深刻影响。

1. 互联网发展对科普工作的有利影响

（1）促进全新的生活方式和全新的生活理念。当前，不懂网络、不用网络，将被时代步伐拉大差距，形成"数字鸿沟"。步入网络时代，加上全球化浪潮的不断涌动，人们利用网络可以在全球范围内参与到科学知识的获取、加工和生产的各个环节。人们生活方式和生活理论在融入知识经济氛围的过程中，潜移默化受到科学知识的影响和熏陶，进而使得整体社会向学习型、知识型发展。

（2）不断拓宽信息传播的渠道。无线 3G 数字网络、移动互联网等网络技术的发展，使得移动用户在手机、平板电脑等便携终端上，也可以轻松的实现互联网媒体的大部分功能。手机电视、手机上网、视频下载、短消息业务（MMS）、无线搜索、微博视频点播等进一步拓展了信息传播的渠道。科普在传播方式上有了更多的选择，网络传播集多媒体于一身，图文并茂、绘声绘色，使得科学传播有了很大的发挥空间。传播方式的多样化也使受众受益，受众可根据自身的状况进行不同的选择，改进了传播效果。

（3）形成全方位的信息传播覆盖。根据中国互联网络信息中心（CNNIC）统计，截至 2011 年 6 月底，我国网民总数达到 4.85 亿，互联网普及率为 36.2%，网民平均每周上网天数为 3.7 天。其中，我国手机网民达 3.18 亿，发展速度已超过家庭宽

带网民。我国网络普及程度和覆盖程度的不断提高,为网络科普提供了前所未有的优越环境和基础。

2. 互联网发展对科普显现的弊端

互联网发展给科普带来极大便利的同时,它也带来了一些负面效应:

(1)信息可信度较差,假新闻泛滥,影响了媒介的公信力。网络新闻发布的低门槛,使一些记者单纯追求轰动效应或速度,热衷于报道一些缺少事实依据或尚未证实的独家新闻,使得网络信息的整体可信度不高,对网络新闻的规范管理已迫在眉睫。

(2)网络不良信息对青少年成长和社会稳定构成了潜在威胁。网络传播具有高度的开放性,这也就为一些不法分子提供了可乘之机。网络信息内容庞杂,黄色、暴力等不良信息充斥其间,严重威胁着青少年的身心健康。

二、利用互联网开展科普的经验总结

近年来,利用互联网进行科普有了很大的发展,一批科普网站、虚拟博物馆等科普网络平台形成了很好的影响,发挥了应有的作用,取得了很好的经验。

1. 建立结构合理的网络科普平台体系

据有关统计,2009年我国主要科普网站已经达到600多个,包括大型综合型、一般综合型、地方型、专题型、相关科普型和基于大型综合网站的科普频道型等。同时,科普网站数量不断上升,带来信息内容重复、网站间关联小的问题。为此,目前已有从事网络科普工作的专家、学者自愿组成的从事非营利公益性科普活动的社会团体,中国科协和中国互联网协会共同发起,并经信息产业部批准成立的网络科普联盟——中国互联网协会网络科普联盟。有关研究还指出,应着眼科普网络分布、特色等实际,通加强中央和地方各级、政府和产业等各类网络科普平台的聚合,建立多元化、特色化、辐射强和聚合化的网络科普平台体系,进一步发挥网络科普的整体效应。

2. 做好科普网站建设和内容更新

与传统媒体不同,互联网科普最突出的是它的动态性、报道信息的及时性、超链接功能、多媒体表达方式和与受众的互动性五大特性,这也是它与传统媒体相比最大的优势。然而研究也表明,在全国600余家互联网科普设施中,高达43.5%的首页连续3个月没有进行内容更新。同时,互联网科普还存在"严谨有余而趣味不足"。做好科普网站建设和内容更新,一方面要持续保证科普网站的资金和人力投入,在科普网站页面设计、提升互动性方面进行改进。另一方面,还要加强科普资源的原始创作,广泛地动员高校、科研院所、学会和社会组织共同建设数字科普资源的模式。

3. 以青少年为重点开展网络科普

青少年是科普重点关注的人群,同时又是互联网用户的主要构成。中国互联网络发展状况统计显示,我国上网用户中 18—24 岁的年轻人所占比例最高,达到 35.3%,18 岁以下的网民占 16.4%,24 岁以下的网民占到一半以上(51.7%)。当前,网络对青少年的科普作用发挥不足,反而存在沉迷网游、浏览不健康内容等现象。因此,亟需做好互联网科普与加强青少年互联网教育引导相结合。一方面,应按结合教育、文化、宣传部门有关,将青少年利用互联网引导到增强能力、丰富知识上来;另一方面,不断为青少年提供符合青少年特点的、更好的科普网络资源,能够充分涵盖科技新进展及较受关注的知识、方法、研究过程。

4. 严格管控科普网站的健康发展

现在网上的内容非常混乱,无中生有的、捏造事实的、迷信炫富的、淫秽色情的,各种良莠不齐的内容充斥。互联网科普必须遵循中国特色社会主义理论和科学发展观的基本立场,以社会主义文化为基本价值取向,要用健康、引人向上以及科学的知识、理念、方法、思想去影响公众。科普网站绝不能发表那些道听途说的、以讹传讹的、未经科学验证的信息,不能为了提高点击率而搞哗众取宠的东西。

5. 不断探索新型网络的科普应用模式

3G 网络、微博、社交网络、物联网等新型网络正引发信息网络的重大变革,以新型网络为载体的一大批网络应用正在孵化成熟,导致传统网络应用进入更新换代。回顾互联网和互联网科普发展的过程,可以发现依托互联网新技术的形式新颖、内容丰富、交互性强的互联网科普应用更具吸引力,"人气更旺"。目前,手机网络科普、科学微博等面向新型网络的互联网科普应用已列入发展视野,体现了旺盛的需求和巨大的潜力。以 3G 网络为例,调查显示,有 83.9% 的调查对象愿意通过手机获取科普内容;未通过手机上网的用户中,有 80.8% 的调查对象愿意通过手机获取科普内容。天津天气科普短信、中国地理手机报等已经成为面向 3G 无线网络的知名平台。

三、进一步做好互联网科普的思考

在互联网发展新浪潮的背景下,围绕互联网科普新的需求和新的特点,未来互联网科普需要加强对网络科学传播规律特点的掌握,不断创新互联网科普的新理念和新方法，不断夯实互联网科普蓬勃发展的基础。

1. 掌握网络科学传播规律是做好网络科普的基础

互联网科普规律来源于长期实践，同时又为互联网科普实践提供理论指导。作为互联网科普的实践者，了解和掌握网络网络科学传播规律特点，以此来更新发展思维和发展理论，指导工作能力、沟通能力、策划能力和制作能力的提升。研究和掌握互联网科普规律，需要努力掌握互联网科普的有关理论。一是掌握科普特色理论。应关注对新时期科学传播理论的掌握，加强科普资源开发和能力建设理论研究，重点开展青少年、农村科普理论研究。二是掌握信息网络发展理论。应加强对信息网络作为互联网科普平台载体的认识，敏锐判断新兴信息网络技术发展对科普的影响，充分发挥信息网络发展对互联网科普的推动作用。三是掌握网络转播理论。网络信息传播规律是客观的，它不以任何外界力量的意志为转移。当前，对网络科学传播特点如信息价值规律、信息马太效益、信息循环规律等，已形成共识。研究网络信息传播规律，了解网络信息传播的内在机理，指导网络信息传播的行为，将提高互联网科学传播的效率，保障互联网科学传播的健康发展。

2. 摒弃传统方法是创新互联网科普工作的方式

在网络技术日益发展、宽带运用逐渐推广以及国际网络化信息浪潮的推动下，不远的将来，交互电视、多媒体传播等将为人们提供更为便捷的服务；网络媒体与传统媒体的相互利用、相互融合势在必然，互联网科普的发展也获得强大的竞争优势。创新互联网科普工作的方式，必须着眼工作方式的"五个转变"。一是从新闻超市模式向以发布精品信息、精深新闻和深刻观点为主转变。二是从单项广播模式向全面互动模式转变。目前，网络活动、专家博客、专家研讨等互动功能。三是从简单说教模式向服务用户模式转变。科普服务如何深入影响用户，满足用户需求，始终是核心课题。从这一角度出发，"帮助用户比教育用户"更能发挥科普网站的作用。四是从整合信息、转帖转发为主向自采自编，原创为主转变。对于科普网站来说，要在短时间做到这一点还有相当的困难，但从保持特色，增加权重的目的出发，这应该是坚持的方向。

3. 夯实发展基础是互联网科普转型的条件

互联网科普能否健康发展，队伍素质是重要因素，而提高员工队伍素质是要提高有关能力。网站在提高新闻采编能力、内外沟通能力，产品制作能力也要下大功夫。请正确的人做正确的事，是最明智的做法。任何网站都不可能仅靠自身力量打天下。广泛利用社会力量，提升互联网科普的综合实力，也已成为国内外知名科普网站的流行作法。一是建立由科学家团体、教育专家、科学传播从业者、网络产品设计人员和评估人员共同组成的顾问班子，定期对网络科普产品内容质量进行评估和选择，并组织学生、家长、教师对网上资源评分、提意见，进行效果评估。二是整合现有资源，共建共享，包括：加强与学校教育的融合，参照学校教育的内容和要求将系统知识体系和以科学探究为基础的网络表现形式相结合。三是与科技竞赛活动联系，共同组织活动，将活动成果、设计发明等在网上展示，同时开发网上竞赛形式，吸引科普对象的关注和参与。四是开发虚拟科技场馆形式，再现实体场馆的实验、游戏及展览，将亲身体验转化为虚拟体验，还原科学发现和研究的过程。

从科普与新媒体的发展特点比较
看科普新媒体传播

张　腾

四川省自贡市安监局

内容摘要：本文从科普和新媒体两者的发展出发，从两者发展产生的变化、发展带来的机遇、发展遇到的困境等比较了两者的发展特点及两者的契合，并从社会学角度思考了这种现象出现的原因，得到了科普新媒体传播的重要意义，并提出科普新媒体传播所应注意的问题和措施。

关键字：科普，新媒体，比较，联系，科普新媒体传播。

纵观科普与媒体技术的发展轨迹，竟有惊人的重合之处。谁影响了谁虽不能下结论，但科普的发展与以网络、数字技术为代表的新媒体的出现却呈现出奇特的联系。这似乎也正暗合了多元化社会事物发展的某种趋势或规律，不同领域、不同范畴下的不同概念却有着相似的发展脉络或演变轨迹，似乎有千丝万缕的关系。或许，这种奇特的联系原本就是要带给我们某种暗示。

一、科普与新媒体的发展特点比较与两者的联系

科普从诞生之日起，就担负起增进科学技术与社会、经济之间联系的重任。伴随着社会、经济结构的不断调整和科学技术的进步，科普也在不断发展，科普的理论界和实践工作者正在从早期的"公众接受科学"转变到"公众理解科学"、"公众参与科学"。总的趋势是，科普越来越强调公众的主动性和参与性。而在另一方面，新媒体的出现，直接导致了新类型受众的涌现。传统"中心—边缘"模式建构下的训示型传受关系"正逐渐被不同的模式所补充和取代"[1]，以新媒体传播为代表的新类型受众的数量及影响力日渐扩大。与电视、报纸等大众媒介受众相比，新媒体下的不同类型受众共同特点是主动性和参与性都得到了前所未有的加强。例如，以搜索、点播为代表的"咨询"模式，"这一模式中，接受者决定他们所需要的信息内容和信息接收时机，并且从媒介所提供的范围广泛的信息和文化内容中去寻找和选择。"[2]以微博为代表的"互动"模式或"对话"模式，"这一模式表明，没有所谓的中心，通过广泛延伸的、连接每一个人的网络，信息传播者和接受者之

---

①②　麦奎尔著，刘燕南等译，《受众分析》[M]，中国人民大学出版社，2006，P157

间的对话和交流是有可能实现的。"①科普实践的本质是科学知识、科学精神、科学方法等向公众传播的过程，新媒体的出现正契合了旨在加强公众主动性、参与性的新的科普实践对科普传播媒介的期望。

传统的科普工作强调科学技术知识的灌输，而当下及未来科普工作的趋势是在重视普及科学技术知识的同时，更加注重科学方法、科学精神的传播，我国《科普法》也明确提到了"普及科学技术知识、倡导科学方法、传播科学思想、弘扬科学精神的活动"②。而在另一方面，新媒体发展中所出现的部分问题引起了人们深切的担扰。这种担扰并不是没有理由的，一系列新媒体传播事件都暴露出目前新媒体传播中科学精神的缺失，这种缺失不仅体现在"抢食盐"、"周老虎"等涉及科学知识的事件传播上，也体现在新媒体对一些社会、政治、经济等热点问题的作用和影响上。"科学精神并不能简单地归结为一般的创造性，而是基于科学技术结构的、遵循科学方法的一种创造精神。"③它既是引领我们传承、创造科学的不懈动力，也应该是我们看待事物、观察社会、传播思想的遵循法则。科学技术结构性、科学方法性、创造性是科学精神的核心，而这正是目前新媒体传播有所欠缺的。匡文波的研究认为，"新媒体传播呈现出明显的'蝴蝶效应'"④，"新媒体是一个混沌系统"⑤。传播初始条件的微小偏差，就有可能导致传播效果的巨大差异。这种巨大差异既可能是到达的损耗，也可能是路径的变异，甚至是这种变异的增益。新媒体本身只是信息传播的媒介工具，并不具备自我纠偏、修复的能力，避免这种差异需要传播者严格控制初始条件，受众谨慎对待到达信息，这要求传、受双方具备严肃、认真的科学精神。因此，新媒体的健康发展又依赖于科学精神对大众的普及程度。

新媒体作为相对电视、报纸、广播等的新媒介，具备相对传统大众媒介的特征。一个主要的特征就是与传统媒体相比，目前新媒体的潜在受众的"边界"与实际受众的"边界"的巨大差距。这种差距在物理层面表现有广大的农村、边远地区等科学技术资源匮乏的区域，在社会层面表现有低收入、低知识阶层、缺乏新媒体手段的少年儿童、老年人等，在意识形态层面表现有对新媒体、新事物甚至是对科学抱有成见的"顽固"的人。尽管这些区域或人群在新媒体的潜在受众边界范围之内，但显然在目前的实际受众中还包含甚少。而在另一方面，这些区域或人群往往也是科普工作的重点和中心。这些区域或人群亟需补充科学技术资源，在这些区域或人群中的科普效果某种意义上考核着我们的科普工作。在另一层面，"综合解决社会阶层分化，缩小社会贫富差距，不仅需要从经济、制度层面上，也需要从缩小信息、知识差距上采取必要的社会措施。"⑥解决好这些区域或人群的科普难题，不仅是眼下科学普及工作的现实需要，也是整合社会、促进社会公平的历

---

① 麦奎尔著，刘燕南等译，《受众分析》[M]，中国人民大学出版社，2006，P157.
② 《中华人民共和国科普法》第二条第一款。
③ 刘青峰著，《让科学的光芒照亮自己：近代科学为什么没有在中国产生》[M]，新星出版社，2006，P110.
④⑤ 匡文波著，《论新媒体传播中的"蝴蝶效应"及其对策》[J]，《国际新闻界》，2009.08.
⑥ 赵玉川、成元君著，《科学普及的社会学解析及其社会举措》。

史使命。综上所述,新媒体和科普面临着一个共同的发展课题,即如何实现自身在这部分区域或人群中的存在和保持。

许多学者都注意到新媒体发展中信息的海量化、碎片化、断裂化以及所带来的深远影响。这是社会分化在新媒体技术上的"投影"。新媒体所表现出的信息海量化、碎片化、断裂来源于现代社会物质财富的极大丰富、科学技术知识指数级增长,更重要的是社会结构分化、社会意识多元化的结果。甚至一个新的亚文化出现,都可能导致大批相关主题的 QQ 群、微博圈子、网络社区的出现。这些信息变化放在新媒体的宏观环境,也就呈现出海量化、碎片化、断裂化的特点。但是新媒体本身的开放性又为整合提供了可能,它允许受众在各领域自由进出,允许受众对信息源、传播路径、传播模式、接触程度等自主选择,这种整合是在受众的脑海中完成的。遗憾的是,某类媒介信息的受众往往排斥或者拒绝接收其它媒介信息,这是由于大众的固有成见所致。媒介是自私和功利的,它往往希望维护稳定的受众群,但新媒体的发展又不得不重视这种固有成见的危害。而在另一方面,科普发展也面临着信息、知识分化和大众固有成见的影响。信息、知识的分化体现在信息、知识的割裂和社会成员对信息、知识的占有、使用程度和能力的差异,一个优秀的数学家也可能缺乏简单的卫生健康常识。缓解信息、知识分化的负面影响,达到一种"均衡"状态,这正是科学普及工作的重要功能。科学普及的另一重要功能是促进成见与理性的分裂。成见系统有人们固有的思维习惯、行为规范、思想观念等,封建迷信、权威崇拜等是它的极端形式。"成见系统维护了我们世界的基本原理免受'袭扰',在'我们的世界里'是一个有序的、多少和谐的世界,面对这一景象,我们的习惯、偏爱、能力、安逸和希望都会进行自我调节"[①],而理性的扩张对"这一世界"具有颠覆性,成见系统必然对其构成限制。理性只有摆脱了成见的束缚,才有可能应用于更广阔的空间,指导人们生活和社会发展。"'科学'的力量仍然是现代社会公共理性的一个基本来源(韦伯语)",这也是科学普及的重要意义之一。从上可以看出,科普和新媒体的发展都面临着信息、知识割裂分化和大众固有成见的影响。

二、对两者发展特点比较与两者关系的深层思考

科普是普及科学技术资源,使人类共同分享科学技术所带来的社会福祉。而新媒体本身就是科学技术发展的成果,是科学技术带来的福祉之一。两者都与科学有着密不可分的联系,其发展某种程度上反映出科学的方向。从上世纪开始,科学受到了部分西方学者的批判,科学使人奴役化广受诟病。科普由"公众接受科学"发展到"公众理解科学"、"公众参与科学",某种意义上正体现出科学的发展开始注重以人为本。如果说科普观念的改变是科学的自我觉悟,那么新媒体高度的大众参与性、良好的民主性则应该是

---

① 张朋著,《舆论主题的自我消解——读〈公共舆论〉、〈乌合之众〉》[J],中华传媒网.

科学在物理技术层面上的自我救赎。科学技术发展的后果也并非全如某些学者所言那样吞噬人的精神力量、奴役人的劳动。

两者的发展深受科学、社会和经济三者关系的影响和制约。"现代社会的发展,不是削弱科技与社会、经济的联系,而是加深它们之间的联系,彼此交织在一起,呈现协同发展态势。"①"科技与社会、经济的紧密联系是诱导、推进科学普及的现实原因和深厚根基。"②而麦奎尔在《受众分析》中以"技术作为变化之源"、"社会和经济因素的影响"为题,论述了科技、社会和经济对媒介及受众形成的影响。科普、新媒体既是科学的产物,又是形成、发展于社会、经济结构内部的事物。因此,两者要抓住发展机遇、解决现实难题,不仅要考虑科技因素,还要考虑社会和经济因素的影响。

创新科普的新媒体传播方式,保证科普新媒体传播渠道的畅通、高效具有重要意义。科普本身是一种传播过程,而新媒体是一种传播媒介,这决定了两者结合的可能性。从科普、新媒体的发展特点比较可以看出,两者具有互补性和相通性。从发展历史来看,科普传统媒体传播反馈机制差、互动性不强,传播效果不佳,正需要新媒体带来"鲶鱼效应";我国的科普事业有着几十年的发展经历,而新媒体作为新兴事物,正需要科普这样丰富的推广经验和资源。创新科普的新媒体传播方式,保证科普新媒体传播渠道的畅通、高效,既可以推动科普工作的发展,又可以促进新媒体事业的繁荣,具有双重重要意义。

三、科普新媒体传播

科普新媒体传播具有传统媒体传播不可比拟的优势:良好的反馈机制、强大的互动性能、多元化的模式选择、多途径的信息到达,这些对于科普工作者来说极具吸引力。我们完全有理由相信,科普新媒体传播拥有广阔的前景。但是,仍有一些问题或措施是我们在科普新媒体传播中不能忽视的。

(1) 科普新媒体传播应注重对科学的哲学思考的传播。"三聚氰胺制毒牛奶"、"地沟油制食用油"、"废皮革制药用明胶"等事件都突显出当下科普工作最迫切、最现实的任务是引起社会对科学的哲学思考,即思考科学是什么、科学为了什么、科学做什么。这种思考及由思考衍生而来的精神、思想、方法等对维护包括新媒体在内的科技健康发展至关重要。科普新媒体传播受众高度的参与性、互动性都能使这种思考更加广泛、深刻,更易引起社会共鸣。因此,科普新媒体传播应该主动承担起这一重任。

(2) 科普新媒体传播仍然应该重视科学技术知识的普及。"群体是用形象来思维的"③,因此大众更易接受形象化、具体化的事物。而科学技术知识是智慧结晶,经验总

---

① ② 赵玉川、成元君著,《科学普及的社会学解析及其社会举措》。
③ 勒庞著,戴光年译,《乌合之众》[M],新世界出版社,2011年,P31。

和,也是科学精神、科学思想的具体承载体。因此,科普必须重视科学技术知识的普及。而科普新媒体传播下的信息、知识的海量化、分类化,传播途径的多元化,都为科学技术知识的普及提供了极大便利。

(3)科普新媒体传播应该从社会现实出发,解决实际问题。科普新媒体传播建构在虚拟的网络、数字技术之上,但它的信息来源、到达受众包括自身形成、发展都具有社会性的一面。科普新媒体传播若一味追求新颖奇特,放弃社会现实基础,是不能长久的。这一方面要求我们的科普新媒体传播课题要紧密围绕时代主题、针对社会现实,而另一方面要求我们的传播要尊重社会现实状况,切实改变当前科学技术资源分布不均的现状,缓和社会矛盾。

(4)科普新媒体传播应该注重基础建设。科普新媒体传播的基础建设,在物理层上要加强科普新媒体的硬件建设,特别是广大农村、边远地区的建设,在理论面上要加强科普新媒体传播基础原理、理论的探索,在受众面上要巩固现有受众,更要发展潜在的受众群,尤其是亟需补充科学技术知识的阶层。只有加强了基础建设,科普新媒体传播才能形成长效、持续机制。

(5)科普新媒体传播应鼓励受众积极参与科普的社会实践。新媒体的负面效应目前虽尚不明确,但是在媒介发展历史中,"电视瘾"、"网瘾"、"手机瘾"等的出现都反映出媒介的"去社会化"可能。科普新媒体传播应该警惕这种可能,在大力发展传播的同时,也应鼓励受众参与科普的社会实践,防止这种可能出现。

参考文献

[1] 麦奎尔著,刘燕南等译,《受众分析》[M],中国人民大学出版社,2006.
[2] 《中华人民共和国科普法》.
[3] 刘青峰著,《让科学的光芒照亮自己:近代科学为什么没有在中国产生》[M],新星出版社,2006.
[4] 匡文波著,《论新媒体传播中的"蝴蝶效应"及其对策》[J],《国际新闻界》,2009.08.
[5] 赵玉川、成元君著,《科学普及的社会学解析及其社会举措》.
[6] 张朋著,《舆论主题的自我消解——读〈公共舆论〉、〈乌合之众〉》[J],中华传媒网.
[7] 勒庞著,戴光年译,《乌合之众》[M],新世界出版社,2011年.
[8] 翟杰全著,《科技公共传播:知识普及、科学理解、公众参与》[J],《北京理工大学学报(社会科学版)》,2008年12月.

科普与新媒体协同发展研究

陶　春　尹雪慧

国家行政学院

摘要：新的传播方式开创了新的媒体时代，科普作为依靠科技传播作为核心的科技活动，也经历着同样的革命，技术的进步为科普和新媒体开辟着无限的可能性。本文试在科普与新媒体之间的协同发展上展开深入研究，通过对新媒体变革和科普的变革作分析，勾勒出两者协同发展格局，并提出相关政策建议。

关键词：科普，新媒体，协同发展。

一、协同发展文献综述

协同(Synergy)的概念源自系统科学中的协同学(Synergetics)。协同学的词源来自于希腊文，意为"协调合作之学"。20 世纪 70 年代以来，协同学在多学科研究基础上逐渐形成和发展成为一门新兴学科，是系统科学的重要分支理论。1971 年，德国斯图加特大学教授哈肯(H. Haken)的《协同学》①可以作为该学科创立的标志。协同学是研究系统从无序到有序的演化规律的综合性学科。该书认为，如果一个群体的单个成员之间彼此合作，他们就能在生活条件的数量和质量的改善上，获得在离开此种方式时所无法取得的成效。也就是说通过系统主体间的协同作用，可以实现个体难以实现的"1＋1＞2"的效应。

20 世纪 80 年代后，科技与经济的结合日趋紧密，协同的思想在创新理论中得到重视和深化，并以"产学研合作"为主题探索企业与大学、科研机构或中介组织之间要素的互动形成创新合力。何郁冰研究企业、大学和科研机构如何利用知识和资源在组织间的快速互动、共享与集成，提出产学研协同创新分析的三个层面：战略协同层面、知识协同层面、组织协同层面。认为，协同过程的核心层是"战略—知识—组织"的要素协同，协同创新的过程和模式选择受到合作各方的利益分配机制、合作历史、组织间关系，以及企业吸收能力、创新复杂度和产业环境动荡性的影响，提高协同创新绩效的关键还在于综合考虑"互补性—差异性"和"成本—效率"的动态均衡②。

---

① 赫尔曼·哈肯：《协同学——大自然构成的奥秘》[M]，上海译文出版社，2005 年版。
② 何郁冰：《产学研协同创新的理论模式》，《科学学研究》[J]，2012 年第 2 期，2 月 15 日，P165—174。

2003 年美国学者 Chesbrough 提出了"开放式创新"概念,对企业通过整合内外部创新要素以创造新价值进行了系统研究[①]。Chesbrough 认为,知识的创造和扩散以及高级人才流动的速度越来越快,企业应实施开放式创新模式,与大学等外部知识源进行广泛合作。郑刚、梁欣如指出创新过程中技术与各非技术要素应注重"全面协同",以实现各自单独无法实现的"2+2>5"的协同效应[②]。

协同理论研究各种完全不同的系统在远离平衡时通过子系统之间的协同合作,从无序态转变为有序态的共同规律[③]。协同学理论运用在生产领域,便提出了协同生产的概念。协同生产是打破了时空的约束,通过信息网络,使整个产业链上的企业和合作伙伴共享需求、设计、生产和销售信息。

协同学理论运用在创新领域,陈劲、阳银娟认为,协同创新开创了科技创新的新范式[④]。他们认为,协同创新关键是形成以大学、企业、研究机构为核心要素,以政府、金融机构、中介组织、创新平台、非营利性组织等为辅助要素的多元主体协同互动的网络创新模式,通过知识创造主体和技术创新主体间的深入合作和资源整合,产生系统叠加的非线性效用。Miles 等将协同创新定义为:通过共享创意、知识、技术专长和机会,实现跨企业(甚至产业)边界的创新[⑤]。

本文认为,协同创新(Synergy Innovation)是以知识增值为核心,通过不同创新要素的有机配合,通过复杂的非线性相互作用产生单独要素无法实现的整体协同效应的过程。本文认为,可以运用协同学理论和协同创新理论研究科普和新媒体的发展,科普和新媒体是两个独立的子系统,都在建设创新型国家这个复杂的大系统内,两个系统的协同行为产生出的超越各要素自身的单独作用,从而形成整个系统的统一作用和联合作用。两者合作和发展的高级阶段是协同创新,这种作用是一种动态演化和优化的过程。最终促进科普和新媒体的互动和融合发展。

二、社会发展要求科普运用新媒体

科技、经济的发展,使得社会的发展日益多元化、复杂化。传播媒体的变革带来了传播模式的革命,加速了社会的多元和复杂。特别是新媒体的发展,社会已经真正成为在信息领域平等和自由的社会。

---

① Chesbrough H.:《Open innovation:the new imperative for creating and profiting for technology》[J],Harvard Business School Press,Cambridge,MA,2003.
② 郑刚、梁欣如:《全面协同:创新致胜之道》[J],《科学学研究》,2006,年第 24 期:P268—273。
③ 郭治安、沈小峰:《协同论》[M],山西经济出版社,1991 年版.
④ 陈劲、阳银娟:《协同创新的理论基础与内涵》,《科学学研究》[J],2012 年第 2 期,2 月 15 日,P161—164.
⑤ Miles R E,Miles G,Snow C C.《Collaborative Entrepreneurship:How Communities of Networked Firms Use Continuous,Innovation to Create Economic Wealth》[M]. Stanford,C A.,Stanford University Press,2005.

科普是科学技术普及的简称,传统意义上的科普工作,是指通过一定的组织形式、传播渠道和手段,把科学共同体公认是正确的科学技术知识,传播介绍给受众,以提高受众的科学知识水平和技术技能。但是由于人口基本特征的差异以及在日常消费行为方面的差异,社会生活意识多元化的倾向越来越明显,受众的个性意识越来越独立,自我认同程度加剧,受众的分化明显。科普应对这一趋势必须依靠和运用新媒体。

学界普遍认为:新媒体是应用信息技术,通过互联网、局域网、无线通信网、物联网、卫星等通信渠道,在计算机、手机、数字电视机、户外电子屏等便捷终端,向受众提供信息和服务的新型传播媒体。新媒体遵循信息论的通信模式。从某种意义上,新媒体颠覆了传统的传播模式,形成了新的信息传播机制。

当前,新媒体往往又被称为第五媒体,它融合了报纸、广播、电视、网络等四类媒体的内容和形式,同时又具有便携性、实时性、定制性、定向性和交互性的特征。随着三网融合的逐步完善,技术的不断进步,第五媒体将主导未来媒体发展[1]。新媒体的目标市场更加细分,媒体产品更加个人化,媒体将分门别类地,甚至因人而异地为大众制作产品。受众可以自行决定如何利用新媒体,使媒体内容与形式更符合其生活和心理需求。受众对接受时间的选择具有灵活性,可以在任意时刻和地点的反复收听收看。新媒体引入了公众的视角对信息进行加工处理,向受众提供更为个性化的服务。

传播科技的每一次突破性的进展,通常都伴随着一种新的传播媒介的诞生,并导致传播水平的相应提高和传播观念的相应变革[2]。科普作为依靠科技传播作为核心的科技活动,也经历着一场同样的革命:科普的模式发生着革命。科普必须适应和引领这种传播模式的革命,利用新媒体变革带来的契机。

三、新媒体对科普的影响与挑战

新媒体的产生和发展,本身就是媒体科技知识的生产和传播过程,理所当然是一种新媒体的科普过程。这一过程本身对于科普研究而言就很有借鉴和启示作用。

我们以移动媒体的发展为例,移动媒体是以手机媒体为代表的一种新的传播形式,主要以移动终端载体和无线网络为传播介质,实现文字、图像、音频、视频等内容的传播和服务。除手机之外,其他移动智能终端也成为移动媒体的重要载体,如 IPOD(随身携带、无线上网、发布信息)、上网本。这些移动媒体具有便携性、实时性、定制性、定向性和交互性的特征,其迅速发展与普及,使个人的零散时间得到有效使用,人们付出很低的时间成本就可以获取信息[3]。移动媒体本身就是科技产品,这些产品的自身就还有一些需要科普的内容,人们在使用这些产品过程中,这些内容自然就以实践的方式使公众获得

---

[1] 陶春:《第五媒体引领信息传播重大变革》[J],《中国党政干部论坛》,2011 年第 1 期:P60—61.
[2] 吴廷俊主编:《科技发展与传播革命》,华中科技大学出版社,2001 年版.
[3] 陶春:《加强移动媒体管理、提高社会管理水平》,《科学时报》,2011 年 2 月 24 日 A3 版.

了科普的内容。

科普是需要通过公众易于理解、接受和参与的方式为载体来实现。16 世纪英国哲学家佛兰西斯·培根提出"知识就是力量",并指出"知识的力量不仅取决其自身价值的大小,更取决于它是否被传播以及被传播的深度和广度"。传统的科普传播模式,往往在时间、形式、内容等方面都受到限制,读者必须在一定知识层面上才能享用,与其说是"大众传播",不如说是一种"贵族化"传播。迅猛发展的新媒体正在改变着整个社会的信息传播方式,新媒体自然会给科普事业发展带来了新的巨大空间,成为科普的一个新载体。从我国亿万手机等移动终端用户的结构分析看,新媒体已经成为知识分子和青年的第一信息来源。新媒体的受众绝大多数是受过较好教育、年龄在 40 岁以下的城镇青年。年轻人乐于、善于学习和运用新事物,新媒体正是受到年轻人的青睐,才占领了信息传播的最活跃阵地和未来的主战场,因此对于年轻人的科普工作日益重要和突出。

现代科技革命的巨大力量向我们提供出更高超的、更新的新媒体,使得传播方式发生天翻地覆的历史巨变,但同时也将凸显出科技传播的独有价值和精神力量。没有恰当的科技传播理论和高效的科技传播体制,就不可能有很高科学素养的社会公众,也就不可能有现代科技发展和文明进步的持续推动力量。

新媒体的蓬勃发展是不以人的意志为转移的,随着信息技术的发展,资源数字化、传输网络化、管理自动化、应用个性化、服务知识化将成为必然趋势。科普实际上是促进知识的跨组织转移、传播和学习,能否及时跟上技术进步的步伐,决定了基于公众的科普事业的繁荣和衰败。科普通过新媒体提供的强大支撑,在新媒体的强大冲击下,走出一条更为有效的科普传播方式,在服务公众科学素养、提高经济社会发展方面发挥重要作用。

四、科普与新媒体的协同发展

协同学理论主要有三种效应。一是协同效应:指复杂开放体系中大量子体系相互作用而产生的整体效应或集体效应。二是支配效应:当体系通近不稳定点时,体系的动力学和突现结构通常由少数几个变量或一个变量决定,而体系其他变量的行为处于被支配地位。三是自组织效应:在一定外部能量和力量输入的条件下,体系会通过大量子系统之间的协同作用,在自身力量和能量的作用下,达到新的稳定,形成新的时间、空间或时空有序结构。这三种效应,说明科普与新媒体的关系,即通过协同、支配和自组织的发展,使得现阶段科普与新媒体从无序的发展状态走向有序的协同的发展状态。

现在的科普和新媒体两个子系统属于独立运动的子系统。两者之间关联运动少,导致"劲不往一处使",两者无法实现协同。在科普与新媒体之间建立成为协同系统,包含科普和新媒体两个子系统组成,改变两个子系统的关联的方式,使系统向控制的有序结构转化,以自组织方式形成宏观的空间、时间或功能有序结构的开放系统。

科普系统和新媒体系统中的各要素间的非线性相互作用,成为推动系统协同发展的动力。专业化与协同化是当前科技发展的两大趋势。但仅有专业化知识的线性相互叠加,是不够的。还需要有多学科、多专业的交叉融合,多领域、多背景、多主体的政策协同都起着决定性的作用。专业化知识的线性叠加总和只等于每一种作用相加的代数和;而非线性相互作用的总和则大于每一种作用相加的代数和,也就是一种协同的放大效应。

科普和新媒体的发展从无序结构向协同结构的转变,必须重视与环境的动态关系,调整自身的发展方式,以从环境中获得新的有序结构维持所必需的要素、知识和信息。也就是说,构建协同发展模式,应当重视利用社会资源协同保障科普和新媒体的发展。

五、加强科普与新媒体协同发展对策建议

当前,我国进入一个重要的"发展战略机遇期"。当然,这也是一个"矛盾集中凸现期",如何顺应知识化、全球化的发展趋势,研究我国转型期的主要矛盾,利用先进的科学技术手段,创造性地破解我国转型过程中复杂、多样的社会矛盾,研究知识发展和社会变革相互促进的道路、探索科学与社会协同发展的模式,实现科学与社会协同发展。这既是新媒体关注的话题,也是我们科普的重点。2011 年的 4 月 24 日,胡锦涛总书记在清华大学百年校庆的讲话中强调,要积极推动协同创新。

就科普和新媒体协同发展而言,需要加强三个方面的协同。

(1) 科普理念和新媒体理念的协同。科学精神、科学道德、科学方法、科学价值等在科普中已深入人心,这种理念怎么与新媒体的便捷、自由、平等、公开等价值协同融合,深入到科普和新媒体的发展之中。文化的互补性和相近性能减少双方在合作中的冲突以及知识转移中产生的信息破损和理念变异。特别是对于价值理念等隐性知识的转移、学习和吸收,合作各方应在知识协同中建立开诚布公的态度和透明化的机制设计,尽量避免知识转移中的机会主义行为和衍生成本,提高双方的发展效益。通过双向交互协同的方式,使公众参与科学知识的生产和普及,共同倡导和运用科学方法、传播和理解科学思想、弘扬和践行科学精神,拉近科技与公众之间的距离,使新媒体成为公众参与科普的场所和平台,也使公众运用新媒体成为一个科普的过程,在这一过程中真正提高公众的科学素养和价值追求。

(2) 科普产业与新媒体产业全产业链的协同。包括知识的生产、应用和传播。现代产业获取竞争优势的途径已经超出了单一业务单元,竞争的范围逐步扩展到整个产业链,乃至多个产业链系统的交错关联中。无论是科普,还是新媒体所能向受众提供的价值,不仅受制于其自身的能力,而且还受产业链其它环节能力的制约。因此,科普产业和新媒体产业获得竞争优势,不仅仅局限于提高自身能力与扩大资源的范围,还扩展到产业链上下各环节的系统协同整合中。两大产业链协同是一个涉及知识生产、知识应用、知识扩散的过程。知识生产提高了产业的科学技术内容和含量,使得产业革命成为可能;知识的应用提高了生产的效率和影响的深度;知识的扩散则迅速侵蚀初始移动壁垒,

任何建立在专有知识或专门技术基础之上的移动壁垒都会随时间迅速消失,促进了科技的普及。不同产业的关联加强,使得不同产业价值链之间变得越来越相关联,并出现一系列的重叠、替代、交叉和趋同等变化。以创新的手段,在产业链整合中,产生协同效应,获取独特的竞争优势的新途径。

(3)科普发展和新媒体发展体制机制的协同,最终与建设创新型国家大系统达到协同。科普与新媒体两者的各要素原来"点对点"合作模式已经落伍,需要突破以往的线性模式,实现基于协同的并行模式,甚至网络化模式。跨学科、跨专业的知识合作与交流是网络化协同创新的优势,可以实现知识的互惠共享,资源的配置优化,行动的同步最优。

无论是科普还是媒体都是建设创新型国家重要的内容和子系统,这里必然存在着子系统和子系统之间、子系统和大系统之间多元复杂的协同发展的问题。

参考文献

[1] Chesbrough H. Open innovation: the new imperative for creating and profiting for technology[J]. Harvard Business School Press, Cambridge, MA,2003.

[2] Miles R E, Miles G, Snow C C. Collaborative Entrepreneurship: How Communities of Networked Firms Use Continuous, Innovation to Create Economic Wealth[M]. Stanford, C A., Stanford University Press, 2005.

[3] 安德鲁·坎贝尔等:《战略协同》,机械工业出版社,2000 版.

[4] 陈劲、阳银娟:《协同创新的理论基础与内涵》,《科学学研究》[J],2012 年第 2 期.

[5] 当代上海研究所:《协同创新与科技发展——长江三角洲发展报告 2008》[M],上海人民出版社,2009 版.

[6] 郭治安等:《协同学入门》,四川人民出版社,1988 年版.

[7] 郭治安、沈小峰:《协同论》,山西经济出版社,1991 版.

[8] 何郁冰:《产学研协同创新的理论模式》,《科学学研究》[J],2012 年第 2 期.

[9] 赫尔曼·哈肯:《高等协同学》,郭治安译,科学出版社,1989 年版.

[10] 赫尔曼·哈肯:《协同学——大自然构成的奥秘》,上海译文出版社,2005 年版.

[11] 陶春:《加强移动媒体管理、提高社会管理水平》,《科学时报》,2011 年 2 月 24 日.

[12] 陶春:《第五媒体引领信息传播重大变革》[J],《中国党政干部论坛》,2011 年第 1 期.

[13] 王贵友:《从混沌到有序——协同学简介》,湖北人民出版社,1987 年版.

[14] 吴廷俊主编:《科技发展与传播革命》,华中科技大学出版社,2001 年版.

[15] 郑刚、梁欣如:《全面协同:创新致胜之道》[J],《科学学研究》,2006 年第 24 期.

利用互联网加快科学普及，实现公平普惠

李朝晖

中国科普研究所

摘要：信息化浪潮正席卷全球。一方面是科学技术及其产品的迅猛发展，另一方面是弱势人群在信息革命面前的弱势地位愈加明显。为了实现社会的共同发展，必须对弱势方给予更多倾向性帮助。网络技术的快速发展提供了良好的基础，利用网络，可以方便快捷地对信息社会中的弱势群体进行有针对性的科学普及，让他们同样能够享受到科学、文化发展带来的益处。

关键词：信息社会，互联网，科学普及。

互联网和手机的出现与应用极大地改变了人类的工作和生活习惯与方式，带给人们更多便利。随着社会信息化程度的不断加剧，由于全球不同国家与地球之间，与信息技术相关的资源的非均衡分配，数字鸿沟随之产生。数字鸿沟是随着信息革命而逐渐形成的仅次于贫富差距的第二大社会问题。尽管信息技术给弱势群体带来了利用先进技术实现跨越式发展的机会，但是新兴信息技术更多可能是加剧国际上和地区间的贫富差距。当前数据显示，信息化更趋向于加大社会的不平等，新的信息技术创造出的机会更多地被经济发达国家和地区及具有较高教育背景的人们把握。

一、我国的互联网建设与应用水平

为了使我国不再被世界发展潮流抛弃，成为信息社会的贫困者，2006 年国务院办公厅印发了《2006—2020 年国家信息化发展战略》，加快我国信息化的建设水平，实现跨越式发展。据国家信息中心"中国信息社会测评研究"课题组的初步测算[1]，我国从 2008 年开始整体上处于迈向信息社会的加速转型期，2000—2007 年我国信息社会指数（ISI）年均增长为 4.1%，2008 年全国 ISI 首次突破 0.3，2008—2010 年 ISI 年均增长 12.6%；其中上海、北京 2008 年的 ISI 已突破 0.6，率先进入信息社会初期阶段①。在转型期，随着信息技术普及率到一定临界点，其扩散将呈现加速态势，对经济社会发展开始产生"质"的影响，向信息社会转型的步伐也会显著加快，如数码产品和互联网的广泛应用已

---

① 根据课题组的研究，信息社会可划分为起步期、转型期、初级阶段、中级阶段和高级阶段等不同发展阶段，ISI 在 0.3 以下被认为是起步期，在 0.3—0.6 之间称之为转型期。

经并将继续催生新的产业形态，智能家居、智能建筑、智能医院、智慧校园等新型社会形态逐渐呈现。

为此，我国政府高度重视信息化建设并加大力度积极推进信息基础设施建设，为信息产品应用的跨越式发展奠定基础。我国互联网应用正处在快速扩张初期，其应用也实现了跨越式发展，呈现宽带化和移动化。据第 29 次中国互联网络发展状况统计[2]，截至 2011 年 12 月底，中国网民突破 5 亿，达到 5.13 亿，全年新增网民 5 580 万。互联网普及率较 2010 年底提升 4 个百分点，达到 38.3%。中国手机网民达到 3.56 亿，占整体网民的 69.3%，较 2010 年底增长 5 285 万人；农村网民为 1.36 亿，比 2010 年增加 1 113 万，占整体网民比例为 26.5%；家庭电脑上网宽带网民为 3.92 亿，占家庭电脑上网网民比例为 98.9%；使用台式电脑上网的网民比例为 73.4%，比 2010 年底降低 5 个百分点；使用手机上网则上升至 69.3%，其使用率正不断逼近台式电脑；网民中初中以下学历人群继续保持增长，由 32.8% 上升至 35.7%。

同时，我国移动网络也保持着较快速度的增长，无线宽带与 3G 网络的增长势头更为迅猛，3G 信号覆盖面加大。截至 2010 年底，中国移动 TD－SCDMA 网络、中国联通 WCDMA 网络已经覆盖了全国县级及以上城市；中国电信 CDMA2000 网络已覆盖全国 342 个本地网，2055 个县城和 2 万多个乡镇，基本实现市区（含县城）的 3G 数据业务全覆盖[3-5]。另外数据显示[6]，截至 2011 年末，我国电话用户已达 12.7 亿户，其中移动电话用户近 10 亿户，移动电话普及率达到 73.6 部/百人，固定电话普及率为 21.3 部/百人，移动电话对固定电话的替代效应明显。近 10 亿的移动电话用户中，3G 用户为 1.28 亿户。

二、利用互联网加快科学技术传播与普及

1. 为什么要进行科学传播与普及？

首先，我国是在工业化水平较低的基础上推进信息化建设的。面对信息社会，我们的社会和公众都没有做好准备，如经济不够发达，公众的科学素质较低等。同时又面临追赶发达国家的信息化水平，以免被落下而成为信息社会的"贫穷国家"。为此，我们需要利用信息化促进产业结构的调整、转换和升级，促进信息化成为经济增长的重要手段，减少物质资源和能源消耗。同时，随着信息技术的不断进步，智能化的综合网络遍布社会各个角落，商业交易方式、政府管理模式、社会管理结构也在发生变化。信息技术的广泛应用对劳动者素质特别是专业素质的要求逐渐提高；数字化生活方式的形成，使人们对信息手段和信息设施及终端的依赖性越来越强。公众需要学会和适应信息化带来的变化，提升自身的应对能力。

其次，信息化给人类社会带来的利益并没有在不同的国家、地区和社会阶层得到共享。数字鸿沟加大了发达国家和发展中国家的差距，也加大了一国国内经济发达地区与经济不发达地区间的差距。数字鸿沟是指信息社会中不同国家或人群占有信息技术及

资源的不平等。数据显示,我国发达地区与不发达地区之间、城乡之间存在较为明显的数字鸿沟。数字鸿沟是信息社会一个不容忽视的问题,正如工业社会的贫富差距一样。处于鸿沟劣势一方的弱势群体,被称为信息穷人或网络落伍者,他们被排斥在信息社会之外,无法享受到科技发展带来的好处,在竞争中的劣势更加明显,也会因之更加贫困。尽管理论上信息技术可以有效地帮助社会的弱势群体,但是总体上来看,信息技术仍然加剧了社会的不平等。比如互联网,既是信息产品又是信息社会的必备工具,可以有利地支撑经济和社会的发展,扩大信息循环与社会参与的范围和自由度,但同时互联网也存在制造新形式的集权、加剧社会不平等的可能性。

最后,信息社会中,科学技术日新月异,信息产品铺天盖地,人类已经生活在一个被各种信息终端所包围的社会中,信息逐渐成为现代人生活不可或缺的重要元素之一。公众或许对某项具体的科学技术不感兴趣,但是公众对影响其工作和生活的信息产品的兴趣却是与日俱增。在信息社会中,即便是一个具备一定科学背景的人,也不可能对其所使用或感兴趣的信息产品中包含的科学技术了如指掌。利用公众对信息产品的浓厚兴趣,向公众普及相关的科学技术,激发公众对科学技术的兴趣,点燃公众对科学的热情,提升公众的工作能力与生活质量,最终实现个人、社会的全面发展。

2. 通过什么途径进行科学传播与普及?

互联网技术的快速发展,为信息社会的科学普及提供了最好的途径和手段。利用信息技术建设的信息高速公路——宽带互联网是信息社会信息传播的最佳途径。通过宽带互联网,公众可以享受影视娱乐、遥控医疗、远程教育、视频会议,实现网上购物等。宽带互联网同样也可以作为向公众进行科学普及的通道。数据显示[6],2011年在全国已经实现行政村通电话、乡镇通宽带的基础上,电信部门继续推进行政村通宽带,至2011年底,全国84%的行政村已开通宽带。通过宽带互联网,经济落后地区的公众将有机会享受与发达地区公众一样的科普服务,同时激发他们的科学兴趣,启迪他们的科学意识,使之具备科学思想和科学精神。另外,这将大大弥补经济欠发达地区实体科普基础设施的不足,对于快速提高贫困地区公众的科学素质,促进经济社会和谐发展具有重要意义。

利用宽带互联网进行科学普及有一个前提,就是将相关的科技产品虚拟化。如开发网络虚拟展品、制作网络动漫、建设网络虚拟科技馆等,不发达地区的人们或城镇中的贫困人群可以参观发达地区的虚拟科技馆,从而进入一个绚丽多姿的、虚拟与真实相互交融的三维世界当中,使人有一种身临其境的感觉,甚至使公众获得超越现实的体验感,如体验远程遥控操作组装科技产品的"现场感",获得超过单纯参观或简单操作的体验感;欣赏异地风景的自然之美等等。虚拟化的展品不但能突破时空的限制实现资源共享,而且可提供观众零距离体验,大大增强科普效果。

3. 科学传播与普及的重点人群

信息社会的科学普及将主要针对信息社会中的弱势群体，如受教育较少、贫困、边远地区等。通过科学传播与普及，一是使他们能够享有公平的机会提升他们应用科学技术及产品的能力，改善自身的工作和生活质量；二是通过提供公平普惠的渠道，激发他们对科学的兴趣和信心，使他们能够抓住科学技术带给的机会，发挥后发优势，接近或赶上信息社会中的优势群体，最终达到社会的共同发展。

信息化促进产业结构的调整、转换和升级，这使得相关工作对操作工人的素质特别是专业素质的要求越来越高。而同时，传统工人（包括农民工）在信息化的过程中正处于相对不利的位置可能失去他们的工作。这些使得工人必须了解并且掌握与其工作相关的科学技术。利用互联网开展培训，可以解决课堂教学受时间、地域制约的问题；工人可以自主学习，按需学习、个性化选择学习内容；便于实现交互学习、网上相互答疑解惑；这些有利于高效利用培训资源，提高员工的培训效率。通过网络，工人不仅学习到了新的技能，还可以及时了解新的科学技术和产品。另外，工人也可以通过互联网免费或较少代价学习新的技术，提升自己的竞争能力。

2012 年中央 1 号文件提出农业发展的根本出路在科技，依靠科技创新驱动，引领支撑现代农业建设。农业科技创新的最终用户是农民，农民必须学会应用新的科学技术，这就需要对农民进行农业创新科技的普及和培训。但是农民天生就是信息社会的弱势群体。我国农民受教育程度低、相对贫困、接触信息技术及产品的便利性差。为了使农民不成为信息社会的落伍者，我国政府从 2004 年起实施了"村村通"工程，如村村通广播、电视、电话、宽带等。这为我国广大农村地区的科学普及提供了坚实的基础。通过宽带互联网，可以向农民推广新的农业技术，培养农村实用人才和农业科技人才。同时，农民也可以通过宽带及时了解和学习有助于提高其生活品质的信息技术及产品（如网上银行、网络购票等），激发他们对科学和参与科学试验的兴趣和信心，使之具备科学精神和理念，成为农业科技创新的有用之人。

青少年是未来的主人。要使我国在信息社会中不落后于其他国家，必须培养青少年对科学的兴趣和热情。对青少年进行科学普及不仅是使他们了解相关的科学知识，更重要的是培养他们对科学的兴趣、点燃他们对科学的热情，激发他们的创新思想。为了加快中小学信息技术普及，教育部于 2000 年印发了《关于在中小学普及信息技术教育的通知》，旨在以信息化带动教育的现代化，努力实现我国基础教育跨越式的发展。随后提出了"校校通"工程。"校校通"工程是利用互联网技术以多种方式将学校与学校的信息交流渠道连通，使学校之间的信息和资源可以实现共享。通过"校校通"网络，落后地区的教师可使用发达地区的优质教育资源改变教学方法和形式，提高教学质量；青少年还可以通过网络及时了解和学习其感兴趣的新的信息产品和技术，掌握相关的信息技术，缩短发达地区和落后地区之间、城乡之间的数字鸿沟。

现代科学技术的发展和应用越来越与人们的衣食住行切切相关,电子商务、电子政务不断发展并成为常态化,家用电器越来越智能化。公众要方便舒适地处理好个人的生活事务,必须了解和掌握相关的科学技术。这也就要求应对普通公众进行相关科学技术的传播与普及。

三、结束语

我国信息社会水平稳步提高,但是我国在全球范围内的信息化排名却在下降(2007年排名第77位,2008年排名第79位,2010年排名第80位[7])。同时,我国宽带互联网的服务资费水平依然偏高(尽管一直在降,但仍然过高),一些低收入家庭不能负担,成为信息社会快速发展的巨大阻力。应进一步采用新的科学技术,加快互联网基础建设,降低用户支付成本,推进社会发展。

同时,我国还需加快利用互联网进行科学技术的普及和应用,特别是落后地区和弱势群体。要更好地对落后地区的公众进行科学技术普及,应更多地将科技产品虚拟化。这样落后地区公众和弱势人群将可以通过宽带及时了解新的科学技术和产品,体会其科学方法与试验。最终促进他们应用适当的科学技术,实现个人及本地区经济、社会的跨越式发展,从而促进全社会的整体发展。

参考文献

［1］ 国家信息中心信息化研究部:《走进信息社会:中国信息社会发展报告2010》.

［2］ 中国互联网络信息中心:《第29次中国互联网络发展状况统计报告》,2012.1.

［3］ 中国移动:《中国移动通信集团公司2010可持续发展报告》.

［4］ 中国联通:http://www.chinaunicom.com.cn/about/qygk/jtjs/index.html

［5］ 中国电信:《中国电信集团公司2010年社会责任报告》.

［6］ 工业和信息化部:《2011年全国电信业统计公报》.

［7］ 国际电信联盟:《衡量信息社会发展2010》.

新媒体在高技术科普中的作用分析

姜念云

科技部高技术研究发展中心

摘要：本文在对新媒体的优势和高技术科普的特点、目的进行分析的基础上，对如何有效促进两者的结合，更好地实现高技术科普目标等问题进行了初步分析，并提出了有关对策建议。

关键词：新媒体，科普，高技术。

一、新媒体及其特点

一般认为，所谓新媒体是指在新的技术支撑体系下出现的媒体形态，是相对于报刊、户外、广播、电视四大传统意义上的媒体而言的。目前主要包括数字杂志、数字报纸、数字广播、手机短信、移动电视、网络、桌面视窗、数字电视、数字电影、触摸媒体等①。新媒体也通常被形象地称为"第五媒体"。因此，新媒体的形成和发展，首先也是以信息技术为代表的高技术发展的成果。

可以看出，相较传统媒体而言，当前的各类新媒体具有内容表现形式多样，转播面广，接收灵活，信息发布实时，个性化、互动性强等特点。因此，新媒体为包括科技知识在内的知识、信息的传播提供了新的途径和形式。如何结合高新技术知识的特点，利用新媒体的优势加强传播，提高公众对于高新技术内容、动态以及经济社会作用的理解和认识，是需要我们认真思考和不断探索的问题。

二、科普及高技术科普的特点

1. 科普的内涵与特点

按照我国科普法规定，科普是"国家和社会普及科学技术知识、倡导科学方法、传播科学思想、弘扬科学精神的活动"；"科普是公益事业"。而从科学技术的文化属性看，科普本质上属于文化传播范畴，应是公共文化服务的内容之一。

科普的目的是使公众分享科技知识，提高科学素养，了解和参与科技活动。随着科技在人类的生活、生产中的广泛渗透，广义来讲，每一个人都是每一项科技知识的受众。

---

① http://beike.baidu.com/view/339017.htm

无论哪一类知识,理论上都有被每个人了解的需要,而并没有农民、工人、干部等职业的明显界限。

科普有别于高等教育和职业培训。前者是以让公众广泛了解科技活动自身和科技成果及知识,传播科学精神与文化为目的的,属于文化建设的内容;后者则是使受教育者能够运用有关科技知识于自身工作,掌握技能为目的的。目的不同,决定了科普的目标受众和形式应有别于科技教育。因此,通过受众易于理解和接受的表现形式和有效的传播渠道,将科普内容广泛地传播给公众,是科普所应追求的目标。

具体的科普过程往往是通过某种形式的科普产品来实现的。如同其他文化产品一样,科普产品的创制与应用也需要经过内容创作、产品创制和传播三大环节,由此构成了科普产品的创新链。而通过新媒体技术的应用,有效地提高科普产品的创作效率、科普内容的表现力,以及科普作品的传播力,则是体现新媒体优势的主要方面。

2. 高技术科普的目的与特点

以信息、新材料、生物、先进制造、新能源等为代表的高新技术的发展与应用,在大大拓展了人类对于自然世界的认识、改造和利用能力的同时,也给世界经济、社会以及人类的生活带来了翻天覆地的变换和影响。

计算机、互联网、移动通信、广播影视、转基因、大规模集成电路、航空航天技术的不断发展,使生活在当代社会中每一个人,无论其性别、职业、受教育程度等有什么不同,都会与高技术及其产品产生方方面面的联系。同时,由于高技术及其产业的发展具有研发投入高、智力密集、风险高,以及升级发展速度快、应用面广、渗透力强等特点,因此,引导社会加强研发资源投入,促进创新资源的集聚;提高高新技术成果的利用效率,促进应用创新和集成创新;以及加深社会各界对高技术及其产业发展的认识、理解,更合理、科学地选择和应用高新技术,对于实现高技术产品创新和产业发展,促进经济、社会科学、协调可持续地发展都具有重要意义。

因此,通过有效的表现手段和传播方式,使更广大的公众能够更多地认识、理解高技术,促进高技术的应用,应该是科普工作,特别是当代科普工作的一个重要任务和目标。

总体上看,加强高技术科普的目的主要有以下几方面:

一是加强高技术相关科技知识的普及。对于一般公众而言,了解和理解构成高技术各类技术及其产品的科学原理和科学知识,对于提升公众的科技知识水平,了解当代科技的发展情况具有重要意义。

二是提高公众对于高技术特点的认知。通过加深公众对高技术新进展、新突破、新功能的了解和认识,有利于拉近高技术与公众的距离,激发公众,特别是青少年对于参与高技术研发与应用创新的热情。同时也能够激发公众对高新技术发展对世界经济社会、生活未来发展影响相关问题的思考。提高公众对于高技术及其产业发展相关问题的理解和参与水平,为高技术及其产业的科学发展建立更为良好的社会环境。

三是促进高技术成果的转移应用。高技术的高风险、高投入等特点,决定了提高高技术成果的扩散速度和应用转化效率的重要意义。因此,通过高技术科普,加强社会相关各界对高技术发展前沿的了解,激发公众对于利用高新技术开展创新的兴趣、热情和思考,对于促进各类创新资源的集聚,加速高技术成果转移应用效率,促进高技术及其产业更好、更快地发展也具有重要的意义。

三、新媒体在高技术科普中的作用分析

如同文化产品一样,真正能够形成预期经济、社会效益的往往是少数精品的作用。高技术科普精品的形成,是需通过科普创新链的各环节来共同体现的。首先需要内容上注重客观系统、科学全面,且通俗易懂,应密切关注我国乃至世界科技发展重点、热点和前沿问题;在产品创制及表现形式方面,需要注重形式多样,有利于揭示高技术及其相关各学科领域的特点与内涵,还要考虑不同目标受众的接受能力和认知习惯与特点,具有较强的表现力;在传播环节,有效的传播力是科普项目成功发挥社会效益的关键。因此,在充分发挥主流媒体作用的同时,新媒体的易于表现、传播和获取信息,以及形式多样等特点,对于有效提升高技术科普效果具有重要意义。

另一方面,高技术的特点及其经济社会作用,决定了公众对于高技术的认知界面,也决定了不同类型新媒体在高技术科普中的不同作用。

1. 利用新媒体的快速,加快高技术发展信息的传播

基于互联网、移动通信等先进通信技术平台,以及计算机、手机、平板电脑等接收显示技术发展起来的各类新媒体所具有的快速、便捷的特点,决定了其在高技术发展动态、信息传播方面的特有优势。

而如何进一步加强基于相关信息传播形式及平台的高技术科普内容的制作水平、速度和权威性,则是相关工作进一步应加强的重点。

2. 利用新媒体的丰富表现形式,提高公众对高技术知识的认知能力

虚拟现实、3D动漫等新型表现形式,有利于将各类内容高深、信息丰富的高技术的原理、内涵,通过更为易于实现的便捷、清晰的表达方式和手段给予生动的表现。

如何针对不同受众的认知习惯和心理特点,开发内容和形式均佳的科普精品,是一个需要科学家和相关产品设计制作人员共同努力的方向。

从很大程度上来讲,对高技术相关学科知识的扩散传播,应属于专业学习范畴,科普并不能够代替专业教育,但对于高技术有关基本原理的揭示,以提升公众的科学素养,则还应是科普的任务之一。

3. 利用新媒体的互动体验特点，促进高技术的应用创新

利用各类有利于揭示高新技术成果功能特点的，有利于提升观众体验效果的接触、互动型展示传媒新式形式，对于让观众切实感受和理解高技术可能给世界带来的新功能、新作业、新影响和新变化，对于激发公众的高技术应用创新热情，加深对高技术的经济、社会效果的理解和感知具有重要的意义。

对此，如何进一步提升相关展示的设计策划能力是关键。而加深对相关高技术特质、内涵的理解则是提升展示创意能力的关键。

四、有效发挥新媒体在高技术科普中作用应加强的重点

1. 加强顶层设计和系统策划

结合世界高技术发展趋势，及时捕捉传播要点，在分析高技术发展可能给世界带来的多方面影响的基础上，结合各类新媒体的优势，开展相关专题性科普活动的策划与展品设计，举办系列专题的科普活动，应是比传统的科技成就展更为有效的科普形式。

2. 加深对高技术科普特点的认识

分析各类高技术知识的内涵、特点以及公众认知界面，以有利于促进公众的理解和思考为主要目标，有针对性地选择恰当的新媒体表现形式，加强相关体验式、互动式科普展品的设计与应用，应是比试图将相关科技知识以幼儿化的方式解读，更具有感染力和传播效果的科普思路。

3. 加速有影响力的科普精品的打造

目前已有科普网站等多种新媒体科普产品多种，但真正有影响力的并不多。除应加强发挥各大主流新闻媒体及其网站的作用外，进一步应更注重发挥政府、科研机构以及行业协会等的作用，加强能够实时、系统地向公众转播世界高技术发展动态的，并具有公信力、权威性、专业性的科普传播品牌的打造。

参考文献

[1] ［奥］乌里克·费儿特等著，优化公众理解科学——欧洲科普纵览，上海科学普及出版社，2006.
[2] 任海等主编，科普的理论方法与实践，中国环境科学出版社，2004.
[3] 姜念云，文化与科技融合的内涵、意义和目标，中国文化报，2012 - 2 - 14.
[4] 原研斋著，引人兴趣的媒介，广西师范大学出版社，2011.

浅析新媒体在科普活动中的"靶向性"作用

谭艺平　谢　娇

湖南省科技厅

摘要：科普活动是借助于一定的媒介普及自然科学和社会科学知识，传播科学思想，弘扬科学精神，倡导科学方法，推广科学技术应用的活动。在科技创新这一源动力的推动下，媒介新技术的广泛应用不仅是传播工具的革新，更前所未有的推动了科技知识的传播速度与广度。媒介新技术的普及对我国的科普活动产生了重大影响，这使得我们很有必要进一步探索各类新媒体对科普活动的"靶向性"作用，更好地实现当代及未来科技知识的传播与发展。

关键词：科普活动，新媒体，靶向性。

一、数字电视媒体是"大众科普"的主战场

随着科技的发展，数字电视媒体呈现多元化发展，移动公交电视、车载电视以及楼宇电视已是随处可见。目前移动电视的传播内容主要是时事新闻、经济消息、娱乐头条和商业广告，科技信息只占小部分，而且一般是与日常生活密切相关的信息，如生活小窍门等节目。相比于经济、时政等信息的即时紧迫，娱乐、运动等信息的趣味休闲，科技信息似乎显得较为沉闷单调，这就更加需要媒体从业者和科普人员寻找最佳的表达方式，吸引大众的兴趣。

(1) 科普节目大众化是电视科普节目创新的基础。放眼周边国家，各国科普的手段值得我们去学习与借鉴，如印度凭借高科技数字化优势制作了第一部虚拟明星 3D 太空科幻片《雷加和雷扎》，已经直追《阿凡达》的风采。韩国科技部于 2007 年开办了覆盖全国的科技电视台，每天 24 小时播出，已经拥有千万观众。他们的宗旨是展示国家科技形象，增强国家竞争实力。迪拜酋长国的《认识未来》已经成为世界第一流的科技新闻，每周播出半小时，用数字特技动画展示全球最新科技成果。3D 电影、新闻、综艺节目、纪录片，几乎电视媒体的所有节目形式都可以成为"大众科普"的传播手段，我们也可以效仿《超级女生》，每年定期举办科普知识竞赛或科普达人秀，让科普不再沉默，真正实现大众化，真正走进千家万户。

(2) 科普节目娱乐化是电视科普节目创新的方向。当下的电视媒体上已经有娱乐的脱口秀，也有大众科普栏目，湖南卫视从 2009 年 11 月开始，将二者结合起来，取其精

华,推出了全民科普节目《百科全说》,给"大众科普"带来了全新的视角。节目主题定位于"健康养身",每期节目邀请相关专家,采用访谈与互动纵向深入的脱口秀方式,并运用娱乐化的包装,为各个年龄阶层的受众创造无门槛、无压力的收视氛围,成功打造一种在娱乐的同时又能获取丰富实用信息的全新脱口秀节目形态,这既体现了当代人对健康生活的追求,也使得节目转变为典型的"电视门诊"。在节目播出中,一改之前科普节目刻板、说教的方式,增加了和观众互动的环节和很多游戏设置,使得节目变得风趣生动,同时,节目所设计的相关内容,贴近大众层面,使得此档节目异常的火爆。《百科全说》作为国内第一个敢吃螃蟹的科普娱乐节目,取得成功的同时,亦存在一些不尽如人意的地方,如在节目中,面对主持人的关于科学理论性的问题,部分嘉宾由于缺乏相关的科学理论背景知识,而无法提供令人信服的理论支撑。

因此,电视科普类节目必须联合相关部门,对所宣传的科普知识严格把关,以巩固节目的权威性和科学性,鼓励支持科普主体机构,如科技部门、科协、传媒机构等成为电视科普内容的提供者。

二、电视、互联网在"应急科普"中功不可没

2011年3月11日,日本本州地区发生了里氏9.0级地震,并引发海啸、核电厂泄漏事故等一系列灾害。面对突如其来的灾难,日本广播协会(NHK)第一时间展开了报道,让人们通过NHK的镜头、声音来了解事态发展,同时,给身处灾难中的人们以救灾指引和心理抚慰。NHK不仅服务日本人,震灾后第一时间,NHK就用包括中文在内的5种语言播出灾情报告,向在日本的外国人提示避难信息。现在在日本,只要略有震感,很多日本人的自然反应便是打开电视机或收音机——通常30秒内,地震速报就可以告诉人们何处发生地震;随后大约2分钟内,更加详细的报告便会披露具体震源、震级、离地表距离和受灾地区破坏情况等。日本大地震发生后,中央电视台科教频道发挥专题节目普及知识、深度解读的优势,赶制播出《科学解读日本大地震》《科学解读核辐射》《解惑核辐射》等节目,深度解读地震、核辐射两大焦点话题,及时传递正确信息、消除部分群众的恐慌心理。

网络媒体在地震后发挥了新的巨大作用。谷歌在震后立即开始提供各地避难所的地图,并且很快成立寻人与报平安的网页。政府部门也纷纷利用网络发布信息:首相官邸网页上开设了"东北地方太平洋地震应对"专栏,总务省在网上公布各地的消防局和消防队收集汇总的灾情,交通省在线公布了长达71页的灾情报告,消防厅甚至专门开设灾情微博,随时提供灾情信息交流。更多的公众人物甚至普通网民都利用微博、博客或社交网站大量发布灾情信息。日本流行歌坛天后级人物滨崎步在地震后14个小时内就发了143条微博,用日、中、英、法等多国语言介绍地震救援实况。

现代社会,既有地震、海啸等人类无法避免的自然灾害,又有食品安全、动植物防疫、

矿井事故灾难、火灾,交通事故等社会灾难时时发生。如果能建立这样一个平台,只要一个求救电话或一条短信,相应的应急科普知识就发送到受难者的手机上,这将大大防止受难者出现恐慌情绪,将损失减到最小。因此,加大对互联网、手机等新型传播手段的关注和资源开发力度,利用其优势,将"应急科普"教育常态化不折不扣地落实到生活的方方面面是迫在眉睫的。

三、迅猛崛起的手机媒体给"民生科普"开辟新的空间

科普传播要利用公众易于理解、接受和参与的方式为载体来实现,手机作为迅猛崛起的新媒体,成为科普传播的新"蓝海"。各地手机报作为"掌上科技",走进受众每天的生活。如云南省科技厅主办的《科技与健康》手机报,分为城市版"科技与健康"与农村版"农村科技"两个版本,提供分众化传播,内容涉及更灵活、贴近生活、结合热点,例如为何手足口病专伤儿童,为什么晴天里突然下冰雹,食品添加剂能不能用,更容易被受众接受。

手机科技报覆盖的传播市场扩展空间很广阔,科普主体机构要打破行业壁垒,与移动通讯运营商建立合作伙伴关系,有条件的地区率先启动科技手机报试点运营,鼓励支持科研院所、高校、传媒以及非赢利的 3G 新媒体科普创作与素材机构等成为移动通讯科普内容提供者,针对不同人群共同开发科普素材,对不同受众进行分众式科普信息推送。

四、网络游戏是网络科普的重要阵地

据统计,我国的网络游戏用户规模持续增长,网络游戏在网络娱乐应用中一直处于上升趋势,利用网络游戏进行科学普及将是一个全新的模式。以互连网络为数据传输介质,开发出具有科学性、知识性和教育性网络游戏内容,能够满足社会公众教育需求,更加容易为家长和老师所接受。近年来,已经出现了一种被命名为严肃游戏的游戏形式,以教授知识技巧、提供专业训练和模拟为主要内容,具有住址模拟、人机或者人人互动、自我探索、无限试错、自动提示、即时反馈和超文本链接的重要特点。网络化的严肃游戏软件还可以提供系统的"游戏"统计,帮助管理方具体、及时、准确地掌握参与"游戏"者的进展状况。严肃游戏的核心价值是对学习的巨大促进:它可以促成普遍的高质量学习成果,提供低成本和无风险的学习环境。对于"游戏"参与方,不论他们是在校学生还是形形色色的从业者,严肃游戏可以提供一种引人入胜、个性化、互动性的全新自主学习体验,这有助于激发学习者的创造力和创新意识,某些类型的严肃游戏还能帮助他们培养战略和协作技能。

严肃游戏的发展为我们提供了一个思路,开发大型的科普网游,将整体知识碎片化,

趣味化,做成《三国》《赤壁》等类型的大型网游,具有很强的娱乐性和趣味性,玩中有学,对于科学普及势必会有一个良好的效果,尤其是对于青少年,吸引力会更强,从而科学传播的效果就会更为理想。

五、结束语

无论新媒体还是科普,都是政府推动、全社会共同参与发展的事业,需要国家从宏观层面加以调控和管理。因此,国家有关部门应完善相应的政策法规建设,从定位性政策方面对发展新媒体科普加以肯定和支持,并力争从政府渠道加以贯彻落实。此外,还应出台相应的优惠、扶持性政策措施,为调动社会力量参与新媒体科普营造宽松有利的环境。进入 3G 时代,新媒体科普的主要力量将是 3G 运营商和内容服务商,在这一前提下,相关政府部门应及时出台有关鼓励和扶持 3G 运营商与内容服务商参与新媒体科普的具体政策措施,推动和促进 3G 运营商与内容服务商积极从事 3G 时代的科普事业。新媒体条件下的科普更加需要专业科普机构、科研机构等与其他部门之间的协作与联合,尤其是媒体部门,二者的紧密配合是新媒体科普顺利发展的关键。

参考文献

［1］ 王以芳等:《第八次中国公民科学素养调查报告》[R],《科协论坛》,2010(12).
［2］ 姚义贤等:《新媒体科普发展研究报告》[R],中国科普研究所,2012(12).
［3］ 余鑫:《电视科普节目的生存之道》[D],《新闻爱好者》,2011(4).
［4］ 张哲等:《日本媒体报道大地震:国民需要的信息才要报道》[N],《南方周末》,2011(3).
［5］ 赵致真:《中国电视科普期待新生》[N],《新华书目报》,2011(4).
［6］ 林闻娇等:《科普如何借助媒体有效传播探析》[J],《科技传播》,2011(11).

基于群体受众的网络互动科普模式研究

杨 华 韩雪冰 周心赤

吉林省科学技术信息研究所 吉林省科技厅

摘要： 为了建立更加广泛的科技传播渠道,提高网络科普工作的实施效果,本文在对网络受众主要群体数量和上网目的进行分析的基础上,结合当前网络互动载体特点,探讨基于群体受众的网络互动科普模式,分析了吉林省科普网在实践中的经验与问题,提出了开展个性化网络互动科普活动的建议。

关键词： 群体受众,网络互动,科普模式,科普网。

一、科普网络受众群体特点

根据中国互联网络信息中心发布的《中国互联网络发展状况统计报告(2012)》显示,2011 年 10—29 岁以下的青少年占网民总数的 58.2%,30—49 岁占 37.1%,从图 1 可以看出,我国网民主要以中青年为主,10 岁以下儿童和 60 岁以上老人在网民中所占比例不高。相对于儿童和老人,中青年人对科普的需求显示出更强的个性化。

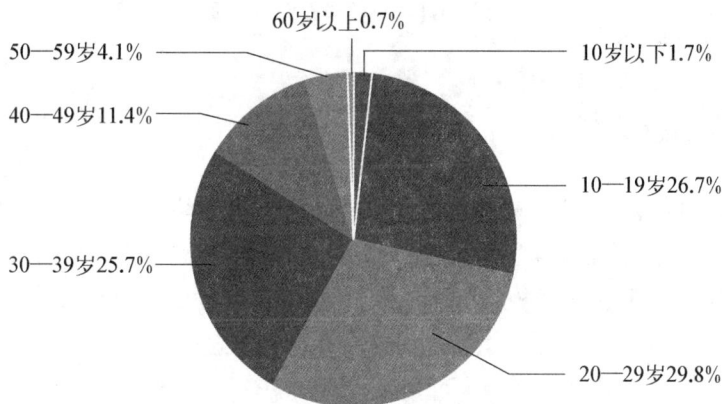

图 1 2011 年网络受众年龄结构

我国目前的网民中学生所占比例较大,在一份大学生上网目的调查中显示 82% 受访者是为了聊天交友,49.5% 的仅是为了娱乐和放松,47.3% 的受访者上网最关注的是"新闻等资讯",关注"博客和空间"的大学生占 30—32%①。而在对于中学生的调查中,

---

① 赵会民,赵西敏. 对大学生上网目的的调查分析[J]. 新闻爱好者,2010(5).

玩网络游戏的占 63％,看视频的占 36.5％,查资料占 43.1％,看新闻占 38.4％①。可以看出,网络游戏对于中学生的吸引程度很高,对年龄较大的大学生来说,获取信息和社交则是主要的上网目的。如图 2 所示,除学生、个体户/自由职业者及无业人员这几个相对自由支配时间较多的群体以外,企业/公司人员、专业技术人员、党政机关事业单位人员、农林牧渔劳动者等社会行业在网民中均占有一定比例。从事行业、职业特点不同,对网络内容的关注度也会不同。

从目前网络受众的年龄和职业上看,单一的网络科普模式已经不能满足受众群的需要,要实现网络科技传播最大化,要求网络科普工作按不同性别、教育程度和职业特点等因素分类制定面向某一群体的科普计划和内容。

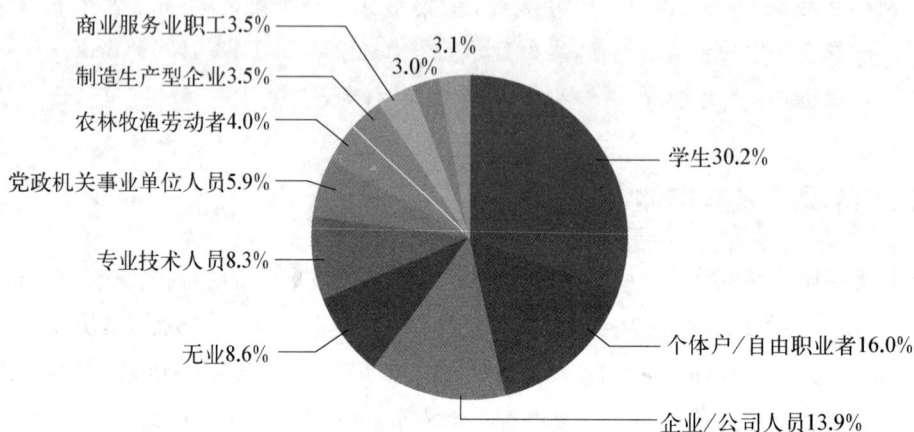

图 2　2011 年网络受众职业结构

二、网络互动科普载体

网络互动科普载体主要是指在功能上具有互动性的网络应用,主要包括即时通讯、博客、微博、网络游戏等,因为手机上网比电脑上网更具快捷性和广泛性,同时,随着智能手机的普及,未来手机网民规模将迅速扩大,所以本文将手机上网也列入了讨论范围。

1. 即时通讯

目前常用的即时通讯服务软件包含 QQ、MSN、飞信等。截至 2011 年底,即时通信用户规模达 4.15 亿,使用率增长至 80.9％。即时通讯软件为使用者提供了实时交流的平台,在这个平台上,科技的传播者可以与受众进行交谈和讨论,即时的传递文字讯息、档案、语音与视频等。

---

① 金黎. 当代中学生上网现状的调查和思考[J]. 中国教育网络,2011(9).

2. 博客

博客是一种通常由个人管理、不定期张贴新的文章的网站。一个典型的博客结合了文字、图像、其他博客或网站的链接及其它与主题相关的媒体,并能让读者以互动的方式留下意见。2011 年,我国博客/个人空间用户数量为 3.19 亿,较 2010 年底增长 2 414 万,增长率为 8.2%。博客/个人空间的使用率为 62.1%,较上年底下降了 2.3 个百分点。建立在门户平台上的众多科普博客即可以是科技的传播者也可以是受众。

3. 微博

微博这种典型融合 Web、手机以及其他网络即时通讯工具的 Web2.0 产物,具有即时便捷、应用广泛、互动性强等传统媒体无法比拟的传播优势[①],仅一年时间就发展成为近一半中国网民使用的重要互联网应用。截至 2011 年 12 月底,我国微博用户数达到 2.5 亿,较上一年底增长了 296.0%,网民使用率为 48.7%。科普微博与博客相比更新速度快,文字量小,更能与现代人快节奏的生活相契合。

4. 网络游戏

休闲娱乐是我国网民上网的主要目的,截至 2011 年 12 月底,中国网络游戏用户规模达到 3.24 亿,较去年同期的 3.04 亿增长 6.6%,网民使用比例为 63.2%。网络游戏以其娱乐性和趣味性而深受公众特别是青少年的喜爱。科普网络游戏以科普为目的,内容具有科学性、知识性及教育性;以网络游戏为表现形式,具有较强的娱乐性和趣味性,对用户富有吸引力,并在娱乐的过程中潜移默化地发挥科普功能[②]。

5. 手机上网

中国手机网民规模达到 3.56 亿,占整体网民比例为 69.3%。艾媒市场咨询的《中国移动互联网市场与网民行为调查报告》对中国手机网民上网目的进行了调查。调查结果显示,有 68.5% 的受访者表示,借道手机进行网络聊天是手机上网的主要目的,选择获取新闻资讯内容为主要目的则占 56.3%;把阅读小说作为主要目的有 51.7%;以手机上网为了游戏视频等娱乐需求的用户占 36.2%;赚钱等生意目的占 9.6%。移动通信与科普的结合是科普的一种新的形势,是借助于移动通信平台传播科普的新载体,其有移动通信传播的分众性及精准传播、个性定制、内容丰富性、互动性、及时性、移动便捷等特点[③]。

---

① 蔡胜龙,范以锦. 微博给传统媒体带来的不仅仅是挑战[J]. 新闻传播,2010(3).
② 刘玉花,费广正,姜珂. 科普网游及其产业发展研究[J]. 科普研究,2011,6(6).
③ 移动通信科普产品开发规律与运行机制研究报告[R]. 北京:中国科学院计算机网络信息中心,
2011.

二、主要受众群体对网络互动科普传播形式需求

1. 学生

学生群体对于知识的获取能力比较强，对网络的新事物新趋势具有很强的敏感性，特别是 90 后大学生是目前网络上最活跃的群体。高娱乐性的科普游戏和高互动性的科普知识竞赛、网上科普展馆对于学生群体来说具有很强的吸引力。同时，学生也是手机上网的重要群体，目前使用 3G 手机上网的用户中，学生占 23.3%。手机报、手机小说阅读和手机游戏是青少年最喜欢的手机产品形式。

2. 农林牧渔劳动者和农村外出打工者

这两类人群的劳动强度较大，上网是工作闲暇之余娱乐放松的重要形式，也是获得各种信息的重要手段。网络专家访谈与讲座和网上科普展馆可以使劳动者方便、快捷的获取知识和技术，对于提高劳动技能、扩大收入具有很好的推动作用。

3. 专业技术人员

专业技术人员是网络受众中文化层次较高的群体，这类人群体对科普内容有着更高水平、更专业化的需求，基于即时通讯的网络专家访谈和科普博客群更能实现科普内容更深层次的专业化。

4. 各类企业/公司人员

各类企业/公司人员工作相对紧张，生活节奏较快，利用每天上下班在公交车上的时间或其它零散时间利用手机上网了解最新资讯是这部分人的重要特点。科普手机短信、手机报和微博具有快捷性、实时性和信息量大等特点，能够在较短时间内浏览丰富信息。同时，职业技能和工作水平的不断提升是该群体的普遍要求，专家讲座是各类企业/公司人员能力水平提高的最直接形式。

5. 党政机关事业单位人员

这一群体做为国家公务人员和社会的服务者，在内容上具有最广泛的科普需求。手机短信、手机报和微博等不拘泥于内容且承载量大的科普形式更能体现这一要求。

6. 无业人员

对无业人员进行执业技能培训和就业、创业指导，是这类群体的实际需求，通过网络专家访谈和专家讲座的形式进行个案指导和专业培训，可以帮助他们增强就业信心，增加就业砝码。

表 1　　　　　　最能满足主要受众群体科普需求的网络互动科普传播形式

受 众 群	科普网络游戏	科普知识竞赛	网上科普展馆	网络专家访谈和讲座	科普博客群	科普微博	手机短信、手机报等
学生	✓	✓	✓				✓
农林牧渔劳动者和农村外出打工者			✓	✓			
专业技术人员				✓	✓		
各类企业/公司人员				✓		✓	✓
党政机关事业单位人员						✓	✓
无业人员				✓			

三、基于群体受众的网络互动科普模式

1. 开发寓教于乐的科普网络游戏

面向学生的科普网络游戏应具有知识性、趣味性、娱乐性、引导性和启发性。我国科普网游作品还比较少,受众规模很小。要吸引学生对于科普网络游戏的关注,科普网络游戏应还要在以下方面进行努力:① 画面的亲和性。游戏画面的设计应符合青少年的审美要求。② 加强游戏策划能力。注重选题策划和内容脚本的创作。③ 提升游戏知名度。扩大宣传,树立科普游戏品牌。④ 在内容上应与学生年龄特点和知识基础相适应,注重知识、技能、研究和创新性教育。

2. 举办主题网络科普知识竞赛和网上科普展馆

网络科普知识竞赛和网上科普展馆具有很强的互动性和受众适应性,这种形式不受科普内容的限制,任何主题都可以进行网络竞赛和设立网上展馆,对相关受众群体也有很强的吸引力,能够达到很好的宣传和科学普及效果。

3. 邀请各行业专家进行网络专家访谈和讲座

举办专业细分的专家访谈和讲座活动,通过专家与受众的互动提高科学传播效果,在内容上主要是进行教育培训和知识传授,如农业技术服务、执业培训、就业指导、相关专题讲座等。

4. 基于博客和微博的科普知识群体内部交流和外部知识扩散

在科普网站上建立科研机构或专业技术人员的科普博客和微博,各科研机构和个人撰写的文章、心得等在科普组织内部成员间可以高效率的传播,这种沟通可以有效

地提高组织内部成员的科学素质以及科普能力,组织内部成员既是科普知识的生产者又是科普知识的受用者。同时,科普博客和微博也起到了向公众传播科普知识的作用①。

5. 建立面向大众科普与分众订制的手机短信、手机报等移动媒体

在对大众科普,针对社会上的重大热点问题,通过科普短信、科普手机报等形式,在公众未产生恐慌情绪以前,最快速的以科学的观点对问题做出解释,化解不良社会心态,维护社会和谐稳定。对于分众,按不同行业、性别、年龄的受众特点,分类编辑资讯内容,根据分众的选择,按需发送。

四、吉林省科普网基于群体受众的科普传播实践

吉林科普网是由吉林省科技厅主办,吉林省科学技术信息研究所承办的大型科普类网站。吉林科普网已经开通科普动态、科学博览、科普园地、应急避险、青少年科普、吉林大自然科普、科技活动周、科普法规等八大栏目,拥有各类电子图书三十万册;各类科普视频讲座16 000余部,时长共计 45 万分钟,涵盖天文、生物、地理、历史、数理、医药卫生、农学等 20 门学科。

吉林省科普网自开通以来一直力求突破传统科普宣传的模式,重在营造关注科学的氛围,变单向传授为互动式传播。在形式与内容上兼顾广泛性与个性化是吉林省科普网的重要理念之一。青少年科普栏目根据青少年学习特点,设计了物理实验、化学实验、生物实验、计算机实验等一系列虚拟体验教程,增加了科学 FLASH 小游戏模块,在传播知识的同时,体现了娱乐性和趣味性。2012 年,吉林省科技信息研究所举办的网络科普知识大赛,加大了宣传力度,吸引了社会各年龄段、各阶层的人士参加,具有广泛的参与性。

五、开展个性化网络互动科普活动的建议

1. 建立专业性科普传播机制

由政府出资组建综合性网络服务平台,建立健全由科学技术行政部门主导,各专业研发机构、企业各司其职、互补联动的科普服务平台工作机制。鼓励各专业研发机构与企业在科普服务平台上通过开辟专栏或建立子网站的形式,按照平台统一的专业规划,开展相关领域的科普宣传活动。政府行政部门依靠研究机构和企业的支持完成

---

① 周荣庭,何登健. 当代组织传播问题研究(两篇)——基于群体博客科普的组织传播研究[J]. 今传媒,2011(9).

了对受众进行专业性科普教育的目的;研究机构和企业在科普宣传活动中,提升了在公众中的知名度,树立了品牌形象。

2. 加大宣传力度,树立个性化科普品牌

建立专门从事科普平台建设的公益性机构,以平台作为政府、机构和企业向公众传播科普知识的接口。要吸引网络受众群体对科普平台的关注,参与科普活动,定制企业个性化科普服务,就要加大宣传力度,通过搞大型社会活动、媒体宣传等形式扩大知名度,向受众展示科普服务的科学性、公益性、专业性,提升受众的信任度。

3. 建立多渠道的网络传播体系

在形式上,网页浏览、视频播放、论坛、博客、游戏、移动通讯等功能于一体的网络科普传播体系。针对科普内容和受众特点选取媒介形式,做到各种网络传播手段相辅相成,相得益彰。在内容上建立科普平台专项资金,支持机构、企业和个人进行科普图书、动漫、影视等的创作。

4. 加强科普队伍建设

加强科普工作人员的业务培训和专业化教育,吸收不同专业背景的人员加入到科普工作队伍当中。建立行业专家档案,邀请专家在科普平台开博、主持论坛、参加知识讲座和访谈,发挥专家在行业内部的带头和示范作用,带动更多专业技术人员参与科普工作。

基于移动通信平台的科普应用及
其产业发展研究

赵 洋 肖 云 张京成

中国科学技术馆 中科院计算机网络信息中心

北京市科学技术情报研究所

摘要：当前，以移动通信平台为终端的移动互联网业务蓬勃发展，为科普事业的发展提供了新的契机。本文总结移动通信网络科普产品的类别和特点，对移动通信科普产品开发规律和运行机制进行剖析，梳理了移动通信科普产业发展现状和发展前景，最后提出了移动通信科普产业发展目标与思路。

关键词：移动通信平台，移动互联网，科普产品，科普产业。

一、移动通信科普产业发展现状

1. 移动通信科普作品的概念与特点

移动通信科普作品是"基于移动通信技术传播的科普作品"的简称，指利用移动通信终端显示或运行，通过移动通信网络传递的以科普为目的的信息或程序。

移动通信科普作品具有以下特点和优势：

（1）移动通信技术和移动互联网业务发展迅猛。移动通信技术的发展突飞猛进，正在向数据化、宽带化、智能化发展，各种网络趋于融合。移动互联网传输声音和数据的速度大大提升，能够处理图像、音乐、视频流等多种媒体形式。截止 2009 年底，我国 3G 用户总数达到 1 325 万，预计未来 5 年内将有一半的移动用户成为 3G 用户[①]。

（2）移动互联网业务承载内容不断丰富。我国移动互联网业务正在加速发展，呈现多元化、差异化和个性化趋势。目前，移动宽带和智能手机成为服务内容创新和发展的主要动力，手机搜索、手机即时通讯、手机 SNS、位置服务 LBS 和手机游戏受到越来越多用户的欢迎。多样化、差异化和个性化的服务将主导未来移动互联网的业务发展方向。

（3）移动通信终端呈现多样化发展趋势。在技术进步的支撑下，不断有新的移动通信终端问世，除了手机、上网本外，还有电纸书、G3 阅读器、PDA（掌上电脑）、UMPC（超级移动个人计算机）、MID（数字网络设备）、平板电脑等，在科普传播方面各有特色。

---

① 中投顾问产业研究中心，2010—2015 年中国 3G 产业投资分析及前景预测报告，2010 年 2 月。

(4) 手机传递科普内容的独特优势。手机具有可移动、可定位特性,借助移动通信平台,能够实现针对特定人群、特定位置和特定场所的定向服务。手机传递信息的到达率和采用率可以通过行为分析进行掌控,特别是手机的盈利模式相对单一,能够实现闭环支付,有利于科普信息的推广和持续运营。

以移动通信终端为载体的科普作品,具有较强的娱乐性和趣味性,对用户富有吸引力,并在娱乐的过程中潜移默化地发挥科普功能。区别于传统科普形式,移动通信科普作品以其娱乐性和趣味性而更容易为受众(特别是青少年)所接受,符合国家"开展科学技术普及,应当采取公众易于理解、接受、参与的方式"①的要求。

2. 移动通信科普产品现状

(1) 科普短信。目前我国移动通信科普产品种类较少,应用也较为匮乏。我国的移动通信网络科普最早出现于 2004 年,主要是一些文字类的科普短信,通过几年的发展,移动通信网络科普业务发展非常有限,主要在 2008 后出现了一些面向"三农"服务的群发式的科普短信,其应用和效果还比较单一,并缺乏可持续化机制。比如河北威县科协、重庆市彭水县科协、浙江省武义县科协面向农村用户推出的科普短信平台等等。

(2) 科普手机报。目前手机报业务的开展日趋广泛,产品类型逐渐增多,但是大多数产品属于新闻类和娱乐类,科学知识只是零星散落在某些栏目中,科普手机报更是没有形成品牌和规模,阅读类科普产品如科普电子杂志、科普电子书在互联网上的运作尚不成熟,如何与移动通信网络结合的问题也需要迫切解决。

(3) 移动通信科普应用。根据 CNNIC 调查数据,目前移动互联网应用产品中,娱乐应用依然是移动互联网的主流,比较各大手机应用商店产品类型来看,游戏占据大部分市场最受用户欢迎,益智游戏虽然也占有很大比重,但是也缺乏与科学知识的融合,而专业的移动通信科普应用开发队伍也没有建立起来。

(4) 科普 wap 网站。现有排名前十位的手机网站提供的科普内容非常少,内容也没有进行进一步的专业划分,尤其在科普领域的应用可以说乏善可陈,而且移动互联网的内容也参差不齐,滋生了大量的不健康信息。《中国科学传播报告 2008》中指出,目前只有一些手机门户的子频道内容与科普相关,专门的科普网站或频道较少,对此中国科普博览 WAP 站(http://wap.kepu.net.cn/)和深圳气象 WAP 网(http://www.szmb.gov.cn/wap2/)进行了有益的尝试。

(5) 移动通信科普影视。科普影视领域,科普动漫的运作相对成熟,但是针对手机载体的设计却不多,用户多是通过电脑终端下载到手机使用,在线科普视频、电视受到手机硬件、网络技术和资费的限制而没有得到很好的开发。

---

① 《中华人民共和国科学技术普及法》.

3. 移动通信科普产业发展现状

（1）产业尚处起步阶段。围绕移动通信科普工作的开展，一个涵盖移动通信科普信息服务、产品开发、产品营销的移动通信科普产业雏形已经具备。在盈利模式方面，目前以后端收费为主，主要是运营费的分成以及广告收入，而电子书、小说、动漫、网游等前端收费产品还处于养成期，难以依靠前端收费来维持；在产品形式方面，移动通信科普的形式呈现多样化；在产品内容方面，受科普的公益性特点影响，目前较为单一，盈利能力也较弱。

（2）严重依赖于电信增值业务。目前，国内从事移动通信科普产品开发的企业大多处在兼业状态。或出于企业战略布局需要，仅抢占行业分布；或出于个别项目的实施需要，仅开发测试类产品。没有专门从事移动通信科普产品开发、经营的企事业单位，更没有行业内具有一定影响力的企业。而目前所谓的移动通信科普产业，更多的是依附于原有的电信增值业务，例如"中国国家地理"手机报，其盈利模式和渠道与普通电信增值业务完全一致。对电信增值业务的过度依赖直接造成了企业利润空间的压缩。

（3）缺乏有影响力的移动通信科普网站。目前，能够在移动互联网上搜索到的科普信息大多来自新浪、搜狐、腾讯等手机门户网站的科技频道，其内容也主要侧重于 IT 业和电子数码产品，科普价值不高。这说明科普界还未充分认识到移动通信科普的重要性，手机这一重要媒介在一定程度上仍是一个科普盲点。

（4）缺乏丰富、形式新颖的移动通信科普产品。当前，移动互联网还处在起步阶段，在苹果应用商店等成功模式的引导下，移动互联网的开发热潮还集中在应用软件的开发，其他产品除了游戏和音乐外都比较少，特别是还没有出现专门适于手机的新产品形式。一些门户网站向移动互联网的迁移也多是内容的精简压缩。因而，虽然以往存在于互联网的科普信息仍然能够在移动互联网中找到，但大多是文字类信息。这种注重应用类产品开发，忽视产品内容特点的现象，使得短时期内突破移动通信科普产品短缺更加困难。

（5）资源有待向移动互联网迁移。我国十分重视网络科普资源的建设，积累了大量科普图文、音视频以及动漫资源。例然而，这些科普资源一致处于沉睡或半沉睡状态，一直没有较大的受众面和社会影响力，在互联网时代就没有发挥出应有的作用。目前，移动互联网已经悄然而至，但是并未受到科普界足够的重视，在新的网络环境下，这些资源只要加以进一步的开发，完全能够转化为适合手机浏览和传播的产品，既能节约成本，又能迅速丰富移动互联网科普资源。

二、移动通信科普产业发展前景

1. 巨大的潜在市场将吸引科普机构和企业的共同关注

移动通信科普的潜在用户群体十分庞大。据预测，2009 年，中国移动互联网用户规模增长率为 66.7%，今后还将继续保持较高的增长率，如图 1 所示。移动互联网带宽增加、上网资费下调、智能手机价格下降和应用服务多样化,增强了用户手机上网的意愿,提高了手机上网用户的活跃度和使用黏性,将为移动通信科普带来庞大的潜在用户。

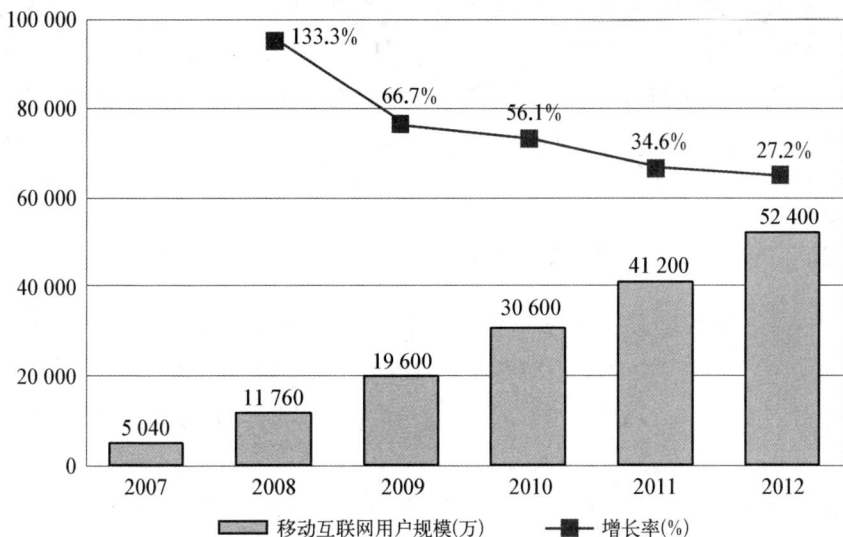

图1　2007—2012年中国移动互联网用户规模①

其次,存在数量可观且稳定增长的移动通信科普市场。随着手机用户和手机网民规模的持续增长,3G所带来的网络带宽的优势和终端供应的丰富,给移动互联网提供了良好的发展机遇,并催生新的经济增长模式和增长点。如图2所示,2009年中国移动互联网市场规模将达到147.8亿元,并将持续增长。在此基础上,优秀的移动通信科普产品必将占据一定的市场份额,会吸引大批企业角逐这一尚未充分开发的市场空间。

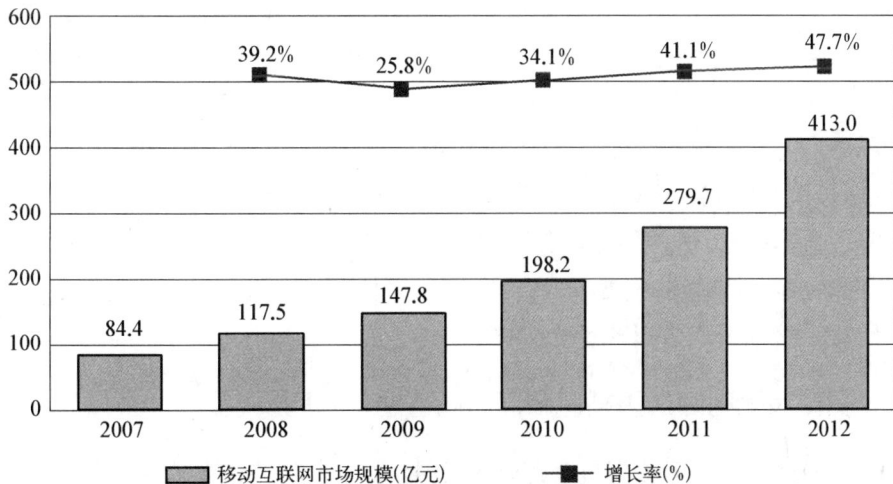

图2　2007—2012年中国移动互联网市场规模①

----

① 艾瑞咨询集团,2009年中国互联网市场年度总结报告,2010年1月.

2. 媒体地位的强化将使科普成为移动互联网的主流内容之一

手机软硬件的发展,对网络带宽的提升使得手机在内容资源和表现形式上将互联网更接近,手机作为重要的新媒体之一,其媒体地位在未来将进一步巩固。

随着手机和移动互联网的发展,其能承载的科普作品形式将会越来越丰富,目前互联网等媒介的科普资源将不断向移动互联网迁移。同时,由于国家对网络科普内容的比例有硬性规定,随着手机媒体地位的强化,科普将成为移动互联网的主流内容之一。

3. 新的盈利模式将削弱运营商的强势地位

由于 WAP 网站相对于电信运营商的独立性,今后移动互联网的盈利模式将摆脱单一的增值业务,实现广告、内容付费、虚拟物品、会员制、应用程序商店和其它与移动互联网相关的盈利模式。这一转变将改变市场运行机制,从根本上削弱运营商对移动互联网的定价权。

移动互联网盈利模式的多样化,将扩大内容和服务提供商等移动通信科普产业上游参与者的积极性,使移动通信科普产业链得以完善。产业链前端激励的增强,将使移动通信科普产业的发展更加合理有序,移动通信科普作品的开发也将不断细分和专业化,必将产生大量内容丰富、形式多样、新颖有趣的移动通信科普产品。

4. 科普产品的开发和营销将从移动互联网的激励竞争中获益

首先,未来移动互联网产业链的价值将会向移动应用和服务转移。随着智能手机的价格不断下降,利润空间变小,终端厂商开始发力移动互联网,涉足手机应用程序的开发和提供。

其次,内容付费也将是未来移动互联网的重要盈利方式。因此,中国移动制定了"8+2"全国性基地化战略,其中的八大内容基地分别为涉及无线音乐、手机阅读、游戏、手机视频、位置产品、电子商务、手机动漫、应用商场;此外,大门户和行业门户网站,也与手机厂商合作,将自己的内容移到手机应用上。

可见,未来移动互联网的竞争已经提前拉开了序幕,无论终端厂商,还是运营商,抑或门户网站,竞争的领域必将是全方位,移动通信科普将成为这场交锋的重要元素,对其产品开发和营销都将产生积极的促进作用。

5. 科普产品将向严肃科普和广义科普两个方向发展

面对当前科普产品存在资料性、说教性过重,而趣味性、新颖性不足的问题,未来移动通信科普产品将向两个不同的方向发展。一方面,移动通信科普产品将注重专题性,

---

① 艾瑞咨询集团,2009 年中国互联网市场年度总结报告,2010 年 1 月.

以灵活多样的形式集中反映所要表达的内容,以达到准确传播科学知识和原理的目的,可以将其称之为严肃科普;另一方面,移动通信科普产品将注重科学思想的传播,目的是让移动通信科普产品的使用者在消费的过程中摆脱对被说教的逆反心理,通过新颖有趣的产品潜移默化的接受科学理念和科学精神,这些作品将淡化科普内容的含量,更多地与人文、历史、生产、生活、工作相结合。

三、移动通信科普产业发展的目标、思路和主要任务

1. 移动通信科普产业的发展目标

通过政策推动,扶持若干个具有较强实力和竞争力的大型移动通信科普开发龙头企业,培育一批充满活力、专业性强的移动通信科普开发专业人才,形成大量内容丰富、形式新颖的移动通信科普产品。力争用三至五年时间,使移动互联网中科普信息和产品的比例有明显的提高,逐步用正面内容占领移动互联网主流宣传阵地,推动移动通信科普产业发展。

2. 移动通信科普产业的发展思路

努力消除影响移动通信科普产业发展的体制、机制和制度性障碍,为移动通信科普产业发展营造良好的社会环境和市场条件。出台有利的政策措施,充分调动企业积极性,掌握移动通信科普产品的开发特点和规律,建立能够可持续发展的长效机制。加快移动通信科普产品的开发,鼓励与之有关的衍生产品的生产和经营。

发展移动通信科普产业应当坚持"市场主导、企业主体,科学规划、有序竞争,加大扶持,严格监管"的原则。

移动通信科普产业是科普事业的有益补充,只有充分调动企业的积极性,借助市场力量,才能实现社会效益与经济效益的统一。移动通信科普产业中的市场行为具有投资期限长、回报率低的特点,而且其发展始终摆脱不了公益服务的特性,因此,政府部门应当加大扶持力度,对市场准入和产品产出等进行有效监管。

3. 发展移动通信科普产业的主要任务

(1) 大力宣传移动通信科普的重要性,积极引导各级科普机构利用手机这一新兴媒体开展科普工作,加强移动通信科普意识。

(2) 建立利用手机开展科普工作的机制和渠道,完善工作流程,尽快将移动通信科普纳入到科普部门的日常工作范畴。

(3) 积极引导社会参与移动通信科普工作,引入市场机制,通过移动通信科普事业带动移动通信科普产业,通过移动通信科普产业繁荣移动通信科普事业。

(4) 加快移动通信科普产品的开发,丰富移动通信科普产品的内容和形式,提高手

机互联网中科普信息和产品的比例。

（5）加强宣传和教育，形成人人爱科普、人人想科普、人人看科普的局面。

参考文献

［1］ 中国互联网信息中心 2009 年中国移动互联网与 3G 用户调查报告 http://www.cnnic.net.cn/html/Dir/2009/10/27/5706.htm,2009.

［2］ 中国互联网信息中心 2009 年手机媒体研究报告 http://www.cnnic.net.cn/uploadfiles/pdf/2009/4/10/100152.pdf,2009.

［3］ 中国互联网信息中心《中国手机上网行为研究报告》http://news.xinhuanet.com/internet/2009-02/19/content_10850065.htm,2009.

［4］ 詹正茂,中国科学传播报告(2008),［R］,北京,社会科学文献出版社,2009.

［5］ 中国互联网信息中心《第 25 次中国互联网络发展状况统计报告》http://www.cnnic.net.cn/html/Dir/2010/01/15/5767.htm,2010.

［6］ 中国科学院科技政策与管理科学研究所,《移动梦网(CMWAP)互联网服务调查报告》.

［8］ CNNIC,2008—2009 年中国青少年上网行为调查报告,2009 年 3 月.

［9］ 中投顾问产业研究中心,2010—2015 年中国 3G 产业投资分析及前景预测报告,2010 年 2 月.

［10］ 艾瑞咨询集团,2009 年中国互联网市场年度总结报告,2010 年 1 月.

赛伯基础结构与科普传播践新

刘为民

中国人民公安大学

摘要："践新"强调落实"创新"理念或技术的实践运行与知识管理。创建我国新型"互联网科普在线交流平台"即中国的赛伯科普基础结构,必须思想重视、要求明确、特色突出并以具有前瞻性的战略思想做指导。全面规划科普在线管理体系的理论设计,需要政府加大投入,相关部门通力协作,尽快解决科普信息和教育资源的开放存取(简称OA)。还要格外重视教育信息、知识传播、技术标准的规范化、完善科普法规、长效机制以及人才培养与国际接轨等问题。

关键词：科普,在线交流,赛伯基础结构,法规机制。

"践新"强调在"创新"理念基础或技术平台上的实践运行与知识管理。只"创"不"践",说了不算;"创"、"践"结合,才能推陈出新,新新"相印",导向引智,与时俱进。科普尤其是这样;目前国际社会方兴未艾、我国已建或在建的赛伯基础结构(Cyberinfrastructure)就应该尽快用于科普实践与创新,进一步提升国家科普能力。

一、要重视新型传媒"赛伯基础结构"

伴随着互联网应用技术和工具的迅猛发展、普及,许多教育和知识交流手段逐渐被"移植"到互联网终端,广泛应用于各个行业及领域并走进千家万户。出现了网络期刊、e印本文库、数字图书馆、教育网站、网络教育论坛、教育博客等在线交流形式和手段,尤其是赛伯基础结构。这大大促进、提升了知识在线交流服务的传播、学习功能,如数字化资源的存储传递、标引组织、检索服务和"开放存取"运动等等;也极大地提高了教育科技、教育信息获取利用的广泛性、及时性、交互性和开放性——这些,都是创新科普传播方式的重中之重,丰富科普传播内容的当务之急。

赛伯基础结构是由信息基础结构衍生出来的新概念。信息基础结构是个技术、社会和政策框架的集合性术语,用于支持跨时间和距离的分布式、协作式内容使用的人、技术、工具和服务。赛伯基础结构是为了从全局战略的角度思考和设计,更好地服务于支持知识或教育研究的在线交流平台,通常使用"e-"或"cyber-"前缀,如e-Science,e-Social Science, e-Humanities, e-Research, Cyberinfrastructure, Cyberengineering,等。在美国倾向于使用"Cyberinfrastructure",欧洲、亚洲、澳大利亚等地区则倾向于使用"e-Science"。①

数字化教育信息资源的在线交流和社会化服务需求的不断增长,必将催生出一个新的知识普及与经济服务相结合的创新领域;使广大教育、科技人员把第一手资料的获取交流,视为教育和知识的首次产业增值与劳动产出。这也是精神成果转化与服务社会的实践行为,其中正在酝酿或逐渐呈现出当代科普的新动向、新特点。同时,互联网技术的发展给知识交流体系也是社会教育或者说广义科普体系的变革,创造了机会。从另一方面来看,我国教育环境的变化和当前教育体系面临的危机,又促进了在线知识交流的发展,其社会普及形式也越来越丰富多彩。

囊括并传播自然科学、社会科学、人文艺术知识的网络在线科普形态,具有不同以往的功能与特征。归纳起来主要是:

① 在线发布教育知识新闻与科普信息并进行"全天候"的讨论、交流。

② 数字化信息的科普资源实现在线存储、检索与提供;易获取、易共享。

③ 科普信息发布及时,传播渠道形态多,高效交流不间断。

④ 科普资源在线协同研究开发的覆盖领域广泛,类型变化灵活;亲和力强。

⑤ 科普在线同步营造开放、民主的交流氛围和良好的科普反馈机制。

其中,科普资源覆盖广泛性的突出表现是:为经济领域的"灰色文献"阳光化、公共管理的"民意储备"社会化传播服务,提供了非常强大的便捷途径。目前,基于网络的在线科普交流方式已呈现出旺盛的生命力,自然科学与社会科学,技术文化与生活文化,政府信息与民间智慧,广播互动,交相辉映,代表着未来科普交流发展的方向。它们既是传统科普模式的有益补充与新鲜血液,更是构成科普交流新体系的重要创新基础。在这个问题上,思想认同没有大的分歧,关键在实践,首先看引导。

二、在线科普交流的可行性与指导思想

目前,我国正在建设下一代互联网(CNGI)。中国科学网(CSTNET)在国内率先推出了基于"互联网资源服务"(Internet Resource Service)理念的业务新模式,将网络接入、网络管理、网络资源有机整合,为用户提供高效、高速、高品质的服务。在保障网络运行稳定、安全的基础上,提供网络数据库资源和超级计算服务。科技信息资源共享网络已初步建成并开始发挥了重要作用。

早在2010年,由科技部、农业部、卫生部、中科院等部门所属的7个科技文献单位联合组建国家科技图书文献中心(简称NSTL),率先试点,完成了国家科技基础条件平台建设的先期工程。它在强化国外科技书刊引进、盘活现有科技信息资源和共建共享等方面卓有

---

① Borgman,Christine L. Scholarship in the Digital Age: Information,Infrastructure,and the Internet[M]. MIT Press,2007. P19.

成效;基本建成了一个覆盖全国、分布合理的虚拟科技信息服务中心,其科普功能尚待开发、使用。国家自然科技资源平台建设在继承已有成果基础上,开展我国自然科技资源的收集和保存工作,组建了由占国内 70%以上自然科技资源的 655 家机构组成的共享加盟成员体系,建立了由国家自然科技资源共享 E-平台、32 个(含 8 大类自然科技资源)信息共享系统和由 535 个自然科技资源数据库组成的共享信息网络系统。跨部门、跨领域整合了分散在 655 家收藏机构的 459 万余份(号)自然科技资源,向 E-平台提交了自然科技资源共性描述信息 109 万份,图像信息 19 508 份,等等。所有这些,都为学术交流和教育、知识的科普资源共享,奠定了坚实基础,也期待我们科普工作在新的资源平台上大胆实践,大有作为;不断创新科普活动方式,提高科学传播水平,进一步加强、提升国家科普能力。

近年来,国内涌现出一批各具特色的在线科技学术与文化知识交流平台,如"中国科技论文在线"(www.paper.edu.cn)、"中国学术会议在线"(www.meeting.edu.cn)、"丁香园"(www.dxy.cn)、"化学在线学术交流平台"(www.chemlead.com)、"开放阅读期刊联盟"(http://www.oajs.org/)、"科学网"(www.sciencenet.cn)、"学术交流网"(http://www.annian.net)等。它们在学术交流方面已经取得了很好的业绩,得到了科技界和公众的广泛认同;也为我国发展在线科普交流提供了重要的实践经验。

通过以上论证可见,我国发展在线科普交流不仅非常必要,而且已经具备了较好的环境条件,在实践上是可行的。因此,建立我国优质、高效的新型科普交流与工作体系,需要有明确的、具有前瞻性的战略思想来指导。主要是:

① 站在建设新型现代化科研基础设施和推动国家科技创新的高度上考虑发展在线科普交流,并以此引领科普工作体系的创新变革;

② 坚持服务导向,加强内容资源建设;各种文献资源、工具资源、专家网络资源等构成多维度的资源体系,是在线科普交流价值的根基。

③ 充分利用现有的平台基础和资源储备来进行规划和建设,线上交流与线下(即传统)交流相结合;取长补短,共同发展。

④ 政府、学术界和产业界密切合作,共同推进;多部门多系统联合共建,互联互通,提供多元化接口。

⑤ 高标准谋划、高标准定位,多层次、多模式并行发展,加强统筹和整合。逐步形成由"资源(论文、数据、社会网络等)+ 专业服务(包括提供各种交流工具、资源发现与链接服务、协同互动服务等)"构成的多功能集成的在线交流平台,充分发挥其在科普传播中的作用,促进科普事业发展,创新科普活动方式,提高科学传播水平,进一步加强、提升国家科普能力。

三、建设科普在线的规划与管理设计

创建我国"互联网科普在线交流体系",属于国家科技基础设施建设的重要组成部分,与国家数字科技馆、"2049 计划"具有同等重要的战略价值和奠基意义;这将涉及政府管理与各种硬、软件设施、信息资源及其应用服务等等,是一项巨大的系统工程,运作复杂难度大,资源覆盖领域广,技术含量高,更新快。所以,首先要做好全面规划与管理设计。

(1)科普在线交流体系需要政府宏观控制,全面规划基础建设与人才培养。其具体形态复杂多样,不同的组织、机构与个人可以从不同角度、不同层次,提供或产生不同程度、不同方式的科普交流服务和需求,政府必须从国家科学研究与教育创新体系的全局出发,进行协调组织和规划引导。这样在平台构设、资源建设方面的投入,才能避免重复、遗漏或浪费。因此,法律法规是保障,制度与机制的落实、运行是关键。国外的同类设施,也都是放在国家科技发展战略的高度统一规划的,都给予了相当雄厚的资金支撑和强有力的行政法规保障。

专业人才是建设科普在线交流体系的"根"和"本"。政府需要将这方面的人才选拔和培养,纳入国家级的专项人才计划,教育部在专业设置、招生和培养方面,也要给予政策倾斜,如设立面向科普在线交流的专业硕士学位,为相关专业的学生提供有关实验室和实践基地,为骨干人才出国深造和开展国际合作提供便利等。

(2)发展与推进科普在线学术交流,需要政府部门、教育界、学术界和文化产业界的密切合作,及早建立起跨部门跨系统的动员和激励机制,以便调动一切可以利用的力量和资源。同时,还要动员和激励广大学术、文化、科技研究人员积极利用在线科普交流平台,踊跃参与在线科普活动,切实发挥科普在线交流平台对知识创新、学术创新、科技创新以及制度创新的强大支撑作用与服务功能。

这就需要国家强力出台相关政策,动员所有涉及到的政府部门积极关心、支持和参与到我国科普在线交流体系中来,大力提供人力、物力和财力等方面的支持。在这方面,国家高层决策部门与相关政府部门及科研管理机构(包括科技部、教育部、工信部、中科院、中国科协、中国社科院、国家自然科学基金会和全国社会科学规划办公室等)应该慎重协商,明确各自的责任和义务,尤其是要明确投资主体、管理主体和建设规划。

(3)科普在线交流体系建设要重视并尽快把有关公共教育资源开放存取(即 OA 运动)的立法工作,列入法制建设规划,从国家长远利益和人才资源开发的社会服务出发,保障自主获取公共教育资源时,对象明确,有法可依,促进 OA 运动在我国加快开展,建立公共科研数据和科普信息的公开共享制度。建议政府投资建立联盟式的开放存取资源门户,并提供符合用户信息需求的检索服务;对加入开放存取模式的期刊提供鼓励政策和技术支持;同时保证中小型期刊能借助外部条件实现开放存取,以及个性化的信息增值服务,包括定制服务和特别服务。

(4)发展科普在线交流必须格外重视知识产权保护问题。应当进一步加强和完善相关的法律法规,加大执法力度,严厉打击各种侵犯知识产权的行为,为自主创新和成果转移提供切实有效的法律保障。另一方面,科普交流体系的建设和利用具有突出的公益性特点。强调"共用"原则,强调在尊重创作者所选择的权利要求的前提下,将作品给更多人使用。这种新的理念,旨在保护知识产品的同时能够最大限度的实现其贡献最大化。要求它必须服务广大科技人员和社会公众,不以营利为目的;同时,还要接受广大科技人员和公众的监督。使科普在线交流服务达到优质、高效、清廉、透明。

(5) 技术标准和规范是实现资源整合和共享,发展科普在线交流服务平台的工作基础。要遵循政府统一规划标准,建设单位负责实施的原则,参考我国已有的信息资源描述、分类和元数据方面的标准,首先要加强以下几方面的规范整合化工作:

① 科普在线学术交流系统开发标准。主要包括系统开发中应当遵守的系统设计规范、程序开发规范和项目管理规范。在系统开发过程中,必须遵守软件工程的设计规范,确保系统开发标准化。

② 知识信息资源描述规范和分类标准。它可以保证平台信息资源质量,便于各级平台信息资源和服务能相互兼容和共享。

③ 系统交换接口标准化。包括平台的互联标准和通信协议、异构数据库的数据交换格式、不同系统之间的数据转换方式等。

(6) 加快我国科普在线交流体系与国际接轨。鉴于英美等国家正在大力建设或更新国际化的互联网科研基础设施,我国政府有关部门要着手研究如何与有关国家建立合作机制,共同发展在线科普交流。不仅要有网络建设和接入方面的国际合作,还应当有更加广泛的包括科普资源开发利用、在线交流服务、平台管理运营、人才开发培养等等方面的深入合作。国家自然科学基金会可以牵头,联合中国科协、科技部、中国科学院等有关部门,邀请国外的专家来华交流建设经验,探讨合作模式,逐步建立战略合作关系。

利用个人移动媒体开展科学普及的思考

张宗浩　　张旭升

重庆科技学院科学和技术传播中心

摘要：本文在对个人移动媒体开展科学技术普及的优势、现状以及存在的问题进行分析的基础上，就网络时代更有效地利用个人移动媒体开展科学普及工作提出了相关建议。

关键词：个人移动媒体，科学普及，手机，科普。

一、利用个人移动媒体进行科学普及的优势

随着现代技术的不断发展，个人移动媒体结合了互联网和通信技术的优势，发展速度迅猛，已经影响到人们日常生活的方方面面。比如在手机技术领域中，将最新的 IT 技术应用于手机内，不断提高手机的性能及功能，产生了以手机为载体的新媒体。手机短信、手机报、手机视频、手机应用程序（手机 QQ 客户端等），不仅成为人们生活中的一部分，也成为人们进行信息交流的主要形式。本文所称"个人移动媒体"，是以手机等个人随身电子设备为视听终端、以公共网络或专用网络为服务平台的个性化信息传播载体。此类"个人移动媒体"已成为广泛应用的大众传播媒介，是网络时代"新媒体"中最活跃的一分子。个人移动媒体的出现，使得个人移动媒体科普成为可能。

个人移动媒体作为科学普及的新载体，已经在一些领域得到了实际应用。一些组织或机构借助于移动通信平台，将科学知识、科技成果编成简短、易懂的问文字，以文字、图片等方式，通过手机短信、彩信、手机网站等形式发给受众用户，形成了一种新的科普形式。例如《中国国家地理手机报》就是个人移动科普较为成功的典范。

笔者把这类利用手机等个人随身移动媒介，通过信息网络，将科普信息发送给设备持有者的科普形式，称之为"个人移动媒体科普"。这种形式与传统媒体科普相比，具有以下明显的优势：

（1）受众广、普及面大。个人移动媒体科普的受众面极广，可以达到传统媒体无法达到的普及面，实现科普效益最大化。以手机为例，我国共有各类手机用户近 10 亿，这一庞大群体都可以成为是利用移动通信平台开展科普的受众；就利用公共网络平台开展科普而言，手机上网用户这一群体也十分庞大，目前手机网民规模已经达到 3.56 亿人，

已占总体网民的 69.4％①。事实上,这个数字还在加速增长,预计近几年内将超过 5 亿,也就是说,两个手机用户就有一个使用手机上网。

(2) 科普信息的传播更及时。个人移动媒体最大的优势就是它的易操作性和使用携带方便性,用户可以随时随地通过手机访问互联网而不受时间和地域空间的限制,实现即时通信。而科普微博的开通,则可以使科普信息即时发布,即时接收。个人移动媒体科普的这种优势在应对公共突发事件时尤其重要。例如,日本核电站发生爆炸后,如果我们能充分利用个人移动媒体在国内及时进行科普宣传,正确引导大众,相信就不会上演"抢盐潮"之类的世界笑话。

(3) 更好地开展互动性科普。个人移动媒体的广泛互动性体现在广大网民能够通过信息与信息发布者之间实现互动,实现了信息的双向流动。例如,普通手机用户可以向开展科普服务的服务商进行电话、短信咨询,而手机上网用户可以随时访问科普专题网站,参与网站的科普知识问答等活动,点播自己想看的科普视频等,实现传统科普形式难以达到互动效果。在这方面,浙江省科协的官方微博是一个较好示范,通过这个平台为科协系统提供网络工作平台和公众互动平台。

(4) 科普的内容更加丰富多彩。个人移动媒体集传统媒体之优势,可以为用户带来全新的视听方式和传播模式。特别是在 3G 网络时代,个人移动媒体科普中的信息将以更加丰富多彩的多媒体形式呈现在广大用户眼前,从而改变目前以文本为主的科普形式,用户可以欣赏到以文本、图形、图像和声音为一体的多媒体形式,大大提高科普的可视性和乐趣性,提升科普传播的接收率。

二、我国个人移动媒体科普的现状及问题

1. 个人移动媒体科普的现状

(1) 科普短信天地广阔。科普短信最早出现于 2004 年,主要是文字性的内容,通过行政部门与通讯公司合作,以群发短信的形式发给受众用户。具体作法是,建立短信科普知识平台,将一些涉及百姓生活的科普知识编成一条条精辟的短信,通过短信平台,向公众定期发送[2]。一些地方科协组织在其中发挥了重要作用,比如河南登封市科协、宁夏银川市科协与移动公司联合开通了"科普短信"服务平台,利用现代通讯手段,及时为百姓提供科技服务。通过近几年的发展,科普群发短信已经取得了一定的实效,涌现出了不少有价值的个人移动媒体科普的事例和经验,使得科普短信在社会中开始产生较大的影响。如 2010 年山东日照市启动了"首届科普短信大赛";2012 年广西柳州市气象局针对"科学防潮"编写的一条气象短信,获得《柳州日报》的高度赞扬。

---

① 2012 年 1 月中国互联网络信息中心发布《第 29 次中国互联网络发展状况统计报告》:截止 2011 年 12 月底,中国网民数量突破 5 亿,达到 5.13 亿。

（2）科普手机报方兴未艾。手机报的出现是科学技术和通信技术迅猛发展的产物，已成为一种网络新媒体。手机报第一次出现是在2004，中国妇女报推出全国第一家手机报—中国妇女报彩信版，实现了手机与报纸的结合。这份手机报的问世，是传统媒体与新媒体合作共赢的一次大胆的探索，并取得了良好的效果，随后，手机报迅速发展起来，并在科普领域得到了应用。例如江西省南昌市防震减灾局联合中国移动南昌分公司创建了防震减灾科普手机报，重庆市涪陵区科协创办三种手机报以推进科普惠农，都取得了良好的社会效益。

（3）手机视频、手机终端科普应用程序日渐兴盛。从2004年起，中国联通和中国移动都在进行手机电视业务的实验，也取得了一些进展，但应用并不广泛，主要受到手机技术缺陷和网络发展的限制。但手机终端应用程序相对发展比较好，技术相对成熟，在不同的领域中都可以开发出相应的手机终端应用程序，比如手机浏览器，手机新闻网、手机游戏、掌声图书馆等。以重庆图书馆为例，重庆图书馆开通了"掌上重图"，只要在手机上安装重图手机图书馆客户端软件，就如同将整个图书馆搬进了手机，拓宽了借阅途径，更好的满足公众的需求。

2. 个人移动媒体科普存在的主要问题

（1）科普信息数量稀少、科普氛围弱。以科普短信为例，个人移动媒体短信平台被大量商业化广告信息占领，公益性科普短信占有的分额及形成的影响较小，难以形成科普氛围。在全国众多各级科协组织中，只有极少部分地区科协与通信运营商合作，向大众发送科普短信，但发送数量比较少。例如：银川市科协联合中国移动宁夏银川分公司建起了科普知识短信服务平台，定期向广大市民推广宣传科普知识，内容涉及民众的衣、食、住、行等各方面，但是每个月仅发送2条科普知识短信，若有重大科普活动或其他事情等，才会适当增加信息发送量。

（2）科普内容针对性不强，敏感性差。在科普信息的内容上，由于参与度不高，编写力量不足，同时受到网络和媒介本身的局限，目前个人移动媒体科普信息不仅数量少，而且内容比较单一，实用性、针对性不强，难以获得用户的关注。一方面，现有科普信息仅局限于手机短信、手机报等性形式，手机科普网站和手机视频等信息占有量极少；另一方面，一些人民群众常用或急需的科普信息长期缺位，如众多人缺乏的火灾自救常识，更缺乏根据政府工作重点和社会热点及时有针对性开展相应科普活动的能力，而在应对突发事件时，如何利用个人移动媒体正确引导大众，更是广大科普工作者应当深入思考的。

（3）科普形式单调，吸引力弱。在个人移动媒体科普产品的形式上，品种比较少。现在科普产品主要有科普短信、科普手机报，有影响的手机科普应用程序、手机科普视频和手机科普网站较少，特别是有特色、有影响、可互动的科普网站资源严重缺乏。悉数现有的大型手机门户网站，只有一些子频道有与科普相关的内容，且网站的访问量极小，特别是专门的手机科普网站，几乎没有。

三、加强个人移动媒体科普工作,大力提升科普能力

1. 健全科普法,制定政策

《科普法》为科普事业的发展奠定了法律基础,但是我国现行法律政策体系对新媒体开展科普的制度不够完善,个人移动媒体作为一种新媒体,也作为未来宣传科普的重要工具,各级部门依据《科普法》针对新媒体完善具有执行力的相关政策,包括政府财政支持政策、减免税收优惠政策、科普基金政策、捐赠政策、奖励政策等[3]。在科学普及领域中的为个人移动媒体宣传科普知识提供良好的制度环境。比如:出台关于建立科普网站的政策扶持,鼓励用户访问科普网站的激励措施的办法、个人移动媒体科普奖励办法(用户访问网站免流量费、开展科普知识竞赛等),以及加强保护科普产品知识产权保护等。

2. 政府引导,大力培育网络科普组织

科普作为一项公益事业,其目的是面向公众最大限度地传播和普及科学技术,提高公众的科学素养,因此无论在发达国家还是发展中国家,科普工作多是以政府为主导的非营利事业[4]。在发展新媒体的过程中,政府应该积极发挥主导地位,创造条件,给予优惠政策,支持更多的科普组织、科普企业、科普工作者和科普志愿者,利用互联网、个人移动终端,承担科普产品的传播工作,培育一批有条件的科普组织,比如科普网站,利用博客、微博传播科普"网络达人"等;扶持一批条件好的科普企业,调查民众的科普需求,开发出更好更多的科普产品,也能够培养一批科普研发人员。

3. 大力开发个人移动媒体科普产品

公众对科普产品的需要,是科学普及的原动力。而兴趣是需要的前提。因此我们必须依托科普企业、科普基地、研发机构等,加强合作与交流,以手机为载体,延伸现有的科普产品,开发出更多具有创新性的科普产品,使手机科普产品多样化。特别要加强国际间的交流与合作,借鉴吸收国外优秀的科普产品,开发出具有特色的个人移动媒体科普产品,以增强对用户的吸引力。

4. 建立个人移动媒体科普应急联动机制

在加强科普企业与高校科普基地、科研院所、研发基地的协作基础上,以政府为主导,多部门协调合作,建立个人移动媒体科普应急联动机制。在应对突发公共事件时,明确各部门的职责,及时发布与公共事件相关的科普信息,以引导大众能做出正确的抉择。比如手机微博是移动化的个人终端与网络微博的有机结合,它使得信息发布和传输更加方便、及时,沟通也更加容易。当遇到突发事件时,官方手机微博应该与和平亲切的姿态

贴近公众,少说官话,即时全面发布讯息,倾听公众声音,使之真正成为民意沟通的直通车[5]。

5. 加快科普信息平台和科普网站建设

要充分发挥科学普及在传播科学思想、弘扬科学精神的方面作用,单纯依靠单向的知识传播是不够的,必须要加强科普信息网络平台的建设。目前我国个人移动短信平台建设已经初见成效,但各地区的科普信息平台建设参差不齐;据统计,我国现在已经拥有各类科普网站600多个[6]。科普网站数量较少,内容形式都存在很大问题,更新也不及时。为了更好地发展科普事业,笔者建议政府牵头,与中国移动、中国电信、中国新联通合作,从国家层面建立科普短信平台和科普网站群落,各地区、各部门根据自己的部门职责,也建立相应的科普短信平台和科普网站群落,使网民能够免费接收科普短信,通过政府的引导以及诸如浏览科普网站流量免费等各种激励措施的实施,激励、引导广大网民主动自觉开展科学普及,从而使科学知识、科学方法、科学思想和科学精神能够在个人移动领域得到广泛的传播。

参考文献

［1］ 人民网:《中华人民共和国科学技术普及法》(2002.6.29),http://www.people.com.cn/GB/keji/25509/39796/41754/3038979.html.

［2］ 人民网:上海市政协委员呼吁:建立短信科普知识平台,http://cppcc.people.com.cn/GB/34962/34996/15509832.html.

［3］ 居云峰.中国科普的六个新理念[J].科普研究,2011,(024).

［4］ 中国科学院计算机网络信息中心:《数字化科普发展战略研究移动通信科普产品开发规律与运行机制研究报告》,2011年4月8日.

［5］ 王燕星.手机媒体在突发公共事件传播中的价值刍议[J].赤峰学院学报,2011,(8).

［6］ 程东红.中国公民科学素质建设的现状与前景[J].理论视野,2011,(02).

可移动 3D 放映系统在科普
教育中的应用初探

龚　铁

重庆科技馆

摘要: 本文就可移动 3D 放映系统的基本构成着手,阐述了可移动 3D 放映系统的三个特性,即可移动性、可兼容性和可扩展性。并就该系统在我国科普教育工作中作为一种新型的传播方式的重要性和必要性进行了初步探索。

关键词: 移动,3D,放映,科普教育,要用。

一. 可移动 3D 放映系统的技术特性

可移动 3D 放映系统是一种 3D 放映系统的新媒体设备概念,指涉将箱体、放映设备、播放服务器、音响设备、外设 5 个子系统整套集成后具有可移动性的 3D 放映设备。区别于目前固定式 3D 放映系统,可移动 3D 放映系统具有可移动性强、兼容性强和扩展性强等特点。通过可移动 3D 放映系统,播放科普科教特效影片,可以解决造价昂贵,受众面窄、普及率低等长期存在于传统科普场馆观影模式中的问题。可移动的 3D 放映系统能够最大程度地满足不同地点的播放要求,便于运输、安装、使用和日常维护,能改善并丰富科普科教活动的手段,增强科普教育的工作能力,增加观看科普特效电影的受众人群,使新技术与科普科教工作更好地融合为一体。

可移动 3D 放映系统在设计上应该考虑到它的可移动性、兼容性、扩展性等特性,所有的设备,诸如播放服务器、放映机、显示器、电源接口、以及一系列外设都会按模块化设计被整合到一个标准化的接口设备箱之中,如下图所示:

设备箱体根据模块化概念需要分为两大空间。其一为上层的投影仪安放空间。其二为下层的播放服务器安放空间。两个空间之间通过一个带有如 VGA、HDMI、S 端子、Video Switch、电源等所需要各种接口的面板相互连接;箱体前后面板采用同样设计方法,集成播放服务器所需要的所有设备接口,以备扩展使用。散热上,考虑热量上行的原则,采用一面进风,两面出风的方式保证整个箱体的散热性。

这个设备箱是一个集成化的设备,但它内部的各个部件又是相互独立的,由此能够最大限度的保证系统的可移动性、可兼容性和可扩展性。因此该系统设计和该设备选型主要涉及如下三个问题:

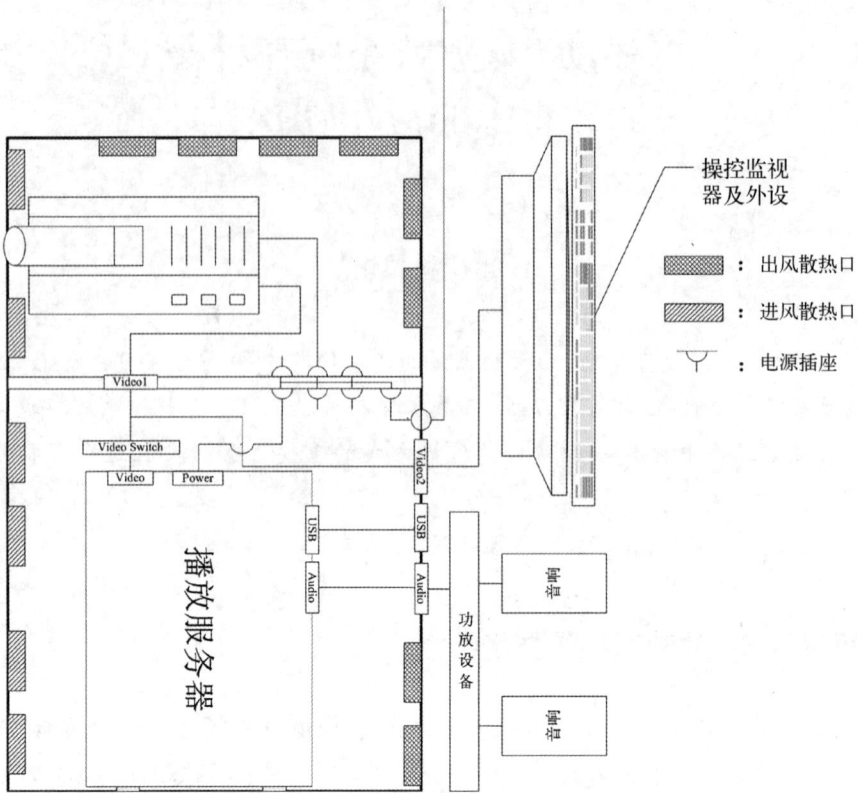

操控监视器及外设

▓ ：出风散热口

▨ ：进风散热口

⏚ ：电源插座

1. 设备的可移动性

可移动性是整个系统设计的最基本要求。它主要通过模块化设计来实现,其目的是为了让系统中每种设备在相对统一的情况下,又各自独立。模块化设计是对一定范围内的不同功能或相同功能不同性能、不同规格的产品进行功能分析的基础上,划分并设计出一系列功能模块,通过模块的选择和组合构成不同的顾客定制的产品,以满足不同需求。在设备"可移动性"的维度之下,幕体的可运输性就是设计过程中必须要妥善解决的问题。在提升成像效果和降低采购成本的前提下,放映设备的 3D 成像模式以技术成熟的偏振式 3D 或主动式 3D 技术为主,进行可移动 3D 放映系统集成。由于主动式和被动式 3D 成像方式不同,它们各自对投影屏幕的要求也不相同。主动式 3D 的成像方式是是通过提高画面的刷新频率(最低 120 HZ)来实现 3D 效果。当信号输入到投影仪后,图像会以序列帧的格式实现左右帧交替输出,并通过红外发射器将这些帧的交替信号发射到负责接收的 3D 眼镜上,眼镜根据交替信号实现左右眼镜片的开合,进而实现画面的立体效果。主动式 3D 播放方式对幕体的要求一般增益达到 1.0 以上白幕或者灰幕皆可。而偏振式 3D 的成像方式采用偏振镜片对某一方向上的光谱过滤的特性,将两幅画面(双投影输出)分别输出到人的左右眼上,进而形成画面的立体效果。偏振式 3D 播放方式对幕体的要求较高,应选择 2.8 以上高增益的金属幕。

2. 系统的可兼容性

兼容性是指几个硬件之间、几个软件之间或是几个软硬件之间的相互配合的程度。兼容的概念相对于可移动 3D 放映系统来说,几种不同的子系统,如放映机、播放服务器、音响设备体等,如果在工作时能够相互配合、稳定地工作,就说它们之间的兼容性比较好,反之就是兼容性不好。在设计可移动性 3D 放映系统的过程中,系统播放效能是一个重要指标。可移动性的设计,自然会因为控制系统体积,缩减部分非必须设备而导致播放性能上较固定影院播放性能有一定差距,比如:分辨率过低、投射画面过暗、或者播放高清 3D 节目中由于系统效能不够而出现卡顿等,都会影响观众的视觉感受。特别是在系统本身不断移动和组装过程中,放映系统具备良好的兼容性的优点就凸显出来,各个子系统中的软硬件相互之间的兼容,特别是播放服务器对于不同格式的科普影片的兼容就更能让更多更好的科普特效影片在保持原有播放格式,不降低清晰度和色彩比的前提下进行播放。

因此,在系统设计中,考虑可移动性特性的同时,仍然要把观众的观感放到第一位。在充分满足观众需求的同时,再进行可移动性设计。

3. 系统的可扩展性

可扩展性是系统设计的原则之一,它以添加新功能或修改完善现有功能来考虑软硬件的未来发展。可扩展性是拓展和提升该系统的能力的保障。放映技术在高速发展,放映机光源的流明不断提升,幕体的增益不断的上升,受众群体在观看影片的观感也随着技术的进步在不停改变。因此在系统设计过程中,需要充分把握未来的放映技术发展趋势,充分考虑未来可能的扩展功能,例如具有更高流明的光源,更高增益度的幕体等。将未来可能使用到的功能性设备预留拓展空间或插口,保证整个系统未来拥有高度的可扩展性,这同时也是模块化设计的意图之一。

可扩展性为后期的技术升级和设备的换代提供了保障,这样,该系统就能随着本领域技术的进步而不断保障其移动性和兼容性的提升。让使用的受众能持续接受到新技术为他们带来的观影效能的提升和变化,同时也不断降低该系统的维护难度。

总体来说,现阶段的可移动式 3D 新媒体播放系统其设备选择、功能、维护需求如下:

① 满足 HD(1920 * 1080)全高清立体影像播放

② 满足设备便携性的需求

③ 满足低维护难度、低维护成本的要求

④ 满足未来可能出现的新的播放功能的扩展

二、可移动 3D 放映系统应用于我国科普教育活动的必要性和紧迫性

目前,我国利用新媒体进行科普教育的普及程度落后于发达国家,党的十七届六中

全会号召文化大发展、大繁荣以提高全民科普水平。作为科教一线的科普场馆响应此号召，我们就应该尽快地推广普及使用可移动 3D 放映系统，该系统即可独立放映，也可整合在类似科普大篷车这样的流动科普平台上。该系统的使用不仅让国内发达城市教育资源更加丰富和多样性，同时，也可加快欠发达地区的科普教育普及范围和受众群体，让更多的人能够体会到新媒体教学所带来的收获和乐趣。

近几年，随着国家对科普教育工作的大力支持和投入，在国内采用新媒体方式作为科普教育的平台已经出现。这种平台大多以固定场馆的形式存在，于是，产生了相应的困难和问题。其一，造价昂贵，如一般科普场馆的 3D 影院造价几百万到上千万不等，拥有固定式 3 设备的科普场馆建设成本高，主要集中在发达地区和部分二、三线城市，且数量少，远远不能满足中小学科普教育的需求和其他需要接受科普教育的受众。偏远地区的教育资源贫瘠，教学手段单一，更无法体验到新媒体的教育形式。其二，受众群体非常有限，只能辐射到周边区域。无法达到全民科普的目标。

可移动 3D 放映技术，能将内容丰富的科普特效影片从城市带到农村，从科普场馆带到社区、学校，让不同地区的科普受众群体可以享受到同等同质的公共科教资源，接触到最前沿的新媒体带来的教育理念的变化。在对于农业科普和社区科普中引入这种全新的科普模式，这种模式必然会带来科普教育工作一个质的飞跃。

特效科普电影是科学技术与艺术的完美结合，在广大的乡村、社区和各级学校利用可移动 3D 放映系统播放由针对性的科普特效电影，这样的新媒体利用方式即有科普内容，又是科普手段，其科普功能有以下两点。其一、展示电影相关的科技成果，科普内容的电影是现代科学技术发展的新成果，特效电影本身就是一个大的展品。其二、传播科学知识与科学精神，特效科普电影的参与性与体验性是普通科普电影无法比拟的。利用可移动 3D 放映系统将相关的科普、科教教学活动与特效科普电影结合起来。扩大特效科普电影的观众群体，扩大特效科普电影科普功能的影响范围。

三、可移动 3D 放映系统应用于科普教育活动的前景

利用新媒体进行科普工作在科技发展的当今社会中，已经逐渐凸显它的位置和意义，也必将会成为科普形式中，受众群体最为喜闻乐见的一种新式。传统的科普教育模式，固定式的场馆建设模式已经逐渐无法满足人民群众关于接受科普知识的迫切需求，特别是在广大的农村地区。这种情况下，需要有一种全新的科普教育模式，去满足在科普教育现状下存在的地域不均，资金有限的矛盾。

可移动 3D 放映系统便在这种科普教育工作现状下应运而生。它的出现，伴随着系统本身可移动，好运输、易安装、易维护、投资低性价比高的特性，它在科普教育工作中的作用会越来越大，随着可移动 3D 放映系统的普及，越来越多的各类科普特效影片更快地进入每一个科普场地。人们在乡村、社区、校园观看 3D 特效的科普电影，那种身临其

境,极强的现场感、体验感是 3D 新媒体放映中,观众的最直观感受。同时它也是科普领域中一个新兴的传播方式。这种模式特点在于方式新颖、互动感、体验感强,将传统的科普教育工作转化成一个集科普性、教育性、娱乐性、体验性与一身的新的科普传播方式。

通过可移动 3D 放映系统放映科普电影,能让科普受众群体能够徜徉在大海、飞翔在蓝天,遨游在浩瀚的星空,配合以逼真的立体效果,身临其境的去体验生命的神奇,宇宙的神秘,去领略科技给人们带来的前所未有的视听感受。让人们在充满趣味性和观赏性的观影过程中更加易于接受科学理念,培养科学精神。这种给受众群体所带来的全新的体验方式,逼真的视听感觉,极强的感官冲击将超越以往任何一种科普方式,大大提高科普教育在科普受众群体中的影响力,为这样的科普手段可以更好的贯彻国家关于科普教育的工作精神,和"科教兴国"、"全民科普"、"科普下乡"等一系列方针政策。科普教育工作开辟出一条全新的、极具价值的道路。

从全球气候变化案例看新媒体时代的科学传播

马筱舒

北京大学

摘要：本文分析气候变化领域科学传播案例，通过观察传播主体、对象和媒介，认为在网络和新媒体的推动下，科学传播已由自上而下的科学家与政府传播给大众的科学普及模式逐步过渡为互动的科学传播模式，激发了更多的讨论和参与，达到了提升公众对气候变化关注的效果。在传播内容上，传播不确定性和风险的理念逐步得到重视。

关键词：气候变化，科学传播，民主模型，不确定性，新媒体。

气候变化作为一个科学传播问题具有高度典型性：在科学问题层面，全球气候变化属于前沿交叉学科。在社会经济文化层面，气候变化议题由于与人类命运切实相关，不得不与政策、产业、伦理相结合，同时具有危机性，在作为"危机社会"的现代社会中频繁出现。因而气候变化问题与转基因、核电、自然保育、中医存废问题等人类关注的问题具有类似的属性。

一、科学传播内涵的历史演变

在科学大众化的历程中，最初出现的是狭义的"科学普及"概念：科学家是科学知识的生产者，公众是对科学无知但兴趣浓厚的天真观众，科学普及的要点是将科学语言用通俗的日常语言表述并传达给公众。这种普及方式实际上抬高了科学的权威性，易使大众对科学敬而远之。这一概念将科学视为自身完善的知识体系，采用教育导向的思维模式，对科学的本质、传播的意义、传播过程的社会学特征都缺乏深究。早在1970 年代起人们即已开始反思该模式存在的问题。

随着人们意识到专业科学理解和公众科学理解之间的鸿沟一步步加深，"公众理解科学"进入了人们的视野，它对狭义科普的革新在于不仅介绍科学的正面、确定性，同时也对其不利作用进行遮掩。科学共同体的成员相对于公众总是知识丰富的，公众对科学共同体的成员来说仍是一种崇拜态度，应用的传播模型为缺陷模型。在目前中国的实践中，科学网、科学松鼠会等属于公众理解科学模式。作为科学博客圈，其中的传播者普遍是经过系统学术训练，对写作与传播较有兴趣，从而进入博客圈发表文章。

公众理解科学虽然较传统科普已经具有较为开放的态度,但仍然以单向传播为主。科学共同体之外的公众的需求、困惑、怀疑缺乏表达渠道。由此出现了科学传播的概念,其对于科学大众化的重要变革是:使得科学传播成为了双向、多向的交互作用,适用内省模型和民主模型,这使得科学传播的复杂性大大增加。目前微博中关于科学问题的讨论、果壳网等都属于这一模式。

二、气候变化科学传播案例中的科学事实与争议简述

目前认为 IPCC 报告是科学界就气候变化问题达成的共识。其中的科学结论可归纳为:过去 100 年来,全球平均气温升高了 0.74℃。若大气二氧化碳浓度从工业革命前的 280 ppmv 上升一倍,全球平均气温将上升 2～3℃。全球升温超过 2℃阈值后,将给人类带来严重后果。因此,世界各主要国家必须减少化石能源的利用,完成 2050 年将大气二氧化碳当量浓度控制在 560 ppmv 的目标。然而气候变化议题下存在着许多争议(IPCC 报告也非常注意关于不确定性的表述)。大致可归纳如下:

(1) 对二氧化碳浓度增加导致全球气候变暖的因果关系的复杂化。太阳活动、大气气溶胶、土地利用与土地覆盖变化、云、海洋等对气候的作用都同时包括了正、负反馈过程,而在气候模式模拟中有些并没有得到很好的处理。

(2) 在二氧化碳增加情况下对温度变化的预测存在不确定性。目前常说的 2～3℃,是各种模式模拟的平均值,实际上各个模式之间差异巨大。

(3) 气候变化对地球生态环境、海平面上升影响的预测。气候模式模拟、气候观测资料、地球历史时期状态的还原等方法具有不同的数据获取来源、方法论和学科范式,得到的结论各不相同,差异巨大。

(4) 关于人类将如何适应气候变化。部分科学传播内容将气候变化的不利影响简单描述为天气过热和海平面上升,而有专家指出气候变化影响最值得注意的是速率问题和区域间公平问题。温暖期总体上生物产量会大于寒冷期,值得担心的是升温过快会使地球上的物种来不及适应,这种情况在地质历史上有许多例证。同时,地球上人类密度太大导致生存空间已经比较狭小,气候变化将导致有的地方受益,有的地方毁灭,因此需要建立一种协调机制使被毁灭的有继续生存和发展的权利。

(5) 关于温室气体排放与减排。一个国家的碳排放量与人口变化趋势和社会发展阶段有关。在农业社会排放量低,工业化中期排放量达到高峰,此后人均排放量趋于稳定,甚至高耗能产业转移到他国所以排放量下降。目前发达国家人数远远小于发展中国家,发展中国家有强烈的发展冲动,所以排放总量也在增加。历史地看,温室气体过量排放困扰人类应该仅在前后两三百年内。随着技术创新和化石燃料的枯竭,终有一天人类的碳排放量将减小到不扰动地球本身的碳循环。

三、气候变化案例中的科学传播现状分析

根据拉斯韦尔的传播学 5W 模式,传播包括传播者、传播内容、传播媒介、传播对象、传播效果五个因素。本文对气候变化领域科学传播的研究离不开这五方面,但仅结合科学传播问题的特殊性进行几方面思考而不一一详述。

1. 科学共同体内部的传播

科学共同体内部正式或非正式的学术交流是科学传播的层面之一。气候变化领域整合了大气科学、地球科学、生命科学等多个学科,其科学共同体内部的科学传播较为复杂。

首先,不同学科范式之间的差异导致结论可信度的比较十分困难。学科之间的进路差异导致了科学共同体内部交流不但不具备共同的知识背景,而且思维方式存在巨大鸿沟。例如当气象模型模拟结果与地质历史时期气候记录发生矛盾时应当如何处理,双方各执一词。人们对二氧化碳的温室作用、全球变暖的事实、对未来气候变暖程度的预测、海平面上升、灾害性气候增加的预测、人类受到气候变化的影响等子问题只有一部分达成了共识,另外一些还存在巨大争议。进一步,在气候变化问题框架下,自然科学得出的结论将作为技术路线与社会政治、经济、管理上应对措施的决策依据。然而前者巨大的不确定性导致应对措施层面建立在了不稳固的基石上,对风险管理提出了较高的要求。

2. 科学传播者与公众间的交流

科学传播者与公众间的交流是科学传播的另一层面。新媒体时代的传媒具有即时性和互动性,任何人在任何时间和地点都可以与其他人传播消息,信息的传播者和接收者之间再难以作出清晰划分。与"科学共同体内部科学传播"相比,对公众的科学传播引入了更为复杂的一系列利益相关者。尽管与科学共同体相比,占较大比例的人群并未受到过严格的自然科学训练,在知识和学术素养上相对缺失,然而他们的利益、疑问、思考也必须得到重视,而目前的微博、SNS 等传媒方式使其得以浮出水面。

首先,关于气候变化的科学传播对不确定性的表述非常缺乏。从传播内容的角度,尽管 IPCC 报告中着重强调了不确定性,但在传媒的科学普及活动中则往往忽视了这一点,这可能与传媒的科学素养、严谨程度有关,另一方面可能传媒还具有"只能传授给公众确定的知识"的习惯思维。从接收者的角度,必须承认,目前公众科学素养存在不足。其缺失的关键不在于知识缺乏,而在于对概率概念与量质关系的理解水平还不到位,具体表现为对许多事实或因果关系的认定停留在非此即彼、非有即无,而目前许多科学议题都需要结合概率进行理解,结合量才能对事物的本质进行判断。这也使得公众对于科学共同体内部的争议更加难以理解与比较可信度。典型的例证是:当北京今年冬天的气温低于往常时,知名媒体人发表微博称"今年的例子已经证明了气候变化是一个骗局"

并有大批人转发表示认同。建议在科学传播内容中着重加入风险与不确定性的概率论与统计内容。

其次,在气候变化案例中,科学传播带有一定功利性和目的性,应对气候变化目标被当作推动各国实现能源可持续化与污染控制的约束性手段。在"人类活动—二氧化碳浓度增加—温室效应—气候变化"关系在科学界远未达成共识的背景下,目前主流科学传播仍然采取坚定宣扬和推动低碳经济的态度。原因在于两点:其一,尽管不确定性存在,人们还是主张采取减碳策略,因为全球变暖至少存在着相当的可能性,而带来的后果是无法挽回的,因而人们一定要采取行动,而不可能冒险不采取行动。其二,人们还是会过度强调"人类活动—全球变暖"因果链的重要性和确定性。一种观点认为,本着审慎严谨的态度,应将低碳经济和低碳生活的意义和目的定位为能源的可持续化。如果化石燃料燃烧减少了,减少二氧化碳也就是必然的结果。无论二氧化碳导致气候变暖是否真实,这一行动都有益无害。然而也许事实是,操作上只有把气候变化当作目标,才能形成一种外部的、强制的、有时间限制的动力,而是否可持续发展只局限于一个国家的内政。

至今,气候变化议题已经催生了大批新兴产业和学科,导致更多利益相关者卷入,特定国家和团体在利益、发展空间上诉求的不一致导致关于气候变化阴谋论的说法甚嚣尘上,典型观点是认为气候变化是西方国家遏制发展中国家发展空间的手段。气候变化科学传播中隐含的功利性的态度,一定程度上具有"目的证明手段正确"的色彩,已经偏离了科学独立观察与思考的精神内涵,并导致了科学传播公信力收到质疑,值得人们反思。

四、关于科学传播的思考与建议

1. 新媒体时代的科学传播具有新媒体时代大众传媒的特征

目前,微博等新媒介为包括科学传播在内的各种大众传播带来了革命性的变化,科学传播也不可避免地染上了大众传媒的一些特征。第一,娱乐化传媒具有极佳的传播效果,许多人对气候变化耳熟能详的不是任何权威科普著作而是《后天》、《不可忽视的真相》等影片,"晓之以理"效果不如"动之以情"。第二,格雷欣法则在大众文化中发挥了强大的作用。例如许多人原本对气候变化科学研究并不关心,但东安吉利亚大学气候变化研究中心邮件泄露使人们发现其试图控制数据处理结果的"气候门"事件却引起公众的热心关注,谣言和无知偏见比严肃的科普知识更容易扩散等。第三,网络媒体造成人们思考片段化、注意力易转移、不肯阅读大段文字、拒绝深入思考等问题。第四,微博作为目前最重要的媒体之一,其重要特征是公众可以选择自己关注的话题和言论,易导致一部分人对特定的话题始终漠不关心。这些特征善恶并无定论,但值得科学传播者关注。

2. 对科学传播原则的反思

在狭义的科学普及模式中有三条原则:科普者需要有专业背景;不要跨界;科普的

知识应当是科学界有共识的结论。而在当下的科学传播(广义的科普)模式中,上述原则需要进行一些修正。首先,试图传播科学内容的传播者确实应该对该领域掌握一定科学知识者,但其它关于该领域拥有丰富知识的人也有渠道提出自己的观点。第二,在学科不断融合交叉的背景下,"不要跨界"的原则变得指代不够明确,但传播者仍然应当保持只对自己熟悉的领域发表意见的审慎性。第三,科学共识常常很难达成,即便达成也不再被视为确定无疑的结论,在科学传播时应当注意时效性并指明不确定性和风险。

3. 再思科学传播目的

通过对气候变化案例的审视,也可以重新思考科学传播的目的。从狭义科普的角度出发,科学传播的目的在于增强国力,为国家提供后备人才,提高公众科学素养,甚至是达成某种共识以集中力量达成既定目标,然而这一立场主要是国家立场。科学传播模式中,公民立场应得到更多的彰显,科学大众化的目的是让科学精神贯穿于生活中,了解自身面对的处境,抓住机会和应对风险,让科学服务于生活。

参考文献

[1]   科学传播的三种模型与三个阶段,刘华杰,《科普研究》2009 年第 02 期,第 10—18 页.

[2]   IPCC Fourth Assessment Report: Climate Change 2007, http://www.ipcc.ch/publications_and_data/publications_ipcc_fourth_assessment_report_synthesis_report.htm.

面向情境的科普认知网群架构

孟世敏　林金霖　刘用麟

武夷学院数学与计算机系 南平市发改委

武夷山东方潜能软件公司

摘要：我们构建耦合认知论、认知信息成像方法、DNAgent 技术体系，结合科普服务具体，提出面向个体特征、客观情境的科普认知理念，设计科普信息流和认知流耦合、互动动力模型，形成分布式面向情境的科普认知网群系统，为建设内容分布、计算集中、服务局域、专注过程、注重创新的科普网络提供可行架构。

关键字：情境认知，Agent，认知耦合态，具身设备，认知网群。

一、具身设备及科普认知网络

为了更加深刻理解移动网络，我们在认知科学前沿角度思维。从国际上看，关于认知系统的研究包括情景认知、具身认知、分布认知和延展认知四条进路[1]：

（1）情景（situated）认知：关注情境和认知者的经验重要性，用情境激发脑记忆内容，实现基于情境的认知关联。

（2）具身（embodied）认知[3,4,7]：有机体和环境在基本循环中彼此包进（enfold）又彼此展开（unfold），这循环就是生命本身。认知和知识发生在耦合于环境的生命系统中，被誉为第二代认知科学观，对之前认知就是计算的发展。

（3）分布（distributed）认知：哈钦斯 1995 年出版了代表性著作《荒野中的认知》（《Cognition in the wild》）主张：认知活动发生于并分布于他人、技术人工物、外部表征和环境共同构成认知环境，认知是分布现象。

（4）延展（extended）认知[2]：延展认知及延展心灵是在国际上引发重要震动和争议的认知哲学假说。本假说在 1998 年由克拉克提出，主张：心智可以向外延展，进入系列认知客体，比如工具、媒介及其他人，认知代理（Agent）可以延伸到脑外工具。

总之，综合当代认知前沿哲学观念，我们认为：认知可超越颅骨界限在脑外环境中活动，即脑内认知以 Agent 方式，被耦合或者诱导到脑外环境中，简称：脑外认知，是当前认知前沿的核心观点。脑外认知观为我们进行脑内认知直接而又间接的观测、调控提供可能，是脑认知研究的重要哲学基础，也是我们进行科普服务的新思想。

基于"脑外认知"观，我们认为基于移动网络的人机耦合环境形成科普新媒体，具有如下新内容：

(1) 具身设备：移动智能设备具有具身特征，并且智能具身设备和大脑认知体联合，构成人机认知耦合体。

(2) 认知网络：基于具身设备因特网链路和认知耦合体实现聚合，构成认知网络空间，可形象称为"脑群"，"具身网络"。

(3) 情境互动：认知是情境的，因为具身心智嵌入在自然和社会环境的约束中。认知不是具身心智对环境的单向投射（projection），而是必须相应于环境的状况和变化。环境对于机体不是外在的、偶然而是内在的、本质的。高质量情境界面让认知穿梭现实和心灵世界[5]。

(4) 动力系统（dynamic system）：认知不是孤立在头脑中的事件，而是系统事件。具身心智的认知活动和环境是耦合的，动力系统研究这种耦合情况下的认知发展的动力机制。

具身设备、认知网络、情境互动、和动力系统四者构成了新一代科普认知网络的科学观念基础，也是指导我们进行科普信息服务的重要理论基础。

换个角度，手机成为人心灵和认知"代理"（Agent），且具备"人"某些功能，比如，有耳朵可以听人说话（语音识别）、有嘴巴能主动说话（TTS）、有触控系统可以接受人的触觉、有眼睛（摄像头）可看到外界、有指南针可感觉绝对方向、有 GPS 导航仪可确定空间位置、有重力感应可感觉移动等，这些都是 PC 所不具备的，给移动应用设计和研发提供全新的基础，也难怪 GOOGLE 手机操作系统用"android"命名，英文含义就是"机器人"。

总之，大脑认知体、智能移动设备、信息网络构成全新认知网络、科普平台。

二、新媒体新科普

面对新平台，应该基于新理念构建科普服务，防止把科普书籍内容简单搬移到信息网络，把多媒体视频简单推送到手机播放，而是基于认知科学观设计科普服务架构，形成有效的科普服务。我们认为情境智能计算、认知信息成像方法、耦合认知流是构建认知科普网络的重要基础。

1. 情境智能计算

移动设备更多时候是私人用品，科普学习很多时候也是个性行为，面对这样的应用环境，用户体验将提到首要位置。为了提高用户体验，认知科普在信息服务过程中要解决服务和需求最优匹配难题，需采用科学算法进行信息筛选，实现智能的需求和信息匹配。比如，构建科普信息情境空间实现"服务—需求"的最优匹配和控制。

从系统角度,科普对象存在"天地人"信息空间,且把它们的运动状态定义为"情境"。和面向过程、面向对象类似,面向情境技术目的是把软件系统设计者、信息服务设计者的目光引导到"情境"中,重视"天地人"诸多要素的即时关联性。

面向情境需要科普服务设计者和信息服务者关注以下几个特色:

(1) 要关注科普信息的丰富性:面向情境中强调的"情境"表示公众需要综合性的信息和服务环境,需要服务者关注"天地人"等维度信息的方方面面,实现贴心服务。

(2) 要关注科普信息即时性:"情境"是个时效性概念,即时地按需提供服务,注重效率和效果是科普系统服务重要指标。

(3) 要关注科普服务信息的关联性:"情境"意味着是诸多元素集成,整合的状态,不是个别元素的孤立表示。比如,夏天景区会有雷阵雨就该向科普公众发布此信息。这个过程就需要雷阵雨(天信息)这个天气对象的信息触发后,关联到雷阵雨预报(人服务),并在雷阵雨发生时,实现避雨指导(地信息)。

(4) 要关注科普对象个性:"情境"也是个性范畴,需要科普服务中多了解对象个性。比如,性别、年龄、籍贯等。

2. 认知信息成像

人脑信息加工机制难直接检测,用计算机模拟或黑箱方法间接研究是主流范式,称"人机分离的功能模拟";我们提出"人机互动的认知耦合"思路。认知耦合假定大脑和智能设备组成"脑认知体—耦合界面—信息流形"数字认识系统;耦合界面隐含流程、逻辑、认知要素,信息流驱动系统跃升到耦合态,脑内认知被诱导到脑外环境,采集其认知符号序列。解耦认知符合序列,在集合、拓扑、度量、动能、逻辑等层面重构认知,实现脑认知体和信息流形同构,获得脑认知场、核、群、谱、纤维等结构及机制即成像[8,14]。

图 1 脑信息成像

科普过程中,设计互动情境界面,采集科普认知符号序列数据,基于脑认知信息成像方法,获得科普内容认知点之间的拓扑结构,分析科普认知群、谱结构及科普认知动力过程获得公众科普过程中的认知逻辑[9—13]。

3. 耦合认知流

基于认知逻辑设计科普信息流,并根据服务的结果判断此信息流的科学性、效率。

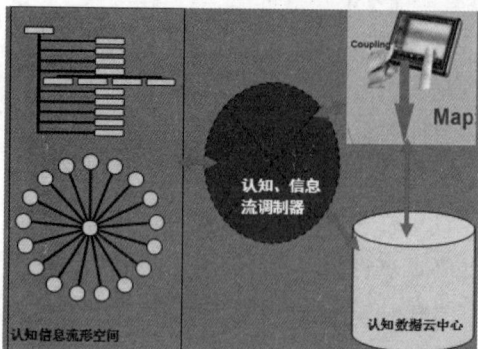

图2 科普认知及信息流耦合结构

科普信息流[16]通过耦合认知情境驱动大脑认知流的运动,对认知流进行约束、激发,也是科普认知网络的动力机制。

和传统的科普服务比较,基于认知逻辑的科普信息流,能实现具体方法的理性设计及并依据服务结果进行判断,比如,根据相关认知逻辑设计雷电科普的 N 中形式,且在实践中采用它们,再根据认知信息成像判断科普的效果进而判断、选择优秀的方案。

三、面向全国的科普认知网群

构建科普认知云网络实现全国科普资源的科学规范、跨域整合、统一服务是网络科普发展的重要趋势,基于我们提出的教育网群架构,创新科普认知网群构想[15]。

(1)规范的全国科普资源网群:制定科普内容标准,把全国科普内容资源汇聚成为有序的科普资源。

(2)统一的认知成像系统:构建基于科普资源网之上的科普认知成像系统,实现科普过程的统一成像,获得公众科普过程的认知心理逻辑规律。

(3)开放的科普服务平台:在实际中,科普和众多社会部门及角色关联,应该为这些部门提供网络接口,在内容、服务等层面实现协同。

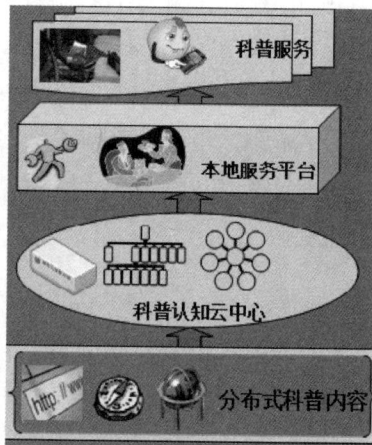

图3 全国科普认知网群架构

科普认知网群为平衡不同发展地域之间科普资源、服务提供可能,比如,发达地区优质科普内容及认知逻辑可通过认知网络投射到欠发达地区,实现城乡之间,东西部之间的科普内容、资源、服务的平衡,实现专家群组联合举行科普内容研发、心理认知团队举行科普智能计算、服务团队针对实际举行本地化服务。

四、基于计算机视觉的武夷山生物多样性科普平台

生物多样性是武夷山双世遗保护的重要内容,我们基于此构建数字标本库,准备把

武夷山大量生物标本数字化。在数字化基础上,采用计算机视觉技术(CV),通过网络可以让手机识别客观生物体,比如,遇到陌生植物,可以用手机对其拍照,把照片传递到远程云中心进行在线识别,且把识别结果传递给用户,还可把有关此植物的更加详细的资料信息呈现给用户,实现面向情境的在线植物科普服务。

同样,武夷山数字标本平台也可以向全国开放,实现跨域服务,或者,全国相关部门根据相关规范,也可以协同构建数字标本库,形成全国性的生物在线识别科普认知网络群服务系统。

参考文献

[1] 于小涵. 认知系统性的研究—基于分布认知的视角. 2010 年,浙江大学人文学院博士论文:2.

[2] Andy Clark. Supersizing The Mind. 2008 by Oxford University Press, Inc:3 - 43.

[3] 刘晓力. 交互隐喻与涉身哲学. 哲学研究,No. 10,2005 年 10 月:73—80.

[4] 李其维. "认知革命"与"第二认知科学"刍议. 心理学报,V40(12),2008 年 12 月:1306—1327.

[5] 肖峰. 信息技术与认知方式. 山东科技大学报学报,V11(6),2009 年 12 月:1—7.

[6] 李恒威. 认知主体的本性. 哲学分析,V1(4),2010 年 12 月:176—182.

[7] 陈波 等. 具身认知观:认知科学研究的身体主题回归. 心理研究,No. 4,2010 年 3 月:3—10.

[8] MENG Simon CHENG Rengui. Cognitive Coupling States Based on Tree Cognitive Fields. 2011 International Conference on Computer Communication and Management Proc . of CSIT Vol. 5 (2011) © (2011) IACSIT Press, Singapore:593 - 597.

[9] 蔡曙山. 认知科学框架下心理学、逻辑学的交叉融合与发展. 2009 年第二期:25—38.

[10] 林崇德,罗良. 认知神经科学关于智力研究的新进展. 北京师范大学学报(社会科学版),No. 205,2008 年 1 期:42—48.

[11] 张卫东,李其维. 认知神经科学对心理学的研究贡献,华东师范大学学报(教育科学版),V25(1),2007 年 1 月:46—53.

[12] 戴汝为. 人—机结合的智能科学和智能工程. 中国工程科学,V6(5),2004 年 5 月:24—27.

[13] 商卫星. 脑科学与心理学研究. 医学与哲学(人文社会医学版),V28(1),2007 年 1 月:5—6,10.

[14] MENG Shimin. Visualization Complex Cognitive Networks. 2012 3rd International Conference on e-Education, e-Business, e-Management and e-Learning. IPEDR vol. 27 (2012) © (2012) IACSIT Press, Singapore.

[15] 孟世敏,漫谈校园网群,校园网群与 E - DNA,校园网群的技术基础,信息技术教育,2001 年,第 06,07,08 期.

[16] 娄永强. 信息流理论的逻辑研究 . 2009 年,南开大学哲学系博士论文.

充分发挥新媒体作用,做好医学科普传播

胡雅洁　段文利

北京协和医院

摘要: 近年来,新媒体技术迅猛发展,信息发布及时、形式多样等特征,迅速被医疗机构和医务人员作为医学科普传播的首选工具,并在医学科普的传播中发挥着重要作用,但仍存在着新媒体科普环境需改善及版权保护等问题。因此在利用新媒体技术进行医学科普的传播过程中必须应用与管理并抓,及时纠偏,引导其健康发展。

关键词: 新媒体,科普,传播。

一、具有医学科普特色的新媒体传播形式发挥重要作用

1. 充分利用互联网媒体平台,建立互联网科普传播平台

具中国互联网中心统计,截至 2011 年 12 月底,中国网民数量突破 5 亿,互联网普及率达 38.8%。且互联网是目前影响最大的一种全球性的、开放的信息资源网,其上存放着大量的信息,供世界各地的网络用户查询和使用。因此其为医学科普的传播创造了空前优越的条件。既为民众提供了前所未有的科普信息近用机会。

(1) 专业医学网站及医院官方网站的建立与升级。1998 年,北京协和医院毛进医生建立了个人主页,做一些医学分类目录的条目及医学科普等。2001 年,协和论坛成立并迅速成长,聚集了大批医学专业人才,为数不尽的患者提供免费咨询及医学知识普及。该论坛最高纪录同时在线 3 000 人,日发贴量近 2 000 贴。北京协和医院龚晓明大夫曾在美国学习了一种简单而又有效的缝合子宫新方法(B-lynch 缝合法),回国后他做了一个教学动画挂在中国妇产科网上,不久后,论坛里出现了这样一条留言:"很高兴在网站上学会了 B-lynch 缝合,昨天晚上我救了一个子宫。"这些医学网站因其实用性强、简单便捷等优点迅速形成互联网领域进行医学科普传播的协和军团。北京协和医院于 2001 年建立官方网站,发布医院相关信息及科普知识。并于 2003 年、2006 年两度对网站进行全面升级,开辟健康讲堂专栏,整合多学科发布权威科普信息及科普视频。同时,建立在官方网站之下的各科室网站也有专门的科普专栏,定期发布本学科常见病的科普知识。如营养科发布的《糖尿病的营养治疗》一文以深入浅出语言、详尽的数据、丰富的事例等向民众讲述了糖尿病患者的营养治疗方法,被千余民众点击阅读,多家网站转载。

(2) 开创医生"自媒体"时代。新媒体评论家陈永东教授认为微博是一种新型的信

息发布、获取和传播的工具。用户可以通过电脑和移动终端以不超过 140 个字的内容进行实时分享。2009 年 8 月新浪网推出"新浪微博"内测版，使微博正式进入中文上网主流人群视野。中国互联网信息中心（CNNIC）发布报告称，截至 2011 年 11 月初，我国新浪微博注册用户突破 2.5 亿，每天发布量约达 2 亿条。医疗卫生界也出现了不少"网络红人"。在新浪微博的政府影响力风云榜上，位居医疗卫生部分首位的是北京市急救中心的微博"我在 120 上班"，粉丝达 74 万，共发微博 2 933 篇。北京协和医院在注册开设官方微博平台的同时，鼓励各科室及全体医护人员注册微博帐户，积极利用微博平台进行科普传播，为百姓传道授业、答疑解惑。现在全院共有近千名医护人员开设微博，其中粉丝量过万的医生有 19 个；日均发贴量过千篇，从外科到内科，从"说说水果"到"春季过敏怎么办？"协和医护人员积极利用微博平台开创了一个进行科普传播的"自媒体"时代。一位医生曾以案例形式写过一条关于打破伤风针的微博："一农村小伙不留神踩到铁钉，自己拨出没在意，导致足弓处化脓感染，上行至小腿，因感染性休克转来我院，怀疑……外伤，尤其是污染伤口一定要打破伤风针并且清创。"某日一位患者来院就诊告诉医生道："大夫，我在微博上看见一条微博说踩到钉子要打破伤风针，不然会有危险，后来我还真踩到一次想起这个就立刻去医院打针了，医生说幸亏我来打针了。看来我们老百姓真要多了解这些医学科普知识。"

2. 与传统媒体结合，创新传统科普传播形式

在新媒体时代下，北京协和医院将著书、撰文、演讲等传统科普传播方式与新媒体技术相结合，积极探索创新新传播形式。在传播过程中积极运用电子技术制作电子版院报供民众阅读，组织专家参加《孕妈妈课堂》等视听教材的编写，并推荐 30 多名专家参加中央电视台《健康之路》、北京卫视《养生堂》等科普节目录制，以利用数字电视技术进行科普讲座，如我院邱贵兴院士在《健康之路》栏目录制的关于膝盖疼痛的科普节目《膝膝相关》，郎景和院士在《养生堂》录制的关于女性问题的科普节目《解读女人身体密码》等均受到民众一致好评。我院乳腺外科孙强教授发现每次其在《养生堂》做科普节目后的门诊日，病人都会有明显增加的趋势，后向一位病人询问后才知道，原来节目播出后她试着用孙强教授在节目中教大家的自查乳癌的方法自查，觉得自己有问题，便来院进行检查，谁知还真是有问题，需要进行治疗。患者还告诉孙强教授道，类似这种科普知识的传播真是太重要了，感谢孙教授对科普传播事业带来做的贡献。

二、运用矛盾观点正确看待新媒体在医学科普传播中的作用

随着以互联网为代表的新媒体形式的普及，为医学科普的传播提供了极大的方便，为民众及社会各个阶层提供了丰富的科普资源。但同时，也给医学科普传播带来了许多麻烦。2011 年 3 月 11 日，日本东北部发生里氏 9.0 级大地震。地震引发巨大的海啸，并

导致了严重的福岛核泄漏事故。随着事态的逐步升级，部分公众出现恐慌心理，微博谣言便开始以"核辐射"、"核扩散"作为主攻方向，更有微博提到加多食盐以防止辐射，"谣盐"在短短两天之内席卷了整个中国，给社会秩序造成了极大的危害。

三、加强法制建设与宣传教育，及时纠偏，引导其正确发展

1. 加强法制建设

当前加强网络立法和政府管理是各国互联网管理的发展趋势。1997 年德国在《民法典》和《刑法典》框架内逐步建立了涵盖 11 类法律的互联网法规体系，以规范互联网秩序。[①] 20 世纪 90 年代中期以后，随着以互联网为代表的新媒体在国内以极快的速度取得蓬勃发展，我国除了将现有的法律适用于网络空间外，也陆续出台了一批法律、法规及行政规章。如《互联网医疗卫生信息服务管理办法》、《北京市微博客发展管理若干规定》等。这些法律法规为依法管理互联网提供了基本依据，为维护网络信息安全发挥重要作用。2011 年一篇"患者足月入院分娩，竟是处女……"的微博，引起人们对医生微博内容的巨大争议。针对医生应如何充分利用新媒体进行医学科普知识传播，北京协和医院组织专家组进行讨论，最后认为："新媒体是科普的良好平台，我们支持广大医生积极利用新媒体形式传播医学科普知识，增加民众健康常识，提高民众防病意识。我们同时倡导人文科普，在科学普及中彰显人文关怀。让民众在轻松愉悦中享有健康常识，是技术更是艺术。希望广大医务人员要注意不断改进科普的方式方法，把好事办好。"并 2012 年 3 月发布《北京协和医院微博管理暂行规定》规定各科室及全体员工应诚信用博，不得泄露病人隐私，损害病人权益……[②]

2. 加强宣传和教育，净化新媒体医学科普环境

（1）加强宣传教育，鼓励医护人员利用新媒体技术进行医学科普传播。医护人员是进行医学科普的主力军，但一直以来，医生在看待科普工作上存在三个误区：看不起做科普、怕耽误业务和怕受鄙视。消除此偏见一方面需要认真细致的思想政治宣传教育工作，动之以情，晓之以理；另一方面需要大专家献身说法，讲授怎样做好"业务"与"业余"的协调和统筹。与此同时北京协和医院众多热衷于进行医学科普传播事业的老教授，在利用新媒体技术过程中需要适应期，为帮助有需要的老教授快速适应新媒体技术，协和团委 & 青年工作部组织青年医护人员帮助院内老教授迅速熟悉新媒体技术，并取得较好效果。儿科 79 岁高龄的鲍秀兰教授在利用新浪微博进行科普时十分活跃，现拥有粉丝 13 万，发布科普微博 10 万多条。

---

① 《中国青年报》
② 《北京协和医院微博管理暂行规定》。

（2）传播正确医学科普知识,净化新媒体医学科普环境。《中国科普市场现状及网民科普使用行为研究报告》指出,用户对于医学科普知识的关注度达 41.6%,位列各学科第二。据《中国网民调查报告》显示,中国网民呈现低年龄、低学历、低收入的三低特点,详见以下图表。① 因此,网民对于医学科普知识真伪的鉴别能力尚需提高。2009 年被热议的"网络打手"、"网络水军"等,都充分显示出新媒体医学科普舆论引导将日趋复杂,这也大大增加了引导难度。因此必须发动广大医护人员积极利用新媒体形式传播医学科普知识,防止谣言泛滥于新媒体。2011 年因日本地震而引发的抢盐谣言出现时,北京协和医院新闻宣传中心积极组织核医学科等相关科室专家撰写科普文章,利用新媒体形式进行宣传,让民众了解"盲目补碘无助于防辐射"等具有科学性的医学科普知识,最终与传统媒体一起形成多渠道、大面积的辟谣舆论。

新媒体技术日益成为潮流,我们应采用应用与管理并抓的形式,充分发挥其积极作用,抵消消极作用,对其进行有效引导和管理,保证具有时代性、针对性、科学性的医学科普知识健康传播。与此同时,我们也应思考在数字新媒体时代,传统的物理传播介质消失,如何保护科普作者版权及其积极性,以促进新媒体技术在科普传播中的长久发展。

参考文献

［1］《北京协和医院院报》。

［2］《中国青年报》。

［3］《北京协和医院微博管理暂行规定》。

［4］《中国网民调查报告》。

---

① 《中国网民调查报告》。

新媒体环境下科普平台的构建

——基于双边市场理论视角

张利斌　张广霞　涂　慧

北京大学光华管理学院　中南民族大学经济学院

摘要：为了顺应新媒体环境，推进我国科普工作，本文基于双边市场理论视角构建了科普平台。首先，阐述了科普平台的组成，分析了科普平台的双边市场特征；然后，分析了科普平台的激励策略、定价策略和进入策略；最后，提出了相关建议。

关键词：科普，新媒体，双边市场，平台。

近年来，网络媒介影响力不断扩大，3G时代的到来让以网络媒体、移动媒体、数字电视媒体为代表的新媒体发展更为迅猛，不断渗入人们日常生活，也给科普工作带来前所未有的机遇和挑战。"十一五"期间，新媒体在科普领域的应用取得实质性进展，互联网科普受到社会广泛关注和重视，进入快速发展阶段；科技手机报逐渐成为科技信息的新媒体传播方式之一；移动电视的科普发展也开始运行[1]。然而，依然存在着一些问题：信息来源的权威性与科学性良莠不齐，网络媒体中经常出现几家网站就同一内容数据相互矛盾、差异显著的现象，这给公众带来了极大的不便，在涉及公众生命健康安全方面问题更为突出，这与网站内容的审核与编辑把关不严、存在漏洞与疏忽有关；大部分科普内容同质化，跟风创作现象严重，使得受众信息摄取范围变窄，容易错过很多有价值信息，这与国内媒体版权保护与原创责任意识缺乏等有关；新媒体传播数字化、媒体融合、即时交互等特点对科普资源的集散与服务提出了更高的要求，真正意义上功能完备的数字化信息传播交流平台还有待开发[1—2]。

新媒体科普发展具有重要的战略意义，一直受到国家的高度重视。我国《国民经济和社会发展第十二个五年规划纲要》指出："加强重要新闻媒体建设，重视互联网等新兴媒体建设、运用、管理，把握正确舆论导向，提高传播能力。"《全民科学素质行动（2011—2015年）》也要求："发挥互联网、移动通信、移动电视等新兴媒体在科技传播中的积极作用。研究开发网络科普的新技术和新形式。""开辟具有实时、动态、交互等特点的网络科普新途径，开发一批内容健康、形式活泼的科普教育、游戏软件。"如何发挥新媒体的优势，充分激发政府科普工作的相关部门、科普知识提供者、科普工作者和受众的积极性和创造性，实现新媒体与科普的有效融合，达到多方共赢的目的，双边市场理论为我们提供了崭新的视角。本文运用双边市场理论构建了科普平台，探讨了运营这一平台的相关策略。

一、基于双边市场理论的科普平台构建

在技术发展异常迅速的网络时代,越来越多的行业呈现出双边市场的特征,即一个或多个平台把两个截然不同的用户群体联系起来,形成一个完整的网络,如传媒产业、电脑操作系统等。双边市场的平台提供者通过建立一定的基础架构和规则,为不同用户群提供服务和产品[3]。针对新媒体科普发展的现状及问题,本文构建以下科普双边平台(如图1所示),该平台能够整合多方资源,提高科普工作效率和效能。

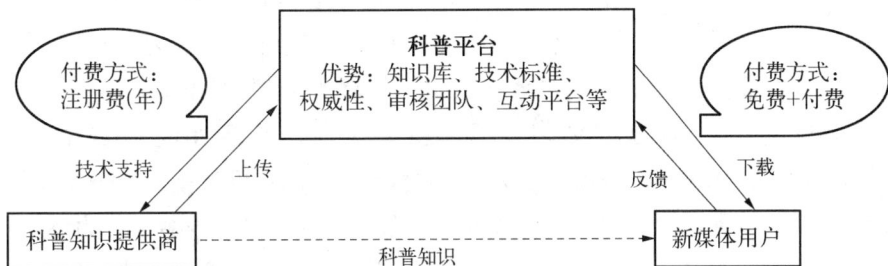

图1　科普平台结构图

1. 左边用户——科普知识提供者

在我国,以往的科普知识提供者主要是相关部委(科技部、农业部、教育部、卫生部等)的专业科普人员、社会力量(中国科学技术协会、中科院等)的科技工作者。近年来,数字新媒体蓬勃发展,这一趋势颠覆了由传播机构垄断传播权及内容制造权的传统,消弭了传受者之间的壁垒,激发了广大科普爱好者——"草根"阶层的参与感和创造性,提供更加丰富的科普作品,草根阶层已经成为科普知识的重要提供者[4]。同时,科技是企业发展的支撑,企业进行了大量的研发工作,取得了丰硕的科技成果,为了增强企业发展能力,履行企业的社会责任,一些企业也开始在企业内部甚至向社会公布并传播企业的发明创造,因此,企业也成为提供科普知识的一股新生力量。

2. 右边用户——新媒体用户

在传统媒体环境下,信息的接受者称为"受众",是单向的接受者,但是在新媒体环境下,"受众"一词已不能体现其特点和功能,所以本文用"新媒体用户"一词进行更好地描述。在新媒体环境下,用户可以自主选择其需要的科普知识,这种个性化服务使得用户具有更多的选择权;另一方面,用户也能很方便地实现双向交流[5]。

3. 平台提供者——平台运营商

在我国,科普事业属于公益性事业,科普产业属于盈利性产业,为此,核心平台运营

商的主体可以是政府或非赢利性社会组织,也可以是盈利性机构或企业,并且这种盈利性企业必须是该产业领域的龙头企业或领军企业,有能力运营好科普平台。无论是何种性质的平台运营商,都必须注意以下几个问题:

(1)我国专业科普人员数量偏少,科技工作者、企业等社会力量参与科普积极性还没有充分调动[6];同时,较之专业机构制作的内容,草根阶层创作的内容缺乏专业视角的深度和广度[4],并且可能有些知识缺乏科学性和系统性,会给用户带来错误的信息,造成社会混乱。如甲型 H1N1 流感期间,由于网上错误消息泛滥,导致市场和社会不稳定。因此,负责平台运营与管理的政府或领军企业,一方面必须掌控开发端渠道,提供统一的技术标准和渠道能让广大草根阶层参与科普知识的创造和上传;另一方面,为了确保上传知识的真实性和科学性,平台运营商需要组织专门的专家队伍对其进行审核、认证,符合要求的知识才能被接收,在这一平台上进行宣传,供新媒体用户下载使用。

(2)新媒体用户方面也还存在着以下问题:在平台上,由于集成了大量的影音、动画文件等,受信道容量所限等影响,会发生下载科普知识的速度过慢或者是在线翻阅的等待时间比较长等现象;由于用户本身知识的局限性,辨别知识科学性的能力不足,信息的海量化有可能使用户受到错误知识的误导;第三,用户的反馈意见不能得到及时回应等。因此,为了确保新媒体用户能持续关注科普平台,必须加大宣传力度,树立品牌形象,同时提供海量的个性化和差异化服务体验,建立互动机制,能够让新媒体用户反馈其对个性化科普知识的信息,从而把更多的新媒体用户拉入这个平台。

同时,通过对下载知识和信息的利用、消化和吸收,新媒体用户也可以发明创造,从而成为科普知识的提供者(即,双边市场的左边),上传相关创新成果,反之亦然。通过构建如图 1 所示的平台,不仅会降低科普知识提供商和新媒体用户直接交易成本,减少信息不对称问题,还可以为双方提供多种服务。

4. 科普平台的双边市场特征

(1)平台的需求互补特征。在双边市场中,双边用户对平台的服务需求存在着显著的互补性特征,即买方对平台中卖方的产品和服务存在需求,同样,卖方对平台中买方的产品和服务也存在需求,并且这种互补性需求与传统市场的互补性需求存在明显的不同[7]。科普平台正好具有这一特征:新媒体用户对平台提供的个性化服务的需求量会随着科普知识提供商对平台所提供的服务的需求量的增加而增加,即,当平台为科普知识供应商提供的服务越多(如便捷的上传通道、可供利用的知识库等),平台上可能的科普知识就越丰富,那么受众对平台提供的个性化需求量也越多,反之亦然。

(2)交叉网络外部性特征。交叉网络外部性是一种具有交叉性质的网络外部性,即一边用户的效用随着另一边用户数量的增长而增加,从而使平台的双边用户通过相互作用实现对外部性的内部化[7]。在科普平台上,新媒体用户的效用(即获得更多个性化科普知识及体验)会随着科普知识供应商数量的增加而增加,供应商获得的收益也随着关注平台和科普知识的新媒体用户数量的增多而提高。

（3）价格结构非中性特征。价格结构是指平台向双边收取的总价格水平在双边用户之间的分配结构，非中性是指平台总的交易量取决于总的进入费用在市场双边间的分配，双边市场的价格结构非中性特征指价格结构的变动将会对平台的交易量、利润产生影响[8]。在价格总水平不变的情况下，平台运营商（政府部门，特别是核心型企业）可以通过调整价格结构来增加科普知识提供商和新媒体的数量以及上传和下载科普知识的数量。

（4）平台供给特征。根据 Tochet ＆Tirole 的研究，科斯定理失效（存在交易费用和信息不对称现象）是双边市场存在的必要条件，假设交易双方在缺少平台的情况下，仍然能以低成本进行交易，那么就不需要平台了。正是由于双边用户直接交易存在着高昂的交易成本和严重的信息不对称现象，从而难以实现有效的交易，这样才会出现平台[7—8]。在我们构建的科普平台上，同样也具有双边市场中平台的供给特征，即，在存在交易成本、信息不对称的情况下，平台的出现促使了科普知识供应商和新媒体用户的交互作用，既确保草根阶层的利益，在满足新媒体用户需求和体验的同时挖掘了他们的创造潜力，又提高和激发了科普知识供应商的积极性和活力。

此外，科普平台还有自己的特点，即，通过与互联网运营商、电信运营商、移动通信运营商、数字电视等新媒体运营商合作，扩大新媒体用户数量，确保自己的科普知识能被更广大的民众所接触。

二、科普平台相关策略

在双边市场中，平台企业为了促进双边市场的用户通过平台相互作用，就必须能够为双方带来价值增值。在科普平台中，可以采用如下策略来确保平台运营商、科普知识供应商和新媒体用户三方的利益。其中，政府的目标是为了更好地宣传科普知识，提升全民的科学素质，建设和谐社会；核心型企业是为了获利；科普知识供应商有可能是为了盈利，也有可能是为了满足自身的成就感，或者是履行其职责；新媒体用户则是为了得到了自己想要的知识，在提高自身科学素养的前提下，有可能也成为科普知识的提供者，上传其作品，为社会做点贡献。

1. 激励策略

在核心型企业主导的平台为中心的价值链上，科技工作者以及广大的草根阶层作为科普知识的提供者，他们多样的知识能够满足市场多元化的需求，通过将其知识上传至平台，可以吸引众多的新媒体用户到平台上下载自己需要的知识，这样所带来的经济效益又促使更多的草根阶层以及科技工作者不断丰富其知识，上传更多创新作品。

在科普平台上，运营商可以按照一定比例（通过市场考察和调研后决定）与供应商分配收入,这不仅增加了现有科普知识供应商的收入,还会吸引更多的供应商加入,从而为新媒体用户带来更加丰富的科普知识和体验。

在政府主导的平台为中心的价值链上,政府除了可以给予他们收入激励外,还应该加大科普专项经费的投入,并通过优惠的税收政策促使企业、社会团体和更多的草根阶层成为科普知识供应商的重要来源,从而壮大科普创作队伍,促进科普知识的传播[6]。此外,还可以实行精神上的奖励:对于提供科学、实用的科普知识的供应商,可以给予他们特别荣誉,满足他们的成就感和责任感。

2. 定价策略

在双边市场的研究中,价格策略是市场研究中最核心和最重要的环节。这一策略对科普平台来说,关系到平台运营的健康状态[9]。在科普平台上,平台运营商可以向供应商收取一定数量的注册费(按年收取),其目的是确保科普知识提供商不会滥传作品,节约平台资源;对待新媒体用户,可以采取"免费+付费"方式,对于大众化的科普知识可以供其免费下载,对于那些专业化、个性化的科普知识可以收取一定或少量的费用,由平台运营商代收,再由供应商和平台运营商按一定比例分成。

由于科普事业毕竟是公益性事业,所以收取的费用不能太高,以确保科普知识的传播,同时,平台运营商也可以采取多种途径来获取利润,比如广告费,即把竞购特定关键词的出价较高的广告商的广告安排在新媒体用户检索结果旁边的位置[10],获得收入以更好地运营科普平台;此外,还可以在科普平台上出售相关科普产品,按照成本和受众的需求价格弹性等因素制定不同的价格,实现获利。

3. 进入策略

在前面几个策略中,都不同程度的涉及到了平台运营商怎样想办法把双边用户拉到科普平台上来这个问题,即,科普平台的进入策略。平台运营商可以通过开发并开放针对供应商的技术渠道来供供应商免费上传科普知识,并且帮助其了解新媒体用户最近的需求动向,提供参考意见和建议,此外还可以给予荣誉激励,从而把更多科普知识供应商拉到这一平台上,进而吸引更多新媒体用户加入到这个平台上来。对新媒体用户则采取"免费+付费"的方式,以个性化服务和体验来吸引他们,进而在网络外部性的作用下,把更多科普知识供应商也吸引到平台上来。

三、建议

为推进国家科普工作,提升全民的科学素质,基于双边市场理论构建一个科普平台是非常必要的。首先,政府要通过政策法规为新媒体科普营造宽松的环境,投入必要的经费,加强科普知识的开发,利用收入激励、精神奖励、评优颁发荣誉等方式动员全社会力量参与到科普平台建设中来,创新科普内容和科普形式,尽力把更多民众吸引到科普平台上来,加强新媒体科普人才队伍建设,实现科普目标。

参考文献

［1］ 中国科普研究所.新媒体科普发展研究专题报告［R］.中国科学技术协会,2010.

［2］ 朱登科.突发公共事件中网络媒体应急科普的作用分析——以人民网、新浪网对汶川地震、甲型 H_1N_1 流感相关报道为例［J］.科技传播,2010(2):226—229.

［3］ 托马斯·艾森曼、杰弗里·帕克、马歇尔·范阿尔斯蒂尼.双边市场中的企业战略［J］.商业评论,2008(5):124—136.

［4］ 李波,邹妍艳.新媒体环境下"草根艺术"的美学思考［J］.新视窗,2011(4):17—19.

［5］ 邓香莲.新媒体环境的信息传播特征［J］.编辑学刊,2011(2):14—17.

［6］ 国家科学技术普及"十二五"专项规划［R］.科学技术部,2012.

［7］ 陈宏民、胥莉.双边市场:企业竞争环境的新视角［M］.上海:上海人民出版社,2007.

［8］ Jean-Charles Rochet,Jean Tirole. Defining Two-Sided MarketS［R］. Working Paper,2004:1-28.

［9］ 孙怡.基于双边市场理论的移动互联网应用平台研究［D］.北京:北京邮电大学硕士学位论文,2011.

［10］ 袁黎明.双边网络视角下搜索引擎平台的隔离机制演进［D］.北京交通大学硕士论文,2011.

新媒体在药学科普工作中的应用实践初论

周颖玉　肖　鲁　周金娜　施　阳　张　蕾　耿向楠　邢立欢

中国药学会科技开发中心

摘要： 本文从新媒体的特点和新条件下药学科普工作如何借用新媒体信息传播优势出发，浅析了药学科普工作应遵循客观发展规律，以满足公众健康知识服务需求为本，在工作中不断引起公众的共鸣和认可，推陈出新，培养适应新媒体时代的药学科普工作队伍，使药学科普工作健康长足发展。

关键词： 新媒体，药学，科普，实践。

"新"是一个相对的概念，笔者认为，"新媒体"是以数字信息技术为基础，以互动传播为特点，具有创新形态的各种媒体形态的总和，包括网络、数字报纸等，并具有表现形式新颖、反映迅速、受众人群可细分等特点。

一、药学科普工作中新媒体应用的实践意义

1. 有利于表现形式更加多样化

有别于传统折页、海报、图书等，新媒体可以更加丰富药学科普的表现形式。以网络媒体、手机媒体、移动电视举例如下：

（1）网络媒体。网络媒体，是依赖 IT 设备开发商们提供的设备和技术，来传输、存储和处理音频、视频信号，按其主营业务不同可分为门户网络媒体、视频网络媒体、汽车网络媒体、新闻网络媒体等。药学科普可以利用其建立一个面向社会公众服务的窗口，提供较全面的药学科普服务。

（2）手机媒体。手机媒体，是以手机为视听终端、手机上网为平台的个性化信息传播载体，它是以分众为传播目标，以定向为传播效果，以互动为传播应用的大众传播媒介。药学科普可以利用其向特定人群提供更加个性化的药学科普服务。

（3）移动电视。移动电视，作为一种新兴媒体具有移动性强、反映迅速等特点，除了传统媒体的宣传和欣赏功能外，还具备城市应急信息发布的功能。对于公交移动电视，其"强迫收视"是最大的特点。药学科普可以利用它的"应急"和"强迫"特点，提供灾害应急信息发布和必要的药学科普知识传播。

2. 有利于信息传播方式的优化

为了改善"说教式"的传统药学科普宣传模式,我们可以利用新媒体新的信息交流方式,使药学科普服务的信息传播方式更加优化。由"单纯灌输"向遵循"传播交流"转变,由"单向传播"向"互动传播"转变,由"侧重控制"向"侧重引导"转变。①

(1)"单向灌输"向"传播交流"转变。从传播学角度分析,"单向灌输"的模式已经不再适用于新媒体时代下药学科普工作的要求了。"单向灌输"如"子弹论"的观点,似乎可以把某些东西注入人的头脑,就像电流使电灯发出光亮一样直截了当。这种唯意志论的观点过分夸大了传播的力量和影响,忽视了影响传播效果的各种社会客观因素,且否定了受众对大众传播的选择使用能力。② 而新媒体的应用和推广,恰恰能够提升公众对大众传播的这种选择使用能力,对药学科普知识的传播也不例外。药学科普在寻求发展过程中,不断提高药学科普工作者和公众地位平等的意识,注重收集公众对药学科普工作的反馈,以药学科普工作者和公众间的相互交流,更好的达到服务公众的目的,即在新媒体时代下,完成了从"单向灌输"向"传播交流"的优化转变。

(2)"单向传播"向"互动传播"转变。在药学科普工作中,我们发现新媒体尤其是网络媒体,可以结合视频、声音、文字的超级文本,不但可以链接到无穷无尽的其他文本,更可以由多种路径进入,俨然形成了一个迷宫。然而正是这个迷宫也向公众提供了不同的入口,吸引着不同兴趣的人们都参与其中,迷宫的设计者和参与其中的公众相互间的作用也显示着强大的互动传播性。就像网络作品是网站、网民等各方创造出来的一样,他们或者反映着网站建设者的经营理念,或者反映着网民的诉求。他们不但表现出网络文化的生机与活力,也体现出人们对现实社会的认识与思考。③ 具有这种强大互动传播能力的新媒体无疑是药学科普在新时期的优秀载体,药学科普工作者可以利用它完成原有的面向公众的科普工作,也可以通过这个平台了解公众的反馈和需求,甚至可以实现与公众的互动活动,达到更好的科普效果,使原有的药学科普信息"单向传播"自然地向"互动传播"优化转变。

(3)"侧重控制"向"侧重引导"转变。2005年4月,中共中央办公厅印发《关于进一步加强和改进舆论监督工作的意见》,对加强舆论监督工作具有重要的指导作用。但是监督不等于控制,监督的目的是为了有利于反映公众的意见和呼声。在新媒体时代下,新媒体的开放性、互动性,使它很容易成为社会各种言论,包括科学和伪科学言论的集散地,也会成为新思想、新方法的萌芽地。所以作为新时代的药学科普工作者,应当具有引导舆论的责任意识,并培养自己引导舆论的能力,工作思路应该向侧重引导的方向转变,就像大禹治水,重在疏导一样,将人们的用药意识引导到如何注重安全合理上来,使过去

---

① 吕品,新媒体时代对领导干部提出的新要求[J],新华文摘(半月刊),2012年7月,第31页.

② 人民网,关于党报单向灌输向双向交流模式转变的思考,2007年4月,http://media.people.com.cn.

③ 彭兰,网络文化的构成及其与现实社会的互动[J],新华文摘(半月刊),2011年10月,第112页.

工作中"侧重控制"的工作重点向"侧重引导"的方向优化转变。

3. 有利于信息的加工整合

传统药学科普知识已经形成了相对较为固定的表述形式,为适应当今不同人群的个性化需求,药学科普工作非常需要利用新媒体应用的契机,对药学科普信息进一步加工和整合。

（1）适应公众休闲娱乐时间碎化的需求。由于人们工作与生活节奏的加快,休闲时间呈现出碎片化的倾向。而新媒体恰恰能够提供便捷的信息获取渠道和交流渠道,使得新媒体正好迎合了这种需求,不断在公众的时间夹缝中蓬勃发展。放眼看看我们的周围,上下班公交车或地铁上的车载媒体、人们手中翻看的手机媒体、办公楼电梯旁的楼宇媒体等,为信息的传播提供了更多的渠道,也为服务公众提供了更多的可能,生活在这样的环境中,公众碎片化的时间也会被这些信息充斥着,而药学科普知识是这些信息中不可或缺的组成部分,是公众非常关注的板块,我们的药学科普工作者亟需将原有药学科普知识进行碎化处理,适应不同的新媒体载体,服务于不同个性化需求的人群。

（2）适应市场和公众对药学科普信息个性化选择的需求。由于公众所享用的社会资源、所处的社会地位等因素不同,所以能引起其兴奋的信息种类也不同,市场为了迎合这种不同的需求,开始投入更多的精力,在将信息碎化的同时,也在研究信息的分类。对于药学科普工作来讲,媒体使用与公众对内容的选用更具个性化了,药学科普信息必然要随之不断细化和分类。包括对受众性别、年龄、职业、地域的需求细分;也包括对药物本身的细分,如中药、西药,新药、特药和普药,预防性药品、治疗性药品和诊断性药品,外用、内服和注射药,不同系统用药等。

（3）在开放式的新媒体环境下更好的捍卫药学科普知识的尊严。曾经的张悟本借助电视、图书等传统媒体几乎实现了"一言堂"的荒唐科普宣讲。但是,由于新媒体的出现,药学科普工作已经不仅仅局限于原来的"专家",有越来越多的"草根"作者或是普通公众也踊跃加入,其中一些"草根"作者的优秀创造更加贴近公众的阅读口味,一些热心健康的公众也能快速地对不正确的药学宣传信息进行反馈,但纵观全局仍是鱼龙混杂。药学科普工作在新形势下要认清事实,在利用新媒体积极调动公众参与活动、使药学科普工作向公众化和普及化发展的同时,也要密切关注如何确保药学科普知识的权威性。根据在药学科普工作中积累的一些经验,精编如下:① 树立专家品牌,发挥导向作用;② 严把审核环节,增固维护手段;③ 评估宣传效果,捍卫知识尊严。

二、运用新媒体传播优势,有效传播药学科普知识

1. 运用网络优势,创建"宝葫芦网"

为进一步面向公众普及饮食用药安全知识,增强公众饮食用药安全意识,提高公众

饮食用药安全水平,在"十二五"期间,国家食品药品监督管理局组织全国食品药品监管系统实施食品药品安全科普宣传活动,推出《全国食品药品安全科普行动计划(2011—2015)》(以下简称"行动")。

中国药学会为贯彻落实此项"行动",发挥新媒体优势,主办了本次科普活动专题网站——"宝葫芦网",旨在依托中国药学会丰蕴的专家资源和权威的学术地位,通过网络这一新媒体传播媒介,向公众宣传食品药品安全相关知识,扩大公众受益面。

2."宝葫芦网"的具体做法

(1) 汇集各方力量,搭建药学科普平台。

政府力量:政府部门提供政策指导,正确把握科普宣传政策导向。

学会力量:学会倾力,为"宝葫芦网"进行科普宣传提供了丰富的专家资源和学术资源,并提供专业团队对网站日常工作进行管理和维护,主要负责协调各方参与、信息搜集、归类处理,专业的网络后台维护等工作。

专家力量:请权威的药学专家、科普专家等对拟用信息进行审核,去伪存真,保证上传资料的科学性、准确性和科普性;并通过组织专家对专业学术资源转化为科普资源,使科技新成果更快地转化为科普资源。专业的创意和网站制作团队力量:集合了传播学、网页形象设计、网站程序开发等领域人才群策群力,共同创意、制作,保证网站页面的可视性。

社会力量:主动寻求社会力量,从资金、人力、物力、创意等方面给予网站更多建设支持。

(2) 集纳不同板块,展示药学科普知识。"宝葫芦网"通过围绕药学科普活动开辟活动文件、活动动态、图片新闻等板块,全方位立体展示科普活动。以下列两个板块为例:

科普知识板块:从开始单一的药学科普逐渐扩充为集药品、餐饮食品、保健食品、化妆品、医疗器械"四品一械"的科普宣传。

资料下载板块:整合中国药学会近年来的海报、折页等科普宣传品设计稿,以及视频教材、情景短剧等科普产出,供社会公众免费下载使用,为各地科普活动开展提供专业权威的科普素材,也为社会公众提供形式多样的科普资源。

(3) 运用有效形式,满足公众需求。"宝葫芦网"的资料主要来源于中国药学会近年来的药学科普方面的课题成果,为学术知识"落地"为科普资源提供了展示平台;同时,也紧密联系全国及各地开展的药学科普活动,使科普资源、科普交流、科普展示等有效结合,使网站建设呈现勃勃生机。

网站首页显著位置设有"留言板",网民可以通过"留言板"与专家互动。

2011年,中国药学会承办了"安全用药月"专家咨询热线活动,根据活动中收集的来自31个省的650次电话编录的616个热线咨询问题进行整理,由专家再次审核后,全部上传,以向更多的公众提供药学科普知识查阅服务。

在"宝葫芦网"的主页中还有一个抓人眼球的部分,是一排横向滚动的青少年原创绘画作品展示。这是从 2011 年"安全用药 关注青少年"原创绘画作品征集活动中选用的 200 幅优秀作品,稚嫩的画风、艳丽的色彩,无不从青少年的视角反映着他们对药学科普的认识和理解,也是对成人、乃至是对药学科普工作者的启发。

总之,"宝葫芦网"就像一个深深扎根在药学科普研究土壤里的种子,又像是乘着药学科普活动的春风,不断发芽,茁壮成长。

三、思考和展望

因为网络媒体可以集文字素材、图片素材、音频素材、视频素材等于一身,能容纳海量的信息,信息间也可以建立良好的关联和链接关系,又可以给公众留有参与互动的端口。这种良好的兼容性和互动性,使其自身迅速发展,现在我国的网民已初具规模。2012 年 1 月 16 日,中国互联网络信息中心(CNNIC)在京发布《第 29 次中国互联网络发展状况统计报告》。报告显示,截至 2011 年 12 月底,中国网民规模突破 5 亿,达 5.13 亿。[①] 2011 年,网民平均每周上网时长 18.7 个小时。[②]网络媒体的发展,为药学科普提供了一个巨大的展示平台。

中国药学会曾经借助传统媒体力量,在曾经举办的"安全用药 家庭健康"全国知识竞赛中,获得了 8 000 万受益人次的科普成绩,具有较高的性价比。希望在新媒体时代下,我们同样能够借助新科技、新人才、新理念、新方法、新环境的合力,进一步推动药学科普知识的广泛传播,提高药学科普工作的覆盖面和惠及面。

---

①②　中国互联网络信息中心,第 29 次中国互联网络发展状况统计报告,2012 年 1 月,第 4 页,http://www.cnnic.net.cn/.

数字出版产业发展与科普政策研究

杨　靖

科技日报社

摘要：国内数字出版产业目前存在"倒金字塔"型产业利润分配结构。发行平台将扮演数字出版产业最终整合者的角色；21世纪初，占我国总人口的40％以上的"网络一代"成为新媒体阅读的主流人群，提高科普传播效率，应当制定与新媒体发展融合的科普政策，进一步引导企业加大对数字技术的研发投入，同时加强知识产权保护。

关键词：新媒体，数字出版，科普，科学素养。

手机报、网络视频、电子书……随着数字出版产业快速发展，人们的阅读和学习方式正在发生深刻变化。用电子书阅读科普书籍，借助智能手机查阅专业文献——事实上，数字出版产业发展所孕育出的新兴媒体正在成为人们获取科学知识和信息的主要途径之一。在数字出版和新媒体日新月异的时代背景下，如何进一步提高科学普及工作效率？研究制定什么样的科普政策，才能充分发挥数字媒体的传播优势？为提升全民科学素养，政府还应该为社会提供哪些更为优质的服务？

一、新媒体时期数字出版产业发展趋势和结构分析

1. 数字出版概念和产业特性

（1）数字出版概念。"数字出版"一词是由英文"Digital Publishing"翻译而来，其中"Digital"的含义是"数字化的或数字式的"，因此，亦可称其为"数字化出版"。数字出版所覆盖的内容有基于互联网的数字内容出版和发行、在线教育内容发展、移动内容研发和出版等，其产品形式包括电子报、电子期刊、电子书、数据库及在线出版内容的服务及增值应用等。笔者认为，广义上讲，目前基于互联网和移动网络的数字报、手机报、网络视频和网络游戏等多种新媒体业态均属于数字出版。

（2）数字出版产业特性。由于数字出版产业范畴涉及传统出版、文化、电信、制造、软件开发等多个领域，数字出版产业在其形成和发展的每一个阶段，都不会离开传统产业和新兴产业的重组和协同创新。因此，数字出版产业是一种具有产业黏性的新兴产业[①]。

---

① 新兴产业足指随着新的科研成果和新兴技术的发明，应用而出现的新的部门和行业。

从数字出版产业的发展现阶段看,数字出版产业发展和新媒体出现的驱动力量,来自传统出版企业和研发企业的并购与合作。例如,兰登书屋购买 Vocel 公司部分股权,合作开发手机阅读;培生教育出版集团收购"电子大学",做大网络教育出版业务。笔者认为,技术创新是数字出版具备产业黏性的内生因素。在不同产业不断"粘合"和重组的过程中,传统意义上的出版产业的边界获得快速延展,新兴媒体得以不断涌现。

在新一代信息技术和新材料技术的推动下,数字出版产业具有巨大的成长性而新媒体业态将面临更多选择。

2. 数字出版产业发展趋势

(1) 数字出版产业终端市场。产业链下游市场激烈竞争,是近年数字出版产业发展特点之一。苹果公司 2010 年推出的 ipad,融通了便捷、时尚的技术和设计元素,引起了新兴消费群体的高度关注。ipad 携其视频、电玩等多项功能,帮助苹果公司成功打开了电子阅读终端市场,此举虽然是在美国亚马逊公司 kindle 和索尼公司 reader 进军电子阅读器市场之后,却帮助苹果公司在这一领域捷足先登,是苹果意图抢占数字出版产业链下游市场的一项成功举措。知名公司的种种动作,从侧面体现出数字出版产业下游市场的潜在价值。而在国内,有数据显示,汉王电子书自 2008 年面世,该产品在 2010 年以前的销售量已占据了 95% 中国电子阅读器市场份额,与此同时,方正文房,翰林等电子阅读器在同一时期也逐渐在位于数字出版产业下游的终端市场崭露头角。

值得关注的是,2009 年,电子阅读器全球销量达到 350 万台,中国的销量突破 80 万台,占总体比重的 20% 左右。但是这还只是冰山一角,按中国城镇居民 6.5 亿、居民阅读率 50% 和阅读器普及率 10% 计算,中国数字出版终端市场的空间为 3 000 万台左右,在短期内增速有望加快(《中金公司数字出版主题研究报告》,2010)。

随着纸张的普及,刻字用的竹简逐渐被替代,人们的阅读习惯也逐渐发生了改变。当便捷、廉价的"电子阅读终端"在市场上逐渐增多以后,人们传统的阅读习惯面临新的挑战,电子书以及近两年在市场热卖的智能手机就如同当年的纸张一样,都是现代新媒体兴起的硬件储备。与此同时,未来人们仅对终端阅读器的需求所引致的持续的市场拉动力,也会是数字出版产业迅速发展不竭动力。由于旺盛的市场需求,数字出版产业迅速发展和新媒体快速兴起的大趋势将是不可逆转的。

(2) 数字出版产业规模与比重。规模持续增长是数字出版产业的发展趋势。近年来,在技术驱动、阅读习惯变化、文化消费升级和产业政策激励等因素的作用下,数字出版产业目前已具有相当规模。2009 年,我国数字出版总产出 799.4 亿元,实现增加值 234.6 亿元,利润(结余)总额 63.9 亿元。而在 2009 年,新闻出版业全行业总产出是 10 668.9 亿元,数字出版占到全行业总产出的 7.5%(《2009 年新闻出版业分析报告》)。

从总的增长趋势和产值分布看,《2010 中国数字出版产业年度报告》指出,2009 年,我国数字出版产业比 2008 年增长 50.6%,产业增长率继续保持高增长速度。其中数字期刊收入 6 亿元,数字图书①收入达 14 亿元,数字报(网络版)收入达 3.1 亿元,网络游戏收入达 256.2 亿元,网络广告达 206.1 亿元,手机出版(包括手机音乐、手机游戏、手机动漫、手机阅读)则达到 314 亿元。网络游戏、网络广告和手机出版成为数字出版产业名副其实的三巨头。而从地域上看,数字出版产业在北京、上海、广东等省市相对集中。

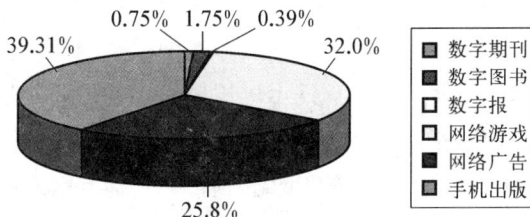

数字出版产业产值结构图

手机出版和网络游戏合计超过整个数字出版产业的营业收入的 70%。它们与网络广告收入总计将超过数字出版产业总营收的 95%。

(3) 数字出版产业链变化趋势。不同行业、类型的企业正在向数字出版产业链条汇集,是数字出版产业发展趋势的又一特点。从企业微观层面上看,在国外,亚马逊等公司"终端十内容"的商业模式获得成功,其示范效应使传统出版传媒、IT 制造等企业信心倍增,纷纷采取行动。例如汤姆森、施普林格、爱思唯尔和约翰·威立集团为代表的传统出版商,正在借助其内容优势,通过对内容的整合和深度加工,向数字出版巨头转型;在国内,由于种种利好预期,也有大量企业涌入数字出版产业,并逐渐形成了产业链条上的各个环节。例如,北大方正、盛大、网易等一批企业的核心业务正在加速向数字产业靠拢。我们可以注意到,数字出版产业链条上目前汇集了大量的内容提供商出身的传统出版社,为数不少的由技术研发支撑的独立第三方发行平台,还有电信运营商以及一大批终端硬件制造企业,门类繁多。

3. 数字出版的产业结构和特性

(1) 数字出版产业链组成。电子书、手机出版、数字报纸和数字期刊、网络游戏等是数字出版产业的最终产品,它们位于产业链末端同时作为新媒体业态呈现在社会公众面前。数字出版产业链条可描述为:内容提供商——发行平台——终端设备——读者(玩家)。其中,内容提供商主要为独立作者和出版企业等,随着我国的文化繁荣和技术进步,数字出版内容提供商呈现出多元化发展的趋势;

数字出版产业链上的发行平台则可以依托信息技术以及不同媒介来选择不同的组

---

① 据 PWC 预测,2009—2013 年,美国数字图书市场将继续以年均 22% 的速度增长,2013 年可达到 32 亿美元;而中国数字图书市场在 2009 至 2013 年间,将继续以年均 73% 的速度增长,2013 年可达到 6 亿美元。

织形态。随着三网融合时代到来，笔者认为，成功的发行平台将是网络运营企业、电讯运营企业和技术提供企业的"联合体"。

终端设备环节则拥有设备制造企业、技术开发企业，等等。根据国内数字出版产业发展情况分析，终端设备提供企业是目前整个产业链上推动产业发展的"引擎"，但这个环节由于技术和政策门槛相对低，很容易进出，恶性竞争现象容易出现。"正规军"比较容易遭受"山寨"版的打击。

读者(玩家)的需求是数字出版产业和新媒体发展根本的市场拉动力量。读者的数量和消费倾向都会是数字出版产业的预期市场规模大小的重要判断指标。有针对国内读者阅读习惯变化的调查业指出，我国数字出版物阅读人数正以每年 30% 的速度增长。21 世纪初，占我国总人口的 40% 以上的"网络一代"(1970 年—2000 年出生的人口)，将成为数字阅读体验的主流人群。

(2)"倒金字塔"型产业利润分配结构。笔者认为，国内数字出版产业目前存在"倒金字塔"型产业利润分配结构。长此以往，不利于数字出版产业和新媒体的健康发展。

可以看到，目前国内出版政策门槛较高，电信网络属垄断性经营业态，可见，处在数字出版产业链中上游的部分企业存在超额利润空间。相比之下，大量处在数字出版产业下游的终端制造和技术研发企业，在行业整合和竞争中，将可能会遇到营运负担沉重的问题。在目前国内出版门槛较高、电信垄断经营倾向严重的形势下，数字出版产业一体化发展有向中上游汇集的可能性。

虽然中上游企业实力雄厚，但他们受到原有企业结构和行业属性等因素的限制，存在机制"僵硬"和专业缺陷等问题。所以，数字出版产业向中上游汇集后，将来可能会有不利于数字出版产业健康发展的"马太效应"产生。

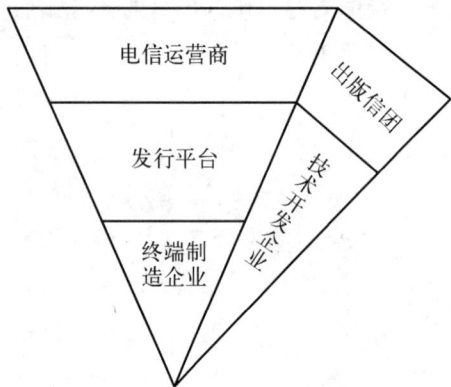

数字出版产业利润分配结构图

结构图中出版集团、电信运营商、发行平台、终端制造企业和技术开发企业是数字出版产业链中的一些企业形态，处在"倒金子塔"顶部的电信运营商和出版集团由于存在行业垄断和行业门槛，在未来数字出版产业发展过程中，这类企业的利润空间较大，而处于"倒金子塔"底部的终端制造企业和技术开发企业会受到挤压，利润空间小。

(3) 数字发行平台主导产业发展。在数字出版的产业链条中，数字发行平台将扮演自由市场竞争中产业最终整合者的角色。2009 年，亚马逊 Kindle+畅销数字图书所产生的"蝴蝶效应"，改写了数字出版产业发展的速度。当由发行平台主导的"终端+内容"数字出版商业模式获得成功后，产业界看到了突破产业利润循环"僵局"的缺口。由于发行平台处在产业链的咽喉，在自由市场竞争中，普遍以新媒体业态存在的数字发行平台,介于社会新兴读者需求和数字内容提供的中间,它的兴衰是数字出版产业健康发展的决定性力量之一。与此同时,随着数字出版产业的发展和数字发行平台在产业链上主导地位的最终确立,新媒体的传播能力和社会影响力将不断扩大。

二、"十一五"科学普及工作重点政策特点以及对新媒体时期科普政策研究制定的建议

1. "十一五"期间推动科普工作的重大政策规划及特点

(1)《国家中长期科学和技术发展规划纲要(2006—2020 年)》(以下简称《规划纲要》)与科普事业。"十一五"期间,作为一项专门的内容,科普工作首次被纳入了国家中长期科技规划。这标志着,科普工作成为国家科技事业发展战略目标,对提升全民科学素养产生深远影响。

《规划纲要》在科普知识宣传、科普资源共享、科普人才培养和科普文化产业等多个方面作出部署。《规划纲要》第 8 部分"若干重要政策和措施"的第 9 节中明确提出,要"加强农村科普工作,逐步建立提高农民技术和职业技能的培训体系。组织开展多种形式和系统性的校内外科学探索和科学体验活动,加强创新教育,培养青少年创新意识和能力。加强各级干部和公务员的科技培训";要"合理布局并切实加强科普场馆建设,提高科普场馆运营质量。建立科研院所、大学定期向社会公众开放制度。在高校设立科技传播专业,加强对科普的基础性理论研究,培养专业化科普人才";要"鼓励经营性科普文化产业发展,放宽民间和海外资金发展科普产业的准入限制,制定优惠政策,形成科普事业的多元化投入机制"。

(2)《全民科学素质行动计划纲要(2006~2010~2020 年)》与新媒体发展。为进一步提升未成年人、农民、城镇劳动人口、领导干部和公务员这 4 大重点人群的科学素质,2006 年,国务院颁布《全民科学素质行动计划纲要(2006~2010~2020 年)》(以下简称《行动计划》),提出科学教育与培训基础工程、科普资源开发与共享工程、科普基础设施工程和大众传媒科技传播能力建设工程等 4 大基础工程。可以预见,随着数字出版产业发展和新媒体社会影响力的大幅提升,科普传播能力建设和数字出版产业的社会关联度将增加。

2. 关于加速促进科普工作与新媒体融合的建议

(1)进一步促进科普政策与数字出版产业政策的协同创新。目前,占我国总人口40％以上的"网络一代"(1970 年—2000 年出生的人口),是借助新媒介阅读方式获取知识和信息的主流人群。这一年龄段的社会公民科学素养的高低关系到现在和未来我国科普事业的成败。由此可见,为进一步推动我国科普能力建设,在新媒体快速发展时期,

大力培育公众喜爱和具有社会影响力的科普类主流数字媒体尤为重要。建议在制定引导数字出版发展的产业政策过程中,把建设有助于提升公众科学素养的数字发行平台和新媒体,作为产业政策重点扶植的方向之一。与此同时,由于手机出版、网络游戏等已成为新媒体业态中名副其实的热点领域,所以,在制定科普政策过程中,建议应当促进科普知识内容与智能手机、网络游戏平台等的融合,由此进一步提升科普知识的传播效率。

（2）培育科普市场,借助市场机制进一步加强科学知识传播。随着物质生活水平不断提高,公众对科学和文化知识将会表现出更加旺盛的需要,我国科普市场会随之进一步扩大。与此同时,近年来,在出版集团、电信运营商、终端制造企业和技术开发企业协同创新的作用下,手机报、网络电视等由数字出版产业发展不断催生出的新媒体正在成为科学信息和知识传播的重要载体。为使新媒体成为国家科普能力建设的重要传播工具并发挥积极的作用,根据目前我国数字出版产业结构特性和发展趋势,建议进一步引导企业加大对数字技术的研发投入,并同时加强知识产权保护。

参考文献

［1］ 翟杰全,媒体科技传播的现状与思考,中国科学报,2012 - 04 - 16.

［2］ 朱效民,对基层科普的反思与构想,中国科学报,2012 - 04 - 02.

［3］ 陈洁,数字出版赢利模式研究报告,求索,2009.

［4］ 杨文轩,从产业特性和结构理解数字出版,出版商务周报,2010.

［5］ 张立,我国数字出版产业的发展趋势及对策分析,出版发行研究,2008.

［6］ 中金研究所,中金公司数字出版主题研究,2010.

［7］ 张宏伟,文化产业化发展的动因分析,2009,中国论文下载中心.

［8］ 黄孝章张志林,北京数字出版产业发展态势研究,北京印刷学院报,2010.

［9］ 刘伟 张辉,中国经济增长中的产业结构变迁和技术进步,经济研究,2008.

［10］ 傅强,基于高水平大学教育学术知识库的数字出版模式研究,《中国出版》,2008.

［11］ 新闻出版总署出版产业发展司,2009 年新闻出版产业分析报告,2010.

［12］ Songge,新闻新媒体手机杂志将成为 2011 杂志最大期待,中国传媒网,2011 - 03 - 01.

［13］ 佟贺丰等,各国科普政策比较,科技中国,2006.

传统纸媒如何应对科技展览的"光电声色"

——科技日报创新科普活动报道案例分析

陈 磊

科技日报社

摘要： 在新媒体技术广泛应用于科普活动和科技展览的今天，传统的纸质媒体在传播渠道、展现形式等无疑面临巨大挑战。本文首先分析了科技类报纸在此类科技传播活动中具有的优势，并通过科技日报近几年在科技活动周、世博会等创新传播渠道和报道方式的案例中，总结相关应对策略和采写技巧。

关键词： 科技展览，新媒体技术，纸质媒体，报道技巧。

一、报纸的独特作用并没有被消解

近年来，在科技展览或科技馆中，大量应用了新媒体技术。新媒体是信息技术飞速发展的产物，它以数码为媒介，以网络为平台，形成一种有别于报刊、广播、出版、影视四大传统媒体意义上的新的一类媒体，因而被称之为第五媒体。新媒体艺术的创作与推广，是对科技和艺术成果的综合运用，具有数字化、虚拟性、交互性、全球性与实时性等鲜明的科技特征。

在新媒体技术充斥下，科技类报纸在科技活动的报道中，并非完全被挤出了市场。它有自身的受众群体和传播优势，这是由科普活动传播的内容、受众定位和科技新闻的属性所决定的。科普活动传播的是科技知识和科学精神，因此传播主体要具有权威性和专业性。科技新闻的广大受众接受科普展览等新媒体传播方式时，纵然感受到形式活泼、强调互动的乐趣；但相当部分受众，特别是具有高求知欲、有一定知识水平、较为理性甚至专业的知识群体，却并不以享受快餐般速食文化而满足。他们还需要纸质媒体对此类信息和知识，进行理性的分析，引导和帮助他们消化及深层次的思考。

媒介理论认为，印刷术适合传播有理性、有逻辑的文字。纸质媒介在传播专业、客观的科学知识和怀疑、批评、理性的科学精神方面，有着不可替代的作用。科技新闻的价值要素首当其冲的是科学性，是自然规律的再现，具有学术性等。[①] 受众在接受科技知识时具有较大的选择性和深入性。新媒体内容传播方式的数字技术特征，如易于大量复制，传播迅速，海量信息，在重新构建传播方式的同时，也给科技新闻的受众带来困惑。

---

① 刘建明. 论科技新闻的特征[J].《新闻爱好者》，1996 年，5 月.

而纸质媒体的传播,首先就在海量信息中进行了有效选择,在甄别和排除伪科学信息之后,引导受众通过现象思考和研究科学本质,等等。

一项名为"受众关于'网上世博会'的体验、评价及影响因素研究"也佐证了上述观点。该研究分析结果表明,"网上世博会"使用者的体验呈现出知晓程度不高、涉入程度较浅的特点,评价则呈两极化趋势并存在一定的不确定性,且距离网上世博会设置的初衷、媒体对其的报道以及新媒体理论上可能提供的美好图景相距甚远。[1]

包括报纸在内的传统媒体,在科普传播中仍占据主要地位。据第八次中国公民科学素养调查结果,"2010 年,我国公民获取科技信息的渠道,由高到低依次为,电视(87.5%)、报纸(59.1%)、与人交谈(43.0%)、互联网(26.6%)、广播(24.6%)、一般杂志(12.2%)、图书(11.9%)和科学期刊(10.5%)"。

二、纸质媒体必须不断创新报道科技展览的技巧和策略。

1. 科技类报纸借鉴利用新媒体特点,实现内容传播和功能服务的互补

在传播渠道上,要与新媒体"联姻",逐渐融合,充分借鉴新媒体内容在生产制作与传播等方面的新理念,充分利用新媒体的声光图电优势,加强时空和服务的互动,实现报网融合。新媒体与传统媒体并非全然是替代和排斥关系,而是互相补充、共同生存与共同演进的关系。[2] 在具体操作上,科技报纸可以在展览活动前期和全过程中,与网络等媒体实现互动,推介、预告和体验相关活动。例如,科技日报的网站中国科技网在世博会等大型活动都会制作专题,发布官方信息,介绍世博历史,配有图片视频,并将该报的独家报道重点推介。另一方面,报纸对相关技术进行全面报道,如科技日报 2010 年 2 月 23日刊发的《网上世博:体验"好玩"的世博会》就全面详细地介绍了如何体验网上的"世博嘉年华",并通过专访相关设计者,与读者分享专家推荐精彩板块以及如何下载软件等体验技巧。第 17 届北京科技周首次设立官方微博"科技北京官方微博",引起大家的关注。科技日报在 2011 年 5 月 13 日刊发的《感受科技带来的神奇魅力——2011 年全国科技活动周亮点速览》一文中特别推荐 2011 年全国科技活动周的"新名片"——现代传媒,介绍本次科技周"利用现代传媒手段扩大公众受益面,如开通官方微博、短信宣传、数字影视巡演、网络访谈等",实现了很好的预告和服务功能。

在语言表达上,要探索适应新媒体受众阅读习惯和口味的表达形式,脱下科技新闻学术和专业的长衫,改造报纸的语言风格,尝试网络语言。科技新闻是新闻的一种特殊类型,在大众传媒上以独特的内容和形式,反映人类探索自然的动态和进展。分析科技新闻的特征,不仅要从新闻内容上找出它的特殊性,而且要考察表达形式和传播渠道的

① 张振亭,曹惠靓. 新媒体与体验——受众关于"网上世博会"的体验、评价及影响研究.《新闻传播与研究》2011 年第 11 期.

② 邓瑜 吴长伟. 新媒体内容变革之道与传统媒体内容应对策略.《中国出版》2007 年第 2 期.

多样性。① 科技报纸要从语言形式上,力求创新时尚,文字要口语化,科普一定要讲接地气儿的"人话",还可以运用时尚的网络语言。例如,科技日报在2011年科技活动周的一篇报道《阳台也能变菜园》是这样开头的:"有过在网上'种菜''偷菜'体验的您,可曾想过,把虚拟世界的菜园子搬到自家的阳台上?"这样就拉近了与新媒体受众的距离。

在报道方式上,要加强个人体验式报道,帮助读者延伸和丰富对新媒体技术的感官认知,又可化解高技术"阳春白雪"带来的枯燥感。科技日报在"走进"十五"重大科技成就展"系列报道中,《展厅里,小心"熊"出没!》一文介绍基础研究展馆时,首先并没拉开架势谈深奥的南极科考成果,而是这样开头:"在基础研究展区'探索世界两极'展台前,只见白色的地面一尘不染,几块白色'岩石'错落有致地摆放着,被画有冰天雪地的展板一映,好一派极地风光!"接着,记者连续用几段感官体验的文字:"为了近距离领略'雪景',记者踏进展台,踩在洁白的'冰面'上。刚走出两步,突然一阵眩晕,只见一条裂缝迅速从脚下向前延伸,周围的碎冰纷纷沉入水中。还没回过神,一头北极熊猛然撞开冰面,张牙舞爪,直扑而来! 一时间,记者几乎忘记了置身何处……工作人员介绍,展台内装有探测器,顶部有一架投影机,一旦探测到观众上台,投影机就会播放冰层破碎、白熊扑出的影像。"这是 一个典型的虚拟现实的多媒体展示技术,文字记者身临其境,非常有趣地描述了亲身体验,让读者感受到科技的神奇魅力。

2. 科技类报纸在报道科学技术时,让科学的理性之光因人文闪烁异彩

科技新闻具有人文属性。科技新闻的人文属性如果能被科技新闻制作主体认识,并且以一种更容易被人接受的方式表现出来,那么科技新闻也就成功了一半。②

"也许,科技新闻的专业性使读者的范围受到限制,消弭了它应有的外在价值。如果向它注入人文要素,其理性光点立即闪烁异彩,受众面会迅速扩大而使新闻价值倍增。"清华大学刘建明教授进行的一项调查证实,以文化水平分层的各类受众,对包含人文精神的科技新闻的阅读率要高于不含人文要素的此类新闻。他认为,充满人文理念的新闻,不仅使科技知识呈现特殊的通俗化,而且产生人性化的愉悦,把天道与人道统一起来。因而具有浓郁的可读性,饱受大众青睐。③

科技日报刊登的《游世博园生命阳光馆 感受生命里那抹永远的阳光》就是一篇人文化色彩浓厚的科技新闻作品。科技日报记者选择了生命阳光馆——一个集成残疾人高科技产品的展馆,去感受"无处不在的对于生活和生命的感悟"。记者在一片漆黑的"天视奇观"体验区,通过触觉和听觉体验盲人生活。记者感慨:"相信大部分人和我一样,根本顾不上感受这些意境……四五分钟后,我们来到盲人足球区,为了方便观看,帘子被拉开了一些,那束光触动我心:他们看不见,但光在他们心里。"文章这样结尾:"在

---

① 刘建明. 论科技新闻的特征[J].《新闻爱好者》,1996年,5月.
② 李华. 用人文化表现方式塑造科技新闻"悦读"时代. 中国优秀硕士学位论文. 2006年.
③ 刘建明. 为科技新闻增值的人文要素.《新闻大学》2000年春季刊.

生命阳光馆,残疾人朋友们展示的生命力量震撼人心。他们的身体是残缺的,但或许正因这残缺,他们对于生命的热爱和追求,以及对美的渴求才更炽热。在这里他们所诠释的,正是我们每个人生命里那一抹永远的阳光。"在一个充满着高科技的展览中,记者对高新技术的描述只是简略带过,而是充溢着内心的人文关照,让科技之光闪烁异彩。增加了人文性,受众面会迅速扩大而使新闻价值倍增。

3. 科技类报纸要着力"冲击头脑",加强系统解读和理性反思,依靠内容制胜

纸媒可以通过提前策划和深入采访,对海量信息进行深加工和系统集成,替读者去粗取精,解读科技现象背后的奥秘,做科技信息发布的权威专家。科技报纸在传播速度上不是最快的,但在科技信息的整合上是比较系统权威全面的。例如,科技日报在世博会期间,重拳打造《科技世博向世界报告》系列报道,分别推出建筑篇《迷人的楼阁 凝固的智慧》、环保篇《从浓烟黑水到绿树碧波的华丽转身》、展示篇《不一样的视觉感受,不一样的嘉年华会》、运营篇《让城市井然有序"转"起来》、安保篇《祥瑞之风徐拂浦江两岸》等数篇报道,立体全面地解读世博科技,让读者觉得非常解渴。在世博会开幕时,推出报道《科技,让世博开幕式更精彩科技》独家解密美轮美奂的开幕式背后神奇的科技支撑,为读者全面展示力学、光学、计算机等高新技术在艺术展现中的运用。

要在多媒体数字技术的狂欢背后进行深层次的冷静思考。报道科普活动,往往热闹有余,深度不足,"浮上来"的多,"沉下去"的少,在活动现场"到此一游"。报纸记者要把这类报道做扎实,就需要一双善于观察的眼睛和一个善于思考的大脑,对科普问题进行深层次挖掘。科技日报在 2010 年科技活动周期间推出一篇报道《科技馆,不要迷失在"光电声色"中》,谈到一个发人深思的命题——科技应该如何更好地为科技展馆服务,而又不丧失科学的本真? 记者为此进行深入采访,并引用专家建议——"现在有很多视觉技术展品注重大写意、大印象,乍一看,很热闹,却缺乏对科学探索过程的深层挖掘,缺乏对普通社会公众需求的深刻理解,因而难以从观众的角度去思考和设计科技展品,更不用谈对知识的理性传播了。"这种观点性的报道只有通过积淀思考才能出炉,而这正是传统纸质媒体的优势所在。

参考文献

［1］ 林闻娇,牛峰.科普如何借助媒体有效传播探析[A].《科技传播》,2011 年,6 月.

［2］ 刘建明.论科技新闻的特征[J].《新闻爱好者》,1996 年,5 月.

［3］ 曲彬赫,冷盈盈.新媒体时代的科普信息传播.《科协论坛》2011 年第 3 期.

［4］ 科技日报.2005 年—2011 年.

新媒体时代的科学传播：
对果壳网"谣言粉碎机"之考察

党伟龙

中国科普研究所

摘要： "果壳网"的"谣言粉碎机"版块针对的是那些社会生活中流行的、与科学技术各领域相关的种种谣言，由于形式新颖、语言活泼、论证有理有据，虽然开办不久，已经积聚了越来越多的人气。本文即以这一专版为例，探讨了网络时代科学传播的一些鲜明特点，包括优势与不足。如何扬其长而避其短，是科普工作者应该深思的问题。

关键词： 谣言粉碎机，网络媒体，科学松鼠会。

果壳网于 2010 年底上线，隶属北京果壳互动科技传媒有限公司，这是一家致力于面向公众倡导科技理念、传播科技内容的企业，是科学松鼠会的实体支持机构，二者均由复旦大学神经生物学博士姬十三（本名姬晓华）一手创办。"谣言粉碎机"正是果壳网最受欢迎的一个主题版块，其自我定位是："捍卫真相与细节，一切谣言将在这里被终结。"至今(2012 - 4)，它已针对多个科技相关谣言发表了三百多篇文章，关注者超过二十万人，并平均以每月二十篇文章、约一万关注者的速度在增长。同时，它还得到多家重量级媒体关注。如凤凰卫视 2011 年 8 月 25 日《与梦想同行》节目，对有"谣言粉碎娘"美称的袁新婷（即"谣言粉碎机"专职编辑秋秋）进行了专访；[①]《人民日报》2011 年 10 月 11 日刊登报道《求证流言传言，开展网络科普：科普达人开动"谣言粉碎机"》；[②]等。

"谣言粉碎机"在理念上继承了美国"探索"(Discovery)频道播出的著名科普电视节目"流言终结者"(MythBusters)，又具有鲜明的中国特色和网媒特色，在利用新媒体方面为广大科普工作者提供了有益借鉴。下面结合网媒的几点特色对"谣言粉碎机"进行一番考察。

一、优势

1. 低成市

相较于报刊、杂志、电视等传统媒体的高门槛，网媒成本很低，包括上线成本、人力成

---

① 参见 http://phtv.ifeng.com/program/ymxtx/detail_2011_08/26/8711927_0.shtml

② 陈星星，程聚新. 求证流言传言，开展网络科普：科普达人开动"谣言粉碎机"[N]，人民日报，2011 年 10 月 11 日第 12 版.

本、消息发布成本等。目前"谣言粉碎机"专职编辑只有两名,担任征集话题、组稿、回应,乃至亲自撰写文章等工作;文章作者们相当一部分来自科学松鼠会,绝大多数都是高学历年轻人,对科学传播充满兴趣和热情,并非"卖文谋生",因此节省了大量工作人员费用和稿费成本。

"谣言粉碎机"某种程度上可看作"流言终结者"的网络文字版。后者是收视率很高的电视节目,录制费用不菲;而果壳传媒公司起步之初,进军传统媒体仍有难度,所以推出前者,以网络平台代替电视平台,以文字、图片代替现场摄像及后期制作。从现场的视觉冲击力来看,也许电视节目更令观众印象深刻,但文字之隽永亦有其优势,也迎合了一部分惯于在线阅读文章(而非欣赏视频)的网民需求。

2. 迅捷

网络消息发布的即时性,使得"谣言粉碎机"能够及时关注最新热点、做出最快反应。自该版块开办至今,社会上曾喧嚣一时的谣言,凡与科技相关者,在此大都可以找到破解说法,涉及食品安全、气候变化、医学健康、天文地理等多个领域,如《膨大增甜剂能让西瓜变炸弹吗?》《"千年极寒"谣言演化史》《偷肾? 没那么容易!》《2012,世界末日会不会到来?》等。

最令人称道的是,2011 年 3.11 日本大地震后两天即推出"地震特辑",第一篇文章为"橘子帮小帮主"于 3 月 13 日中午发表的《"生命三角"救生法不可信!》;而 3 月 13 日福岛核电站事故发生后,游识猷于 14 日晚发表了该专辑第四篇文章(关于核事故的第一篇)《"核污染扩散图",造假也该认真些》;3 月 16 日国内抢盐风波发生后,该专辑于 17 日下午连续发表两篇辟谣文章《碘酒碘盐海带,全部都是浮云》《囤积食盐,有必要吗》;此后至 3 月 21 日,共连续十三篇科普文章,仔细剖析了诸如"超级月亮"、"毒钚一片,人类全灭"、"日本地震原是核试验?"等多个相关谣言,堪称应急科普的典范之作。"谣言粉碎机"也借此契机声名鹊起,受到多家媒体关注,甚至登上了央视新闻频道 3 月 19 日的《东方时空·真相调查》节目。[①]

3. 时尚

网络作为一种新媒体,最受年轻人欢迎;"谣言粉碎机"也以面向青年网友为主,融合了许多时尚元素,如题目抢眼、语言活泼、喜欢调侃恶搞等。科学松鼠会的理念"剥开科学的坚果,帮助人们领略科学之美妙"、"让科学流行起来",在此处也有鲜明体现。

该版块的大多文章,题目起得有声有色,如《隐形眼镜,想说爱你不容易》《可乐+味精=春药?》《药物与酒精的危险二重奏》《都是月亮惹的祸?》《清明梦:明明白白我的梦?》《糖尿病,甜到忧伤》《史前文明流言打包粉碎》等,颇能激起阅读兴趣。行文善用各

---

① 参见 http://news.cntv.cn/society/20110319/102757.shtml.

种流行语，如"靠谱""神马""浮云""围观""给力""伤不起"等，嬉笑怒骂，贴近青年网民读者，在妙趣横生的文字中传达科学理念与科学知识。

近几年微博(Microblog)风头正劲，"谣言粉碎机"亦善于借势，在新浪、搜狐、腾讯等门户网站开通了微博，其中新浪微博影响最大，粉丝数量已超过 23 万(2012 - 4 数据)。一方面，微博代表了新潮流、新时尚，科学传播不能固步自封，应在其中占一席之地；另一方面，微博向来是谣言泛滥的重灾区，所以需要抢占舆论制高点。"谣言粉碎机"这类科普微博的开通，可谓顺应时势而生，也引起了某些研究者重视。①

4. 充分互动

果壳网是一个带有社交网站性质的科普站点，"谣言粉碎机"作为其中一个主题版块，特别注重与网友互动。如，每篇文章后面都附有网友留言，多数文章拥有上百个回复，或表示赞同，或表示质疑，或现身说法，或纯粹"围观"。它还设有讨论小组，可自由发问，如"某谣言求破解"等，大家常常就某话题展开讨论，最多的时候一篇帖子可以吸引到上千个回应，驻站编辑则从中会选择一些具有代表性的问题进行解答，这便形成一篇新的专栏文章。

上文提到的央视《东方时空》相关节目播出后，有网友在果壳网的问答栏目中发帖《果壳网编辑袁新婷，你好漂亮，文静，温柔，我想问，你结婚了吗?》，声称："刚刚在东方时空看见你，所以我也来注册果壳，一是因为你的漂亮，二才是因为你们的网站～"这个帖子在短短几天内吸引了数百个回复，"围观"者众多，"谣言粉碎机"魅力可见一斑。②这种花边八卦看似戏谑无聊，实则为该网站营造了温馨的互动氛围，并能增强网友凝聚力。

刘华杰在《科学传播的三种模型与三个阶段》一文中，将中心广播式的传统科普看作第一阶段，将公众理解科学看作第二阶段，将允许公众进行反思、协商的科学传播看作第三阶段，前者强调科学的权威和不可质疑性，是单方面、居高临下的宣教，后两者则强调科普人士与受众之间的平等地位，鼓励公众参与。③单方面提供科学知识的科普网站吸引力有限，而像"谣言粉碎机"这类内容有趣、又鼓励网友参与的网站，很好地呼应了科学传播的后两个阶段，代表了科学传播的大势所趋。

5. 内容极大丰富

(1) 多维立体、超链接。网媒的一大特色是丰富多彩的超链接，"谣言粉碎机"充分利用了这点，它的每一篇文章均图文并茂，文章最后会附上相关参考文献的链接，包括新

---

① 杨鹏，史丹梦. 真伪博弈：微博空间的科学传播机制——以"谣言粉碎机"微博为例 [J]，新闻大学，2011(4)：145—150.

② 参见 http://www.guokr.com/ask/item/13994/.

③ 刘华杰. 科学传播的三种模型与三个阶段 [J]，科普研究，2009(2)：10—18.

闻来源、资料出处，乃至学术期刊论文等，尤以英文文献为多，力求言之有据。它粉碎谣言，不仅靠书面材料和数据，还注重实践检验。如《一次性筷子能变笋干吗》，贴出了文章作者亲自实验"将筷子变笋干"的全程图片；又如《灯泡放进嘴里就拿不出来了吗》，作者也亲自将灯泡吞入口中然后取出，并提供视频（土豆网视频链接）为证。

（2）便于储存和检索，具备资源库性质。传统媒体中，报刊杂志上的文章一旦过时，便很难查找（除非数字化），广播、电视节目一旦播出，也很难再重放；而网媒的可重复检索性，使其具备了永久资源库的性质。"谣言粉碎机"的文章发表后，按时间存档，随时可以查看；或者利用 Google、百度等搜索引擎查询某谣言时，也经常会指向这里的原创文章。于是，不仅增强了科普文章的持久影响力，也极大方便了公众对科普资源的使用，这是传统媒体所无法比拟的。

二、不足

1. 权威性

与传统媒体相比，网媒的权威性和公信力较低，像果壳网这样缺乏官方背景的网站，先天就带有劣势。"谣言粉碎机"幕后是一群年轻人，并非科学权威，说话分量仍嫌不足。据报道，美国总统奥巴马曾客串"流言终结者"的一期节目，很是引人注目。[①]"谣言粉碎机"与"流言终结者"颇多共性，但影响力仍远远不及，如果能在将来请到一些重量级人物（如高层领导、院士、知名专家）以私人身份参与，或得到官方科学机构、人士的支持和认可，无疑会显著提升其权威性。

2. 匿名性

网络的匿名性特点，也对其权威性和文章的可信度有一定影响。"谣言粉碎机"的作者基本上都用网名，身份信息并不公开，个人介绍语焉不详。如驻站编辑秋秋，其官方身份介绍是："果壳谣言粉碎机编辑，有机化学专业；化学师太，爱读书，爱旅行，爱电影，爱美剧，爱妹尾河童和桑贝。"这一颇具个性的简介，点出了其专业、学历和爱好等，但姓名、学业履历、职称、学术成果等都付诸阙如。由于她曾接受过若干传统媒体采访，我们才能进一步知道她原名袁新婷，是美国伊利诺伊大学有机化学专业博士后，但其身份信息也仅限于此。至于其他作者，除了几位科学松鼠会的名人如橘子帮小帮主刘旸、云无心等有名有姓有来历之外，大多人身份都十分模糊。如果"谣言粉碎机"的文章在发表时能用真名（固定笔名亦可），并附上教育背景、身份头衔，或许会进一步增加其可信度，毕竟大多公众还是更相信那些有来历、有背景的专家。

---

① 参见土豆网相关视频：http://www.tudou.com/programs/view/DetBAQ6oNqE/.

三、结语

2012年1月，《谣言粉碎机》一书由新星出版社出版，这是"谣言粉碎机"版块的文章精选集。由线上发帖，到线下结集推出实体书，该栏目的品牌效应得到了进一步提升。全书文章又经过了重新编辑，统一了体例，但缺憾有三：① 删去了一些过于口语化的网络语言，使得文章可读性有所下降；② 减少了大量丰富多彩的图片（可能基于图片版权和印刷成本考虑）；③ 损失了所附参考文献及相关视频等的超链接功能。由此可见，网络媒体的一些特殊优势是图书所无法替代的。

用商业反哺公益、用赢利机构支持非赢利组织，是姬十三的得意之作。①但果壳网毕竟是一个商业网站，以赢利为目的，以吸引点击率为手段，在某些人看来有"贩卖科学"之嫌。所以，如何将商业与公益和谐统一，在吸引眼球的同时仍保证其内容客观公正，维持较高的水准，是"谣言粉碎机"栏目愈办愈好值得注意的问题。

---

① 参见搜狐财经相关报道《姬十三：耐心做这个世界的改变者》，http://business.sohu.com/20110215/n279346094.shtml.

基于参与式网络的食品安全科普探讨

马爱进　尤艳蕊

中国标准化研究院食品与农业所

摘要：本文针对科普建设过程中存在的问题与挑战，对我国参与式网络科普宣传设计了实施方案，分别是科普资源的整合和分享、科普知识的分享和评论、科普内容的创新和丰富、科普人才的培养和壮大。

关键词：食品安全，参与式网络，科普。

一、参与式网络新媒体的概论

1. 网络新媒体的定义和应用

专家、学者们对"新媒体"做过不少的定义。然而，到目前为止，大家各执一词，关于"新媒体"的定义还没有定论。美国《连线》杂志对新媒体的定义："所有人对所有人的传播"。在国内，清华大学新媒体研究中心主任熊澄宇教授认为，新媒体主要指：在计算机信息处理技术基础之上出现和影响的媒体形态，包括在线的网络媒体和离线的其他数字媒体形式"[1]。新媒体包括博客（blog），播客，维客（Wiki），搜索引擎，简易聚合（RSS），电子邮箱，网站，网络游戏，网络杂志，网络报纸，移动多媒体（手机短信、手机彩信、手机游戏、手机电视、手机电台、手机报纸等），数字电视，直播卫星电视，移动电视，网络电视，电线上网，温暖触媒列车电视，楼宇视屏（各种大屏幕），网上即时通讯群组，对话链（Chatwords），虚拟社区等[2]。

一般情况下，用于科普宣传的网络新媒体主要有以下几种形式：

表1　　　　　　　　　　用于宣传科普的网络新媒体形式[3][4]

主　要　类　别	实　际　应　用
公益性科普网站	中国科协主办的中国公众科技网（www. cpst. net. cn） 中国科学院主办的中国科普博览（www. kepu. com. cn） 由科技部政策法规与体制改革司主办的中国科普（www. kepu. gov. cn）
网上虚拟科普场馆	中国科技馆（www. cstm. org. cn） 上海科技馆（www. sstm. org. cn）
现代远程教育网	清华大学远程教育网（www. itsinghua. com/website） 北京大学现代远程教育网（www. smde. pku. edu. cn） 中国农业大学远程教育网（www. cau-edu. net. cn）

续　表

主　要　类　别	实　际　应　用
网上科普频道	新华网科技频道(www. xinhua. com) 人民网科技频道(scitech. people. com/cn/GB/index. html) 网易科学频道(tech. 163. com/discover) 航天科普(www. spacechina. com/htkp. htm)
网上视听交互网络	中国科学院主办的中国科普博览(www. kepu. com. cn)
个人科普网站	五柳村(www. taosl. net) 三思科学网(www. oursci. org) 大眼睛科技教育网(www. being. org. cn/eyecn/)
参与式网络新媒体	社交网站、微博等网络新媒体

2. 参与式网络新媒体的定义和应用

参与式网络新媒体指的是依托 Web2.0 的新型网络应用,例如社交网站、微博等。它激发了人从自发分享与传播的动力,引领了大众参与文化的潮流,使得网络由单向传播走向了双向互动。依托于参与式网络新媒体,"参与式科普"逐渐兴起。"参与式科普"指的是以 Web2.0 网络为平台,以全体网民为主体,通过某种身份认同,以积极主动地创作科普内容、传播科普内容、加强网络交往为主要形式所创造出来的一种自由、平等、公开、包容、共享的新型科普样式[4]。

社交网络(Social Network Service)是一种供用户之间交流的社交网络服务平台。最具代表性的美国社交网站 Facebook、MySpace 横扫全球,拥有来自世界各地上亿的注册用户。中国社交网站最初几年发展缓慢,直至 2008 年,人人网(原校内网)融资发展的壮大、开心网的崛起,使得国内社交网站市场迅速火[5]。

微博,即微博客(MicroBlog)的简称,它的编辑文本通常被限制在 140 字符以内,短小精悍且易于传播,是一个基于用户关系的信息分享、传播以及获取平台,用户可以随时随地利用计算机、手机等各种连接网络的终端访问微博,以短信息的形式发布最新的动态和想法,受众可以进行传播或评论[6]。2009 年 8 月中国最大的门户网站新浪网推出"新浪微博"内测版,成为中国门户网站中第一家提供微博服务的网站。国内知名的微博有新浪微博、腾讯微博、网易微博和搜狐微博[7]。CNNIC 发布的《第 29 次中国互联网络发展状况调查统计报告》显示,微博用户一年暴增三倍,2011 年则暴涨近 300%,达到 24 988万人,网民微博使用率达 48.7%[8]。

3. 参与式网络新媒体的不足

根据中国互联网络信息中心(CNNIC)发布的《中国科普市场现状及网民科普使用行为研究报告》,城镇网民对网络科普接受度比农村网民更高,而互联网在城镇中的普及率远高于农村,城镇居民是网络科普的主要用户,其占比达到 72.0%。城乡网络发展的极度不平衡,势必带来科学普及的差异化。除此之外,网络科普的可信度和版权问题,也影响了参与式网络新媒体在科普宣传方面的应用[9]。

二、参与式网络新媒体的优势

第一,日益增长的互联网用户,以及受互联网影响而改变的个人习惯,决定了参与式网络在科普宣传方面的重要作用。

根据 CNNIC 发布的《第 29 次中国互联网络发展状况调查统计报告》,截至 2011 年 12 月底,中国网民规模达到 5.13 亿,全年新增网民 5 580 万;互联网普及率较上年底提升 4 个百分点,达到 38.3%[8]。随着网络的普及,人们的生活习惯也受到了很大的影响。据中国互联网络信息中心(CNNIC)对网民的调查显示,将获取信息作为上网最主要目的的网民所占比例最高,达到 46.2%;其次是休闲娱乐,占 32.2%;排在第三的是学习,有 7.9% 的网民选择;选择其他上网目的的网民所占比例则很小[10]。

随着智能手机的革命性发展,手机上网逐渐成了计算机上网的延伸,传统互联网用户逐渐开始大范围向手机网络融合。根据 CNNIC 发布的《第 29 次中国互联网络发展状况调查统计报告》,截至 2011 年 12 月底,中国手机网民规模达到 3.56 亿,同比增长 17.5%。在所有手机上网用户中,10 岁以下,10—19 岁,20—29 岁,30—39 岁,40—49 岁,以及 50 岁以上人群所占比例分别为 0.95,29.8%,36%,23.7%,7.9% 和 1.7%。手机网民用户更加集中在年轻群体。和去年相比,手机网民的城乡差距有所拉大,农村和城镇手机网民分别占 27.3% 和 72.7%。手机微博和社交网站的使用率分别达到 38.5% 和 42.3%,是现阶段推动移动互联网发展的主流应用[8]。

第二,当今参与式网络新媒体处于迅速发展阶段,有利于宣传食品安全科普知识。1.2 章节具体描述了国内社交网络和微博的发展状况。

第三,当今社会进入到参与式文化的时代,即由"读"走向"读与写",由单向传播走向了双向互动。参与式网络新媒体,包括社交网络和微博,恰好满足了大众的需求[4]。

第四,科普工作与能力建设一共有三个阶段(见图 1),参与式网络新媒体可以促进科普工作迈向更高级的阶段。

公众接受科学(Public Acceptance of Science)的重点只是在于单向普及和传授科技知识,公众被动地接受科学知识。公众理解科学(Public Understanding of Science)强调反馈式的双向传播,注重于公众互动,使公众能够了解科学过程、理解科学本质,对科普能力提出了更高的要求。公众参与科学(Public Participation of Science)以公众参与科学为主要目标,强调公众对科技的体验,强调科学与人文的融合性,强调公众对科技决策的参与性。我国科普工作大部分仍停留在"让公众接受科学"阶段,但越来越重视"公众理解科学",最终迈向"公众参与科学",特别是 2006 年以来,我国《国家中长期科学和技术

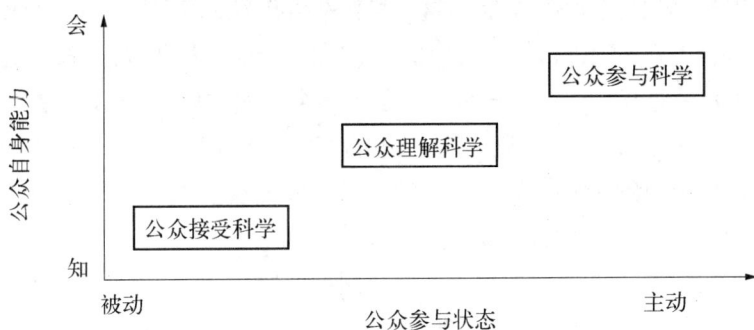

图1　科普工作于能力建设的三个阶段[11]

发展规划纲要》提出建设自主创新型国家的宏伟目标，还有《全民科学素质行动计划纲要》的颁布，对科普工作提出了新的期待和要求[11]。

三、参与式网络科普宣传的实施

1. 整合、共享科普资源

中国科普网站(栏目)的主办方类型多元，主要有11类，包括各级科协、中科院系统、共青团系统、教育机构、社团学会组织、科普场馆台、政府有关部门、个人、媒体、企业和综合性商业网站。主要存在两个大问题。第一，共建共享渠道仍然过于单一地集中在科协系统内部和相关科普资源占有单位内部，而且也只是由中国科协牵头进行的一些科协系统的上下协作，而横向联合少之又少。因此，由于信息的交流和沟通不畅，使得科普资源总体上处于条块分割状态，现存科普资源的效益未能充分发挥。第二，我国的科普资源基本呈现一种倒金字塔的分布，首都、省会城市科普资源最多最丰富，越到基层，科普资源越少[13]。

为了实现科普资源的整合和共享，多方主办方需要进行合作、分工，从而建立一个科普网络联盟，有效协调和利用好现有的科普资源，形成优势互补、信息共享、系统联动的网络机制。在建立联盟的过程中，需要解决资金、版权和分工等瓶颈问题。在英国，皇家协会(The Royal Society)和其他一些权威性组织建立和监管科普宣传委员会，专门负责科普宣传工作。英国皇家协会的运作，体现了发达国家宣传科普的模式，实现了科普资源的高度整合，避免了资源的浪费[14]。

2. 分享、评论食品安全科普知识

在新浪中，为科普网络联盟开通一个官方微博。这个科普网络联盟拥有官方微博的同时，还会为其地方分支机构等开设单独的官方微博并认证，担任独立的职能，这样的微博策略即称为集团官方微博。运用这种集团官方微博策略的企业或组织往往有其相应的模式。对于整合后的科普网络联盟组织来说，需要采用"蒲公英式"的模式，即信息传

播从一个官方账号发布进行传播后,由这个科普网络联盟内多个其他官方账号转发。以其他官方账号为中心再次进行扩散的模式[15]。在一个信息的传播过程中,会经历一个漫长的低效的传播过程,,而当用户转发积累到某个点的时候(一般来说是10%～20%的某个点,也称作引爆点),会出现一个非常快速的增长的过程,从一个缓慢的增长曲线变为指数级的增长趋势,而从低速到快速的转变是非常迅速的传播速度在这个点开始爆发开来,从而使得大众对科普知识进行分享、转发或评论[15][16]。

"微博通"集合了国内20多家微博和社交网站(又称SNS网站),其2011年12月的数据报告显示了国内社会化媒体分享排行的数据(见表2),可以从以下列表中选择媒体平台[17]。

表2　　　　　　　　　微博和社交网站的排名和试用情况[17]

排　　名	媒　体　平　台	用户百分比	分享百分比
1	新浪微博	31.44%	11.37%
2	腾讯微博	17.84%	12.83%
3	人人网	7.36%	4.53%
4	网易微博	6.61%	8.59%
5	搜狐微博 t.sohu.com	6.03%	12.78%
6	Twitter	5.42%	1.72%
7	豆瓣douban	3.74%	4.00%
8	开心网	3.26%	4.04%
9	饭否	2.55%	3.15%
10	天涯微博	2.37%	4.29%
11	嘀咕	2.99%	4.48%
12	凤凰网微博	2.09%	5.77%
13	MSN	1.61%	2.16%
14	移动微博	1.29%	2.33%
15	QQ空间	1.02%	1.33%
16	做啥	0.94%	2.84%
17	和讯微博	0.89%	3.82%

排 名	媒 体 平 台	用户百分比	分享百分比
18	人间	0.79%	2.15%
19	Google Buzz	0.78%	1.43%
20	中金在线微博	0.48%	1.31%

3. 创新、丰富食品安全科普内容

在我国,关于食品安全的网络科普原创作品严重缺失,随意转载的问题很常见。现在大部分网站的信息都来源于传统媒体,急切需要创作从内容与组织形式上都适合参与式网络科普的科普作品。除此之外,科普信息表现形式的多样性不够充分,传统的静态文字及呆板的图像信息模式很难对网民形成有效地吸引力[18]。

为了创新、丰富科普内容,可以采取以下措施:

发达国家在开发和使用优秀科普资源方面有良好的基础,引进国外优质科普资源,通过消化、吸收和再创作,不仅可以丰富我国的科普资源存量,还可以借鉴和吸收其创作理念和方法,促进本土科普资源开发,提高我国科普资源建设的整体水平[13]。

科普内容的设计原则至关重要,需要探索娱乐化的方向,不能把科普产品搞得太说教、太严肃、太生硬,言之无文,行而不远。要善于把科学知识通过有趣的、夸张的形式表现出来,要将"科学是好玩的,探索是有趣的"理念贯穿在科普活动中,在娱乐中实现科学的传播。例如,在 2008 年荣获年度上海市科技进步奖的《基因宝库丛书》中,语言生动流畅、插图活泼有趣、知识准确易懂,达到了较好的科普效果。可以将这种有趣的科普内容分成几部分,注明是来自新建立的网络科普联盟,并且在社交网站和微博上转发,以供大众评论。英国的学者 Aquiles Negrete 和 Cecilia Lartigue(2004)表示,将科普知识编成小说,漫画或简短的故事后,大大地增加了趣味性、理解力,大众更容易记住里面的科普知识。除此之外,科普知识还可以动画、视频等方式进行宣传和分享[19]。

4. 培养、壮大科普人才

我国的科普人才队伍比较匮乏,专职科普人才数量不足、水平不高,兼职科普人才队伍不稳定、作用没有充分发挥,科普人才选拔、培养、使用的体制和机制不够完善……这些问题已成为制约我国科普事业发展的瓶颈[20]。

统一的科普网络联建立之后,需要选出专业的科技工作者、科学课程教师、科普创作人员、大众传媒的科技记者和编辑、摄影家、影视和动漫作品的创作者、美术家科普活动的策划和经营管理人员、科普理论研究工作者等组成的科普人才。为了提高他们的专业化水平,还需要对相关人员进行配套的培训和评价体系。科普培训主要包含:和媒体工

作者的沟通技巧,参与式网络新媒体的操作技能,创新科普内容的培训,向公众宣传科普的技能,心理和行为学,以及相关政策的解读和改进。最终目的是,创作出可信度高、创新性强、趣味性浓、传阅度高的辩证性的科普作品。为了召集一线有经验的科研工作者、行业的权威专家等人员投入到科普宣传活动中,国家层面上应该给予相应的鼓励和支持,建立激励机制和相应的支撑政策[21]。

我国现在的专业目录中没有"科学普及"、"科学传播"等学科和专业;文学专业目录下的"传播学"则主要针对大众公共传媒,偏重于传播手段和方法;高等教育自然科学类的专业课程设置中也无科普相关的专业课。条件允许的情况下,可以设立与科普有关的专业课[20]。

四、总结

上述实施方案的运行,需要政府、相关单位和专家的重视,主要体现在政策、资金投入、组织实施、评估和理论研究等方面。除此之外,还需要强化"公关"意识,通过各种媒介,大力向社会宣传"科普资源建设工作"的重大意义,提高社会力量的资源共享意识,让社会逐渐从认识、理解到各方力量自觉自愿参与共建共享工作,为建设工作的顺利实施奠定良好的社会舆论氛围。在宣传参与式网络科普的过程中,要时刻关注社会大众的行为变化,如:对媒体和食品安全话题的偏好。可以通过设计调查问卷,全面了解不同地区、不同人群的相关科普行为。最终,要顺应市场经济的潮流,使科普走向大市场,服务大社会,变"无偿"科普为"有偿"科普,变"计划科普"为"市场科普"。

参考文献

［1］ 贾文凤. 新媒体的发展及其社会影响[D]. 四川:四川省社会科学院,2007.

［2］ 李显福. 新媒体冲击波[J]. 企业文明,2006,12.

［3］ 中国科学技术协会,《面向公众的网络科普传播》,http://www.cast.org.cn/n35081/n35668/n35728/n36479/10191212_1.html,2006-07-20.

［4］ 周荣庭,何登健,管华骥. 参与式科普:一种全新的网络科普样式[J]. 科普研究,2011,6(30).

［5］ 黄华. 中国社交网站(SNS)商业模式发展研究[D]. 上海:上海师范大学. 2010.

［6］ 左晓娜. 微博的传播机制及影响力研究[D]. 山西:山西师范大学. 2011.

［7］ 付垚. 微博在中国的发展模式及其前景探究[D]. 兰州:兰州大学. 2011.

［8］ 中国互联网络信息中心. 中国互联网络发展状况统计报告[R]. 2012.

［9］ 中国互联网络信息中心. 中国科普市场现状及网民科普使用行为研究报告[R]. 2011.

［10］ 李惠林,卢锦和. 整合网络科普资源 发展网络科普事业[A];首届科技出版发展论坛论文集[C]. 北京:中国学术期刊电子出版社,2004.427—432.

［11］ 李建民,刘小玲. 科普能力建设:理论思考与上海实践[J]. 科普研究,2009,4(23).

［12］ 中国互联网络信息中心. 中国互联网发展报告[R]. 2006.

［13］ 中国科普研究所. 中国科协"十二五"规划—科普资源共建共享研究专题报告［R］. 2010.

［14］ United Nations. Making science and technology work for the poor and for sustainable development in Africa：parliamentary documentation［R］. 2003.

［15］ SocialBeta,《新浪微博集团类官方微博信息传播模式分析》,http：//www. socialbeta. cn/articles/ sina-weibo-study-serial-one. html,2011 - 05 - 27.

［16］ 陈永东. 企业微博营销：策略、方法与实践［M］. 北京：机械工业出版社. 2012.

［17］ 微博通,《2011 年 11 月国内社会化媒体分享数据排行报告》,http：//www. wbto. cn/data/ 201111. html,2012.

［18］ 陈戈. 优化网络科普效能的途径探析［J］. 海峡科学,2011,12.

［19］ Negrete Aquiles 和 Lartigue Cecilia. Learning from education to communicate science as a good story. Endeavour,2004,28(3).

［20］ 刘垠. 谁来经营中国科普：高素质科普人才队伍从何而来［N］. 大众科技报,2011 - 03 - 04.

［21］ Searle, Suzette D. Scientists'communication with the general public—an Australian survey. Australia：The Australian National University. 2011.

融合新媒体力量，
提升环保科普基地服务能力

张静蓉　陈永梅　易　斌

中国环境科学学会

摘要：环境科学素质是公民科学素质建设的重要组成部分，建设高水平的环保科普基地对于提升公众环保意识和科学素质，建设资源节约型、环境友好型社会具有重大意义。新媒体具有个性化突出、受众选择性多、表现形式多样、信息发布实时等特点。在对各类环保科普基地资源现状和特点分析的基础上，探讨如何在环保科普基地建设中发挥新媒体优势，提升环保科普基地服务能力。

关键词：环保，科普基地，新媒体。

2006 年 2 月，国务院颁布的《全民科学素质行动计划纲要》(2006—2010—2020)指出，公民科学素质建设是建设创新型国家的一项基础性社会工程[1]。整合利用社会相关资源，发展科普教育基地是实施《全民科学素质行动计划纲要》的重要内容和举措。环境科学素质是公民科学素质建设的重要组成部分，建设高水平的环保科普基地对于普及环境科学技术知识，增强公众参与保护环境的行为自觉性，建设资源节约型、环境友好型社会具有重大意义。当今网络发展迅速，互联网、手机等已成为人们生活和工作的重要组成部分，逐步改变着人们的思维方式和生活习惯，可以说，网络正在影响我国社会生活的方方面面。围绕如何利用网络传播的优势，探讨在新媒体环境下科普基地，尤其是环保科普基地面临的机遇和挑战，更好地进行环保科普传播是十分有益的。

一、我国环保科普基地资源现状

1. 资源多，分布广，类型多样

环境保护是一门综合学科，涉及农业、能源、建筑、航天等多个领域，因此，环保科普基地资源范围很广。各级各类自然博物馆、科技馆、工业示范园区、科研监测机构、社会公共场馆、自然保护区等都是成为环保科普基地的重要资源。原国家环境保护总局发布的《国家环保科普基地申报与评审暂行办法》[2]中明确列出，体现人与自然和谐相处，具有环境保护科普功能的场、馆、园等社会公共活动场所，国家级自然保护区等具有环保科普功能的单位和场所都是国家环保科普基地的评审对象。到目前为止命名的两批国家环保科普基地中,从自然保护区到企业,再到博物馆和科研院所,各种类型的环保科普基地都展现了其环保科普的功能和特色。

北京排水科普馆是由北京排水集团自筹资金建设,国内第一家以介绍治理水污染、保护水环境知识为主要内容的科普教育场馆,也是企业体现社会责任的一个窗口。该馆依托北京排水集团的环保企业资源优势,多年在"世界水日"、"世界环境日"等纪念日组织大规模主题科普活动,常年迎接各类环保科普参观团体,并进社区为居民、中小学生开展形式多样的科普宣传活动,既向公众普及了环保知识,又履行了企业的社会责任。浙江自然博物馆是一座以"自然与人类"为主题,以提高公众自然科学文化素养和生态系统保护意识为宗旨,集科普教育、收藏研究、文化交流于一体的现代自然博物馆。博物馆利用自身资源,结合市民关注的热点,先后开展"浙江省野生动植物资源保护展"、"海洋生物特展"等展览,"牵手自然,生态文明伴我行"等环保主题系列科普活动,馆内常年开展环保主题讲座、论坛、互动体验活动,向公众宣传普及生物多样性,生态文明等理念和知识,收到了良好的社会成效。

2 区域差异大,水平参差不齐

由于我国经济发展水平东西部不平衡,各类环保科普基地资源也呈现东部多,西部少的格局。2007 年中国科协对 261 个全国科普教育基地进行调研,结果显示东部地区共有 126 个全国科普教育基地,中部地区 42 个,西部地区 76 个,东北地区 17 个[3]。从环境保护部和科技部联合命名的国家环保科普基地情况来看,第一、二批共 97 家申报单位中,华东地区 38 家,占 40%;东北地区 22 家,占 23%;西北地区 12 家,占 12%;华北、华中地区各 9 家,各占 9%;西南地区仅 7 家,占 7%。

各类环保科普基地资源在开发创作科普展品、展教设施、纸质宣传材料和音像宣传品等方面也存在较大差异。中国科协的全国科普教育基地调研结果显示:从数量上来说,有自行编写纸质类科普宣传材料的基地数量有,139 个;而自行编写、创作音像类科普宣传作品和自主研发展品、模型、展教基础设施的基地数量分别是 93 个和 88 个。在质量方面,调研也发现不同基地在科普展品、资料编写及创作方面存在较大差距[3]。

3. 科普形式单一,科普资源缺乏

现有的科普展示多还是以报刊、展板,挂图、宣传折页、实物或模型展示等为主,展示内容说教性较强,缺乏互动,公众体验性差。报刊、挂图等平面媒介编辑出版周期较长,实物、模型展示受众面有限,并且这些传播形式都不同程度地忽视了以学习者为中心,以"灌输"代替了"体验",使得参观学习者处于被动接受信息的地位。科普资源的缺乏一方面表现在总量缺乏,另一方面则是资源的重复浪费严重。中国环境科学学会正在建设的环保科普资源共享平台就旨在整合国内外环保科普资源,为公众获取权威性的环保科普资源提供便捷渠道。

科普形式单一还体现在现有科普基地受众群体覆盖面较窄。2007 年中国科协的全国科普教育基地调研显示,在统计的 186 个基地中,有高达 96.8% 的基地定位的受众群体覆盖未成年人,实际参观的受众群体也以未成年人占比例最大,达 48.81%,而农民仅占 5.67%。

4. 保障体系不完善

目前环保类科普基地资源分布广,跨行业、跨系统,这导致在政策层面出台该类基地的相关管理和激励政策面临很大的困难。因此,在人才队伍建设、政策体系激励机制建设、经费保障等方面还不尽完善。先后两批申报国家环保科普基地的 97 家单位中,有 23 家只设置兼职科普人员,没有设置专职科普人员。科普工作与中小学素质教育、教学改革缺乏关联;国家规定的免费开放政策缺乏相应的财政支持等也是中国科协的全国科普教育基地调研中反映出来的共性问题。

二、我国环保科普基地发展的思考与建议

1. 资源整合,打造网络共享交流平台

充分发挥新媒体个性化突出、受众选择性多、表现形式多样、信息发布实时等特点,整合现有数量众多的科普资源,建设网络共享交流平台。目前,中国数字科技馆是一个国家级的科普服务平台,但类似的官方环保科普类服务平台还没有出现。针对数据海量、类型多样的环保科普资源,中国环境科学学会依托环保公益性行业科研专项,构建环保科普作品等环保科普资源评价指标体系,建设环境科学知识库,建立面向公众,提供多元化、差异化、数字化的环保科普资源共享平台,实现环保科普资源的共享。

2. 充分发挥新媒体传播作用,开发公众喜闻乐见的科普展教设施和宣传品,创新科普活动形式

新媒体交互性、跨时空的特点使得参与者能更直接、个性化地交流信息。网络虚拟科普馆、科普网站等能让公众足不出户体验科普场馆等公共科普设施;科普影视作品融入科学元素和流行元素后,通过网络电视、数字电视、手机等新兴传播方式渗透到公众生活的方方面面;借助微博等社交网络平台能使科普活动的对象、主体和组织者在同一平台上实时、直接地交流。

3. 加强专职科普人才队伍建设,充分发挥科普志愿者作用

通过建立基地内部和基地之间的合作交流机制,加强对专职科普工作人员在专业知识、科普政策、科普传播技能和服务技能等方面的培训;合理设置科普人员队伍老、中、青比例,以专职科普工作人员为主导,充分调动兼职科普人员和志愿者力量,开发公众喜闻

乐见的科普作品，策划高水平科普活动。

4. 完善国家环保科普基地管理，提升全民环境科学素质

国家环保科普基地旨在加强国家的科普能力建设，为公众提供学习环保知识的场所，通过基地高水平的展览展示，以及组织公众参与环保科普活动，提升全民环境科学素质。因此，完善国家环保科普基地建设、评估管理体系，充分发挥国家环保科普基地引领示范效应，以点带面，最终实现环保科普资源和服务的公平普惠，提升公众环保意识和科学素质。

参考文献

［1］ 《全民科学素质行动计划纲要》(2006－2010－2020).

［2］ 环境保护部、科技部,国家环保科普基地申报与评审暂行办法环发［2006］210 号.

［3］ 中国科协,全国科普教育基地调研报告,2008 中国科普报告.

"科学播客"的炫酷 T 台

——以青少年科学影像节为例

王松光　单长勇　李晓亮

中国科协青少年科技中心

摘要： 网络时代,使得以交互性、即时性、海量性为特征的科学播客如雨后春笋般破土而出,蓬勃发展。然而,"博播时代"语境下的科学传播也面临着不少困惑。时代呼唤真正的科学播客,科学播客需要更好的沟通交流、学习培训、作品展示舞台。青少年科学影像节活动进行了有益的尝试。

关键词： 科学播客,科学传播,科学影像节。

一、"博播时代"语境下的科学传播困境

20 世纪 20 年代,在国外视听教育(Audio-Visual Education)的影响下,音视频技术被广泛应用于教育教学和科学传播。中国近代科技社团、中国近代公众科学馆广泛应用科学广播、科学电影等手段对民众开展科普教育。

进入 21 世纪,随着信息技术的发展,我们一脚迈进了互联网时代,数字电视、数字广播、移动电视、博客播客、数字杂志、数字报纸、数字电影等"第五媒体"开始充斥人们的眼球。

新媒体交互性、即时性、海量性、超文本、个性化的特征为科学传播插上了理想的双翼,让科学可以飞得更高、更快、更远。而以博客(微博)、播客为代表的、不断推陈出新的传播手段更使科学不但跨越了时空、地域的限制,也打破了"把关"、"审核"的束缚,更加开放,更加自由。在传媒业相对发达的台湾,有研究(柯舜智[①],2009)表明,媒体喜欢以社会论述观点报道科学事件。在 2008 年的台风事件中,仅有 7.8% 的电视新闻采用科学论述的方式来报道台风;高达 92.2% 的台风新闻采用社会论述的方式呈现,这其中又以采取"恐怖诉求"的论述最多(35.5%),其次是"政治诉求"(28.9%)与"悲情诉求"(17.2%)。

于是,我们不禁要问：主流媒体尚且如此,那些还处于萌芽阶段的科学播客传播的一定是科学吗? 事实上,"博播时代"语境下的科学传播也面临着不少困惑：

[①]　柯舜智,《台风讯息传播的科学与非科学论述》,载于《科学传播论文集1》,台北：台湾科普传播事业催生计划统筹与协调中心出版,2009.

一是信息芜杂,可信度低。泥沙俱下、鱼龙混杂的各种科技新闻、科学信息让人目不暇接、眼花缭乱;一些似是而非、移花接木的内容更是让人难辨真假。即使真的"借我一双慧眼吧",恐怕也难以看得"清清楚楚、明明白白、真真假假"。

二是时效性强,影响力大。Facebook、Twitter 上的一段剪辑过的、移花接木的视频可以导致一场骚乱,甚至颠覆一个国家的政权。在社会生活中,因为不当的信息传播引发社会恐慌的案例也比比皆是。日本大地震引我国"碘盐事件"就是最明显的案例。2007 年初,有报道广东和海南等地香蕉大面积感染巴拿马病,传说人吃了感染的香蕉会得癌症,还有传说香蕉感染的是 SARS 病毒。几天内,海南香蕉的价格从每公斤三块钱跌落到三毛钱,蕉农每天损失超过 2 000 万元。但凡有科学常识的人都知道,所谓"巴拿马病"其实就是很常见的香蕉黄叶病,感染的是镰刀菌,是不可能传染给人的。2010 年 5 月,大亚湾核电站二号机组一根燃料棒的包壳出现微小裂纹,在国际核事故的 7 级分级标准中,连 0 级都不到。但此事经媒体报道后,引起深港两地不小恐慌,甚至点燃了内地在建或拟建核电站所在地民众的不安情绪。

二、时代呼唤真正的科学播客

在传媒业相对发达的台湾,尽管普遍公认电视媒体是目前形式最为普及、受众最为广泛、传播最为迅速、大众最易接受的信息传播载体(刘灿[①],2008),但对于以广播电视媒体为科普传播渠道的研究或者以广电媒体进行科普及其相关内容制作的研究却不多见。乌钰涵[②](2009)研究了"台湾科普传播事业催生计划"科学节目《建筑科技-防火》制作过程,得出结论:电视科普节目的制作很容易受时间、拍摄资源、人为因素的极大影响,"多数科学传播之媒体工作者未把自身投入在科学知识研究、探索与转译之角色,而只是担任传统媒体报道的角色",未真正理解"科普、科学普及、科学传播"的意义,似乎只是在"生产节目"。

黄晓磊[③]在《博客+播客促进科学传播多元化》中提出,播客除具有博客的优点外,其利用声音和影像的方式还可以使科学传播更加生动有趣。Nature、Science、Cell、Scientific American 等国际知名科学和科普杂志都建立了播客,将科学新闻和科研进展等制作成音频和视频供用户使用。很多知名大学,如哈佛大学、普林斯顿大学、加州大学伯克利分校等,也建立播客为学生提供大学新闻、课程、讲座等。

视野播客[④]自称为"全国科学教育专业播客",由武汉优港文化传播有限公司运营管

---

① 刘灿,《科技传播中电视媒体的优势、问题及对策》,http://www.baoye.net/News.aspx?ID=280083.

② 乌钰涵,《从科学知识到科学节目呈现—电视科普节目制作过程之个案研究》,载于《科学传播论文集1》,台北:台湾科普传播事业催生计划统筹与协调中心出版,2009.

③ 中国科学院《中国科学报》2010 年 1 月 8 日 A3 版.

④ http://boke.kxsy.net/.

理。设置了"课堂实录"、"教学辅助"、"专家讲座"、"科技之窗"、"其他综合"等栏目。网站内容基本由中小学优质科学课的课堂实录组成,另外还有部分转自 BBC 等国外知名媒体的科学栏目内容。

什么是真正的科学播客?目前学界似乎还没有形成一个统一的看法。笔者认为以下两点甚为重要:首先,播客所传播的内容一定是真正的科学而不是伪科学,要符合科学常识、科学原理和科学规律。立论要严谨,论证要充分。要经得起实践的检验。其次,创作过程要有科技工作者或教育工作者的介入。科学传播的主体一定是科技工作者而不是其他什么人。以"绿豆茄子包治百病"的张悟本首先不是科技工作者,所以他的那套理论和他在网络上发布的视频是万万不可相信的。他不过是以"科学"的名义给自己穿上了一件漂亮的外衣。那些视频作品也不过是他谋取钱财的手段而已。

以此论之,目前原创性的、体验性的播客作品并不多见。而中国科协青少年科技中心自 2006 年开展的科学 DV 活动(2010 年更名为科学影像节活动)为科学播客提供了一个沟通交流、学习培训、作品展示的舞台。

青少年科学 DV 活动鼓励青少年利用 DV 手段记录自己亲身参与的一个科学探究过程,可以由个人或团体完成,也可以在教师或家长的协助下进行。一个成功的科学 DV 作品一定是科学、技术和人文的完美结合:通过记录科学探究过程,激发孩子们对科学的兴趣;通过 DV 作品的采编,让孩子们掌握新媒体使用技术、音视频制作技术;通过全过程参与,培养孩子们团结协作、严谨求实、亲近自然、热爱生活的人文精神。

科学 DV 与网络上常见的科学播客作品主要有两点区别:

一是作品的原创性。科学 DV 一定是孩子们亲身参与的一个科学探究过程的记录,而不只是单纯的科教电视节目的数字化、网络化。与专业性电视科普节目相比,这些 DV 作品的拍摄手法可能很业余,创意也许很简单,由于设备、技术的原因也可能并不适合在专业电视台播出,但其源于学生、源于生活的特点可以让其在网络上流传甚远。

二是作品的生动性。科学 DV 不是把教师课堂讲授的内容或者一堂实验课的录相放在网络上,而是有故事化的情节在其中。科学 DV 的镜头是跳跃的,画面是丰富的,表现形式和手段是多样的,是易于被青少年和公众所接受的。

三、科学 DV:拿起 DV 写论文

蒸馒头是上面先熟还是下面先熟?蜘蛛进食为什么要把猎物拖进"网兜"?为什么下雨天蜗牛要往树上爬?科学原理往往蕴藏在这些现象背后。而探究和揭示原理的过程,就是抽丝剥茧、水落石出的过程。

2006 年,在观摩和借鉴国际上相关青少年科学影像活动的基础上,中国科协青少年科技中心认识到科学 DV 对科学传播、科学普及的重要作用,组织相关人员翻译了 4 部

日本儿童优秀科学影像作品。我们尝试分析获中学组最高奖的作品:《南方的北国? ——东海学区的冬之谜》①。

现象观察: 这部作品由冈崎市东海中学 8 年级的四名学生完成。虽然东海中学地处冈崎市最南部,但是校区却是最冷的。当北部地区春暖花开的时候,东海学区还是白雪皑皑;北部地区日上三竿了,东海学区却是晨雾蒙蒙。这是为什么呢?

猜想假设: 通过查阅冈崎市的地图,学生们作出了大胆的猜想:这种特殊的小气候可能和冈崎市南侧的地势有关。

实验验证: 他们组成一个研究小组,分工合作,设计了调查、监测和实验 3 种研究方法,并且借来了太阳高度角测量仪等设备。他们选择不同的地点用仪器设备监测太阳高度角随地势的变化。用橡皮泥模拟地势变化的横断面,夹在 2 块玻璃中间,用干冰形成的冷雾倾倒在玻璃中间,用简单的实验模拟了气流在冈崎市的流动和变化。同时,还用电脑动画模拟气流变化和地势之间的关系,作出更加明确的解释。

结论分析: 通过 DV 技术记录的整个探究过程,再经过配乐、解说等的精心设计,让观众了解了从现象到本质的探究过程。论点突出,论据清晰,论证充分,推论严谨。最后加上一个画龙点睛的标题:《南方的北国? ——东海学区的冬之谜》。就这样,一部优秀的科学 DV 作品就产生了。

现象观察—问题提出—猜想假设—实验验证—结论分析。欣赏至此,我们已不难得出结论:这不就是用 DV 写出的科学小论文吗?事实确实如此,每一部获奖的科学 DV 作品,基本都包含严谨、严密的科学探究过程。这种过程的训练,培养了青少年学生科学的态度、情感和价值观,对于他们的人生成长大有裨益。

四、科学播客的炫酷 T 台

2007 年 8 月,在由教育部、中国科协等部委联合举办的第 22 届全国青少年科技创新大赛上,首次设立"科学 DV"专项奖。几十部中学生自己创作的科学 DV 作品大放异彩,吸引了众多好奇的目光。2008 年,郑州市、广西自治区相继开展了青少年科学 DV 竞赛活动。2009 年 3 月,首次面向全国各地征集优秀青少年科学 DV 作品。2009 年,组织了全国青少年科学 DV 活动骨干辅导员首次培训。

截止 2011 年底,青少年科学影像节活动共征集到学生作品 1 293 部,科技教师作品 228 部,从中评出优秀作品 842 部,其中学生作品 732 部,教师作品 110 部。打开科学影像节的官方网站②,这些优秀作品一目了然、目不暇接。

科学影像节成了科学 DV 作者的"黄埔军校"。一年一度的骨干辅导员培训,让科学

---

① 姜冬梅,张红梅,段春明《青少年科学 DV 活动——透过镜头了解科学世界》,载于《中国科技教育》2011 年 12 期,北京.

② http:∥casvf. xiaoxiaotong. org/index. aspx.

3

DV 爱好者像蒲公英种子一样播撒在祖国大地,他们拿起 DV,记录一个个科学探究过程,探究能力、拍摄水平、采编制作效果显著提升。

科学影像节搭建了科学播客的竞技舞台。一年一度的颁奖盛典,让每一个参与的选手热血沸腾。在颁奖活动期间的现场即时竞赛,更是最吸引人的时刻。数十名选手集中于斯,现场命题,现场制作。评委专家当场评分,当场开奖,让学生收获颇丰。

科学影像节还提供了科学播客们沟通交流的平台。在科学影像节的官网上,孩子们或交流经验,或分享收获,或探讨方案,或相互勉励。他们的留言质朴、纯真,他们的感情真挚感人。

五、期待:科学播客的明天会更好

科学影像节活动还面临着两大不足:

一是参与面不够广。目前活动参与者人数有限且绝大多数来自城市家庭或经济条件较好的农村家庭,或者设施设备条件较好、比较重视科技教育的特色示范学校。那些经济基础较弱的农村家庭的孩子缺乏 DV 制作必需的条件与设备。

二是资源利用不足。这些在科技教师指导下创作的,并经由专家评审脱颖而出的播客作品,本身就是一种优质科普资源。但是资源的利用还不够好,效用还没有完全发挥出来。"你看,你不看,作品都在那里"。如何利用这些优质资源,进一步发挥其作用,实现以活动带资源、以资源促活动的目标,是应该着力解决的问题。

在 2006 年第 4 届日本儿童影像节的颁奖典礼上,日本文部科学省的代表说:"在日本这个地域狭窄、资源匮乏的国家,青少年对科学的兴趣对整个民族都是至关重要的!"日本尚且如此,我们作何感想?创新形式,丰富内容,激发青少年学科学、爱科学、用科学的兴趣,我们别无选择!

参考文献

[1] 邓楠,《发展与责任—中国科协 50 年》,北京:中国科学技术出版社,2009.

[2] 王伦信等,《中国近代民众科普史》,北京:科学普及出版社,2007.

[3] 翟立原,《公民科学素质建设的实践探索》,北京:科学出版社,2009.

[4] 《全民科学素质行动计划纲要(2006—2010—2020)》,北京:人民出版社,2006.

[5] 胡锦涛,《在纪念中国科协成立 50 周年大会上的讲话》,北京:人民出版社,2008.

[6] 中国科协青少年科技中心,《美好岁月——青少年科普 50 年》,北京:科学普及出版社,2008.

[7] 关尚仁等,《科学传播论文集》,台北:台湾科普传播事业催生计划统筹与协调中心出版,2009.

微博科普的特点和现状分析

冯 虎

科技部信息中心

摘要： 以微博为代表的新媒体时代为科普的发展带来了新的机遇，微博科普作为一种全新的传播方式，正以其独有优势为更多民众提供服务。本文通过对微博科普的现状调查，总结了现阶段微博科普的特点，并从微博科普的总体情况、典型用户和整合创新等三方面入手进行了深入分析，探索微博科普的发展趋势。

关键词： 新媒体，微博，科普，特点，现状分析。

、新媒体时代的科普

科普，即科学技术普及，是指采用公众易于理解、接受和参与的方式，普及自然科学和社会科学知识，传播科学思想，弘扬科学精神，倡导科学方法，推广科学技术应用的活动。《中华人民共和国科学技术普及法》规定，开展科学技术普及，应当采取公众易于理解、接受、参与的方式。这就要求我们更加重视新媒体在科普中的作用，把握时代特点，创新方式以推进科普的发展。

近年来，随着科技的飞速发展，新媒体越来越受到人们的关注，成为人们议论的热门话题。美国《连线》杂志对新媒体的定义是"所有人对所有人的传播"。清华大学的熊澄宇教授认为，新媒体是一个相对的概念，"新"相对于"旧"而言，广播相对报纸是新媒体，电视相对广播是新媒体，网络相对电视是新媒体。新媒体就是能对大众同时提供个性化的内容的媒体，是传播者和接受者融会成对等的交流者、而无数的交流者相互间可以同时进行个性化交流的媒体。[①]

现阶段新媒体的代表是以 3G 技术为基础的移动互联网，它将彻底改变我们的生产、生活方式。3G 时代，每一个个人智能终端的拥有使用者，除了是传统意义上的"用户"（即信息的接受者、消费者）之外，他还可以是信息的"制播者"（信息的生产者和传播者），而且这一"制播"在 3G 时代是即时的，并且不仅仅是针对单个个体的传播而是可以针对整个"定制用户群"的传播。

而新媒体科普是基于 3G 平台的，因此其传播手段与传统科普的传播手段有着本质

---

① 石磊. 新媒体概论[M]. 中国传媒大学出版社，2009.

上的不同,体现了主体推送、用户定制、即时互动等特点。① 微博则是这一时代中最具代表性的一种传播方式。

二、微博科普的特点

微博,即微博客(MicroBlog)的简称,是一个基于用户关系的信息分享、传播以及获取平台,用户可以通过 WEB、WAP 以及各种客户端组建个人社区,以 140 字左右的文字更新信息,并实现即时分享。

科普与微博结合是必然之选,微博的普及性、便捷性和大众化是推进科普工作跨越式发展的基础保证。而在微博中,"科普一下"、"求科普"等语词已成为人们语言表达的一种基本词汇,充分反映了人们对于知识的渴求和对科学的崇敬,同时也说明了科普在微博中快速发展的光明前景。

互联网和手机已经成为普通人日常生活的必备工具,而微博则较为完美地将这两种工具融合应用在了一起,即时接受信息和实时共享不仅扩大了人们的信息接受面,也为深入讨论和交流创造了互动条件。因此,在此基础之上,微博科普体现出主动传播性、服务精准性、内容多样性、知识精粹性、互动深入性、运营集约性等特点。

1. 主动传播性

微博科普的主动传播性是指微博的"收听"和"定制"等功能为用户建立了一条由内容提供者主动推送的畅通通道,人们无需再去书籍或互联网上的浩繁信息中搜寻想要的知识,而是随时随地只要登陆微博即可获取到海量传播的信息。

2. 服务精准性

知识和信息分门别类,浩如烟海,信息爆炸时代的信息过载问题尤显突出,如何为用户提供精准的服务却又不造成用户的负担,是对工作持续性的巨大考验。微博科普则很好地解决了这个问题,用户只需定制自己感兴趣的内容主题,则可以轻松获取最相关的知识。

3. 内容多样性

科普内容丰富多样,与人们生活息息相关,基础科学、高新技术、农业科技、医疗卫生、气象太空等等已知和未知的科学知识都在时刻更新着,充斥在整个科普信息空间。《科学技术普及法》规定,医疗卫生、计划生育、环境保护、国土资源、体育、气象、地震、文物、旅游等国家机关、事业单位,应当结合各自的工作开展科普活动。因此,相关单位借助微博进行领域知识的科学技术普及,保证微博科普内容的完整、丰富和多样。

---

① 沙锦飞.新媒体科普:3G 时代的科普创新[J].中国科普理论与实践探索,2012:691—697.

4. 知识精粹性

微博内容"短"的特点要求所发内容必须保证知识的精粹性,这正好符合现代人快节奏的生活和对知识获取的高效性要求,将原本晦涩难懂、繁杂深奥的科学知识转变为简洁易知的"短信息",也恰恰符合《科学技术普及法》易于理解、接受的要求,同时将使科普焕发新的生命力。

5. 互动深入性

《科学技术普及法》规定,要以公众易于参与的方式推进科普的发展。微博科普就是最好的例证。只要有一部手机,只要动动手指,在接受科普的同时便可以完成对感兴趣话题的参与和互动。同时,微博互粉、微群、微博活动等多种形式的参与方式,为公众提供了畅通的互动渠道,使得科普不再被动和晦涩。

6. 运营集约性

微博科普发展至今,集约型、整体性的特点已经得到了充分发挥,行业或组织间结成集群,根据各自分工不同、掌握资源多寡而充分发挥各自优势,形成互补,达到信息传播的完整性。"浙江科普微博方阵"就是一种很好的探索,它由浙江省科学技术协会牵头打造,以"@浙江科普"微博为旗舰,首批上线的百家微博,涵盖市县科协、省级学会、企业科协、科技馆(科普教育基地)、大专院校、科研院所等各级各类科普机构,还邀请到了一批科技人员和科普工作者、科学爱好者等科普达人。

三、微博科普的现状分析

基于微博科普以上的特点和优势,结合企业的市场化需要和相关单位、机构的推动,微博科普的用户群、粉丝群、广播数量均已初具规模,发布内容也基本能涵盖各科学领域,为进一步创新传播方式、提升科普效果奠定了基础。

1. 微博科普的总体情况分析

以影响力最大的新浪微博和腾讯微博为例(如表1所示,统计数据截至2012年4月30日),与科普相关的用户(或者说承担一定科普职能的用户)已经超过一千个,累计发布广播超过六百万条。

表1中是对与科普相关的用户、广播、微群和活动的总体统计。可以看出,科普在新浪微博中的活跃程度要明显高于腾讯微博,尤其是认证用户的数量及其发布的广播数量,这部分用户大多是承担科普职能的机构或从事科普相关工作的人,因此,他们也是微博科普工作能够保持其严谨性、持续性以及未来发展的保证。

表1 与科普相关的微博用户总体情况

	新 浪 微 博	腾 讯 微 博
科普相关的用户	共 500＋个用户。 其中,ID 中含科普的认证用户 77 个, 标签中含科普的认证用户 352 个。	共 748 个用户。 其中,ID 中含科普的认证用户 31 个,标 签中含科普的认证用户 45 个。
科普相关的广播	约 6 225 742 条广播。 其中,认证用户发布 238 947 条广播	约 357 400 条广播。 其中,认证用户发布 6 000 条广播。
科普相关的微群	143 个	14 个
科普相关的活动	324 个	无

然而,从数量上来看,在两大微博中,ID 中含科普的认证用户仅 108 个,这与全国的科技管理部门、科协、科研机构、教育机构、宣传机构等有科普义务的单位的总体数量相比,差距仍旧很大。同时,从标签中含科普的认证用户的数量仅不足 400 个来看,人们主动承担科普职能的积极性并不是很高,因为这与庞大的院士群体、教授群体、教师群体、研究人员群体、作家群体等的实际数量仍相差甚远。此外,与科普相关的微群和活动数量分别为 157 个和 324 个,这也从侧面可以看出,网民有较强的科普交流和互动的意愿,提醒我们要重视和发展方式灵活、角度多样的微博科普。

2. 微博科普的典型用户分析

通过对具体用户的来源单位进行分析发现,有相当数量的用户都是与各地科协、各类型科普网、科学出版社、天文馆或天文台、科普杂志社、科普协会相关的机构、官员、职员、编辑、记者、作家、医疗工作者等,均将微博作为其日常科普工作的拓展窗口,不仅做到普惠民众,而且还可以相互学习和交流。

在表 2 中,通过选取粉丝数量最多的部分典型用户,通过其名称可以看出微博科普发展较好的领域或机构,并对其粉丝数量和广播数量进行对比分析,可见其活跃程度。

表2 与科普相关的典型微博用户列表

	新 浪 微 博			腾 讯 微 博		
	用户名称	粉丝 数量	广播 数量	用户名称	粉丝 数量	广播 数量
名称 中含 科普 的认 证用 户	上海科普	38 903	468	山西消防常识科普员	30 721	1 107
	电子社少儿科普分社	15 900	273	浙江科普	25 275	422
	山西科普网	12 443	2 556	四川科普	17 093	231
	中国科普博览	9 875	1 818	天津市科协科普部	11 030	26
	中国地震科普网	6 262	981	上海科普	10 986	115

	新 浪 微 博			腾 讯 微 博		
	用户名称	粉丝数量	广播数量	用户名称	粉丝数量	广播数量
名称中含科普的认证用户	科普社苏青	4 519	805	中国科普博览	695	1 247
	营养科普汤哥	3 445	481	四川省科普作家协会	473	303
	浙江科普	1 217	236	山西科普网	118	694
名称中含科普的普通用户	科普知识百科	87 005	750	小小P孩之科普知识	1 029	1 455
	育儿科普	10 300	285	科普知识	659	267
	科普贴	6 011	20	科普世界	258	68
	科普君	4 275	1 640	科普王旭	165	180
	猫咪科普	3 814	1 381	试管婴儿科普网	164	271
	多米诺基因科普联盟	2 226	368	科普巴士	153	518
	广西肝病科普网	2 069	16 509	科普	127	176
标签中含科普的认证用户	方舟子	308万	9 412	北京天文馆	1 031 442	121
	康斯坦丁	58万	5 945	惠州学会学术	892 472	703
	科学松鼠会	58万	5 077	海外美食作家冰清	663 754	758
	海外美食作家冰清	39万	4 064	小狐狸发明记	293 904	2 457
	营养师顾中一	35万	2 527	章丰	281 481	1 141
	陈君石院士	34万	197	CCTV新科动漫频道	106 895	1 116
	长沙市疾控中心	28万	843	康斯坦丁	100 190	2 635
	ASUS华硕	27万	2 432	惠州市科学技术协会	97 577	834
	青年时报章	25万	4 339	河南省人民医院	43 291	422
	雷闯	11万	3 967	翟菲菲	41 485	122
	科技生活周刊	11万	2 307	王宏才	40 138	192
	fan4fan	11万	3 521	科技传播	21 665	1 596
	走近科学	6万	1 209	科技与生活	20 121	117
	中国数字科技馆	5万	2 312	西涌天文台	16 594	751
	银川科协	3万	257	十万个为什么	1 127	197

　　分析可知,粉丝数量最多的名称中含科普的认证用户中,以浙江科协等省级科协主办的微博和中国科普博览等传统科普机构主办的微博为主,并且表现突出的主要集中在上海、山西、浙江、天津、四川省市,充分体现了官方推动科普工作的优势和民众的信任。名称含科普的普通用户也有其特点,分析发现以市场化的机构为主,充分凸显其通过微

博以达到对工作的宣传作用。标签中含科普的认证用户相对粉丝数量较大,主要包括方舟子、科学松鼠会、北京天文馆等标注为兼具科普职责的名人、知名机构、科学实体等,充分依靠他们的影响力在其熟知或从事领域进行科普宣传,不仅极大地扩大了科普工作的惠及范围,充实了科普内容的层次结构,也可以与以官方推动为主的微博形成互补,以更加多元化的方式贴近民众生活,为民众服务。

此外,在科普微博的内容方面,科学百科知识的普及仍然是最多的,加上以医疗卫生为代表的民生科普知识,构成了现阶段科普微博的主体内容,这与包罗万象的科学技术相比,无论从广度还是深度,都需要得到进一步加强。

然而,可以看到,那些传统的明星科普载体,如中国科普博览、走近科学和十万个为什么,以及作为国家级公益性科普服务平台中国数字科技馆,在微博科普方面还有很大的发展空间,亟待将其优势通过微博发挥出更大的科普能量。

3. 微博科普的整合创新

《科学技术普及法》规定,国家机关、武装力量、社会团体、企业事业单位、农村基层组织及其他组织应当开展科普工作。浙江科普微博方阵很好地落实了《科学技术普及法》的要求,结合微博的特点,在腾讯微博中创新性地整合了省市县科普部门、行业学会、科普基地、企业、大专院校、科普达人等百余个微博,通过官方帐号的形式实现数字化科普全方位的共建共享。同时,旗舰微博"浙江科普"开通了♯科技新闻♯、♯科技趣闻♯、科普资源介绍♯、♯科技达人♯、♯浙江省权威学会♯、♯科学拓展♯、♯热点追踪♯等日常栏目,不仅丰富了科普内容,还达到了很好的宣传效果。

现在,新媒体还在发展,微博还在发展,科普还在发展,微博科普在现有基础上应当把握机遇,充分吸收整合创新的经验,继续在高层次官方科普微博的创建、机构和公司等分领域与分层次科普职能的发挥、科学家微博科普群的拓展、科普微博应用的开发、科普微群互动区的深化、针对热点事件和话题的及时科普等方面加强管理和引导,有效发挥微博科普的宣传惠民作用,不断推进国家科普工作在新媒体时代的新发展。

参考文献

[1] 《中华人民共和国科学技术普及法》.
[2] 石磊. 新媒体概论[M]. 中国传媒大学出版社,2009.
[3] 沙锦飞. 新媒体科普:3G 时代的科普创新[J]. 中国科普理论与实践探索,2012:691—697.
[4] 百度百科:http://baike.baidu.com/view/1567099.htm
[5] 新浪微博:http://weibo.com/
[6] 腾讯微博:http://t.qq.com

新媒体的科学传播功能

——以手机媒体为例

王大鹏

中国科普研究所

摘要：作为第五媒体的手机媒体的兴起在一定程度上给科学传播带来了挑战和机遇。而如何利用手机媒体开展科学传播是值得研究的领域。目前手机媒体开展科学传播存在着一定的缺陷和不足，这既有手机媒体自身的问题，也有科学传播的研究和实践没有跟上手机媒体发展步伐的问题。怎么利用新媒体进行科学传播，或者说在现代科学传播中新媒体应该发挥什么作用，怎么发挥作用等这些问题很大程度上还是存在于理论层面，而即使在理论层面上也没有完全研究透彻，本文试图从理论层面探讨利用手机媒体开展科学传播相关问题。

关键词：新媒体，手机媒体，科学传播，科学传播能力。

一、手机媒体概述

《中华人民共和国科学技术普及法》第二章第十六条规定："新闻出版、广播影视、文化等机构和团体应当发挥各自优势做好科普宣传工作。"[1]《全民科学素质行动计划纲要（2006—2010—2020年）》（以下简称《纲要》）在针对未成年人科学素质行动的措施中提出："新闻出版、广播电视、文化等机构和团体加大面向未成年人的科技传播力度，用优秀、有益、生动的科普作品吸引未成年人，为未成年人的健康成长营造良好的舆论环境。"[2]同时《纲要》在大众传媒科技传播能力的建设工程的措施中还提出："提高各类媒体对于公共卫生事件和重大自然灾害等突发事件的反应能力，指导公众以科学的行为和方式应对突发事件。"[3]《中共中央关于制定国民经济和社会发展第十二个五年规划的建议》中提到："实现电信网、广播电视网、互联网"三网融合"，构建宽带、融合、安全的下一代国家信息基础设施。推进物联网研发应用。"[4]同时提出，"加强重要新闻媒体建设，重

---

[1] 《中华人民共和国科学技术普及法》，科学普及出版社，2002年10月第1版，第30页。
[2] 《全民科学素质行动计划纲要（2006—2010—2020年）》，科学普及出版社，2008年8月第1版，第71页。
[3] 《全民科学素质行动计划纲要（2006—2010—2020年）》，科学普及出版社，2008年8月第1版，第82页。
[4] 《中共中央关于制定国民经济和社会发展第十二个五年规划的建议》，人民出版社，2010年10月第1版，第18页。

视互联网等新兴媒体建设、运用、管理,把握正确舆论导向,提高传播能力。"①这些文件中所涉及到的传播媒介不仅仅局限于传动媒体,随着时代的发展,新媒体的科学传播也应该纳入到经济社会发展的全局中来。

新媒体(New media)的概念是1967年由美国哥伦比亚广播电视网(CBS)技术研究所所长戈尔德马克(P. Goldmark)率先提出的。而后美国传播政策总统特别委员会主席E.罗斯托在向尼克松总统提交的报告书中,也多处使用了"New Media"一词②。随着科学技术的不断发展,新媒体的概念以及对新媒体的认知不断推广,从而成为学界关注的话题。而新媒体如何进行界定还没有一致的看法。对此,清华大学教授熊澄宇认为,新媒体是一个相对的概念,"新"相对"旧"而言。从媒体发生和发展的过程当中,新媒体是伴随着媒体发生和发展在不断变化的③。而Online杂志给新媒体的定义则是由所有人面向所有人进行的传播。广播相对报纸是新媒体,电视相对广播是新媒体,网络相对电视是新媒体。互联网络的盛行,使网络媒介成为继报纸、广播、电视媒体之后的第四大传播媒体。在一段时期内,网络媒体成了新媒体的代名词。但是,随着时代的发展和科技的变迁,具有越来越多传播方式和内容形态的媒体形式不断涌现,而手机也逐步成为带着体温的"第五媒体"。

短信的出现使手机有了第一媒体(报纸)的功能;彩信的出现使手机更加全面地接近第一媒体,并有了第二媒体(广播)的功能;手机电视的出现使手机有了影响力更大的第三媒体(电视)的功能;WAP和宽带网络使手机有了第四媒体(互联网)的功能。手机媒体则是以手机为无线终端,WAP网络为平台的大众传播媒介。

二、手机媒体的现状

作为网络媒体延伸的手机媒体拥有众多优势,有学者认为:"相对于旧媒体,新媒体的第一个特点是它的消解力量——消解传统媒体(电视、广播、报纸、通信)之间的边界,消解国家与国家之间、社群之间、产业之间边界,消解信息发送者与接受者之间的边界等。"④随着科技的发展与进步,手机媒体的形式也不断变得丰富多样。手机短信,手机报,手机电视,手机出版,微博等等都是手机媒体的表现形式,而不同的媒体类型也呈现出不同的发展态势。当前,手机报以及微博在手机媒体中占据着重要的低位。

相较于传统媒体,手机媒体的交互与即时是常态的,在这种情况下,受众的提法就显得不十分恰当,因为每个人都是网众,每个人都有主动性,也都是传播者;云计算的出现,

---

①《中共中央关于制定国民经济和社会发展第十二个五年规划的建议》,人民出版社,2010年10月第1版,第37页。

②匡文波,《手机媒体—新媒体中的新革命》,华夏出版社,第15页。

③张斯宁,施勇勤,《新媒体发展与科技进步》,《新媒体与社会变革》,上海人民出版社,第101页。

④《中国广电的传统媒体与新媒体融合之路》,http://news. xinhuanet. com/newmedia/2009 - 06/21/content_11574863. htm,2009.06.01。

进一步增强了手机媒体所承载的信息量,而海量的信息也同时被众多的终端用户所共享;手机媒体兼容了文字、图表(片)、声音、动画、影像等多种传播手段保存信息、表现信息、发送信息,它突破了传统媒体单一的传播模式,使得当代的传播手段变得丰富和深刻。同时手机媒体也使得人们更加个性化和社群化。就想麦克卢汉所说的"媒介即讯息",每个人在手机媒体终端上充分表达着自我,同时也呈现出"物以类聚,人以群分"的特点。

2004 年 7 月 18 日《中国妇女报》正式推出手机版,而后手机报向雨后春笋般出现,"传统的彩信手机报,目前已增至 1 800 多种,覆盖新闻、娱乐、体育、财经、旅游、健康、饮食、双语、教育等多个领域"。① 在这些手机报中,新闻类手机报是推广最好的手机报,占到总用户的 70%。微博(移动博客)最早出现于 2005 年,是草根文化的象征,而实际上手机博客已经成为了自我媒体,它颠覆了信息传播的模式:"从以权威的信息发布为中心,到以个人的信息发布为中心。"② 根据中国互联网信息中心统计报告显示,截止 2010 年 12 月 31 日,中国微博用户规模是 6 311 万户。③

由于管理体制以及市场的影响,手机媒体的其他形式虽然有所发展,也赢得了一定的关注度,但是还没有形成规模。比如手机电视等。

保罗·莱文森对手机传播优势做出的最为乐观的分析,在一定程度上反映出手机传播本身具有的不可替代的优势和特点。第一,就是手机的可移动性和便携性;第二,就是手机传播的交互性;第三,手机传播具有快捷迅速性;第四,手机具有一定数量的用户群;第五,手机传播具有人际传播和大众传播的双重传播特点;第六,手机传播囊括了文字、图像、声音等多种传播方式。总的来说,手机比电脑更为普及,比报纸、广播更为互动,比电视更为编写,手机已经显现出超越其他媒体的一些特性。④ 同时手机媒体传播信息带有一定的强制性和高度的参与性。⑤ 中国互联网络信息中心于 2008 年 12 月发布的《中国手机媒体研究报告》认为:与传统媒体相比较,手机媒体的特点除了人们熟知的便携性、移动性、个性化外,还包括:多媒体融合,传播速度快,范围广,互动性强以及传播效果大等。

三、手机媒体科学传播的途径

科学传播活动都是借助于一定的媒介进行,媒介"技术越先进,科技知识的传播范围就越广,传播速度就越快",因此,新媒体的应用不仅是技术工具的革新,还可能从根本上

---

① 宋超,《2010 年中国手机报发展报告》载《中国新媒体发展报告(2011)》,社会科学文献出版社,北京,第 286 页。
② 匡文波,《手机媒体—新媒体中的新革命》,华夏出版社,第 187 页。
③ 中国互联网信息中心:《第 27 次中国互联网络发展状况统计报告》,2011.01.19。
④ 贾乐蓉主编:《新世纪大众传媒的发展—中俄学者的对话》,中国传媒大学出版社,2007 年第 1 版,第 131—133 页。
⑤ 王颖:《浅论手机媒体的现状与发展前景》,佳木斯大学社会科学学报,2010 年 4 月,第 28 卷第 2 期。

改变人类的科技传播方式,成为科技传播的重要平台。同时,手机传播的公共信息量增多已超出人际传播的需要。从理论上分析,其他媒体可以传播的信息都可以经由手机传播。①

作为大众的个人化传播媒体,手机传播模式是网状的、原子分裂式的传播形态。当前手机媒体中已经存在一些科学传播的内容和模式,优势科技开发的手机桌面中就有关于医学等各方面的知识。而手机媒体作为受众最广的一类新媒体在未来的科技传播中将发挥更大的作用。例如,在我国的边疆少数民族地区,手机媒体更能发挥巨大的作用,通过手机媒体传播种植、养殖等方面的知识,能够提高广大农民科学种植、养殖的技能,同时也可以提升其经济生活水平,维护国家的安定团结。

从科学传播的要素分析,手机媒体的科学传播内容广泛,即可以文字形式的形式存在,又可以以视频等动态信息存在;而传播途径可以是一对一,也可以是一对多的传播;其受众则为特定的目标群体,这个目标群体可以是广大的手机用户,也可以是定制的部分用户,因而从一定意义上说,通过手机媒体进行科学传播更能达到针对特定目标群体的目的。

在新媒体迅速发展并成为未来信息传播与交流主要载体的潮流下,科学技术普及应如何利用这一发展趋势和有利条件,开发更加吸引公众的科技传播内容和形式,拓展传播渠道、增强传播效果、激发公众关心科学、热爱科学,甚至从事科学的兴趣,最终达到提高国民科学素质的目的是一个值得研究的议题。

利用新媒体开展科学传播的途径应该包含以下几个方面:

第一,从形式上来说,新媒体的触角延伸到社会的每个角落,同时新媒体的便携性,易接触性也使得它们在开展科学传播的时候有着天然的优势,尤其是手机媒体是"影子媒体"和"带着体温的媒体"。利用新媒体进行科学传播,形式是十分重要的参数,尤其是手机报受制于手机内存和屏幕,因而在形式上要做到图文并茂,用崭新的形式吸引广大受众,从而达到传播效果的实现,利用新媒体开展科学传播应该创新传播形式,突破以往的传授观念,结合视频、图片、文字等多种形式图文并茂地开展科学传播。

第二,从内容上来说,现代社会是一个快消品的时代,也是速成的社会,很难期望人们有更多的时间阅读和学习,因而更多的人倾向于利用闲暇时间给自己充电,获取知识,虽然大部头的著作还有很大的市场占有率,但是碎片化的内容也方兴未艾。1999年到2005年中国传统图书阅读率持续走低,阅读传统出版物的人数在以每年12%的速度下降,而阅读新媒体的人数则以每年30%的速度在增长,特别是年轻人和知识分子人群表现尤为明显。② 因而利用新媒体开展科学传播的内容应该是碎片化的,集成的,网格的。但是碎片化并不是把传统媒体中的内容照搬过来,而是需要进行深入的加工和再创造,

---

① 武彬,《我国手机出版的现状与发展》载《新媒体与社会变革》,上海人民出版社,2009.10 P112.
② 张斯宁等,《新媒体发展与科技进步》载《新媒体与社会变革》,上海人民出版社,2009.10 P108.

这样才能保证被碎片化的内容有更大的知识量。

第三,从更新速度上来说,在当代这个信息爆炸的时代,每天都有数之不尽的新闻和热点话题。而利用新媒体开展科学传播也要求内容的更新速度要加快,要紧跟热点和焦点议题。广大公众在面临焦虑,紧张和其他危急情况下是最需要科学知识和科学方法的指导的,这可以从汶川地震以及日本福岛核电站事故中看出来,而这个时候也正是利用新媒体开展科学传播的最佳时机。

四、手机媒体科学传播能力建设的问题

"国家科普能力表现为一个国家向公众提供科普产品和服务的综合实力。主要包括科普创作、科技传播渠道、科学教育体系、科普工作社会组织网络、科普人才队伍以及政府科普工作宏观管理等方面。加强国家科普能力建设,提高公民科学素质是增强自主创新能力的重要基础,是推进创新型国家建设的重要保障。"[1]国家的科学技术发展是硬实力的范畴,而对科学技术的普及则是软实力的表现,因为科学技术的普及是文化的一个方面,而科学传播的能力则是硬实力和软实力的结合,也就是所谓的巧实力。同时科学技术的发展促进了科学传播能力的提升,并且对科学传播能力提出了新的需求,相反科学传播能力的提升也在一定程度上促进科学技术的进步与发展。

利用新媒体开展科学传播最重要的一个环节应该是内容要跟得上,保证有充足的内容和体量。并且把时下流行的因素融入到新媒体中去,这样才可以吸引更多的受众,覆盖面也会更广。智能手机这种新媒体的最广大用户是青少年一代,提升广大青少年的科学素养也是我们的一个重要工程。而我们发现他们很少利用手机获取科学知识,而是玩游戏或者看视频,关注娱乐。浏览一下可供下载的电子书,不难发现占据重要位置的依然不是科普图书,而是玄幻、魔幻、穿越等题材的小说,科普图书只在生活百科和社会科学等栏目内才能找到。因而科学传播内容的匮乏也是不容忽视的问题。这既有产业的问题,也有相关政策扶持力度的问题。

提升手机媒体的科学传播能力需要从多方面努力,而且科学传播能力的提升不是一蹴而就的,它需要一个不断调整、适应、完善并充实的过程。

提升手机媒体的科学传播能力需要在政策层面上给予更多的支持。从内容提供,传播途径,经费支持等方面提供相应的政策保障,并促进更多的手机媒体运营商进入科学传播领域。

同时我们应该细分受众群体。在多元化的社会背景下,公众获取科学知识的途径日益多元。不同的群体有不同渠道。因而我们应该有更个性化的服务和模式,针对不同的群体提供不同的科普内容,如手机新闻,手机阅读,手机出版,手机微博等;科学传播人才

---

[1] 《关于加强国家科普能力建设的若干意见》。

的培养是更加迫切的问题。当代的科学传播人才需要具备文理兼备的学科背景和广阔的事业。而从目前来看,我们对科普人才的需求仍有很大的缺口需要填补。因而培养更层次的从事新媒体科学传播的人才需要从国家战略的高度来把握;利用新媒体开展科学传播需要有多样化的科普内容,而这些内容应该是碎片化的,集成的,因而我们需要在内容的研发上投入更多的人力物力和财力。只有具备了丰富的内容储备,我们才能应对各种情景的科学传播。

微博与我国科普创新

许 晔

中国科学技术发展战略研究院

摘要：本文通过研究微博的信息传播机理，分析微博在中国乃至全球所引发的传播影响力，指出微博将有利于创新我国的科学普及方式，并提出应建立我国"科普微博"平台，加强我国"科普微博"人才培养的建议。

关键词：微博，科普，创新，传播特性。

一、微博的创新应用及其传播影响力

1. 微博的创新应用

微博的独特之处，是用户可以通过固定互联网、移动互联网和手机等各种智能终端，在微博平台上组建个人社区，实现人们交流信息、表达自己的愿望。

微博具有独特的"140字"、"直播"、"关注"和"转发"等功能。"140字"就是设定每次信息发布字数不能超过140个字的信息传播规则；"直播"是就某一话题，多人通过发微博参与话题，并让人们时时关注参与这个话题的人都在"说"什么；"关注"是选择你感兴趣的人，随时收看他发布的微博信息；"转发"就是把别人的微博作为引用对象，添加或不添加自己的评语，将其当作自己的一条微博内容发布出去。

微博的这种信息发布和传播方式，不但使信息获取和传播更加便捷和具有目的性，也使人与微博平台之间，进而人与人之间更容易直接沟通。

2. 微博的传播影响力

有研究表明，一种传播媒体普及到5 000万人，收音机用了38年，电视机用了13年，互联网用了4年，而微博只用了14个月。

微博已成为全球的传播明星。Twitter一直是全球最具影响力的微博网站，据Google Analytics 2011年下半年数据显示：Twitter网站每个月的独立用户数量已超过4亿，较2011年初的2.5亿有明显的增长。美国总统奥巴马、美国白宫、FBI、Google、HTC、DELL、福布斯、通用汽车等很多国际知名个人和组织，都在Twitter上进行营销和与用户互动；美国奥巴马总统在竞选期间，利用微博吸引到了更多选民的关注，并最终赢得大选；欧洲的一些政府公共机构，也将微博作为一种公共服务信息的发布平台，每天发布渡轮和火车时刻表等服务信息；英国政府于2009年7月公开发文，要求公务员学习使用微博,明确规定各政府部门都应当拥有 Twitter 帐号,并每天发布 2 至 10 条信息。

微博已成为全中国关注的热点。据中国互联网络信息中心 CNNIC 统计显示[1],微博作为新兴的信息传播平台,正受到我国互联网用户的强烈推崇,用户数正在呈现“爆发”式的增长态势。

二、微博的传播特性有利于我国科学普及的创新

1. 微博可以引导大众更加关注科普

我国现行的科普工作,主要是依靠各级政府部门、社会团体、企事业单位、以及基层组织等开展科普活动。通过建设科普场馆,开展科普活动周、科普宣传日、以及重大科学人物和事件的纪念日等,进行相关的科普宣传活动。截至 2010 年底,我国共有建筑面积在 500 平方米以上的各类科普场馆 1 511 个;2010 年共举办科普(技)讲座 81.34 万次,听众 1.69 亿次;举办科普(技)专题展览 12.73 万次,2 亿多人次参观[2],等等。这些自上而下的科普组织形式,虽然已经取得了较好的科普宣传效果,但毕竟其实现的是大众被动的接受科普宣传,因而不易形成科普宣传者与大众之间的知识需求互动。

微博基于“关注”的创新应用,则可以引导大众主动关注科普,而无需专程前往某个科普场馆,或专程参加某个科普讲座。因为微博可以通过固定互联网和移动互联网,引导人们关注他感兴趣的“科普微博”,并与其建立“关注”与“被关注”的关系。人们在微博平台上,围绕科普知识宣传,可以建立起由“科普微博”汇聚成的社区,并在社区里相互分享科普信息、新闻、创意、观点和激情。关注微博的人越多,其所传播的信息内容就越有影响力。

建立“科普微博”,并通过微博来吸引更多大众的关注,引导大众关注其感兴趣的“科普微博”,进而关注该微博所传递的科普信息,是实现科普知识微博传播的一种创新传播方式。

2. 微博可以使科普内容更加简洁和清晰

我国传统的科普宣传形式,可以是一本书,一个培训,一个展览,一个活动,或者一个讲座,等等。例如,自 1996 年以来,在中宣部、中央文明办、科技部等十多个部门和单位联合开展的“三下乡”活动中,各级科委、科协等共组织了 800 多万科技人员下乡,向广大农民群众发送了数以亿计的图书资料,并举办了 220 万次的科技培训。2010 年我国共出版科普图书 0.65 亿册,占全国图书出版总量的 0.91%;共出版科普期刊 1.55 亿册,占全国期刊出版总量的 4.82%;科技类报纸总印数 3.40 亿份,占全国报纸总印数的

---

① 《第 28 次中国互联网络发展状况统计报告》,2011 年 7 月 19 日,http://www.cnnic.net.cn
② 科技部发布 2012 年度全国科普统计数据,http://www.most.gov.cn,2012 年 1 月 9 日。

1.10%。在各类科普活动中,共发放科普读物和资料 7.25 亿份①。这些科普宣传形式,都可以系统详细的介绍科普知识,但却需要较大的宣传篇幅,且需要占用专门的时间。

微博,则可以进一步丰富我国科普的宣传形式,且能使科普内容更加简洁和清晰,并能使大众通过网络随时随地地学习科普知识。微博看似简单的"140 字"规则,巧妙地将手机短信和互联网的博客结合在了一起,使微博语言更加简洁,省去了形容词和限定短语,更加符合现代人的信息需求。同时,微博的"140 字"也孕育着一种平等,它最大限度地缩小了作家和农民之间的语言鸿沟,让普通人更容易使用。正是微博的这种 140 字创新,才使微博逐渐演变成了一个高度社会化的传播平台。因此,通过微博简洁的语言规则,将科普知识以简短、易懂的语句描述出来,可以使不同知识层面的大众,都能够普遍接受和理解所宣传的各类科普知识。

3. 微博可以实现大众参与传播科普

我国以往的科普传播方式,是一种自上而下的传播方式,科技馆传播、图书传播、广播电视传播、讲座传播、以及专题展览传播等等,都属于大众被动接收的传播方式,广大民众能够主动参与科普传播的机会和方式相对比较少。

以微博为传播平台所实现的科普传播,可以极大地提高大众的参与程度。从微博的信息传输机理来看,微博的"转发"创新,可以实现微博信息的快速传播。微博基于"关注"和"转发"的传播机制,形成了虚拟社会的关系网络,也形成了虚拟社会的信息传播网络,使微博信息可以在第一时间被关系网络内的其他成员看到,并通过这些成员的转发,渗透到其他的关系网络中去,最终实现信息的实时、迅速和广泛的传播。

因此,借助于微博独特的信息传播方式,"科普微博"可以将科普信息通过虚拟社会关系网络内的成员"转发",使大众不但接受科普知识,也可以主动的传播科普知识,这是大众参与科普传播的一种创新的传播形式。

三、对策建议

科学技术普及是以提高公民科学素质,促进公众理解科学,实现人、社会、自然和谐发展为目的的全民终身教育。鉴于当前微博广阔的发展前景,我们应将我国的科普宣传与微博平台有效地结合起来,尽早建立我国"科普微博"平台,并加强我国"科普微博"人才的培养。

1. 建立我国"科普微博"平台

微博的高度社会化,为政府利用微博,开展科学普及工作提供了便利条件。我们应

---

① 科技部发布 2012 年度全国科普统计数据,http://www.most.gov.cn,2012 年 1 月 9 日。

充分利用网络微博覆盖面积广、交互性强、方便快捷的优势,通过微博,将民众与各领域科技专家和科技工作者联接起来,扩大科普宣传影响面。同时,根据不同的科普知识类型,对"科普微博"进行合理的界定和分类,如"保健微博"、"急救微博"、"气象微博"、"消防微博"等,并指定专人负责维护,加强与民众的沟通与互动。通过最新的科技咨询、最前沿的科技成果、最权威的科学解释、有趣的科技趣闻、丰富的科普资源、温馨的生活技巧、以及丰富多彩的科学活动等,逐步把"科普微博"打造成向民众普及科学知识、解疑释惑的交流平台。2012 年 1 月,"上海科普"微博正式开通①。2012 年 3 月,我国首个省级科普微博聚合平台"浙江科普微博方阵"正式上线。

2. 加强我国"科普微博"人才培养

当前,我国的专职科普创作人员还很少,科普队伍也不稳定,这些都制约了我国科普的宣传效果。2010 年,我国专职从事科普文学作品创作、科普影视作品创作、科普展品创作以及科普理论研究等工作的人员仅为 10981 人,占全部科普人员的 0.63%②。我国现有的学校教育,文理分科,理工科学生缺乏人文教育内容,文科学生接触自然科学课程很少,不利于形成高素质的科普人才。社会上也缺乏针对科普人才的培训机构,无法对现有科普人员有效培训。因此,应进一步加强我国科普人才的培养。

在我国"科普微博"人才的培养方面,既要注重培养与"科普微博"内容有关的创作人才,也要注重培养与"科普微博"管理有关的管理人才。要积极探索科普微博创新人才的培训,充分利用社会传媒效应,倡导广大科技人员和社会力量投身科普事业,吸引更多的科研工作者、科普志愿者参与到"科普微博"工作中来。使"科普微博"在科普内容、科普宣传和科普管理等方面,能够形成可持续发展机制,真正将"科普微博"打造成为我国科学普及工作的新平台。

---

① 黄辛,"上海科普"微博开通,中国科学报,2012 年 1 月 10 日。
② 科技部发布 2012 年度全国科普统计数据,http://www.most.gov.cn,2012 年 1 月 9 日。

公安微博的模式和发展前景分析

——北京市公安局微博"平安北京"的个案研究

靳高风　解希红

中国人民公安大学犯罪学系

摘要： 北京市公安局微博"平安北京"自2010年8月1日开通以来,粉丝数不断攀升,影响力不断扩大。"平安北京"是集博客、微博和播客三位一体、交叉互补的网络公共关系平台,此种模式在全国公安系统尚属首例。"平安北京"对全国公安微博的建设具有样本的意义。"平安北京"作为政务工作的新媒体,具有特殊的运行模式、工作内容和功能。"平安北京"的建设和运行经验对全国公安微博的发展具有重大借鉴意义。

关键词： 公安微博,平安北京,个案研究。

一、"平安北京"的运行模式及功能分析

1. "平安北京"运行模式分析

"平安北京"的运行模式可以分为运行管理及工作内容两个方面,具体运行模式如下图示。

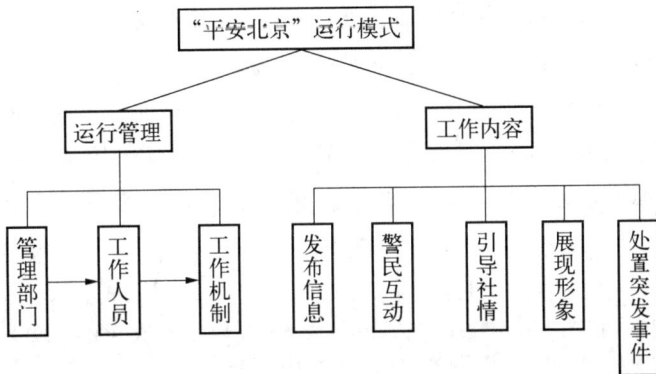

北京市公安局微博"平安北京"运行模式图示

(1) "平安北京"的运行。

① 管理部门。2010年7月13日,北京市公安局成立"公共关系领导小组"及领导小组办公室,负责进行警民互动、警队形象建设、涉警危机公关等公共关系建设。

市公安局局长傅政华任组长。这也是全国省级公安机关成立的首个公共关系部门。公共关系领导小组办公室设在市公安局新闻办,经过各部门资源及服务内容的整合,形成以新闻办为主体,网络安全、外事、信访、内宣、工会等相关单位组成的公共关系工作组织。①

② 工作人员。为保证"平安北京"的顺利运行,北京市公安局公共关系办公室专门抽调9名民警分3组24小时轮班。② "平安北京"筹备时的首批10名博主,是从市公安局数千名警察中挑选出来的二三十岁的年轻人,分别来自派出所、刑警、巡特警等基层所队,熟悉网络,并在上岗前接受了技术、理念和博客功能等方面的培训。③

③ 工作机制。北京市公安局的"平安北京"微博,建立起了直通"一把手"的信息流转机制。北京市公安局新闻办主任刘大伟说:"我们将网友反映的信息层层落实到相关部门,实行各单位'一把手'督办,做到简单问题当天回复、一般问题24小时回复、复杂问题3天回复,解答群众关心的问题,满足群众的需求。"④"平安北京"还建立了长效的发布、反馈机制。现在已做到将微博需求接轨到现实工作,定期进行反馈。⑤

(2)"平安北京"的内容。

① 及时发布全警业务信息。"最新的警方资讯,最快的防范提示,您身边警察的新鲜事儿,您最想了解的服务举措",这是"平安北京"上线时的承诺。⑥ 通过微博及时发布全警业务信息以及与民众生活密切相关的信息,为公民生活提供便利服务,是"平安北京"的重要工作内容。"平安北京"自去年8月开通以来,已经围绕交通出行、户政服务、警情信息等发布各类资讯近7500件,解答网友咨询提问近2万次。⑦

② 开展警民互动活动。"平安北京"的开通,方便了很多网友将自己生活中遇到的困难和问题及时反映给公安机关,博主对这些问题进行细致解答。⑧ "平安北京"民警在微博上以平等真诚的态度与公民互动,运用网言网语,对网民的评论及时回复,积极主动解答网民提出的问题,为群众排忧解难。北京市公安局"平安北京"微博"晒"出了"警察街舞迎新春"的视频,形成了与群众之间的情感共振。

③ 引导网络社情和舆情。"平安北京"在应对网络舆情时,第一时间发布权威信息,澄清事实,化解涉警舆情,防止谣言扩散。例如,"平安北京"的民警通过微实验破解了"鸡蛋砸在车玻璃上和玻璃水混合后会产生白雾"的谣言,⑨澄清了2011年5月份"北京

---

① 谭志勇. 北京市公安局成立"公共关系领导小组" 局长挂帅[N]. 新京报,2010-07-14.
② 新华社"中国网事"记者. 学"说话"听"拍砖":公安微博冲击波[EB/OL]. [2010-08-23]. http://news. xinhuanet. com/mrdx/2010-08/23/content_14058919. htm.
③ 张菲菲,王馨恬. "平安北京":首都公安新名片[N]. 人民日报海外版,2010-08-11.
④ 闵政,武忞. 把脉公安微博:前景广阔 方兴未艾[N]. 人民公安报,2011-10-09.
⑤ 张谦. 公安微博的发展与展望. 载李林主编.《中国法治发展报告 NO.9(2011)》. 社会科学文献出版社.
⑥ 余荣华. "平安北京"爱办实事[N]. 人民日报,2011-09-07.
⑦ 闵政,武忞. 公安部召开微博实践前景研讨会 建构特色微博群[N]. 人民公安报,2011-10-09.
⑧ 张菲菲,王馨恬. "平安北京":首都公安新名片[N]. 人民日报海外版,2010-08-11.
⑨ 展明辉,甘浩,薛珺. 北京东直门来福士广场老人商场坠亡微博误传枪击[N]. 新京报,2011-02-19.

市地铁内有女性被人下迷药尾随"的谣言，①2012年3月28日微博上传出的"丢失的孩子眼角膜被摘"的谣言也经"平安北京"辟谣，消除了网友的恐慌。②

④ 处置网络突发事件。"平安北京"在处置网络突发事件上的举措使其微博影响力不断上升。微博直播猫儿山游客被困事件，使群众在第一时间知情。"平安北京"与济南公安公共交通分局联动，成功解救欲自杀网友"苏小沫儿"。③

2．"平安北京"的功能

（1）打造资讯信息平台。"平安北京"通过第一时间发布警务资讯以及与群众生活密切相关的生活信息、治安防范类提示，为群众提供了一个更为方便、快捷的了解公安工作、了解社会治安状况的平台。公众不仅可以清楚地了解社会治安、刑事案件信息，同时这些信息的发布对公众出行也具有一定的防范提示性，避免了更多民众受害。实现了警务工作的服务性，使服务群众变得更加便捷高效，也提升了警务工作的效率。

（2）搭建警民互动平台。"平安北京"的开通，使得网民可以通过微博直接与民警进行互动，网民将身边发生的问题或者案件线索及时反映给公安机关，公安民警对网民的反映及时予以答复或解决，切实做到了"急群众之所急"，拓宽了警察联系服务群众的渠道，使警民沟通变得更加畅通有效，使回应社会关切变得更加及时主动。保障了公安工作信息来源的多元化，为公安机关的网下工作提供了丰富的线索。

（3）引导社情舆论方向。"平安北京"随时跟进网络热点议题，在应对网络舆情及突发事件时，第一时间发布权威信息，公布事实真相，充分发挥公安微博的舆论引导作用。不仅化解了涉警舆情，同时也避免了网络上不明真相的炒作者企图通过扩散言论来混淆群众视听甚至诋毁公安机关的形象，维护网络社会的和谐与稳定。

（4）促进和谐警民关系。"平安北京"以真诚平等的姿态与网民交流互动，更为全面的展示民警形象，有助于形成公众与警察之间的情感共振，改变一直以来部分民众对公安民警的偏见及误解，有助于构建和谐的警民关系，为公安机关开展工作奠定了良好的群众基础。

二、"平安北京"的经验

（1）及时发布权威信息，引导社会舆论

"平安北京"在面临网上突发事件及谣言时，第一时间发布权威信息，及时予以正面

① "北京地铁10号线女乘客被迷晕"系网络谣言［EB/OL］．［2011-07-12］http://news.china.com/social/1007/20110712/16643317.html.
② 微博谣传"一孩子眼角膜被摘""平安北京"辟谣［EB/OL］．［2012-03-29］http://news.jschina.com.cn/system/2012/03/29/013037544.shtml.
③ 孙晓伟.网友微博直播自杀过程惊动公安 被疑作秀(图)［N］.山东商报,2010-08-29.

回应,维护了网上网下社会的稳定。例如针对"苏小沫儿直播自杀过程"、"东直门来福士广场男子自杀身亡事件"以及"儿童眼角膜被摘"等网上流传的微博,"平安北京"都迅速展开调查并澄清事实,消除了社会公众恐慌。

(2) 使用网络语言,融入网络社会

网友通常对微博中的"官方词汇"很反感,博主们每发一条微博,都会记录转发和评论的数量,逐个研究哪一类帖子关注度比较高,哪一种方式网友们最容易接受。① 博主们渐渐地不再使用网友们比较容易反感的官方词汇,开始使用"比较萌""充满警味儿和人情味儿"的网言网语,获得了网友高度评价。

(3) 广征网民意见,完善微博平台

为了警民交流不局限于虚拟世界,"平安北京"成立了"粉丝挑刺团",欢迎粉丝们发私信表达意愿,为"平安北京"指出缺点和不足。"平安北京"还开通"平安北京直播间"、通过"微实验"等方式与网民进行互动,还组织开展了8次网友见面交流活动,以拓宽渠道与网友进行深入交流。

(4) 创新宣传方式,丰富形式内容

"平安北京"微博发布的信息不只是数量多,还改变了以往说教式的面貌,形式不断创新,例如"微实验"、公益广告、案例漫画、图表路况提示等。② 除了一些固定栏目,"平安北京"还会依据当下热点,不定期推出不同主题的内容。

三、"平安北京"对公安微博发展的启示

公安部要求各级公安机关要充分认识公安微博的重要性,努力把公安微博打造成集警务公开、服务群众、化解矛盾、引导舆论及展示公安形象五大功能于一体的新平台。③ "平安北京"在内容和功能上基本满足了公安部的这一要求,并有所创新。因此,"平安北京"为公安微博的建设提供了一个可资的样本。根据"平安北京"的特点、经验和遇到的问题,公安微博应从以下方面发展完善。

1. 建立微博网络警察队伍

公安微博的使用和管理,需要建立一支高素质的微博管理专门队伍。要提高网络民警的综合素养,首先民警要对公安工作有着全面的理解和掌握,其次要加强他们对于警察公共关系意识和能力的基础性培养,再次要提升媒介素养,掌握先进的网络技术以及网络信息传播的规律,具备微博使用能力以及较好的沟通能力。公安机关必须加强对这

---

① 唐琳,谭志勇."平安北京":"粉丝"为何持续增长[N].人民公安报,2011-03-04.
② 侯莎莎."平安北京"六大成功秘诀[N].北京日报,2011-11-18.
③ 黄明副部长在"公安微博:实践与前景"研讨会上的讲话[EB/OL].[2011-09-26]http://blog.sina.com.cn/s/blog_765a57720100tj0y.html.

支队伍的培训，以提高他们应用微博平台进行警务工作的能力。网络民警必须以平等、平和的态度与网民进行交流，在微博的使用语言上要做到人性化、社会化和平民化，要灵活生动的使用网言网语，以群众喜闻乐见的方式发布信息，要以草根的心态和作坊化的语言与网民进行互动，从而树立公安微博贴近性强、平易亲民的形象。

2. 丰富公安微博的内容

要不断完善"公安微博"的内容，不只是要围绕公安工作展开，更要围绕网民的需求进行：要加强信息发布，采取图文直播、多轮次报道等方式反映警务工作状态，主动发布有关交通、户政、出入境等群众关注事宜的服务类信息及便民利民措施；对网民反映的突出情况件件回复、认真解决，"平安北京"实行每天24小时运行、专人职守，对于网民的咨询随时回复、反映的问题及时解决，一年来"平安北京"通过以上方式解答网民咨询近2万次，日均约50件；[①]针对网络热点议题及时做好舆情引导工作，针对民谣传言等不实的案件信息，及时核实、快速回应，避除谣言；报道公安民警的先进事例和好人好事，宣传公安队伍的形象等。

3. 规范公安微博的管理

在组织领导方面，各级公安机关应加强对公安微博的组织领导。成立公共关系部门，一把手要亲自推进微博在公安机关工作中的运用。正如北京市公安局即成立了"公共关系领导小组"及领导小组办公室，负责进行警民互动、警队形象建设、涉警危机、公关等公共关系建设，由局长担任组长，开设"平安北京"微博与意见领袖网民进行交流互动。[②]

4. 促进各地公安微博联动协作

公安微博实践中，各警种之间、各地警方之间联动的瓶颈问题制约着公安微博的发展。因此有必要加强警务合作，建立公安微博与公安应急指挥中心的纵向联动机制，以及地方公安机关微博的横向联动机制，加强全国公安微博之间的联动协作，实行资源共享，形成公安微博联动合力。

参考文献

［1］ 孟建柱要求超前谋划掌握主动创新机制 提高社会管理科学化水平扎实做好各项工作［EB/OL］.［2011 - 03 - 17］.

［2］ 广东公安微博群"很给力"［EB/OL］.［2011 - 09 - 22］.

［3］ 屈涛. 新媒体在公共行政实践中的运用：以公安微博为例［J］. 东南传媒，2011 年第 5 期.

---

① 公安微博大会图文直播［EB/OL］.［2011 - 09 - 26］. http://z.t.qq.com/zt2011/gawbdh/.

② 甘浩. 北京市公安局成立"公共关系领导小组" 局长挂帅［N］. 新京报，2010 - 07 - 14.

［4］ 侯莎莎."平安北京"微博粉丝突破 200 万[N].北京日报,2011－11－29.

［5］ 刘昊,孙超逸.全国政务微博北京开得最多 "平安北京"成"最牛官微"[N].北京日报,2011－12－13.

［6］ 政府部门热衷开微博 "平安北京"粉丝超百万[EB/OL].[2011－04－14].

［7］ 孟建柱《求是》撰文:用好网络平台 提高群众工作能力[EB/OL].[2009－12－01].

［8］ 武和平著.打开天窗说亮话——新闻发言人眼中的突发事件[M].人民出版社,2012(1).

［9］ 贺涵甫,李媛.《2010 年中国微博年度报告》发布 全国微博用户超 1.2 亿[N].广州日报,2010－12－29.

［10］ 孟建柱:解放思想勇于探索 积极推进社会管理创新[EB/OL].

［11］ 孟建柱:注重科技应用和机制创新 提升公安机关的能力水平[EB/OL].

［12］ 闵政,武忞.把脉公安微博:前景广阔 方兴未艾[N].人民公安报,2011－10－09.

［13］ 谭志勇.北京市公安局成立"公共关系领导小组" 局长挂帅[N].新京报,2010－07－14.

［14］ 新华社"中国网事"记者.学"说话"听"拍砖":公安微博冲击波[EB/OL].[2010－08－23].

［15］ 赵柏恋茹,厉俊强.平安北京:百万粉丝背后的故事[N].人民公安报,2011－08－11.

［16］ 余荣华."平安北京"爱办实事[N].人民日报,2011－09－07.

［17］ 闵政,武忞.公安部召开微博实践前景研讨会 建构特色微博群[N].人民公安报,2011－10－09.

［18］ 武浩.试论民生警务视野下的公安微博运用[J].网络安全技术与应用,2012 年第 1 期.

［19］ 张菲菲,王馨恬."平安北京":首都公安新名片[N].人民日报海外版,2010－08－11.

［20］ 谭志勇."平安北京"成立粉丝挑刺专家团[N].人民公安报,2011－04－17.

［21］ 郭晓乐."平安北京"全程直播试验破解"鸡蛋玻璃水"谣言[N].京华时报,2010－12－16.

［22］ 展明辉,甘浩,薛珺.北京东直门来福士广场老人商场坠亡微博误传枪击[N].新京报,2011－02－19.

［23］ "北京地铁 10 号线女乘客被迷晕"系网络谣言[EB/OL].[2011－07－12].

［24］ 微博谣传"一孩子眼角膜被摘""平安北京"辟谣 [EB/OL].[2012－03－29].

［25］ 北京公安发布警察跳舞视频 警花叉腰下台阶(图)[EB/OL].[2011－02－18].

［26］ 孙晓伟.网友微博直播自杀过程惊动公安 被疑作秀(图)[N].山东商报,2010－08－29.

［27］ 碧波,周洁."小办法"对弈"大问题"[EB/OL].[2011－10－10].

［28］ 李显峰,郝涛.女模微博直播自杀 "平安北京"救援助其脱险[N].北京晨报,2011－10－24.

［29］ 黄明副部长在"公安微博:实践与前景"研讨会上的讲话[EB/OL].[2011－09－26].

［30］ 赵红.政务微博如何做到"不失位、不错位、不越位[EB/OL].[2012－03－23].

［31］ 公安部:把公安微博建设成警务公开新平台[EB/OL].[2011－09－27].

［32］ 公安微博大会图文直播[EB/OL].[2011－09－26].

［33］ 甘浩.北京市公安局成立"公共关系领导小组" 局长挂帅[N].新京报,2010－07－14.

［34］ 刘劲青.公安微博问政与社会管理创新[J].湖南警察学院学报,2011 年第 4 期.

［35］ 刘晓彬.公安微博发展面临的问题及应对思考[J].江西警察学院学报,2011 年第 5 期.

［36］ 公安部提出构建公安微博群 实现运行常态化管理[EB/OL].[2011－09－27].

新媒体时代下的科普传播

韩元佳

中国人民大学经济学院

摘要：本文通过介绍新媒体时代下科普传播的特点，形态和发展趋势，肯定了新媒体的科普传播价值。同时，分析了新媒体时代下科普传播过程中面临的挑战和对策，讨论了新媒体时代下的科普传播方向。对于提高科普传播水平，加强国家科普能力建设具有一定的现实意义。

关键词：新媒体，传播学，科普传播。

一、新媒体时代下的科普传播价值讨论

相对于传统的科普传播方式，新媒体时代凭借进步的信息技术和丰富的媒体形态使得科普传播过程更顺畅，传播效率更高，传播效果更好。

1. 新媒体时代下的科普传播特点

新媒体时代下的科普传播具备传播速度快，传播面广，互动性强等特点。

（1）传播速度快。相对于传统媒体如电视、广播冗长的审批环节和复杂的制作过程，互联网的出现使得信息的传播实现了鼠标轻轻一点，即时完成图文的传送和接受。同时，相对于传统的电视、广播、报刊受播出时间，播出频次和版面的限制，新媒体时代下的科普传播不仅可以实现信息传播的及时性，更可以方便读者随时随地的查找相关的科普知识。即使错过了信息传播的第一时间，也可以很方便的通过搜索引擎寻找相关科普信息，更有利于读者了解和掌握科普知识。

（2）传播面广。互联网的到来使得信息传播超越了空间的限制。一方面，科普传播机构可以突破空间限制宣传科普知识，介绍科普方法，推广科普应用，使得科普的影响最大化。另一方面，科普传播机构在传播科普知识时也可以利用互联网的资源优势和其他国家地区的科普机构进行交流互动，学习借鉴，提高科普传播的质量。

（3）互动性强。在传统的传播方式中，科普传播过程是一个一对一或一对多的单向过程。科普机构通过电视、广播、报刊传播消息，读者看到、听到、读到信息，传播过程即完结，传播效果则难以衡量，同时存在滞后性。在新媒体时代下，科普传播的内容和效果可以得到网民的即时反馈。网民之间、网民与科普机构之间可以实现随时交流和沟通。科普机构可以及时了解科普传播效果，获悉群众科普需求，主动调整和完善科普传播内

容,更加准确的引导科普传播方向。

2. 新媒体时代下的科普传播形态

根据中国互联网络研究中心(CNNIC)2012年1月公布的《第29次中国互联网络发展状况统计报告》,截至2011年12月底,中国网民规模突破5亿,达到5.13亿,全年新增网民5580万。互联网普及率较上年底提升4个百分点,达到38.3%。中国手机网民规模达到3.56亿,占整体网民比例为69.3%,较上年底增长5285万人。2011年,网民平均每周上网时长为18.7个小时,较2010年同期增加0.4小时。截至2011年12月底,我国微博用户数达到2.5亿,较上一年底增长了296.0%,网民使用率为48.7%。①

(1)网络应用。网络应用是新媒体中最基本的传播形态。如今,各大科普机构都拥有其官方网站,介绍科普知识,宣传科普活动,分享科普心得。上至国家科技部、省市级科委等相关部门,下至科学技馆、天文馆、博物馆等科普机构,都利用互联网发布相关政策法规,宣传科普知识,实现科普传播电子化。

(2)微博客。微博,即微博客(Micro Blog)的简称,是一个基于用户关系的信息分享、传播以及获取平台,用户可以通过WEB、WAP以及各种客户端组件个人社区,以140字左右的文字更新信息,并实现即时分享。②

微博客相对于其他新媒体,其传播方式呈现出裂变式的特点,传播速度呈几何级。以"科技北京官方微博"为例,可以说明这种裂变式的传播方式和其强大的影响力。科技北京官方微博是北京市科学技术委员会的官方微博,在新浪微博平台发布科技动态和相关科普活动。假设该微博拥有粉丝A、B、C(粉丝,即关注此微博的人。博主发布的更新会在其粉丝主页自动显示),当其发布一条科普微博时,这条信息即时的传递到A、B、C那里,形成了一对多的传播。如果B认为这条消息没有价值,则传播到此终止。如果A和C认为这条科普知识有价值,可以通过转发的方式传递给更多的人。A和C的"粉丝"也会看到这条转发过来的信息,同样获得了这条科普知识,并且可以传递给更多的人,如此循环往复。通过A和C的转发,形成了多对多的传播,从而使这条科普信息完成了一对多的传播,最大限度的扩大了信息的影响力。

(3)移动互联网。移动互联网的发展加速了网络传播的速度,真正做到了随时随地传播,突破了时间和空间的限制。

例如甲在参观完中国科技馆的实体展览后,认为很有收获,便可通过分享信息到短信平台,手机上网,手机上微博等方式传播科普信息。LBS技术的发展(Location based service,译为地理社交手机GPS技术),还可以使甲通过位置分享,吸引在附近的群众来到活动现场,直接获得科普信息。加入真实的地理因素(Where)和时间后(When),信息

① 中国互联网络研究中心(CNNIC).第29次中国互联网络发展状况统计报告[R]2012.01:28—30.
② 百度百科.微博词释[OL].http://baike.baidu.com/view/1567099.html.

的传播更好的丰富了哈罗德·拉斯韦尔《社会传播的结构与功能》5W 模式。由于地理因素是客观真实的,因此在某种程度上,科普的传播内容更具备真实性和可信性。

3. 新媒体时代下的科普传播趋势

2010 年 11 月 25 日公布的第八次中国公民科学素养调查结果发布显示,电视和报纸仍然是我国公民获取科技住处的主要渠道,排名在前四位的公民获取科技信息渠道的利用比例依次为:电视(87.53%)、报纸(59.12%)、与人交谈(42.98%)、互联网(26.61%)。其中,对于互联网渠道,公民利用的比例比 2007 年 10.74% 提高了近 16 个百分点。

(1)新媒体时代下互联网科普传播比例逐渐提高。鉴于新媒体的灵活性和成本低廉型,互联网传播科普的比例会不断提高。互联网的每一次技术革命不仅提高了互联网产业自身的发展,更对科普传播具有强劲的辐射作用。即时通信工具、博客、微博客、论坛、SNS、电子邮件、移动互联网都可以是科普传播的媒介。

(2)融媒时代更有利于科普传播。新媒体的出现给传统媒体带来了极大的挑战。但这并不意味着新媒体会取代旧媒体。新旧媒体在竞争中寻求合作,利用自身的竞争优势结合对方的特色,共同繁荣发展,不仅是媒体发展的趋势,也是科普传播的趋势。一方面,旧媒体拥有忠诚的受众群体,公信力和权威性,并在科普传播形式上更直观,传播内容上更具深度。另一方面,新媒体灵活,多样的传播模式和迅捷的传播速度使得科普传播更方便,更快速。两者的结合将更有利于科普传播。传统媒体可以采取与互联网结合的形式,即在互联网上宣传节目信息,或者采用视频同步直播、下载的方式,达到更好的传播效果。

二、新媒体时代下科普传播面临的挑战和对策

新媒体时代为科普传播提供了更广阔的平台和更创新的技术手段,但是新媒体时代的科普传播仍然面临着挑战。

1. 理论建设亟需完善

从印刷术出现之前的个人媒体到网络媒体、手机媒体,传播学的发展不仅仅是媒体物理层面的演变,更是传播方式的深层变革。计算机技术革命的到来,使得各种新型媒体井喷式发展;信息风暴的出现,使得大众获得信息前所未有的便利,但也面临前所未有的困惑。加强科普传播的理论建设,不仅是学术领域的创新,对于社会传播实践同样具有重大的指导意义。依据科普传播的目标、方向、特点,传播学理论建设需要不断深入和完善,更好的服务于科普传播实践。

2. 建立健全法律法规

为了实施科教兴国战略和可持续发展战略,加强科学技术普及工作,提高公民的科学文化素质,推动经济发展和社会进步,2002 年我国公布了《中华人民共和国科学技术普及法》,将科普工作上升到法律层面。新媒体时代下,国家越来越重视网络安全管理,发布了一系列的法律法规,例如《互联网信息服务管理办法》、《互联网电子公告服务管理规定》、《北京市微博客发展管理若干规定》等,使得新媒体在进行科普传播时更科学、更规范。

3. 重视信息导向作用

如何提高网络信息公信力一直是学者、研究机构关注的课题。科普传播的本质是提高公民的科学素质,因此,对于科普传播的内容需要严格把关。个人博客,微博,论坛等新媒体在进行科普传播时,由于人对科学信息的认知具有导向偏离的可能,因此要注意个体主观性衍生的信息导向问题。同时,要注意知识产权保护,保护科学工作者的科研成果。国外的科学博客多以群博形式出现,借用群体智慧对信息进行整合处理,从一定程度上避免了个体主观性可能带来的信息导向偏颇,值得我们学习借鉴。

三、新媒体时代下的科普传播方向

《全民科学素质行动计划纲要》中指出,到 2020 年,科学技术教育、传播与普及有长足发展,形成比较完善的公民科学素质建设的组织实施、基础设施、条件保障、监测评估等体系,公民科学素质在整体上有大幅度的提高,达到世界主要发达国家 21 世纪初的水平。① 为了实现这一目标,提高新媒体时代下的科普传播能力,调整科普传播方式,加强科普传播的内容建设,对提高公民科学素质,提高国家自主创新能力、建设创新型国家、实现经济社会全面协调可持续发展、构建社会主义和谐社会,都具有十分重要的意义。

1. 注重未成年人教育

邓小平指出:"教育要面向现代化,面向世界,面向未来。"新媒体时代下,学校可以通过电子多媒体教学方式,提高教学效果和趣味性。引导未成年人学习计算机知识,合理、正确的运用互联网获取科学信息,进行科学课题研究。同时,针对未成年人的特点,打造适合未成年人观看的科普节目,如《蓝猫淘气 3000 问》科普动画片。电子书、有声读物的出现更好地增强了科普书籍的趣味性。试想,当未成年人的 MP3 播出内容从摇滚音乐变成《十万个为什么》的有声读物,越来越多的年轻人像《生活大爆炸》里面的科学家们在

---

① 国务院. 全民科学素质行动计划纲要(2006—2010—2020)[M].北京:人民出版社,2006.

咖啡馆聊进化论,在地铁里聊量子力学而不被当成怪物时的情景。民间科普组织"科学松鼠会"一直有一个目标——"让科学流行起来",这也是广大科普工作者和传媒工作者的心声。

2. 注重农民科学教育

提高我国的公民科学素养,需要特别重视面向农民宣传科学发展观,在广大农村行成讲科学、爱科学、学科学、用科学的良好风尚,促进社会主义新农村建设。一方面,政府需要提高农村的科技基础设施建设和农村的科学教育培训。另一方面,农民可以利用新媒体,学习科学知识,实现自身科学素质的提高。越来越多的农民学会运用电子商务平台出售农产品,实现直接的经济利益。微博上"解救新疆土豆"等行动不仅帮助农民解决了燃眉之急,也刺激他们学习科学知识,运用新媒体实现经济效益。

3. 新媒体时代下大力发挥主体科普作用

提升公民的科学素质,科普主体发挥着重要作用。政府通过公布科普产业政策,电子政务办公,实现政府对科普的推动力。科技团体通过微博,互联网介绍科普活动,实现科普活动的线上线下结合。大学和科研机构通过数字图书馆,方便公民学习科普知识。企业利用自身优势,在某些特定领域承担科普职能,如索尼探梦科技馆和其相关微博,都对科普传播发挥了积极作用。

参考文献

[1] 中国科协信息中心. 第八次中国公民科学素养调查结果发布[Z]. 2010.
[2] 国务院. 全民科学素质行动计划纲要(2006—2010—2020)[M]. 北京:人民出版社,2006.1—13.
[3] 科技部,教育部,中国科协等. 关于加强国家科普能力建设的若干意见[Z]. 2007.
[4] 中华人民共和国科学技术普及法释义[M]. 北京:科学普及出版社,2002.4—11.
[5] 石磊. 新媒体概论[M]. 中国传媒大学出版社,2009-10-1:(2).
[6] 曲彬赫 冷盈盈. 新媒体时代的科普信息传播[J]. 科协论坛,2011(3):46—48.
[7] 郭晶. 新媒体环境下的科普出版[J]. 科技与出版,2009(2):6—7.
[8] 唐蓉蓉. 科学博客的传播要素及传播功能研究[D]. 中国科学技术大学,2009.
[9] 丁霞. 我国科学技术普及实施的路径研究[D]. 武汉理工大学,2009.
[10] 李立波. 媒介融合建设科技多媒体传播平台[J]. 科技传播,2012.2(下):205—207.

新媒体与分层式科普教育

万　能

贵州省信息技术创新服务中心

摘要：随着科学技术的迅猛发展，大量新兴媒体接踵进入青少年的生活。传统的传播形式逐渐被新媒体所取代，新媒体已经覆盖了社会的每个角落。电视、计算机、互联网、手机流媒体逐渐取代传统的报纸、书刊，成为信息的主要传播方式。媒体传播方式的更新换代，使青少年的科普教育媒体使用与内容选择更具个性化、更加多元化。可针对不同层次、不同年龄段推出相应由新媒体制作的各种更加生动活泼的数字科普教育势必更能吸引广大青少年，使未成年人的科普教育步入传播新阶段。

关键词：新媒体，分层，教育。

在科技创新这一源动力的推动下，科普教育传播手段也随着科技的进步发生了深远的变革。伴随着科学技术的发展，人类用以交流的媒体也在不断地发生变化，而媒体的变化进一步推动了科普教育传播的速度与广度。新媒体技术的发展对我国科普传播产生了重大的影响，这使我们有必要进一步探索新媒体对青少年科普教育传播的影响，更好地实现当代及未来科普知识的传播与发展。

一、新媒体创造机遇

新媒体（New media）概念是 1967 年由美国哥伦比亚广播电视网（CBS）技术研究所所长戈尔德马克（P. Goldmark）率先提出的。新媒体是相对于传统媒体而言的，是报刊、广播、电视等传统媒体以后发展起来的新的媒体形态，是利用数字技术、网络技术、移动技术，通过互联网、无线通信网、卫星等渠道以及电脑、手机、数字电视机等终端，向用户提供信息和娱乐服务的传播形态和媒体形态。严格来说，新媒体应该称为数字化媒体，如数字杂志、数字报纸、数字广播、手机短信、移动电视、网络、桌面视窗、数字电视、数字电影、触摸媒体等。

数字化的特性使数字媒体制作的科普更加能够迎合青少年休闲娱乐时间零碎化的需求（由于学习与生活节奏的加快，青少年的休闲时间呈现出碎片化倾向）。借助于新媒体的科普教育能满足各层次青少年随时随地地互动性表达、娱乐与信息需要，青少年使用新媒体的目的性与选择的主动性更强。

1．手机媒体

手机媒体，是以手机为视听终端、手机上网为平台的个性化信息传播载体，它是以大众为传播目标，以定向为传播效果，以互动为传播应用的大众传播媒介。手机媒体作为互联网与无线通信融合的产物，由于其具有便携性、即时性的优势，集个性化和互动化于一身，成为重要的人际传播方式。手机报、手机广播、手机电视等手机媒体的问世，成为人们现代生活中一道新的风景线，多种宽带无线技术并存，无线通信已经渗透到青少年日常生活以及社会的方方面面，提供无处不在的最佳服务。

2．IPTV

IPTV 即交互式网络电视，是一种利用宽带有线电视网，集互联网、多媒体、通讯等多种技术于一体；向家庭用户提供包括数字电视在内的多种交互式服务的崭新技术。用户在家中可以有两种方式享受 IPTV 服务：（1）计算机（2）网络机顶盒＋普通电视机。它能够很好地适应当今网络飞速发展的趋势，充分有效地利用网络资源。IPTV 既不同于传统的模拟式有线电视，也不同于经典的数字电视。因为，传统的和经典的数字电视都具有频分制、定时、单向广播等特点；尽管经典的数字电视相对于模拟电视有许多技术革新；但只是信号形式的改变；而没有触及媒体内容的传播方式。互动性是 IPTV 的重要特征之一，IPTV 用户不再是被动的信息接受者，可以根据需要有选择地收视节目内容。

3．博客

博客，又译为网络日志、部落格或部落阁等，是一种通常由个人管理、不定期张贴新的文章的网站。博客上的文章通常根据张贴时间，以倒序方式由新到旧排列。许多博客专注在特定的课题上提供评论或新闻，其他则被作为比较个人的日记。一个典型的博客结合了文字、图像、其他博客或网站的链接、及其它与主题相关的媒体。能够让读者以互动的方式留下意见，是许多博客的重要要素。大部分的博客内容以文字为主，仍有一些博客专注在艺术、摄影、视频、音乐、播客等各种主题。博客是社会媒体网络的一部分。

4．播客

播客 Podcast，中文译名尚未统一，但最多的是将其翻译为"播客"。播客是 iPod＋broadcasting。它是数字广播技术的一种，出现初期借助一个叫"iPodder"的软件与一些便携播放器相结合而实现。Podcasting 录制的是网络广播或类似的网络声讯节目，网友可将网上的广播节目下载到自己的 iPod、MP3 播放器或其它便携式数码声讯播放器中随身收听，不必端坐电脑前，也不必实时收听，享受随时随地的自由。更有意义的是，你还可以自己制作声音节目，并将其上传到网上与广大网友分享。

二、分层式科普教育

科技兴邦、人人有责。结合党中央文化事业大发展大繁荣的战略部署,融合科技与文化教育,让未成年人成为科普教育的主力阵地,积极倡导未成年人科学、健康的生活方针,让科学知识普及形成分层递进式的发展,逐渐打造一个"爱科学、学科学、讲科学、用科学"的良好氛围。

1. 科普分层

分层式科普教育的提出是基于"以人为本",面向青少年素质提高,是从根本上贯彻"全民科学素质行动计划纲要"。每个人的的素质由身体素质、心理素质、科学文化素质、思想道德素质、能力素质和审美素质等组成。不同素质的青少年需要的科普知识是不同的,应针对不同层次的青少年传授相应的他们所需要的科普知识,有针对性地进行普及。而普及的方式不仅仅限于传统的书本教育,更可以利用青少年所熟知的手机媒体、博客等新媒体。

在分层教育中注重科学探究,引导学生自主学习,形成一种观察、研究、创新的习惯和理念,这是从根本上提高中华民族的创新精神和创新能力。引导学生关注社会,重视能源环境、生态,培养人与人之间的合作,这是一项从儿童抓起,构建和谐社会的根本大计出发。根据教育学中提出的因材施教的教育指导理念有针对性地传授科普知识。

科普分层教育从幼儿、青少年的培养开始,逐渐提升到各学龄段,在学习过程中结合教师教学、科普网站推广、综合实践活动等,重视学生创新精神、科学思维方法和科学学习能力的培养,为幼儿、青少年打造科学童年,使他们能正确认识科学、利用科学、发展科学,让科普教育内容逐层拔高,形成学习链,从而达到科学知识全面普及的终极目标。

2. 制作科普动漫作品,打造全新的育儿体系

新媒体技术引入学校,运用于教学,可以逐步改变传统的老师教、学生听的填鸭式的教学方式。教师的知识传授者角色日益淡化,学生更多地是自主学习。学校在大量使用新媒体技术的环境下,政府研究机构、大学等开发的各种科普教育资源借助新媒体更方便地进入学校,学生的科学学习内容和方式也会更加科普化、人性化。

科普动漫是随着新媒体的出现而将将科普的教育目的和动漫的艺术表现形式结合起来的新型艺术种类。科普动漫一个很大的特点就是强调作品的趣味性、审美特性,以及娱乐性。科普教育拥有丰富的表现形式如文字、图片、声音、影像、动漫。但是在各种载体中,动漫以其强烈的感染性成为大众容易接受的艺术形式之一,科普动漫作品的教育功能不可忽视。在幼儿教育中,由于幼儿的思维是形象的,对于抽象的概念或知识往往不易理解,因此在教学过程中,抽象的重难点往往很不容易突破。但是如果将数字技

术运用到教学中，我们可以利用数字技术自身的优势，把认识的对象由抽象的个体变为具体的实物，把原来较为生疏、难以理解的学习内容转化为图文并茂、生动形象、具体可观的事物，从而使教学重、难点得到突破。例如：在进行幼儿园大班科学活动课《水的三态变化》时，我们可以利用数字媒体制作相应动漫课件，使幼儿可以看到水从高山上流下来，听到隆隆的水声，然后形成小溪，涓涓汇入江河，流入大海，美丽的大海在太阳的照射下，小水滴慢慢地离开了水面，升入空中，变成了云，云越来越低，又变成了雪落到了高山上形成了冰。通过集图、文、声、像于一体的、生动形象的数字课件，快速地突破了本活动的重难点，幼儿也很容易地掌握了水的三态变化。课后还可以将课件发到幼儿家长的手机上，幼儿在外郊游时根据课件所描述的内容拿着手机适时的向家长讲解，这不仅提高了幼儿学习新知识的兴趣、锻炼了他们的表达能力，更是使他们所学知识在实践中得到确认，为进一步学习打下坚实的理论和实践基础。

动漫是深受青少年喜爱的表现形式。利用具有科普教育意义的作品占领校园动漫，用青少年喜闻乐见的动漫形式来表达各层次科普内容，使学生在娱乐的同时学习了科普知识。通过与科普的结合，动漫创作将更加符合社会知识传播的属性，开拓发展新的创作空间。而科普通过与动漫与新媒体的结合，可以使科普真正做到适时学习，寓教于乐。

科普动漫人才的难点在于做动漫的人缺乏对科学知识的准确理解和表达，然而从事科学普及的人又并不了解动漫这种表现方式。这使得专业从事科普动漫创作的少之又少。动漫制作团队的综合素质又直接影响动漫的质量，我们进而对动漫人才人的配养提出了要求。动漫人才的培养，仅靠高校是不够的，学校本身也必须承担人才培养的任务，通过建立产、学、研合作体系，形成人才培养的有效机制。

3. 在幼儿园、小学、初高中定期开展科技活动

每个年龄阶段的青少年具有各自的特征，定期在学校组织科技活动可以调动学生学习知识的主动性，让他们在把理论知识转化为实际科技作品的过程中更加深刻理解和掌握相关理论知识。例如，华盛顿大学为帮助中小学生的科学学习，专门开发了一系列虚拟现实演示项目用于课堂教学，它还帮助学生自己动手设计虚拟生态环境等虚拟现实作品，不仅提高了学生对科学工作的兴趣，而且还培养了学生的独立思考能力。这不仅让学生们能生动快乐的理解科学的意义，更能使科技活动成为媒体教学的延续，让知识得到具体实践，并让科技主题与其他学科文化相结合，丰富教学内容，加强教学效果。

三、总结

新中国的科普事业历经 60 多年风风雨雨，为新中国的社会经济发展、公众科学素养提高、精神文明建设做出不可磨灭的贡献。伴随着以互联网为主体的新媒体的广泛应用，社会正在进入一个广泛使用新媒体传播科普的时代，新媒体传播已渗入到青少年生

活的方方面面,对青少年的学习、青少年的生活、青少年的价值观念甚至他们的思维方式都产生了强烈的冲击。我们在做好传统科普工作的同时,必须要进行科普手段、科普创作与科普内容方面的创新实践,迅速分层占领青少年科普宣传的新阵地,做好新媒体科普的创新发展工作。

参考文献

［1］ 吴祖仁.以科学发展观迎接 2007[J].物理通报,2007.

［2］ 陈磊.日本动漫产业优势分析[J].传媒,2008,(3).

［3］ 庞井君,陈共德,方德运.中国动漫产业自主创新实现路径与政策机制[J].视听界,2006,(6).

［4］ 罗子欣,黄寰等.天涯咫尺:3G改变我们的生活[M].山东教育出版社,2010.

浅析微博在消防科普教育中的应用

夏建军　　傅学成　　赵力增

公安部天津消防研究所

摘要： 首先,本文介绍了我国消防科普教育的政策和媒体概况;然后,对传统媒体和网络媒体在消防科普教育中的应用进行了对比;最后,结合"南京市公安消防局"微博实例分析了微博在消防科普教育中的应用特点和不足。总结指出,微博在消防科普教育中具有传播方式多样、互动性高和传播内容丰富、个性化强的特点,通过实名认证和执法监管可以提高微博的专业性和权威性,通过多种媒体的协同配合可以弥补碎片化阅读的不足,进而更好地发挥微博对消防科普教育的推动作用。

关键字： 消防,科普,微博,碎片化。

一、传统媒体和网络媒体在消防科普教育中的应用

1. 消防科普教育与科普系统

消防科普教育是在进行理论研究、技术开发、实践检验的基础上,采取教育、宣传、培训等手段,利用多种媒体载体普及推广消防知识、消防理论、消防技术,提高人们防灾自救的意识、加强人们抵御事故的能力。我国的消防科普教育主要通过全民性的大型活动展开,如科普宣传周、消防安全宣传周等。传统媒体主要包括平面媒体和电波媒体,随着网络技术和手机通讯的发展,消防科普教育拓展到了 BBS 论坛、即时通讯、博客和微博上,从而大大加快了科普系统的结构调整[5]。

科普系统的结构和消防科普教育的过程密切相关,科普系统的核心部分是科普源(知识源系统)、科普流(科普过程系统)和科普库(社会公众系统)。科普源主要针对科学家共同体,包括科学知识、科学方法、科学精神和科学思想,对应着消防工作者及其进行的消防研究。科普流主要针对科普工作者,包括科普载体、途径、手段、方式和情景等,对应着消防科普工作者利用多种媒体进行的科普宣传。科普库主要针对广大公众,包括公众的科学素养、能力、思想、道德、观念、信念等,对应着公众的消防思想及防灾能力。对于科普系统,传统媒体和网络媒体的主要差别在科普源与科普库之间的联系上,传统媒体中科普源与科普库主要依靠科普流进行联系,二者间很少有直接的关联(参见图1左),而网络媒体则借助于通讯平台有效地保障了科普源与科普库的直接沟通,大大促进了读者与作者的互相交流(参见图1右)。

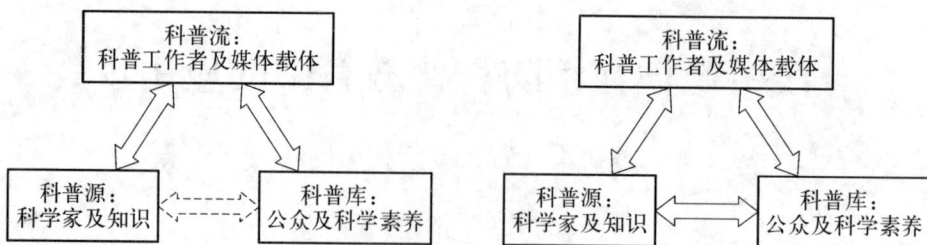

图1 传统媒体(左)与网络媒体(右)的科普系统比较

2.传统媒体和网络媒体的应用特点对比

随着网络技术和通讯技术的迅速发展,网络媒体的影响力已逐渐超过了平面媒体和电波媒体,成为人们获取信息的最主要方式(图2)。和传统媒体相比,网络媒体在传播方式和传播内容上有着自己的特点。

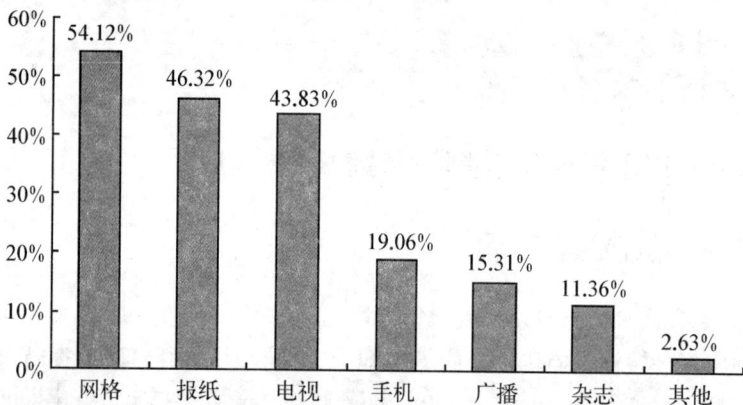

图2 2012年4月第三届《人民日报》"获取信息方式"的调研结果

传统媒体主要借助于文字(书籍、报纸、杂志)或影音(电视、广播)推广科普信息,传播方式比较单一,比如书籍主要依靠文字和图片,而电视则主要依靠视频和声音。同时,传统媒体的传播过程为单向性传播。以报纸为例,首先报社与消防行业的专家进行约稿,然后专家根据约定主题撰写论文,最后论文经过审批后登报见刊。在这个过程中作者和读者的互动性很差、交流有限。由于科普作品的科普源多为消防领域的专家,而且作品还要经过编辑的审查,因此科普作品的专业性和权威性都很强。在约稿撰写的过程中,考虑到大众化的受众主体,科普作品将严格遵循着主题,因此作品的个性化有所欠缺。

网络媒体则不再单独依靠文字或影音,而是以多种媒体协同配合的方式宣传科普,传播过程中的互动性很高。以博客为例,博主不受主题的限制根据兴趣直接撰写博客,博文内容含有文字、图片、视频等,经过简单的审查后发表在博客网站上,读者看读完博文可以直接与作者留言沟通。在该过程中,科普源不再局限于消防行业的专家、教授,还包括相关行业的各类人员,如武警战士、在校学生、企业技术人员等,进而保证了科普作品的多样性。因此,在博客上既可以看到《农村消防何处去》等侧重于应用的文章,也可以看到《消防设计缺陷》等侧重于理论的文章[6]。同时,由于留言板搭建的沟通平台十分便捷,作者和读者的互动性得以大大加强。不足之处在于,由于科普源中作者水平的参差不齐,相关的审查不甚严格,没有规定的主题限制,所以科普作品的专业性和权威性较差。

总之,和传统媒体相比,网络媒体传播方式多样、互动性较高,传播内容丰富、个性化很强,可以效地推动消防科普教育的进程,不足之处在于其专业性和权威性较差。

二、微博在消防科普教育中的应用

1. 微博发展历史及其特点

微博是一种通过关注机制分享简短实时信息的广播式的社交网络平台。2006 年 3 月 21 日,威廉姆斯在传统博客的基础上推出了 Odeo 内部项目 Twitter。2007 年 4 月 14 日,带有微博色彩的人型网站叽歪上线,同年推出的还有饭否网、腾讯滔滔等。2009 年 8 月 28 日,新浪微博告别内测并正式推出。2011 年 4 月 1 日,腾讯微博上线,至此中国四大门户网站均已开设微博。2012 年初,新浪微博的注册用户突破了 3 亿,成为中国最大的微博网站[7]。

由表 1 可知,和其他类型的网络媒体相比,微博兼具即时通讯的个体性和即时性、博客的个人信息发布和分享性、BBS 论坛的话题讨论性,同时具有一定的人际关系纽带性。作为网络媒体的重要组成部分,微博具有短小、便捷、及时三大特点。首先,微博的内容被限定为 140 字左右,因此微博的编写不需要精心准备和构思,和博客相比门槛很低。第二,微博可以广泛分布在桌面、浏览器、移动终端等多个平台上,因此使用起来十分便捷,同时微群等拓展功能可以进一步丰富微博的交流。第三,微博的即时通讯功能十分强大,通过 QQ、MSN 等即时消息或者手机短信可以随时随地发表微博,具有很强的现场感。

表 1　　　　Twitter 和其他类型网络媒体的性能比较(最高 5 分)

类　　型	传　播	沟　通	媒　体	社　交	可延伸性
Email 电子邮箱	2	3	2	3	1
IM 即时通讯	2	5	2	3	4
BBS 电子公告板论坛	4	4	3	4	1
Blog 博客	3	2	4	1	2
Twitter 微博	5	2	4	4	5

2. 微博在消防科普教育中的应用

鉴于微博短小、便捷、及时的特点,公安部门十分注重微博的应用。利用网络或者手机客户端可以直接观看消防科普教育的微博,根据微博博主的"关注"和"被关注"进一步挖掘消防科普教育的共同爱好者,还可以参加热门微博、网络辩论等,进而有力地推动消防科普教育的进程。

在 2010 年全国公安厅局长会议上,公安部部长孟建柱同志强调,公安机关要善于借助网络微博等新型媒介搭建警民互动平台[8]。2010 年 9 月 1 日,舟山普陀消防大队入住新浪微博,受到广大网民的关注和欢迎。2010 年 2 月,内蒙古消防总队官方微博正式开通,随后 12 个蒙市的消防官兵微博在两个月后也相继开通,五个月内其固定受众突破了92.3 万人[9]。2011 年 8 月,"北京消防"微博正式开通,该微博由 4 名消防警官担任专职工作人员并实行 24 小时轮流值班制。在这些微博中,除了专职的消防部门,更有"山西消防常识科普员"、"甘肃消防科普使者"、重庆"消防科普"等针对消防科普教育的微博,以及"消防志愿团"、"黔南消防交流群"等微群。

在推动消防科普教育的过程中,微博具有一般网络媒体传播方式和传播内容上的优点。以"南京市公安消防局"为例,该微博是新浪微博人气最高的消防微博之一,共受到关注 125 个、发表微博 875 篇、拥有粉丝 149 245 人(统计时间截至 2012 年 4 月 17 日)。该微博除了文字之外,还有吸引人的漫画图片和动画视频,如图片"三访三评大走访"、视频"江苏省消防公益广告大赛作品展"等。此外,科普库中的读者还可以看到关注该微博的"清华消防"、该微博所关注的"平安南京"、该微博加入的"公安手机"微群等科普源,进而了解消防科普的整体动态。对于微博博主,读者可以通过"发私信"、"求关注"等方式进行沟通;而对于每篇博文,读者可以通过"转发"、"收藏"、"评论"等进行针对性交流;因此,科普源方面十分便利。总之,微博的传播方式多样、互动性高,而且传播内容丰富、个性化强。

微博的不足之处是其专业性和权威性有待提高,容易出现谣言和假新闻。例如2012 年 1 月流传了"湖南一鞭炮厂连环爆炸、三名消防官兵扑火中牺牲"微博谣言,对当地爆竹的生产和社会安定造成了不利的影响。对此,可以围绕"科普源、科普流和科普库"对微博采取实名认证和执法监管等措施。2011 年 12 月,北京市人民政府等制定了《北京市微博客发展管理若干规定》,指出"微博客用户必须进行真实身份信息注册后,才能使用发言功能"。该规定加强了对于科普作者的管理,保证了科普源的真实性。此外,引入微博认证机制可以为认证微博提供醒目的标志,提高微博的可信度。以"南京市公安消防局"微博为例,该微博拥有"V 字形"的认证标志,所发信息都会经过消防局的审批,进而保证了科普流的客观性。另外,还可以通过执法的形式进行监管,监督链式传播中的微博使用者,提高科普库中读者的科学素养。例如 2011 年 12 月甘肃一名男子微博散布火灾谣言,声称文县发生死亡 100 人的火灾事故,该微博经迅速转发后被证实为虚构言论,最终有关部门依据《中华人民共和国治安管理处罚法》对责任人实施了行政拘留。总之,微博的实名认证和执法监管保证了科普体系中的科普源、科普流和科普库的严谨有序,提高了微博中消防科普教育的专业性和权威性。

另一方面,我们也应该看到微博对消防科普教育带来的消极影响,其中最主要的是碎片化阅读。由于微博的字数很少,只有140个字,很容易导致微博信息的碎片化以及阅读的碎片化,从而影响读者的阅读习惯甚至阅读思维[10]。同时,如此短的信息通常难以解决消防科普教育中的复杂问题。对此,可以把复杂问题分解到多个微博进行阐释,也可以在微博中添加完整内容的链接补充说明(如博客网址或文章书籍等)。多种媒体的协同配合确保了微博进行消防科普的完整性,这也是当今微博发展的重要趋势。

参考文献

[1] 朱伟民. 公众消防科普教育问题及对策[J]. 安防科技,2011,11:57—58.

[2] Philip J. Handbook of Fire Protection Engineering[M]. National Fire Protection Association,2002:193-202.

[3] 范强强. 消防科普教育必须正本清源[J]. 新安全 东方消防,2011,3:60—62.

[4] 李天和. 论消防科普教育与国民安全素质[J]. 科技信息,2010,24:455—445.

[5] 王翔. 浅谈国家科普能力的建设[A]. 中国科普理论与实践探索——2009《全民科学素质行动计划纲要》论坛暨第十六届全国科普理论研讨会文集[C]. 北京市:中国科普研究所,2009.241—245.

[6] 杜兰萍. 火灾风险评估学方法与应用案例[M]. 北京:中国人民公安大学出版社,2011.203—207.

[7] 朱霍煊. 浅谈微博在消防宣传工作中的应用[J]. 大陆桥视野,2011,16:33—35.

[8] 任雅丽. 中国公安微博现状研究[J]. 图书情报工作,2012,56(3):18—22.

[9] 高智慧. 从微博效应解读消防宣传[J]. 消防技术与产品信息,2011,9:62—64.

[10] 祝华新,单学刚,胡江春. 2011年中国互联网舆情分析报告[R]. 北京:中国社会科学院社会学研究所、社会科学文献出版社,2011.

科技资源科普化

关于科技资源科普化的思考

任福君

中国科普研究所

摘要：简要介绍了相关概念及科技资源科普化的意义,分析了我国科技资源、科普资源的现状,提出了加强科技资源科普化的建议。

关键词：科技资源,科普资源,科普化。

科技资源的科普化就是将科技资源转化为科普资源的过程。这个过程是科技资源功能和作用的拓展与延伸,是其本身应用范围的扩大,并不影响其属性,但是却从根本上实现了科普资源的丰富和科普能力的提高。科技资源的科普化是丰富科普资源、加强科普能力建设的最重要途径之一,对我国科普事业发展有重要的推动作用。

一、我国科技资源的现状

对科技资源现状的分析应从两个方面考虑,一为学界对此问题的研究,二为客观情况。学界已经开展了对科技资源配置的研究,区域科技资源研究,科技资源政策研究,平台建设和具体措施研究,科技资源的整合、共享研究等。

目前我国的科技政策好,科技人力资源、科技财力资源、科技物力资源,科技信息资源及科技组织资源等都得到了长足的发展,已经积累了比较丰富的科技资源,如到2007年,我国的科技人力资源总量达到了4 200万人,已上升到国际首位。按《工程索引》数据库统计,2007年我国科技人员发表的期刊论文为7.82万篇,居世界第一。到2008年底我国网民数2.98亿,宽带网民数2.7亿,国家CN域名数1 357.2万。上网人数、宽带用户,以及网站域名三大指标稳居世界第一。手机上网用户1.17亿,农村网民规模达到8 460万。说明我国现有的科技资源已经为科普化奠定了基础。

二、我国科普资源的现状

调查表明,我国科普政策资源很好;科普队伍有所发展,但数量有限,素质不高,科普人力资源还不丰富,尤其是科普创作人员更缺;科普财力资源状况明显好转,但总体上看还很匮乏,科普经费仍然不足,而且地区之间差别很大,很不平衡;科普组织发展较快,但仍不健全且发展不平衡。

科普产品资源日益丰富,但总量有限,优质资源少;科普资源在数量、分布、种类、质量等方面都不平衡;科普资源整体上质量不高,综合利用率低;科普资源建设的计划性和有组织的开发力度不够,集成和共享程度较差,服务能力弱;科普资源在内容和方式上没有完全反映群众的实际科普需要;科普资源研究等基础工作比较弱。我国科普资源和科普能力建设还存在许多亟待解决的问题。

三、对科技资源科普化的建议

1. 加强研究工作

建议政府设专项全面开展相关调查研究工作,为大力推进科技资源科普化提供理论基础、政策依据和决策参考。

(1) 进一步加强对科技资源的基础理论、科技资源配置和区域科技资源、科技资源政策、平台建设等方面问题的研究;进一步加强对科普资源和科普能力建设的理论与实践研究,形成具有重要支撑作用的研究成果。

(2) 定时开展对科技资源和科普资源的专项调查研究工作,掌握我国现有科技资源和科普资源的类型、分布、质量、保存形式等基本情况,依据资源分布的特点,有选择性地进行全面普查,并对现有资源进行分析、筛选、整合,及时摸清家底,建立相关数据库,对我国的科技资源和科普资源进行动态管理,为实现科技资源的科普化提供科学依据。

(3) 开展对科普资源的需求调查研究。及时了解和研究未成年人、农民、城镇劳动人口、领导干部和公务员等重点人群的科普资源需求;研究少数民族、妇女、农民工、离退休人员、流动人群、残疾人、高级科技人员、科学教师、解放军和武警官兵的科普资源需求;研究科普工作者的科普资源需求;研究科普基础设施的科普资源需求;研究党和国家宣传对科普资源的需求以及研究科学教育对科普资源的需求等。只有了解科普资源的实际需求情况,才能有的放矢地开展科普资源建设特别是科技资源的科普化工作。

(4) 开展科技资源科普化的规律研究。应积极分析国际上科技资源科普化的做法和规律,针对我国的实际情况进行本土化研究,探索洋为中用的途径,并分析研究我国科技资源的科普化状况、方式、途径、手段、工作机制等,总结探索我国科技资源科普化的规律。

2. 建立支持科技资源科普化的政策法规体系

(1) 修订《科普法》并制定可操作性强的实施细则。把有关科技资源科普化的要求和鼓励支持措施通过法律形式明确提出来。

(2) 出台有关科技资源科普化方面的可操作性强的具体文件。

(3) 加大落实《关于加强国家科普能力建设的若干意见》等文件的力度,努力推进科技资源科普化进程。

(4) 在国家科技发展规划等相关文件中专门提出科技资源科普化的要求。

3. 建立科技资源科普化的激励机制和有效工作方式

(1) 建立全社会参与的科普资源共建共享体系。
(2) 设立科技资源科普化专项基金,同时加大各类科技投入中科普化资金的比重。
(3) 建立科技人员参与科普工作的激励机制。
(4) 在现有科技资源的基础上繁荣科普创作。
(5) 充分发挥好现有科技资源的科普功能,等等。

4. 以科普资源共建与共享为抓手,加速科技资源科普化进程

中国科协在这方面的一些做法值得借鉴。中国科协提出了建设好科普资源的五个服务平台,建立科协内部资源共建共享体制和机制,不断推进科普资源共建共享体系建设,建立科普资源开发、集成、集散的有效动员体系和高效使用科普资源的服务激励体系等一系列新思路。

一是以中国数字科技馆为基础资源网络平台,联合有关部门建设中国科普资源共建共享联合体。通过科普资源共建共享机制,解决资源隶属问题瓶颈,促进科技、教育等资源的科普化;争取国家财政投入支持新增科普资源的开发加工,集成存量、引导增量,分散建库、集中入库,网络连接、资源共享等。

二是加强部委间科普协作机制。与科技部等有关部门合作推进科普资源共建工作,联合开发科普资源,盘活科技资源的科普功能,实现科普化。并推动与中国科学院建立科普资源和科技传播战略协作关系,最大限度地实现已有科技资源的科普化。

三是繁荣科普创作和出版事业,加强科普资源研发能力建设,建立健全创作激励机制等。

总之,要切实采取有力措施,早日形成"政府主导、社会参与、共同建设、共同分享"的科技资源科普化局面。

参考文献

[1] 刘玲利.科技资源要素的内涵、分类及特征研究.情报杂志[J].2008,08,pp125—126.
[2] 周寄中.科技资源论[M].西安:陕西人民教育出版社,1999.
[3] 任福君.关于科普资源研究的思考.16届全国科普理论研讨会论文集[M].北京:科普出版社,2008,12.
[4] 任福君等.科普资源建设的理论与实践研究报告[M].2008,12.

开创首都科普工作新局面

朱世龙

北京市科委

摘要：北京市在"十一五"期间科普工作取得显著成效,科普能力建设显著增强、科普活动蓬勃发展、科普资源日益丰富、统筹协调机制初步形成。"十二五"时期,北京市在总结成效和经验的基础上,深入分析了当前科普工作面临的机遇和挑战,提出了科普工作的新思路和重点任务。本文阐述了北京市"十一五"期间科普工作取得的主要成效和"十二五"期间科普工作的主要思路、目标和重点任务。

关键词：首都,科普,成效,创新,思路。

近年来,北京市认真贯彻落实党中央、国务院有关决策部署,以提高全民科学素质为目标,以科普能力建设为重点,加强依法行政、优化政策环境,制定发展战略、强化规划引导,加大政府投入、引导社会资金,创新工作方式、丰富科普载体,为科技创新营造了宽松和谐、健康向上的创新文化氛围,为首都经济社会发展和科技创新提供了重要支撑,为建设"人文北京、科技北京、绿色北京"和中国特色世界城市奠定了坚实基础。

一、"十一五"时期科普工作情况

"十一五"时期,北京市认真执行《中华人民共和国科学技术普及法》、《国家中长期科学和技术发展规划纲要(2006—2020年)》及《北京市科学技术普及条例》,积极实施《全民科学素质行动计划纲要(2006—2010—2020)》,全市科普能力不断加强,市民科学素质日益提升。2010年,北京市公众科学素养达标率为10.0%。

1. 科普能力建设成效显著

"十一五"期间,全市新增中国科技馆新馆、中国电影博物馆、北京汽车博物馆等13所科技类场馆,500平方米以上的科普场馆面积由"十五"末的20万平方米增至31万平方米,每万人拥有科普场馆展示面积177.8平方米。全市大力推进科技应用示范社区、创新型科普社区建设,实施科普惠农兴村计划、社区科普益民计划,386个城乡社区获得资助,基层科普能力不断增强。科普宣传力度大幅提升,市属主流媒体均开设了固定科普栏目,广播电视科普节目的年播出时间由"十五"末的11 074小时增至17 280小时。

科普创作能力明显提高,我市出版科普图书种类约占全国的 30%,多部作品获得国家级市级奖励。

2. 科普活动蓬勃发展

"十一五"期间,全市围绕北京奥运会、新中国成立六十周年等重大事件及市委市政府确定的中心工作,针对公众对重点领域、重要科学问题的科普需求,精心组织了丰富多彩的科普活动。全市每年举办以"北京科技周"、"北京社科普及周"2 个经典科普活动、北京市学生科技节等 8 个受众型科普活动以及"5·18 博物馆日"等 10 个行业型科普活动为代表的市级科普活动 500 多项,年公众参与人数达上千万人次。活动覆盖不同人群、多个行业和全年 12 个月,形成了"行行有科普,月月有科普"的良好局面。

3. 科普资源日益丰富

"十一五"期间,全市充分挖掘、整合首都科普资源,科普经费年度筹集额由"十五"末的 10.5 亿元增至 17.8 亿元;科普专职人员 6 472 人,科普兼职人员 36 472 人,注册科普志愿者 15 420 人。推动首都 200 多个高等院校和科研机构的重点实验室参与"雏鹰计划"、"翱翔计划"等科技教育工作,建立了"科教合作,共育人才"的创新型人才培养机制;联合中科院开展高端科技资源科普化工作,建设了国内首家科研转科普的示范园区——奥运村科普教育园区,撬动数十亿元科技资源向社会公众开放。积极探索科学与文艺的结合,推出了科普话剧、科普广播剧、科普朗诵会等形式多样、市民喜闻乐见的作品,初步形成完整的科普文艺"传播链",扩充了科普工作内涵。

4. 统筹协调机制初步形成

按照"政府主导、社会参与、多元投入、注重实效"的工作方针,我市加强政策引导,注重资源配置,强化部门联动,进一步发挥科普工作联席会议的组织领导、统筹协调和督促检查作用;完善科普表彰、科普管理、统计评价等相关机制;先后出台《北京市科普基地命名暂行办法》、《关于加强北京市科普能力建设的实施意见》等文件。"十一五"期间,命名 183 家市级科普基地,成立了国内首家科普基地联盟;大力支持和积极引导一批企业、高校、科研院所和社会组织参与科普,形成全社会共同推动科普工作的良好局面。

二、"十二五"时期科普工作的思路

深入贯彻落实科学发展观,坚持从建设"人文北京、科技北京、绿色北京"和中国特色世界城市的高度和标准出发,以支撑首都自主创新能力提升、服务经济发展方式转变为主线,以提升公民科学素质、推动科普惠及民生为落脚点,着力推进《全民科学素质行动计划纲要》实施,做大做强一批科普品牌活动;着力加强科普服务能力建设,扩大市民获取科普服务的途径和渠道;着力推动科普产业跨越式发展,提高科普产品的研发创作水平和供给能力;着力创新科普工作体制机制,广泛动员社会力量参与科普,强化科普资源开发共享;着力扩大国际交流合作,探索科普工作新模式,努力满足广大市民日益增长的科普需求,促进科普服务的普惠与公平,为建设国家创新中心和"繁荣、文明、和谐、宜居"的首善之区提供有力支撑。

三、"十二五"时期科普工作的发展目标

到 2015 年,初步形成与首都地位相符合、与中国特色世界城市建设相适应的科普服务能力和科学传播体系;塑造一批在国内外有影响力的科普场馆、科普活动、科普栏目等科普品牌;"北京科普"的影响力和知名度不断提升;社会力量参与科普工作更加广泛,科普资源更加丰富;北京成为国家科普资源的集聚区、科普能力的展示区和辐射区。

具体目标:

(1) 公民科学素质显著提高。公众科学素质提升至与首都经济社会发展相适应的水平,公众应用科技知识处理实际问题、支持科技创新、参与公共事务的能力不断提高。

(2) 培育一批科普活动品牌。推出一批市民学科学活动品牌,重点打造 1~2 个有国际影响力的科普活动,培育 30 个市级示范性科普活动,营造浓厚的创新文化氛围。

(3) 科普能力进一步增强。新建和改扩建 50 家科普场馆,市级科普基地数量超过 200 家;北京地区广播电视科普节目播出时间不低于总播出时间的 5%;培育 1~2 个有较强影响力的科普新媒体品牌;建立百支科普志愿者小分队,全市专兼职科普人员超过 50 000 人;基层科普实现制度化、阵地化、网络化。

(4) 科普原创水平不断提升。打造若干个科普产业集聚区,创作出版百部(套)高水准、品牌化的科普图书,研发制作百件(套)原创科普互动产品(展教具),编创一批科普影视文艺作品及科普动漫作品。

(5) 科普资源开发共享成效显著。推动 300 家科研机构、高等院校和科技型企业面向社会开放,建设科技北京成果展示平台、科普资源中心,推动一批北京市重大科技计划项目科普化。

四、"十二五"时期科普工作的重点任务

1. 推进《全民科学素质行动计划纲要》的实施

深入实施《全民科学素质行动计划纲要》(以下简称《纲要》),大力推进未成年人、农民、城镇劳动人口、社区居民、领导干部和公务员等重点人群科学素质行动。建立起针对外来务工人员等人群提高科学素质的渠道和机制。编制《北京市公民科学素质基准》,明

确市民需掌握的科学知识、方法和技能。

2. 实施市民学科学工程,营造良好创新创造氛围

实施市民学科学工程,编制《首都市民学科学大纲》,重点普及安全健康、节能环保、防灾避险等领域的科学知识。培育一批"北京市民学科学活动品牌",做大做强北京科技周、北京社会科学普及周等示范性科普活动,集各方优势创办北京国际科学节、北京国际科教电影周等有国际影响力的科普品牌。

3. 实施科普能力提升工程,全面加强首都科普能力建设

加强科普基础设施和服务能力建设,新建和改扩建包括北京科学中心、北京自然博物馆等一批国内外领先水平的科普场馆;强化科普基地传播能力与服务能力,提升公共场所科普功能,建设科技旅游示范点。加强基层科普工作的制度化、阵地化、网络化建设。开展"社区科普益民计划"、创新型科普社区等工作,打造百家"学习型、便利型、安全型、健康型、环保型"等"五型"科普示范社区。实施"科普惠农兴村"、农民致富科技服务套餐配送工程及农村田间学校等工作,促进农民依靠科技致富,引导农民建立科学的生产观与生活观。

提升媒体的科普宣传能力,增加科普类广播电视节目的播出时间,鼓励综合类报纸开办学科学版。发挥网络、手机报等新媒体在科技传播中的重要作用,筹建科技视频网络平台。建立健全科技信息发布制度,建设"科技北京"科普宣传平台,鼓励科研院所和社会机构加强面向公众的科技信息服务。强化专业科普人才队伍建设,加大对科普人员的培训力度,完成全市科普专职人员的轮训工作;研究开发科学传播专业教材,试点开设选修课、建设科技传播硕士点。促进科技人员参与科普工作,完善科普志愿者队伍建设。

4. 实施科普精品工程,打造科普原创之都

建设科普产业集聚区和科普研发基地,促进科普与设计、影视等产业的融合,提升科普出版、科普展品研发等科普产业的竞争力,推动科普产业发展,不断提高原创产品的数量和质量。创作出版百部(套)高水准、品牌化的科普图书,研发制作百件(套)原创科普互动产品(展教具),编创一批科普影视文艺作品及科普动漫作品。创造有中国特色和国际影响力的"北京科普"品牌,建设辐射全国的科普产业中心和原创之都。

5. 实施科技资源科普化工程

推进高等院校、科研院所等机构利用科技资源,开展内容丰富、形式多样的科普活动,搭建科技后备人才培育平台;通过300家科研机构设立"社会开放日",支持50家科普示范企业建设。开展科技计划项目科普化工作,鼓励非涉密的国家级和市级科技计划项目承担单位,及时向公众发布研究进展及成果信息。依托战略性新兴产业基地,结合

中关村科学城、未来科技城、国家现代农业科技城等发展，建设首都科技成果展示平台；定期将我市重大科技成果，以公众通俗易懂的方式和喜闻乐见的形式，集中展示给广大市民。

6. 加强交流合作，提升科普资源集聚和高端辐射能力

充分利用国内外科普资源，提升我市科普水平和传播理念，组织开展国际科普交流活动，建立与海内外在科普人力资源培训、科普展品研发、科普展览举办等方面的合作与交流机制，引入发达国家的科学文化著作、科普影视和展教作品。鼓励和支持我市优秀的科普展品、作品走向世界，促进北京市科普工作的国际化发展。强化与中央单位、外企等的合作，加大对优质科普资源的吸引与整合力度，完善科普资源共享机制。依托首都经济圈，建立京津冀科普联盟体联席会议制度，加强与长三角、珠三角等区域的科普合作及对中西部地区的辐射带动。

关于北京地区推动科技资源
科普化的一点思考

张宇蕾

北京市科委

摘要： 北京市在推进科技资源科普化方面取得了一定成效，在发挥中央在京单位资源，加强科教合作，开展人才培训和制度保障方面都有很多创新举措，对科技资源科普化的存在的问题进行了分析，并提出建议。本文阐释了北京市推进科技资源科普化取得的相关成效，分析了科技资源科普化的存在的问题，并提出了相应的建议。

关键词： 北京，科技资源，科普，思考。

当今世界，科学技术已成为经济社会发展最重要的基础资源，成为构建国家核心竞争力的关键要素。党中央、国务院把提高自主创新能力、建设创新型国家作为我国未来发展的重大战略任务，实现这一目标，不仅需要一支高水平的国家科研创新队伍，也需要社会公众对科学研究的理解、参与和支持，更需要具有良好科学素养的社会公众为科研创新提供成长的土壤和社会基础。政府部门有责任将科技投入的成果与民生关系的联系向百姓进行展示，科研工作者和科研机构有责任将自己的研究成果服务于社会，有责任将自己的研究过程和内容诉之社会公众，有责任在促进公众理解科学、提高公众科学素养方面做出应有的贡献。

一、国家关于科技资源科普化的相关政策法规

为了实施科教兴国战略和可持续发展战略，加强科学技术普及工作，提高公民的科学文化素质，推动经济发展和社会进步，国家相继出台了一系列的政策法规，在这些政策法规中多次对推动科技资源面向社会开放、进行科普转化进行了阐述。2002年《中华人民共和国科学技术普及法》正式颁布，其第十五条规定，科学研究和技术开发机构、高等院校、自然科学和社会科学类社会团体，应当组织和支持科学技术工作者和教师开展科普活动，鼓励其结合本职工作进行科普宣传；有条件的，应当向公众开放实验室、陈列室和其他场地、设施，举办讲座和提供咨询；科学技术工作者和教师应当发挥自身优势和专长，积极参与和支持科普活动。2006年11月，科技部等七部门联合发布了《关于科研机构和大学向社会开放开展科普活动的若干意见》。意见指出，科研机构和大学将科研设施、场所等科

技资源向社会开放开展科普活动,是将科技进步惠及广大公众的行为;意见还指出开放单位每年向社会开放的时间应相对固定,并鼓励开放单位设立面向公众的专门科普场所。2007年,科技部等八部门联合发布了《关于加强国家科普能力建设的若干意见》,意见指出,要积极倡导广大科技人员投身科普事业,让更多最新科学技术成果惠及人民群众。

二、北京市推动科技资源科普化的主要成效

1999年正式实施的《北京市科学技术普及条例》,明确要求适宜向公众开展科普宣传的科研机构、高等院校和企业的实验室或者生产车间等应当有组织地向社会开放。2010年,北京市科委等7个单位联合下发了《关于加强北京市科普能力建设的实施意见》,意见指出要加强重大科技计划项目的科普工作,注重科普资源的开发。

北京是当代中国最大的科技和文化中心。北京地区现有国家级科研机构400多所,包括中国科学院及所属研究所、国防科工委及所属研究所、中国社科院及所属研究所、北京社科院及所属研究所、北京科研院及所属研究所,中科院和中国工程院在北京现有院士400多名,有包括北京大学、清华大学等著名学府在内的高等院校80多所,每年有大量的科技项目在北京实施和落地,这些都为北京开展科技资源的科普转化,起到了先天的条件和优势。北京市科委作为主管科技和科普的政府组成部门,这几年在推进科技资源科普化方面开展的大量的有益尝试,

1. 充分利用中央在京单位资源,推动高端科技资源科普化

2008年,北京市科委与中科院合作,以奥运为契机,运用先进的科普理念,整合和利用中科院的科技资源,通过特色展厅、过程展示、科研体验、科普活动、网络平台等内容,将北京市奥运村科技园8个国家级科研院所打造成为国内首家科研转科普的典型—北京市奥运村科普教育园区。该园区自2008年8月试运行以来,共接待100多批10余万人次,该园区成为将代表国家最好水平的科技成果和看似"神秘奥妙"的科研过程,转化为便于传播和体验的科普资源,成为全市具有影响力的科普教育园区,在全国具有标杆意义的科普教育基地。2010年,北京市科委又推动了中科院十余个研究所开展高端科技资源的科普化,建设了胚胎发育和治疗性克隆动态科普平台等科技资源科普化平台,开放污染土地修复等一批国家级重点实验室,撬动了中科院数十亿元的科技资源面向社会开展科普工作。2010年全国科普日北京主场活动在北京市奥运村科普教育园区举办,中共中央政治局常委、中央书记处书记,国家副主席习近平等领导同首都各界群众和青少年一起体验了高端科技资源的科普转化。

2. 加强科教合作,推动科技资源面向课程教学转化

为进一步发挥科技资源的实效性和前瞻性,加强青少年科技创新人才的培养。北京

市科委联合市教委联合启动了北京青少年科技创新"雏鹰计划",经过两年的工作实践,以学科教学为根基,在教学中寻找切入点,突破了将科技资源转化为学校教育创新能力课程资源的关键点。探索并实现了"政府主导、科研推动、学校实施、社会参与"的科技创新教育新机制。项目遴选了环境保护、公共卫生、城市交通等与社会经济发展及人们日常生活密切相关的10个重点领域科技成果和北京市64个科普基地的科普资源,将其转化为科技创新教育课程资源。共梳理了190项科技成果,设计了189个教学内容单元,完成教学案例76个、实践活动案例74个、研究性学习案例55个,百所中小学校参与了开发和试用,直接参与的科技界、教育界专家达200余人。同时,与在京科研院所合作开发了30个科技创新教育合作实验室,建立了科技资源与学科教学、校本课程等相衔接的模式,拓展优质科技资源在科技创新教育中使用的广度和深度,提升了中小学校的课程开发能力和课程实施水平,拓展了中小学生的学习视野,为创新人才培养提供了更广阔的平台。

3. 加强载体建设,充分发挥北京科技周等品牌效应

推动首都科学发展、加快经济发展方式转变,必须实现创新驱动。这一方面需要进一步统筹首都科技、人才等优势资源,发挥科技创新对产业结构优化升级的支撑引领作用,提高科技支撑城市建设管理和惠及民生的能力,营造有利于自主创新和成果转化的良好环境。另一方面需要充分利用北京科技周等重要科普载体,全力营造讲科学、爱科学、学科学、用科学的良好社会氛围,为首都自主创新和科技进步打下长远基础。

北京市科委充分认识到北京科技周这样每年一届的大规模群众性科普活动的影响力和显示度,积极面向基层和广大公众提供内容丰富、形式多样、品质优良的科普产品和服务,2011年策划实施了"科技改变生活 科普服务民生"——"科技北京在行动"展区,整个展区以近4 000平方米的面积,集中展示了"科技北京"行动计划以来所取得的70余项重大科技成果,17项北京发明创新大赛获奖项目、近10项中国设计红星奖获奖项目等。展览以视频图片、实物模型、互动体验、娱乐游戏等形式,通过公众参与、体验、娱乐的直观效应,生动展示科技成果汇集民生的内涵。据统计,北京科技周主场活动日均人流量达1.5万人(次),7天累计突破10万人(次),通过介绍"科技北京"行动计划两周年以来取得的关系民生的科技成果,充分展示了政府每年的科技投入带给老百姓的生活变化,让百姓亲身感受科技惠民的同时,更加理解科学发展、自主创新的发展理念,开展了高端科技资源科普化,力促科技与科普的无缝对接,同时赢得公众对科技创新的理解与支持。北京科技周向公众传达一个共同的信息,那就是:"科技并不遥远,科技就在你我身边。"北京科技周尝试改变了科普的说教气息,依靠"衣食住行用"五张牌,让科技周回归科普本源。

4. 加强制度建设,为科技资源科普转化提高保障

(1) 出台《北京市科普基地命名暂行办法》、《关于加强北京市科普能力建设的实施意见》,助推科研机构开展科普工作。截至目前北京市命名的183家科普基地中,共有中

国科学院植物研究所、中科科学技术信息研究所、北京市理化分析测试中心、北京大学科学传播中心和北京师范大学科学教育研究中心等30多家科研机构和大学被命名为北京市科普基地,这些都为我市科研机构和大学对外开放开展科普活动,开展科技资源的科普转化起到积极的推动作用。

(2)出台《北京市科普工作先进集体和个人表彰管理办法》,加强对科普工作的表彰力度。为表彰在我市科普工作中做出突出贡献的先进集体和个人,我委与市委宣传部、市人力社保局和市科协共同制定了北京市科普工作先进集体和先进个人的评比表彰管理办法。重点表彰在"人文北京、科技北京、绿色北京"和创新型城市建设中,积极组织参与科技普及和先进适用技术的推广工作,为提高全民科学文化素质、营造首都良好的创新氛围做出突出贡献的集体和个人。仅2010年,就有北京市理化分析测试中心等5家科研机构获得先进集体荣誉,周红章等10多名科研工作者获得先进个人荣誉。近一步提升科技工作者参与科技教育、科普工作的积极性和主动性。

(3)推动高校成立科协,保障科普工作的常态化。近年来,北京地区科研机构和大学对外开放开展科普活动方面取得了一定的进展,每年的科技周、科普日很多大专院校,科研院所都已经参与其中,同时,很多科研机构和大学已经每年设立"开放日",让市民了解科研、体验科学,如2008年、2010全国科普日北京主会场分别在中科院植物研究所、中科院奥运村科技园区举行。2008年12月29日,北京大学科学技术协会成立,这为进一步推动科学家之间,科学家和决策者、社会公众的交流,启迪创新思维,促进自主创新,推动产学研结合,推进科技知识传播和应用起到了积极的作用,同时也为高校利用学科优势,开展科普理论研究,并组织师生开展科普活动,为提高全民科学素质服务提供了平台,截止目前北京地区已经有11家高校成立了科协,为开展科技资源科普化工作起到了积极的推动作用。

三、北京市推动科技资源科普化的相关建议

目前北京地区推动科技资源科普化工作虽然取得了一定的成效,但科研机构和大学开展科普工作的机制还未形成,科研人员参与科普工作的热情不高,积极性不强;科技资源科普转化的形式和手段还比较单一;如何建立科研机构和大学开展科普工作的长效机制;如何推进科研机构和大学开展科普工作模式创新;如何调动广大科研工作者投身科普事业;如何让更多的公众参与了解神秘奥妙的科研过程,了解国家科技创新的成果,感受科学研究的精神,聆听科学大师的思想启迪;如何提升科研机构和大学科普环境和科普能力建设,诸多现实的问题需要解决。需要从以下几方方面加大工作力度。

(1)加大北京地区科普基础设施的建立力度,根据国家发改委科技部、财政部、中国科协制定的《科普基础设施发展规划(2008—2010—2015)》,结合北京市实际情况,制定北京市科普基础设施发展规划,并加大项目的投资规模和比例,同时要鼓励科研机构、大

学开设常规性展厅,同时要引导社会力量兴办和个人兴办科普设施。

(2)以北京市奥运村科普教育园区建设为基础,加强"科研转科普型",科普模式的理论创新研究,深化科研机构和大学对外开放开展科普活动内容和形式。

(3)对北京地区科研机构和大学对外开放开展科普活动的现状进行系统的调研分析,结合2006年科技部等七部门联合发布的《关于科研机构和大学向社会开放开展科普活动的若干意见》,尽快研究出台北京地区科研机构和大学向社会开放开展科普活动实施办法。

(4)要加强科研机构和大学科普人员队伍建设。逐步设立科普工作岗位,纳入专业技术岗位范围管理。要完善业绩考核办法,将科研人员和教师参与科普的工作量,视同科研和教学工作量,作为科研人员和教师职称评定、岗位聘任和工作绩效评价的重要依据。鼓励科研人员、教师、研究生和大学生以志愿者的身份参与开放工作。

(5)鼓励社区共享科研机构、高校科普设施开展社区科普活动,鼓励面向社区开展"科学商店",支持科研人员深入社区,拓宽研究范围;为社区居民提供科学和研究服务;为大学学生创造实践和了解社会的机会。

(6)提高科技计划项目、基金项目任务中的科普工作比例,将科普工作融入科技项目中。对申请进行市级科技成果鉴定或者申报科技进步奖时,提高其提供相应科普义卓的质量,同时加大对这些成果的介绍和宣传。

(7)通过科研机构、大学之间的联动开放,建立科研院所、大学之间的科普联盟或联席会议制度,保证科研机构、大学对外开放开展科普活动的长效机制。

四、关于推进科技资源科普化的3个问题

1. 科研成果不能顺畅地转化为科普资源

长期以来,科研与科普之间存在"断层"和"割裂",科研过程和创新成果不能为公众所了解,科研工作者不能将科技知识通俗易懂地传播给公众,科研机构也不能向公众开放,导致公众认为科研过程很"神秘",科研成果很"高深",与自己的日常生活无关。

2. 科普人才队伍匮乏,结构不合理

我国科普人才队伍建设存在构成复杂、教育程度不高等问题。专职科普工作者比例不高,且受教育程度平均也不高。而兼职科普工作者的人数比例也比较低,同时,现在的考评机制也制约着科研人员参与科普工作的积极性,形成了全国科普人才队伍整体匮乏的现象。

3. 社会力量参与科普的奖励激励机制有待完善

我国鼓励社会力量参与科普工作的机制尚未形成,科普工作仍以政府投入为主,社会力量参与科普工作的主动性和积极性不高,社会机构承担科普产品研发、科普活动实

施能力仍然有很大的提高空间。国家对社会机构开展科普工作的优惠政策还不健全,科普奖励激励机制还需要进一步完善。

五、对于推进科技资源科普化的 4 点建议

1. 加强科技资源和成果面向社会开放的程度

科技资源是提升科普能力、保证科普事业发展的重要基础资源之一。提升高校、科研院所科学实验室、观测台站对公众开放的科普能力,及时将最新科技研究成果转化为科学教育资源,增进公众对科学技术的兴趣和理解,提升其使用科技手段分析和解决问题的能力。

2. 提升科研人员和科普工作者的传播能力

科研人员和科普工作者的科技传播能力的提升是推进我国科普工作发展、深化科技资源科普化的重要因素。提升这些人员的科学素养及科技传播技能,培养一批既懂科研创新、也懂科技传播的复合型创新型人才,面向科研人员和科普工作者进行培训,加强科技传播志愿者队伍建设。

3. 加强科技教育工作,尤其是青少年创新工作

通过对重点人群的科技教育培养,一方面,使青少年和领导干部、农民、职工获取终身学习科学的能力,另一方面,则可为科技创新培养人才、为在全社会创造创新文化环境培育"沃土"。重点开展青少年人群的科技教育工作,加强青少年的科技创新能力。

4. 加强科技传播工作

支持、引导大众媒体定期发布最新科技成果信息,建立公众对话平台和科学家、科学组织与媒体定期沟通的平台,推进大众传媒科普工作发展,支持通过微博、博客、手机报等手段发布科技创新成果,进一步发挥提高公众科学意识主渠道作用。

科普资源能力建设的探索与实践

余子真

浙江省现代科普宣传研究中心

摘要：本文主要从科普资源能力建设的前言背景、基本概念、重要内容、创新资源、网络资源和工作思路等五个方面,通过理论及实践探究,针对当前我国科普资源建设的现状和未来发展,提出了几点思考和建议,供同行参考与探讨。

关键词：科普资源,能力建设,探索实践,发展思考。

一、科普资源的概念

1. 广义科普资源

广义科普资源是科普事业发展中所涉及的所有资源。其内涵包括发展科学技术普及事业所必须的人力、财力、物力、科普内容(产品)等要素及其集合,可以抽象地概括为科普能力、科普产品和科普活动三大类。

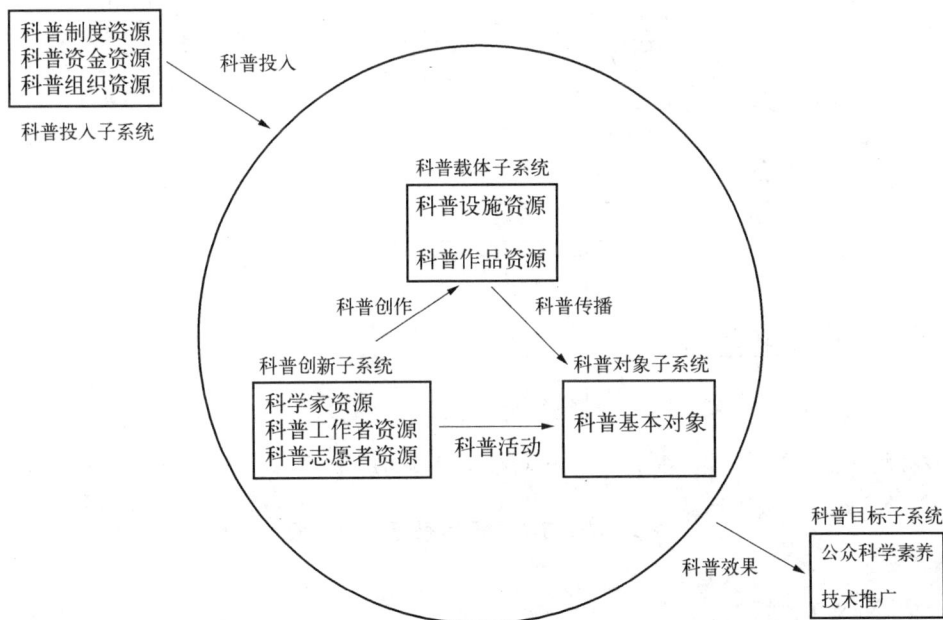

图1　科普资源的体系系统

根据当前科普管理工作和科普资源研究的需要,可以将科普资源构筑成一个资源体

211

系,主要包括一个整体观点、三类科普管理、五个子系统。一个系统观点是指科普资源涉及科普投入、科普管理和科普效果三个环节。三类科普管理是指科普创作、科普传播和科普活动三类科普管理工作。五个子系统是指科普投入子系统、科普创新子系统、科普载体子系统、科普对象子系统和科普目标子系统。我们可以用下面的图示来说明科普资源的构成体系及其与社会资源的关系。

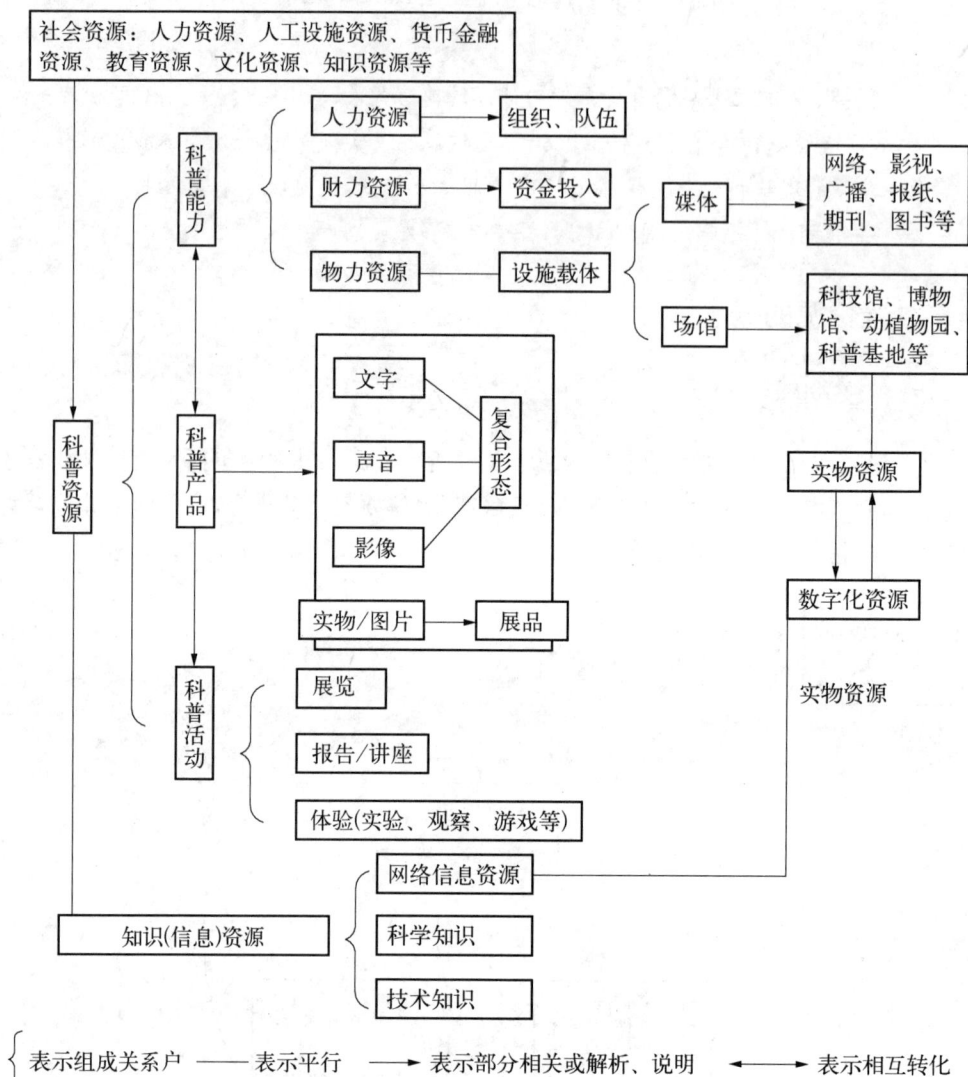

图2 科普资源的概念框架及相互关系

2. 狭义科普资源

狭义的科普资源是指科普项目、科普活动中所涉及的科普内容及相应的载体。其内涵包括科普项目或活动中所涉及的媒介和科普内容。抽象地,我们可以把科普媒介分为科普场馆、媒体,内容则是这些媒介承载的具体科普资源形态,比如文字、声音、影像及其综合表现形式。这些科普内容在不同的媒介中表现形式也是不同的,但大致可以分为展板、实物展品、挂图、图片、动漫、音像等。不同的科普资源与不同的载体相结合,或采取不同的科普表现形式,构成一个复杂的科普过程。

二、科普资源建设的重要内容

科普资源建设是一项牵涉方方面面的系统工程,需积极调动和整合社会力量参与其中。为统筹社会力量,可以建立以中国科协牵头、各方力量参与的科普资源共建共享体系。由于信息的交流和沟通不畅,各地、各部门、各系统和各行业的科普资源存在着内容分散、建设重复、利用率低等问题,这种条块分割、各自为政的资源建设模式不能有效地满足建设工作的需求。此外,科普资源建设应该具备阶段性,即应当首先理清系统内部的关系,整合优势,做到统筹规划、分工明确,再由内至外,逐渐囊括社会力量参与。

科普资源能力建设应遵循三个原则:层次性、空间性和时间性。层次性,即科普资源建设的形式和内容要体现出主次之分,这种层次性在很大程度上是受众的差异决定的。很显然,对五大人群的科普内容和形式不尽相同。空间性则是指资源建设根据地域的不同而有差异。目前,我国的科普资源基本呈现一种倒金字塔的分布:首都、省会城市科普资源最多最丰富,越到基层,科普资源越少,而基层恰恰是对挂图等基本科普资源需求最多的地方。科普资源建设不是一蹴而就的,应该按照建设的总体目标分步实施,这就是科普资源建设的时间性。实际上,在纲领性文件《全民科学素质行动计划纲要》中,公民科学素质建设的时段性已经对相适应的科普资源建设的时段性提出了要求。

科普资源能力建设还应围绕三个“需求”来进行,即国家的需求、科技工作者的需求、公众的需求,这实际上也是一切科普工作的方向指针。例如,让生态文明观念牢固在全社会树立,这就是一种典型的国家需求。在向公众普及些什么内容的问题上,科技工作者有很大的发言权,这是科技工作者的需求。而公众无疑也有自己清楚的需求,上面三个需求的总和就是对科普工作者的需求。但在建设过程中某些科普工作者往往重视前两者的需求而容易忽视公众的需求。

三、加强创新科普资源建设

(1) 加强创新科普资源建设,提升公共科普服务能力。充实完善科普资源库,建立网上交流平台并运行。适时筹备和主办科普资源建设交流活动,继续研发户外大型科普设施,支持科普场馆、科普企事业单位研制开发一批主题科普资源。支持相关部门和机构开发科普动漫系列产品、科普电子杂志、科普广播电视栏目等。以浙江省为例,继续坚持办好“科学会客厅”和“科技咖啡馆”等重点精品科普报告活动,浙江省现代科普宣传研究中心、浙江省数字科普研究所按照上级主管部门要求和基层组织需求进行科普资源配送。《浙江现代科普》杂志不断提升科普杂志(包括电子杂志)在全省乃至国内科普资源市场的影响力。加强大型科普活动的资源集成、科普展品的研制和主题科普展览开发巡展工作,办好各类主题科普巡展。浙江省科技厅、浙江省科协、浙江省现代科普宣传研究中心、浙江省数字科普研究所等继续开展科普(动漫)宣传海报作品征集活动,支持开发生产数字科普产品。大力推广完善地市科普画廊建设工作。

(2)以标志性大型科普活动为重点,打造精品,提升科普影响力。2011年全国科技活动周以"携手创建创新型国家"为主题,突出"节约能源资源、保护生态环境、保障安全健康、促进创新创造"内容,以基层活动为重点开展主题科普活动,为庆祝建党90周年,营造科技中国和创新型省份的氛围。浙江省围绕"节约能源资源、保护生态环境、保障安全健康"主题,认真组织举办2011年浙江省科技(科普)活动周,活动周上,网络虚拟活动是去年浙江省活动周项目的一大创新,网络科普电影展播、科普达人网络行等活动成为亮点。

(3)开展主题科普活动,全面提高基层科普服务能力。2011年以"水情、水利、水资源"为主题并结合浙江省海洋经济发展,积极组织全省各地开展全国科普日活动。广泛开展"节能减排进社区"、"美丽乡村行动计划"等科普活动,加强社区科普宣传和能力建设。

(4)加强科普阵地建设,筑牢科普工作基础。制定指导科普教育基地及科技类场馆开展科普工作的意见。区县科协要加强对农村科普示范基地、科普画廊等设施的管理,保证科普画廊设施完好并及时更换内容,发挥科普大篷车的流动科普阵地作用。支持鼓励学会开展健康咨询、防灾减灾、食品安全、家庭自救等与市民生活相关的科普活动。

(5)继续推进信息化建设,把"浙江科普"网等网站建成宣传先进科技人物、普及科学知识、共享科普资源、交流工作信息的平台。推进网络科普基础建设,加大信息资源整合力度。搭建科普资源系统大团体联络平台,全面提升科普资源信息化水平。积极探索新的网站采编机制,提升网站展示水平,建成科普资源数据库和网络互动平台。

四、加强网络科普资源建设

现在科普的形势,特别是网络科普的形势发展良好,不论是政策环境还是社会环境,对网络科普资源的建设和发展都是非常好的。例如近年来国家出台了很多科普的或者和网络科普有关的政策文件,如2007年科技部等八部委联合出台了《关于加强国家科普能力建设的若干意见》的文件,提出网络就作为国家科普能力的一个组成部分。2008年国家发改委等四部委出台的《关于科普基础设施发展规划》。还有国务院颁布的《全民科学素质行动计划纲要》。所有这些都把网络科普作为一个重要的既是基础设施又是传播渠道又作为大众媒体,在里面处处可见。而且随着国家和社会关注科普,已经慢慢形成大科普的格局,群众化的开放式的科普格局,现代网络科普社会化的环境和格局已经初步地形成。这个格局给我们下一步网络科普的大发展奠定了非常好的基础。现在好的科普资源现在开始逐步形成,但是优质资源还是相对不多。所以,加强网络科普资源建设,提高网络科普服务能力任重而道远。

现在我们应该在这个环境下可以大有作为。

第一,大力加强网络科普的资源建设。加强资源整合,把各自分散的建设力量通过网络科普这样一个平台把它整合起来,把我们的资源增值放大,发挥作用。为加强数字网络科普资源建设,2010 年 6 月,在有关部门的支持和领导下,以数字科普能力平台建设为基础,成立了目前浙江省首家省级数字科普研究所——浙江省数字科普研究所。研究所成立一年来,先后开发建设了上虞数字科技馆、嘉兴数字科技馆、数字科普教育基地等网络数字科普资源。通过这样一个平台,大家都可以搭车载物,实现数字科普资源共建共享。

第二,提高网络科普服务的能力。在网络科普资源建设完成后,接下来就是要在科普资源的基础上,用什么样的方式或途径,与观众形成互动,通过网络为受众群体提供服务。

第三,开展网络科普宣传。围绕科技(科普)活动周、全国科普日等,各地各相关部门都会搞一些科普活动,我们建议可以通过这个平台开展一些联合的行动,进行有效整合,形成影响。所以,开展一些大型的网络科普宣传,也是加强科普资源建设的一项重要工作。

五、科普资源建设的工作思路

科普资源的研究、开发、建设、集成和应用以及共建共享,这是现代科普工作的重要任务。要加强科普资源建设的理论与实践研究,在已开展相关研究工作的基础上,进一步加强科普资源基础理论研究、科普资源建设的发展规划研究、科普资源建设的规律研究、科普资源的共建共享研究、科普资源建设的标准规范研究、科普资源建设的机制研究、科普资源建设的监测评估研究等。特别要重视科普资源现状和科普资源需求的调查摸底与分析研究工作,开展五大重点人群、特殊人群、科普工作者及科普基础设施等科普资源的需求研究,了解社会和公众对科普资源的实际需求和变化情况,有针对性地研究制订好年度科普资源开发指南,指导科普资源建设。

要以科普资源共建共享为突破口,完善资源共享机制,打破部门和地区界限,切实抓好科普资源建设工作。要强化统筹协调,加强资源集成和有效利用,搭建共享服务平台,共同促进全民科学素质的提高,着眼于让广大群众共享科普资源和科普服务。探索做好多方参与、协调合作的科普资源共建共享机制,推动加大公益性事业投入。科普资源建设的核心就是要通过推动不同权属科普资源的集成共享,形成多方参与、协同合作的科普资源共建机制,建立起社会化的科普工作格局,探索集成社会科普资源的有效途径。

科普资源建设要积极引导社会各个方面来参与,从科普产品这方面来讲,我们要做好关注源头、做繁荣创作的工作,以浙江为例,浙江省现代科普宣传研究中心和浙江省数字科普研究所积极开展传统科普资源和现代数字科普资源的创新创作和研究开发工作,取得了一些成绩。每年根据上级要求和基层需要,不断编创和开发各类科普资源作品,许多作品获得中国科协和省科协的项目资助,另外有优秀科普作品推介,使科普成果向科普资源转换。在数字科普资源建设方面,注重资源个性化与社会化相结合,在为公众提供互动形式的社会化科普教育服务的同时又为全省乃至全国科普机构和科普工作者提供个性化的科普资源内容服务。最后科普资源建设要立足于社会和公众需求,加强需求调研提高资源服务的针对性,使科普资源调研尤其是需求深入调研分析常态化,将调研结果作为科普资源建设的指导方向。

参考文献

［1］ 尹霖,张平淡.科普资源的概念与内涵,2007.

［2］ 莫扬.我国科普资源共享发展战略研究,《科普研究》2010年2月第5期.

［3］ 谢小军,任福君.加强科普资源建设 推进科学普及,《大众科技报》2009年1月20日.

论主体性科普资源开发的现实途径

吴雪娟

广州大学社科部

摘要： 主体性科普资源对促进公众理解科学的作用是其他形式的科普资源所无法替代的，开发主体性科普资源具有重要的现实意义。开发主体性科普资源的现实途径包括组建专家级的主导性开发队伍、开展有针对性的培训和健全制度保障等方面。

关键词： 科普，资源开发，制度保障，约束机制，激励机制。

一、主体性科普资源开发的必要性和现实意义

科普资源是一代代科学家与技术专家科技创造活动的经验与成果的积累，从理论上讲，它应该既包括静态的已经客体化了的科技成果（知识、物品及设备）、也包括动态的科技活动本身。但以往的科普，基本上只注重第一方面，而较少挖掘与利用第二方面的资源。难道第二方面的资源不丰富或没价值吗？非也！"科学是无数才智之士科学活动的结晶，如果我们只看到这活动的结晶，而不了解活动的过程以及从事这活动的心灵，则我们对科学就仍然有一种隔膜。"[1] 已经成为历史的科技活动我们无法再现，但科技史料能提供这方面的有用信息。活在当下的科技人员将为我们提供这方面丰富的活生生的资源，只要我们有决心去开发、去挖掘，定能得到累累的硕果。本文要探讨的就是主体性科普资源的开发问题。

所谓主体性科普资源，指的是蕴藏在科技主体——科技人员身上所特有的有助于提升公众科学素养的一系列精神性要素，如科技人员的科学信念、气质、品质、价值观和知识结构、知识背景等。作为科技活动的主体，科技人员亲身经历科技创造活动，是科学知识的创造者，是科学传播的第一传球手。

科学技术作为一种创造性活动，需要主体具有冒险精神、宽广的视野、坚忍不拔的意志和高超的技巧、扎实的背景知识。可以说，任何一项成功的科技创造成果，都是科研主体运用已有科学技术知识、采用特殊的科学方法、继承先进的科学思想观念和具有求实唯真的科学精神共同作用的结果。科学史上这样的事例比比皆是，如开普勒、牛顿等。但是，科学史上的巨人毕竟离现实的公众太远了，如果能在现实的科技创造活动中挖掘到诸如这样的生动例子，其说服力将远远超过历史书上的，而现实的科技创造活动中，确实能给我们提供类似的例子。

在科学技术创造活动中,科技界自然而然形成其独有的精神气质、价值观、行为方式和知识修养,这些就是重要的既有现实性又生动形象的科普资源,开发这些资源将极大地促进公众理解"科学是什么"这个问题。特别地,它对公众科学精神的培养将起到任何其他资源所无法替代的作用。因而,研究主体性科普资源的开发,对于国家科普能力建设这项利国利民的巨大工程,具有十分重要的现实意义。那么,应从哪些方面着手开展这项开发工作呢,下面,我们将从实践论的角度探讨这一问题。

二、主体性科普资源开发的现实途径

主体性科普资源的开发是一项复杂的系统工程,从总体上讲就是要明确由谁开发、开发什么和怎样开发的问题。

1. 组建专家级的主导性开发队伍是当务之急

从实践论上讲,任何一项实践活动的成功与失败、效率的高低,都关乎实践主体、实践中介和实践客体三者所构成的实践结构是否合理以及结构能否达到最优化的问题。如果结构合理,则成功可能性大;结构优化,则效率高。反之,则出现相反的结果。科普资源开发是国家决策,其最高行为主体明显是政府有关部门。但单靠政府部门是远远不够的,因为这一任务十分艰巨,没有组建一支庞大的资源开发队伍,资源开发将成空话或不能持久。以史为例,学界在研究近代科学革命诞生的前因后果这一问题时发现,中世纪的阿拉伯人继承和发展古希腊罗马人创立的科学,但却在近代时不能产生科学革命,重要原因之一是科学活动只限于皇室的推动,而未能变成一种普遍的社会行为。在当下的中国,主体性科普资源的开发,除了政府部门的牵头,还须社会力量的参与。科普作家、科普记者、科普讲座组织者和主持人是现实的开发者,但我们还有一个数量庞大的队伍仍未启用,那就是科技队伍本身和普通作家群体。主体性科普资源犹如一座金刚矿,尽管它有连城的潜在价值,但未开发时它仍只是矿藏而已,还不能象金刚钻一样发挥作用。

我们认为,现在最需要解决的是潜在的开发队伍如何变成现实的开发队伍、其开发能力如何提高等问题。对于普通公众而言,科学精神、科学理性、科学方法等美则美矣,却只是秋空高挂着的明月——可望而不可及,明亮而不能给予温暖。开发队伍的作用就是能把主体性科普资源变成既让公众觉得美,也觉得暖的现实题材与作品,这种转化需要技巧和方法。作家张扬的长篇小说——《第二次握手》滋润了无数人的心田,以至这本小说被誉为是"感动过整整一个时代的中国人"的作品,好作品的感召力是无穷的。其实广大作家就是潜在的转化高手,但是,作家们对科技活动了解多少? 对科技人员有多熟悉? 我国以往的教育模式文理分科、应试教育,这种教育模式培养出来的文科人才因缺少科学素养,较难理解科学及科学活动,而培养出来的理工科人才则因欠缺笔头和口头表达能力,也难以承担科普的重任。

一个较为现实的途径是由政府部门牵头,把现有的作家和科技人员组织起来,通过宣传、动员、交流、培训等方式,使他们成为有开发能力的人才。在组建主体性科普资源开发队伍时,首先要组建一个起领头羊作用的学会,这个学会里面的专家学者知道开发队伍所应达到的理想状态,了解现实的开发队伍的状况,能正确判断理想与现实的差距,并懂得缩小差距的途径与方法。这个学会知道去何处招揽可用之才,知道如何完善开发队伍的开发能力。它能够把理论界、文学界、科技界三股力量聚合起来,它将隶属于科技部,又与理论界和文学界有广泛的联系。我们认为,有了这个学会,主体性科普资源开发队伍将日益壮大,开发效果将日益显著。

2. 开展培训是提升主体性科普资源开发能力的必要手段

当前亟待解决的是作家和科技人员的科普资源开发能力如何提升的问题。对于作为主体的人而言,在从事任何一项实践之前,首先总会碰到诸如我必须干什么？我愿意干什么和我能干什么的问题。"必须干"的问题是一种外在必然之于人的使命感,大哲学家康德称之为人的"道德律令",他认为是那是不容置疑的。当前由科技部发起的科普能力建设实践是一项功在当下,利在千秋的利国利民事业,它的必要性是由我国产业升级及其他各项事业的发展对国民科技素养的要求与现实的国民科技素养低下的尖锐矛盾所决定的。主体性科普资源开发作为国家科普能力建设的一项工作,其必要性、必然的道德律令对作家和科技人员来说,是明显的。因为与其他人才相比,这两类人才具有更强大的科普资源开发潜力。但是,这种道德律令其实并不能自然而然地生成"我愿意干"的主观倾向。比如,现实世界如此多姿多彩,我们的作家们不一定愿意把视野投向科普这个领域。也即是说,康德的"道德律令说"只是一种理想主义。

当然,从"要我科普"到"我要科普"的生成过程中,政府部门其实是大有作为的。比如,可以采用各种途径对科技人员参与科普的必要性进行宣传和引导,使之深入人心。科技部门还可以联合文联,对作家参与主体性科普资源开发的重要性和必要性进行宣传,以唤起作家的创作热情。当然,仅仅宣传还远远不够。即使作家与科技人员已经有了参与科普的激情,他们还会碰到"我能干什么"的问题。

如前所述,作家和科技人员的科普资源开发能力亟待提高。有针对性地对这两类人才实施培训势在必行。比如对于作家群而言,他们并不缺少创作技巧和创作经验,缺的是对科技人才和科技创造过程的了解。因而对作家群的培训要侧重科技史、科学技术哲学、科技创造心理学方面的内容;而对科技人员的培训则要侧重写作技巧、语言表达技巧、信息传播学、受众心理学等方面,这两方面的培训完全可以委托高等院校去施行。

3. 健全制度保障是重要手段

主体性科普资源开发不是一朝一夕的事,更不是一蹴而就的事,它贵在坚持,为了能够让主体性科普资源开发工作持之以恒,政府相关部门必须健全制度保障。

首先,要在考核制度中体现科研与科普的辩证统一。科学普及和科技创新是相互促进、相互制约的。科技创新为科学普及提供来源,没有创新,何来普及?而科普的结果将促进公众对科技创造活动及其成果的理解,从而为新的科技创新提供必要的社会支持。段治文在《中国现代科学文化的兴起 1919—1936》中记述了 20 世纪 30 年代,出现在我国的科学社会化运动中,我国的科学前辈已能深切地意识到科学社会化与社会科学化的相互促进关系的史实。[2]人类进入大科学时代以来,由于竞争加剧,科学家不再仅是个研究者,他们还必须为取得科研经费而去向财团和公众游说自己科研的价值,从而练就了推介自己科研的本领。可见,集科研与科普于一役,其实早就是科学家的本分。但在我国的当下社会中,科技人员参与科普的热情并不高,这与我国以往的科研体制是有关系的。我们认为,改变科技人员的业绩考核标准不失为改变这种现状的好方法,即在考核中规定科技人员参与适量的科普工作。以制度化、规范化的手段促进科技人员参与科普这种习惯的养成。

其次,要鼓励产出,奖励成绩突出者。建立新的业绩考核制度目的是形成一种约束机制,而建立激励机制同样重要。激励机制的作用是奖励先进,鞭策落后。对于科技人员,科学团体应创造条件、创造机会让科技人员抒发自己创造过程中的感悟。在团体中形成乐于表达、以能表达为荣和乐于分享的文化氛围。不管科技人员的感悟是哲理层面或经验层面的,科技人员的有感而发的材料对作家的科普创作的作用将是无价的。而对于作家群而言,有关部门要给他们创造体验科技人员生活的条件,如常用的挂职、蹲点、开联谊会等。在这个过程中给予产出多、成绩突出者以适当的表扬奖励,将有助崇尚先进、鞭策落后的良好氛围的形成。

参考文献

［1］ ［美］费曼著,张郁乎译. 发现的乐趣[M].长沙:湖南科学技术出版社,2005P271.

［2］ 段治文.中国现代科学文化的兴起 1919—1936[M].上海:上海人民出版社,2001P237.

探索有效整合机制
让更多科普资源惠及民生

马良乾

成都市科技局

摘要： 本文结合成都市科普工作的实践，就如何发挥政府的牵头作用，探索开放共享的建设机制，整合社会现有的科普设施，推动科普场馆的有效利用，让更多的科普资源惠及民生提出了一些观点。

关键词： 科普资源，整合，惠及民生。

近年来，随着经济全球化的深入推进，科学技术的不断发展，地震、海啸、核泄漏、重大公共安全等突发性事故频发，公众对科普场馆的需求更加迫切，社会各界对科普工作更加重视，提高全民科学素质的任务更加艰巨。然而，由于缺乏整合社会科普资源的有效机制，科普设施偏少、投入经费不足、场馆运行困难、活动形式单一、应急式科普较多的现象在各地普遍存在，使我国科普能力的建设和科普活动的开展受到制约。一方面，各级政府为新建科普场馆投入大量资金，仍无法满足广大群众尤其是青少年开展科普活动的需要。另一方面，大多数科研机构、高等院校、高新技术企业现存的科普设施却未能面向公众开放，最新的科技成果也无法有效地转化为科普资源。

在此，本文结合成都市科普工作的实践，就如何发挥政府的牵头作用，探索开放共享的建设机制，整合社会现有的科普设施，推动科普场馆的有效利用，让更多的科普资源惠及民生，提出以下观点：

一、政府牵头，构建场馆建设有效推动机制

随着我国经济、政治、文化、社会、生态文明建设的不断进步，各级政府对科普场馆的建设越来越重视。据科技部发布的数据，截至 2009 年底，全国共有建筑面积在 500 平米以上的各类科普场馆 1 404 个，21.25 万个科普画廊，还有一批科普（技）活动室。但是，现阶段科普场馆的建设或多或少存在着部门分割、投入单一、内容重复的弊端。一是场馆布局不合理，集中在大城市多，分布在中、小城市和农村乡镇少；二是场馆结构上不合理，综合性科技馆多，专业性场馆少；三是场馆内容上的不合理，政府财政出资新建内容相似的科技馆多，开发多样化社会科普场馆少。

笔者认为，要强化科普场馆的建设工作，解决目前科普场馆建设中存在的问题，需要

构建一套科普场馆建设的有效推动机制。

一要建立科普场馆建设的领导机制。我国的《科普法》明确规定,"各级人民政府领导科普工作"。据此,各级政府应明确形成由主要领导或分管领导牵头,科技行政部门负责,相关部门参与的科普工作长效领导体系;应进一步完善目前我国多数地区已建立的科普工作联席会议制度,把与科普工作相关的党委、政府、群团部门的作用真正发挥出来,防止因机构改革造成联席会议有名无实现象的出现,使科普场馆建设工作有部门管、有人员抓。如,北京、上海、成都等地都十分注意发挥科普工作联席会议的作用,把科普场馆的建设纳入联席会议议题,为本地科普场馆建设创造了良好的社会环境和工作条件。

二要树立科普场馆建设的规划理念。一方面,中央和国家部、委应率先加强协调,尽可能把现阶段由宣传部、科技局、科协以及其部委分别命名的国家级科普基地统一起来,避免由此带来科普场馆部门分割,科普基地重复命名的现象;另一方面,各级地方政府应有开放意识,凡是区域内的科普资源,都纳入统一规划,使科普场馆的建设更加注重学科交叉、区域平衡、结构合理。如,成都市在 2011 年,便将区域内的科普设施纳入民生工程项目统一规划,着力开发科研院所、高科技企业、前沿科技成果,计划用五年时间逐步建成覆盖全市各区(市)县的科普基地网络。

三要落实科普场馆建设的优惠政策。各级政府应制定并落实好对科普场馆的经费投入和税收扶持等优惠政策,支持科普基地结合产业组织开展各类活动,以减少科普场馆的经济负担;同时,要积极鼓励社会力量投入科普场馆建设,探索对科普场馆从业人员的激励措施,将科普业绩纳入职称、职位评聘体系,以激发更多人员从事科普教育工作。如,北京市出台的《关于加强北京市科普能力建设的实施意见》明确提出"采取提供优惠或创造一定条件的方式,结合当地群众需求,引导科技企业到场馆内或以自办专题常设展厅、咨询工作站等形式兴办科普设施"。成都市则从科普经费中单列 500 万元的科普基地经费,用于对科普基地的活动补贴和工作奖励。

二、开放共享,探索科普场馆有效整合机制

随着《科普法》的全面贯彻落实,各级政府加大了对科普场馆的建设力度和经费投入。但单一依靠政府财政经费新建或扩建科普场馆的做法,不仅不能较好地满足我国众多人口的科普需求,而且必然成为各级财政的一大负担,无法形成科普场馆的常态建设机制。尽管国家有关科普的法律和政策对科研院所开放科普资源早有明确规定,可实际效果并不明显。据统计,中国科协 2009 年命名的 406 个全国科普教育基地中属于科研院所类的 84 个,占总数的 20.7%,其中北京、天津、上海三市只有 12 个,仅占 14.28%。

笔者认为,要让广大科研机构、高等院校乐于向社会开放自己的科普设施,解决目前存在的需求矛盾,应探索一套科普场馆开放共享的有效整合机制。

一要探索对开放机构的社会服务机制，让其有责任对社会公众长期开放。《科普法》第十五条规定"科学研究和技术开发机构、高等院校、自然科学和社会科学类社会团体，应当组织和支持科学技术工作者和教师开展科普活动，鼓励其结合本职工作进行科普宣传；有条件的，应当向公众开放实验室、陈列室和其他场地、设施，举办讲座和提供咨询。"科普作为全社会的共同任务，需要科研机构、高等院校从法律的高度加以认识并贯彻落实。如，成都市2011年以区县为责任主体，主动深入区域内的科研机构、高等院校、高新技术企业，收集科普资源，宣传科普法规，并对拟作为基地的每个场馆进行全方位的业务指导，共商开放模式，拟定出共建科普基地的方案。

二要探索对开放设施的利益补偿机制，让其有条件对社会公众长期开放。一方面，有科普设施的科研院所、高新企业要在经费、人员、制度上有所保障，让实验室、陈列室、科学仪器有条件向社会展示，有人去向公众介绍；另一方面，各级政府更应从活动补贴、成果应用、激励政策上制定措施，使积极向社会开放的科研院所在经济利益上有所补偿，在项目申报上有所体现，在成果转化上有所受益。如，成都市2011年改进了只针对市级场馆进行经费补贴的做法，而采取不分其隶属关系和场馆级别，对区域内经市上认定拟面向公众开放的科普基地均实施活动经费的补贴。

三要探索对开放单位的考核评价机制，让其有标准对社会公众长期开放。对隶属科研机构、高等院校、高新企业的面向社会公众开放的科普基地，政府主管部门一方面对其要有规范性要求，在科普设施、活动场所、人员配备上均应提出硬行标准，确保这些场馆有足够的开放时间、应有的讲解人员和丰富的内容展示；另一方面对其要有激励性措施，对开放时间长、接待受众多、活动开展好的科普基地应给予奖励，以此调动这些基地开放的积极性。如，成都市在2011年重新制定了市级科普基地的认定管理办法，对基地的建设方式、建设内容、活动开展等提出了规范性要求和考核标准，并引入市民参与的评价机制。

三、社会参与，形成科普场馆有效利用机制

随着我国科普基础设施在数量上的增长和质量上的提高，如何有效地利用科普场馆开展科普活动，使科普工作真正惠及民生，促进全民科学素质的提高，无疑是当前科普工作的一大命题。从现阶段的情况来看，普遍存在对科普场馆充分利用不够的现象。据统计，成都市目前拥有国家和省、市科普基地、科普教育基地80余个，但社会公众对这些场馆的知晓度并不高。究其原因，既有这些科普场馆在内容、形式、体制上的缺陷，也有各级主管部门在观念、管理、制度上的不足，还有大众传媒对科普场馆的了解、关注、宣传的不够。

笔者认为，要让更多的民众能够走进科普场馆，激发全民参与科普活动的积极性，需要形成科普场馆的有效利用机制。

一要增强科普场馆的吸引力。一方面,要加强已建成科普场馆的业务提升,使科普场馆展示的项目更加注重科学知识、科学理念的宣传及技术知识的扩散,更加符合现代社会人群的审美观,使科普场馆开展的活动更加生动活泼,更加吸引社会公众。另一方面,应挖掘更多的科普资源,开发更多的前沿科技成果的专业性场馆,以增加科普场馆的吸引力,满足公众多元化的需要,如上海市建成的集成电路科技馆、磁浮交通科技馆,天津市建成的电力科技博物馆、桥梁展示馆,成都市拟建设的物联网、新能源、机场模拟体验馆,均具有一定的代表性。

二要增加科普场馆的关注度。一方面,要充分调动高等院校、企事业单位、社会团体等各类科普团体、各界科普人士的积极性,自愿参与科普活动,引导他们利用好科普设施,形成专兼结合的社会化科普力量,以此壮大科普场馆人才队伍;另一方面,应注意加强科普场馆与社会的互动,主动走进学校、社区、乡村开展科普教育活动,让社会各界都能够来关注科普基地,了解科普场馆。如,成都市连续几年组织科普场馆开展的"院士专家行"、"青少年科技之旅"、"西部科学论坛"活动,已经形成品牌,引起了社会的广泛关注。

三要强化对科普场馆的宣传。一方面,要充分利用现代传媒的手段对科普场馆进行公益性宣传,让社会上更多的人群认识科普基地,主动走进科普场馆,积极参与科普活动;另一方面,应加强科普场馆与媒体的互动,充分利用科普场馆的科技优势为媒体创造宣传点,让传媒能够主动关注科普基地,乐于来参与科普活动。如,成都市利用"科技活动周"等大型活动集中宣传展示基地的形象和服务内容,效果十分明显;2011 年,市科技局与《成都日报》等媒体联合组织的"我与科普基地"系列科普活动,吸引了院士专家、学生家长、中小学生、普通市民等参与其中,在社会上反响良好。

《中华人民共和国国民经济和社会发展第十二个五年规划纲要》指出,"深入实施全民科学素质行动计划,加强科普基础设施建设,强化面向公众的科学普及。"在未来的五年中,只要各级政府努力实践,积极探索,我国科普能力建设和科普事业发展一定会取得新的更大的成就。

高端科技资源科普化能力建设实践探讨

姜联合　袁志宁

中科院植物研究所　中科院天地生科学文化传播中心

摘要：该文通过国内外高端科技资源科普化的现状和实例分析,指出高端科技资源科普化是适应高端科学技术引领大众,全面提高国民科学素质的必要有效途径。在实现高端科技资源科普化能力建设中,针对不同高端科技资源项目,选择不同的转化形式,并就实例分析不同项目的转化要点。最后探讨了我国在挖掘高端科技资源科普化工作中的持续发展问题及项目工作要点。

关键词：高端科技资源,科普教育,实践,澳大利亚,持续发展。

一、提高公众科学素质是增进国家科技发展后劲、促进国家可持续发展能力建设的必然要求

联合国教科文组织于 1995 年发表的《世界科技报告》指出："发展中国家与发达国家的差距,从根本上说是知识的差距,人才和劳动者素质的差距。"

提高公众科学素养关系到科技发展后劲和国家可持续发展能力(姚昆仑,国外科普奖励一瞥)。我国许多专家学者指出,目前我国公民科学素质低下已成为制约科技、经济和社会发展的最严重的瓶颈之一。据了解,1989 年美国和加拿大公众基本具备科学素养的比例分别为 7％和 4％,到 2000 年美国增至 17％,而 2003 年我国公众基本具备科学素养的比例仅为 2％,与发达国家相比差距甚大。

科学素质科普,主要内容是提高全体公民的现代科学素质,包括科学知识、科学方法、科学对社会的影响以及提高公民参与科学决策的意识和能力。我国全民科学素质行动计划的专项内容,包括了重点人群(青少年、农民、城镇劳动人口、领导干部和公务员)科学素质行动计划;国家科普能力建设工程(科技教育与培训、科普资源开发与共享、大众传媒科普能力建设和科普基础设施建设等);还有增加科普投入,建立科普事业的良性运行机制,鼓励经营性科普文化产业发展等(中国科学院,科普著作获国家科技奖——解读我国科技发展的新动向)。其中高端科技资源科普化项目开发与共享将是未来提升我国科普化能力建设中不可忽视的一项重要内容。

20 世纪 80 年代以后,为加强科学技术的传播和宣传,满足公众对现代科学技术发展和科技政策的迫切了解,增大公众对科技进步的支持力度,各个国家在促进公众科学素质教育中纷纷设立各种奖项增强本国科技发展后劲和国家可持续发展能力。

1986 年,英国皇家学会设立了"迈克尔.法拉弟奖",鼓励科学家为促进科普教育做贡献。1988 年,英国皇家学会科普教育委员会、皇家研究所、英国科学促进会和科学博物馆共同创立了"朗—普伦斯科学书籍奖"。美国科学促进会设立了华盛顿科学写作奖和威斯汀豪斯科学著作奖,奖励学术著作和科普写作的成果。1990 年澳大利亚设立了"尤里卡科学普及奖"、"尤里卡科学书籍奖"、"尤里卡科学新思维奖"。在南美巴西,近年来设立了 Jose Reis 科学宣传奖。1987 年 2 月,印度政府还专门设立了"国家科普奖"。韩国设立了"振兴奖"奖项。1998 年加拿大会议局和加拿大首席信息杂志共同设立了"信息技术杰出奖"(姚昆仑,国外科普奖励一瞥)。2005 年度我国国家科技奖励项目中,有 7 项科普著作获得国家科技进步奖二等奖。

可见,各个国家都充分认识到提高公众的科学素质是促进国家可持续发展的重要瓶颈之一。特别是近几年随着科学技术的快速发展,实现优质高端科技资源科普化更成为公众科学素质提高,科普与科学技术同步发展的重要内容。

二、高端科技资源科普化能力建设将引领和提升大众科学素质科普的先锋

科技资源是提升科普能力、保证科普事业发展的最重要基础资源之一,科技资源的科普化,就是将科技资源转化为科普资源的过程。这个过程是科技资源功能和作用的拓展与延伸,是其本身应用范围的扩大,并不影响其属性,但是却从根本上实现了科普资源的丰富和科普能力的提高(北京市科学技术委员会,2009 年科技资源科普化亮点项目介绍)。

高端科技资源的科普化直接引领着大众科学素质科普的高端,是国家提高公众科学素质最前沿的资源,在快速提高大众科技素质中具有示范和不可替代的作用。

我国高端科技资源丰富,在京区就集中了国科学院研究院所及北京大学、清华大学等高校资源,在近几年,前沿学科和热点学科领域突出。特别是中国科学院高端科技资源具有明显的优势,近几年来,一定程度上引领着我国科学的发展。在《国家中长期科学和技术发展规划》涉及的重点领域及其 10 个优先主题中中国科学院占 8 个;8 个前沿技术中国科学院占 4 个;在科学前沿和重大科学研究计划中中国科学院也占有重要位置,特别是在物理学、化学、生物学、医学等领域处于世界前列;空间观测暗物质粒子、碳片的发现和性质、染料敏化太阳电池新进展、离子液体研究发展新动向、从绿色溶剂到软功能介质与材料、纳米黄金的研发、微 RNA 治疗干预进展及前景、2 型糖尿病的遗传学研究进展、体细胞重编程与诱导性多能干细胞、相对论重离子对撞与夸克胶子等离子体、石墨烯—碳家族中又一种性质独特的新材料、分子逻辑、单分散纳米晶的合成、组装及其介孔材料的制备、人类基因组单体型图及其对于基因组科学的重要影响、真核基因表达调控新兴领域—表观遗传调控研究、基因突变与肿瘤、炎症性肠病发病机制研究的新进展、他汀类药物疗效和安全性分析等领域,中国科学院都引领着最新的科学前沿研究工作。同

时中国科学院拥有众多学科的国家重点实验室,这些都将为高端科技资源的科普转化提供基础条件,其科普化将引领和提升大众科学素质科普的先锋,高端科技资源科普化能力建设也是增进国家科技发展后劲、促进国家可持续发展能力建设的远源。

三、我国高端科技资源科普化实践与发展

我国高端科技资源科普化建设在国家自然科学基金委员会、北京市科学技术委员会、北京市教委的支持下,已开展了多方面的尝试和实践。

1. 依托中国科学院京区高端科技资源,加强我国高端科技资源的科普化能力建设,引领大众科学素质的提升

项目在北京市科学技术委员会的支持下,依托中国科学院高端科技资源,凸显科普转化过程中科学思想、科学方法、科学精神传播,形式多样,动静态结合。

项目以科普展厅带动科技资源科普转化龙头;深入挖掘国家重点实验室前沿科学技术要点科普化展项,形成前沿科学可视化、多媒体、科普书籍、互动展品创意制作等多种科普转化形式;项目贯穿精英科学家科技前沿科普讲座内容,使整个资源转化过程动静态结合。

项目依托 22 个国家级研究所高端的科技资源,形成以科普展厅带动科技资源科普转化龙头,包括国家动物馆展厅、心理妙科学科普教育展厅、生物医学与蛋白质科学科普教育展厅、污染土地修复科普教育展厅、对地观测与数字地球科普教育展厅、世界最大500 米直径射电望远镜科普展厅、植物的文化科普展厅、华罗庚科学思想展室、"解物质之谜,展科学魅力"科普展厅、趣味力学互动展厅、国家图书馆科学综合展厅,且在一定程度上深度挖掘了国家重点实验室科学前沿热点科普转化展现 12 项。建成了前沿科学可视化系统 3 个,科普专题片 4 部,科普书籍 10 本,互动展品 20 个。

整个项目以科研项目和重点实验室为平台,一批科学家为科普导师队伍,一大批青年志愿者参与其中,初步形成了高端科技资源科普化转换模式。

2. 利用高端科技资源的科普转化,建立青少年科技人才早期培养途径,开拓青少年科学视野,提高科学素质,启迪科学灵感

青少年是大众科普教育的特殊群体,青少年时期是创新科技人才成长的重要阶段,是青少年人性品格以及兴趣爱好培养的重要时期,也是科学价值观形成的关键时期,对青少年开展科技创新能力的培养既是国家可持续发展的战略需求,又是青少年自身成长成才的内在需要。

针对青少年的特点及青少年的成长历程,高端科技资源科普化将对青少年的科学教育起到引领作用。通过高端科技资源科普转化更加有利于实现对青少年科技教育的三

个功能：即开拓青少年的科学视野，提高青少年的科学素质，启迪青少年科学灵感。

在国家自然科学基金委的支持下，对青少年科技人才的早期教育初步形成了一定途径：即通过高端科技资源为青少年教育提供大量的学术支持和学术基础平台；通过科研项目实践，培养青少年对科学方法的探索和运用能力；通过青少年参与实验室和野外科学实践活动，引导学生了解科学试验的验证方法；通过文献检索，熟悉科学文献与科学出版流程。在整个科技教育过程中贯穿对青少年严谨科学态度的锤炼。

北京市科委和教委开展的"翱翔"计划和"雏鹰"计划，也充分利用首都科技资源，深入探索了科技与教育对接的机制，为培养科技创新人才进行了有意探索。

四、以澳大利亚为例，解析高端科技资源科普化

科学教育是一个国家科学发展的重要延展，是将科学研究成果转化成提高国民科学素养的重要手段，特别是青少年处于科学价值观形成的关键时期，科学教育尤为突出重要。从澳大利亚青少年科技教育项目中可见一斑。

1. 澳大利亚 CREST 教育项目

澳大利亚联邦科学与工业研究组织(CSIRO)是澳大利亚最大的科学教育普及机构，设立了众多的青少年科学教育项目。"科学家在学校"项目将科学家和学校、老师连接在一起，共同开展科学教育活动。CREST(CREativity in Science and Technology)教育项目的特点是在高端科技资源的背景下，充分激发学生的科学热情，以科学兴趣引导青少年科学问题的提出，并请青少年自主设计科普展项或科学实验过程，通过科学家对青少年设计项目的评估，再讨论，与青少年一起深入科技教育要点。这种科学兴趣的引导将长期持续提升青少年的科学素养。

2. 昆士兰 SPARQ-ed™项目

该项目是昆士兰大学设立的青少年研究性成长项目，项目以昆士兰医学研究所研究项目为依托，对科学家在科学实验过程中遇到科学难题为基点，就科学家遇到的科学问题进行实验设计，青少年同步与科学家实验，并开展讨论会，实验结果将作为科学项目依据。项目的整个实施过程易于早期科学人才的发现。

3. 澳大利亚可持续发展学校联盟

项目内容以水、能源、废物利用、生物多样性、气候变化、交通、环境等问题为主题，挖掘科技资源并集约化，对不同区域的青少年就同一个科学问题在不同区域开展实验活动，并组织青少年就实验结果的异同展开讨论，并分析原因，深入理解国家的可持续发展的战略要求。其中水样监测(Queensland Waterwatch monitoring and data)项目是澳大利

亚昆士兰州高中学生广泛参与的一个项目,该项目为相关"水"研究科学家和科学项目也提供了重要数据。

昆士兰科技大学高端科技资源课程开发教育项目,以大学高端科技资源为优势,根据青少年不同年龄段特点,开发图文并茂,富于实践体验的多种科技课程,并由专职的科学交流人员每周定期到各个学校为学生授课,形成统一的高端科技资源科技课程授课规范和模式。

该项目根据前沿科学动态设置,不仅为学校提供了高端的科技资源,而且有效结合了青少年学生的课程,增加了课程的前沿学术力度,加强了学校的科学教育力度,广泛及时地提升了青少年科学素质。

五、我国高端科技资源科普化建设持续发展及工作要点

纵观国内外高端科技资源科普化的实践过程,以已开展的项目为基础,以点带面,继续挖掘高端科技资源科普化项目,并建制系统化,是高端科技资源科普化能力建设工作中今后的重要仟务。

在突出高端科技资源优先的基础上,科普化建设在大众科普和青少年科技教育活动中注重以下几个方面:

(1) 在青少年的科技教育活动项目中,注重科学教育的功能实现,即开拓视野,提高素质,启迪灵感。在项目的实施过程中,注重科学态度的量化训练;注重"科学记录"在科学教育活动中的重要性。在项目的选择上注重科学疑难问题对青少年兴趣的引导。

(2) 在大众科普项目中注重融入多媒体新技术,加强大众的直观体验过程,与社会发展重点和公众关注点相结合。

(3) 在高端科技资源科普化能力建设的机制完善中,注重制定支持科技资源科普化的政策法规体系,探讨科技资源科普化的激励机制和工作机制,加强政府统筹协调、科普资源共建共享体系,支持科技资源科普化项目和研究。在已有项目的基础上,加强政策和政府引导,提高项目的持续发展力度,为高端科技资源科普化能力建设提供理论和实践基础,进一步推进科技资源科普化进程。

参考文献

[1] 姚昆仑,国外科普奖励一瞥。

[2] 中国科学院,科普著作获国家科技奖——解读我国科技发展的新动向。

[3] 北京市科学技术委员会,2009 年科技资源科普化亮点项目介绍。

发挥高校重点实验室科普功能的问题与途径

张显明　段鹤然

上海交通大学科学技术发展研究院

摘要： 高校重点实验室体系完整、分布于全国，其建设规模较大，拥有良好的实验条件、卓越的科技队伍、引领科学的前沿发展和面向需求的技术创新，具有成为科普基地的良好基础，应该成为高校对社会科普开放的重要载体。发挥高校重点实验室科普功能需要突破管理机制上的障碍，发挥重点实验室的积极性，并给予配套政策支持。

关键词： 高校，重点实验室，科普。

国际竞争就是国家整体素质的竞争，是组成这个国家的全体国民、生产力、资源和环境的竞争，其中国民综合素质的提高关乎根本。提高国民的综合素质，加强科普工作有特殊重要的意义。

高等学校，承担着人才培养、科学研究、社会服务的职能，是一个国家知识创新的重要平台，是不断追求科学真理的化身，本身就是人类思想和科学发展一系列伟大成就的结晶，理应成为面向全体国民的全社会科普工作的重要一环。其中，依托高校建设的重点实验室，又是高校基础研究和应用基础研究的精华汇聚之所，更应该成为高校面向社会的科普工作的重要载体。

一、发挥高校重点实验室科普功能的意义

1. 高校重点实验室的建设规模

依托高校建设的重点实验室，根据国家主管部门的不同，设有科技部主管的国家实验室、国家重点实验室，教育部主管的教育部重点实验室，农业部主管的农业部重点实验室，卫生部主管的卫生部重点实验室等。高校所在的省级地方政府，由辖区内基础研究的政府管理部门主管，也建有命名为省(市)重点实验室的基础研究基地。以国家重点实验室和教育部重点实验室为例，根据科技部发布的截止 2009 年底的统计，正在运行的国家重点实验室共 220 个，分布于全国 22 个省区市。根据作者的统计，截止 2010 年 12 月，共有国家重点实验室 280 个，其中依托高校建设的国家重点实验室共 115 个，是高校基础研究和应用基础研究的主体力量。高校教育部重点实验室(含省部共建教育部重点实验室)是高校基地建设的另一主力，共建有 608 个，几乎覆盖全国。

2. 高校重点实验室成为科普基地的基础与条件

高校本身就是很好的科普基地,但是在科普基地概念中,高校是一个集成式的概念,难以明确高校的哪一些内容是科普的重点。高校重点实验室作为科普基地,则具有显著的针对性,因为无论是哪种类型的重点实验室,一般都具备以下要素:① 某一研究领域中比较先进和较为完备的公共实验能力,通常表现为一系列实验设施和设备组成的共享实验平台,有的已经达到甚至超过国际同类研究基地的实验能力;② 实验室各研究方向上优秀的带头人和一支比较高素质的研究队伍,在学术界具有一定的影响;③ 一系列研究成果和在重点研究方向上长期的积累,在若干研究方向上代表了最前沿的研究水平。

从高校重点实验室的特点来说,它们围绕着国内外科学前沿领域开展研究,代表了当前科学研究的前沿水平;为国民经济和社会发展面临的科技问题提供解决方案,代表了我国科技发展水平;通过在基础研究和应用基础研究方面发挥的引领作用,代表了科学生产力的发展水平。

3. 高校重点实验室作为科普基地的重要意义

高校重点实验室作为科普基地,除了一般意义上具有的启发民智、培养科学精神、扫除科学误区等作用,其特殊重要的意义还在于:

(1)强化对科学研究过程的直观认识。一般的科普只把结果告知给公众,解决科普受众的"是什么"的问题,而重点实验室具有把"是什么"和"为什么"结合起来的优势,除了科学研究的结论,还对科学研究的方法、手段和过程进行直观展示,具有一般科普难以扩展的范围。

(2)强化对科学发展和前沿的认知。一般科普基地通常都是展示科学发展已有成就和科学发现既有结论,是一种"过去式",而重点实验室立足于科学前沿的基础研究,以及技术前沿的应用基础研究,是在"过去式"基础上的"现在式"和"将来式",既体现了科学本身的规律性、科学研究过程的严谨性、还能启发科普受众特别是青少年的科学想象力,具有一般科普难以企及的高度。

(3)科研人员参与其中的真实感。一般科普基地以介绍为主,科普受众所能接触到的工作人员通常都不是真正的科研人员,而重点实验室是高水平科研工作者集聚的地方,在实验室的任何角落,都能见到高水平的科学家、具有良好科 学素养的工作人员以及受过良好科学训练充满活力的研究生,他们可以成为客串的解说员,对科普受众而言具有更深层次的参与感,还有真实置身科学研究的精神享受。

二、高校重点实验室作为科普基地存在的问题与困难

高校重点实验室对促进科普具有显著的作用,也具有特殊的意义,但是重点实验室

毕竟不同于博物馆等通常的科普基地,其自身具有的基础和条件既是优势,同时也可能成为向一般受众开放的障碍。现实的问题包括:

(1) 高校在管理机制上的障碍。长期以来高校都是由围墙圈成的大院子,对社会处于封闭状态,即便最近大力倡导高校对社会、尤其是优先对社区开放,但是开放的范围限于体育场所、各类纪念馆、成果展示馆、自建博物馆等,主要起到宣传的作用,科普次之。在高校内部管理中,这些能够对外开放的对象一般都是高校直接管理的,而重点实验室一般都依托在院系管理,院系是教学和科研的基础组织单位,通常都不承担科普职能,因此重点实验室与科普受众之间实际上被隔离了。

(2) 重点实验室的主动性与积极性不高。高校重点实验室本身作为科研组织体,承担科学研究任务,同时通过科研培养以研究生为主的人才,长期以来鲜有涉足科普。在实践中,实验室对科普受众开放难以与其自身的定位和发展要求契合,即便有政策引导,实验室科研人员都忙于科研任务,能够投入科普工作的人员、时间和精力非常有限。另外,重点实验室也都普遍担心科普开放带来的对人员安全、设备安全以及正常科研活动的不良影响。

(3) 重点实验室可以满足科普开放的设备有限。重点实验室具有世界先进的科研仪器和设备,承担国际前沿科学研究任务,产出具有重要影响的科研成果,但是这些成果都太"科学",对一般受众而言不够"普通",甚至是晦涩难懂的,重点实验室本身一般都不专门配备可以直观、简洁展示这些科研活动和成果的设备。此外,由于重点实验室出于成本、安全和管理方面的考虑,不太可能允许非专业人员真正接触高精尖的设备和仪器,这就会降低科普受众的参与感,减少重点实验室的吸引力,因此,需要在保证实验室正常工作基础上,找到受众可能参与的内容,并建立参与的手段,比如设立科研体验室之类的专门场所。

三、发挥高校重点实验室科普功能的途径与方法

发挥高校重点实验室的科普功能,需要针对上述现实问题与困难,采取包括 政策、途径和手段在内的切实有效的措施。这方面,有高校已经有了很好的实践。高校所在的地方政府也致力于发挥高校优势推动地方科普工作。笔者认为应该从有限对象、政策引导和有效手段三个方面采取措施推动高校重点实验室成为科普的主力军。

1. 合理选取开放对象

如果科普受众是一般公众,由于个体认知水平差异,科普需求差异化明显,对高校重点实验室这单一对象而言,就难以形成有针对性的科普资源供给,因此试图满足一般性科普需求是不现实的,并且也难以达成我们期待的效果。从实验室基础研究和应用基础研究的定位出发,应该明确高校重点实验室科普的受众限于三类人群:中小学在校学

生,以中学生为主;大学在校生,尤其是不同专业背景的大学生和研究生;与重点实验室研究领域相关或相近的产业界人群。开放对象定位清晰,科普的目的性也更强,相应的建设和管理要求也容易跟上。

2. 加强政策引导

政策引导分为两个层面:一是对高校和重点实验室的要求。从国家和社会对高校的要求来说,要进一步明确高校应该承担的科普义务,并切实予以落实,而重点实验室就是落实高校科普功能的主要载体。从对重点实验室的要求来说,明确实验室应该承担的科普义务。为了落实责任,在目前国家各部委针对重点实验室的阶段性考核评估办法中,除了考核实验室的科学研究水平、科研队伍建设和人才培养、开放和运行管理,可以要求把科普开放也作为实验室考核的一个要求。如此,政策从高校和实验室二个着力点出发,就能起到较好的引导效果。

二是落实配套政策和资源,其中主要的是人员与经费保障。吸引受众、开展科普活动不能依靠重点实验室科研人员,实验室科普责任的落实也不应该冲击正常的科研人力资源配备,必须建立起一支精干的全职性科普队伍,他们对实验室科研工作有较深入的了解,同时承担科普讲解和科普资源建设与维护的功能。其次是经费保障,作为社会公益性事业,必须承认科普的成本是必然存在的,应该有专门的必需的经费。

3. 加强重点实验室科普的手段建设

如上所述,适度的参与才能让受众更好地了解科学原理,认识科学试验研究过程,认识科学研究的意义和价值,但是受众不可能完全理解复杂的科学试验研究过程,不可能完全清楚大型仪器的工作和操作,实验室也不可能允许没有受过专业训练的人员动手触碰昂贵但"娇气"的科研仪器和设备,因此建立适当的科普手段是必需的。这些手段应该具备两个条件,容易为科普对象所认知,能够很好地展示认知对象的科研特色活动。通常包括两个部分,声光电等技术平台,通过技术平台实现的与实验室研究相关的特色内容。

参考文献

[1] 李云庆,王慧兰.新时期高校介入科普工作的意义和有效途径.科学观察,2008年第6期.
[2] 韩晶.提高国民素质 强化高校在科普工作中的作用.甘肃农业,2006年第11期.
[3] 蔺光.我国高校博物馆科普功能研究.东北大学硕士学位论文,2008年6月.
[4] 张志敏.科研与科普应相辅相成发展.大众科技报,2009年12月1日第A03版.

新媒体语境下科研院所高端科技资源科普化新思考

杜纪福　李大光

中科院研究生院人文学院

摘要： 随着科学技术的迅猛发展、传播手段的日益丰富，我们也进入新媒体飞速发展与应用的时期，新媒体语境下的科普工作面临更大的挑战，但同时也是我们的机遇。新媒体社会，科普的内容、形式、手段、渠道、机制等各方面都发生了很大变化。

关键词： 新媒体语境，科研院所，高端科技资源，科普化。

一、科研院所科技资源科普化的必要性

新中国成立后，特别是改革开放以来，我国已积累了丰厚的科技资源，为科技资源科普化奠定了基础。任福君说："科技资源科普化的过程，是科技资源功能和作用的拓展与延伸，并不影响其属性，但是却从根本上丰富了科普资源，提高了科普能力。"近年来，科技资源科普化工作，已有许多省市区、大学、科研院所在探索。科研院所不仅有丰富的智力资源科技资源与科普资源紧密衔接，探索新的实现形式与结合形式，促进科技资源的科普化，提高科技资源的科普效用，使科学知识、科学方法、科学思想、科学精神广为传播，对于提高科普能力与工作水平，具有突出意义。

1. 公众需要的科普资源应该具有易接受性

科普知识是科技知识的一种特别表达方式，公众所接收的科普知识，不能够只是简单地学习某种知识，而应该包含领会科学的精神，即科学家在研究、生产这些知识、科学发现、技术发明过程中所体现的一种不断探索、求证的精神。要使其更好的实现，其中重要的一点是要采取公众易于理解、接受、参与的方式向社会公众传播。

2. 科研院所的科普资源具有更好的专业性、权威性和科学性

科技资源是科学研究和技术创新过程中所涉及的各种知识、实验器材、实验物品，甚至是自然界中真实存在的一些现象，具有较强的专业性的特点，科研院所都是侧重于特定领域的科学研究，包括其中的科研人员，都是专注于各自领域的学术研究，在本领域内的学术研究有很深的探索，专业权威性强。因此，科研院所的科普资源也就具有更好的

专业性、权威性和科学性。

3. 社会公众对科研院所的科普持有的兴趣度更高

调查发现社会公众对科研院所的科普持有很高的兴趣度,中科院研究生院科学传播中心研究人员针对 2009 年中科院公众开放日的调查显示,在受访者中,96％的参观者希望能参观科研院所,希望了解科研院所。

4. 科技资源是一种社会公共资源,需要为公众服务

科技资源是国家政府投入的产出,隶属公共资源范畴。作为纳税人的公众有权利享受公共资源。只有将专业性较强的科技资源和科技成果,通过科普化过程,才能让一般社会公众理解、使用、了解,并且通过这些资源去进行探索、研究,实践科学研究成果服务人民群众的宗旨。

二、新媒体语境下科普受众的行为模式变化

科普受众的需求度、关注度和参观访问量等资源是促进科研院所科技资源科普化的主要推力。然而这一资源越来越多的流向新媒体。新媒体改变了传统科普受众的参观习惯,受众越发成为“沙发里的土豆”,越来越不主动地参与到实地场馆的科普活动中。在新媒体快速发展和普及的环境下,越来越多的科普受众转向通过互联网去寻求科普,获取科普知识。新媒体语境下的科普受众行为模式正在发生潜移默化的改变,网络的大规模应用,移动多媒体作为新的接收终端必将对受众信息接受行为和习惯产生巨大影响。

1. 科普参与方式:从单一模式转向多元模式

科普受众科普信息获取渠道的多元化,是对传统科普参观的极大冲击,也使传统场馆科普参观面临着更大的竞争。

在传统的信息传播框架下,去科普场馆参观时是受众获取科普知识的一个重要渠道,这也成为科普场馆存在的理由和相对于其他科普模式的竞争优势。在新的信息传播结构中,受众获取信息的渠道大大丰富。观众对信息的获取不再局限于科普场所,而各类专业科普网站、个人科学播客以及虚拟博物馆等,成为科普信息知识的集散地。多元化的媒介渠道,为受众的信息接受提供了广阔的空间,经典传播理论中受众选择性接受的权利得到充分尊重。

2. 科普受众行为心理:从约会意识转向随意选择

“约会意识”是传统科普受众的参观诉求的出发点,强调要培育和巩固观众的“约会

意识",形成参观习惯,以赢得观众对科普场馆参观的兴趣度。从外在表现上看,就是科普场馆推出科普活动,科普受众根据科普场馆提供的科普活动的编排时序"按时"参观。

新媒体尤其是互联网的兴起改变了科普场馆对观众的参观心理的引导和束缚。各类专业科普网站、科学博客及虚拟博物馆等使观众不必按照科普场馆的时间限制、空间限制去参观,从时间和空间上解放了观众。新媒体背景下,对传统的科普模式提出了更高的要求,必须根据科普观众的需求,提供适合观众信息接受习惯的内容和服务,通过科普资源新的实现载体和形式等系统工程来维系科普受众去场馆参观的忠诚。

3. 科普受众的学习行为: 从传授转向自由主动学习转变

新媒体技术发展直接导致科普受众的学习行为的转变。传统媒介环境下,媒介技术是造成普通受众被动接受地位的主要成因之一。而伴随着新媒体技术的快速发展,受众的学习行为越来越转变为主动学习和自由学习。

三、新媒体语境下科研院所高端科技资源科普化革新路径

新媒体的崛起改变了人们日常信息交流方式,并对传统科普模式造成极大冲击。在新媒体语境下,笔者认为科研院所高端科技资源科普化革新路径要走一条革新的路径:建立新型的网络科普的"互动科普"模式。将科研院所高端科技资源的科普构建到网络上,通过实施网络科普的模式。"互动"是新媒体之于传统媒体最大的优势,也改变了传统科普理念。早在几年以前,国外很多科技馆都建立自己的网络虚拟馆、科普论坛、手机短信平台等等互动平台,旨在推动科普与观众的互动。网络的普及将为科普的互动提供极大的操作空间,形成新型的网络"互动科普"的科学传播模式。

新型的网络"互动科普"模式必然包括人机互动、传受互动和受众之间互动,形成一种"社区"式的科普传播网络形态。直在网络"互动科普"的状态下,"科普"不再是单纯的受众视听体验,而是一种多维的交流行为,观众行为从"看科普"转变为"体验科普"。

面对新媒体带来的变化,中国科学院就探索出一种全新的科普模式,建立了中国科学院科技资源科普化网络平台——中国科普博览网站。中国科普博览始建于1999年,中国科学院的100多个研究机构和4万多名科研人员都不同程度地参与了网站的日常建设和维护、管理工作,形成了一个基于网络的虚拟科学博物馆群,"中国科普博览"将"虚拟,互动"的网络科普理念发展成熟,带动一大批网上虚拟博物馆的发展,并首次引进探究式科普理念和科普实践,是科研院所高端科技资源科普化的优秀引领者和实践者。

目前,"中国科普博览"通过整合中国科学院各个科研院所的高端科技资源,累计建设了60个中文虚拟博物馆、13个英文虚拟博物馆,内容覆盖自然科学领域的大部分学科和社会科学的部分领域。截至2009年10月,"中国科普博览"网站累计接待六千多万访问者,日平均访问人次将近3万人。凭借网络平台良好的开放性、大容量、易更改、表

现形式多样、互操作性强等优势,实现中国科学院丰富科学科技资源在统一平台的有效集成和整合,从而向最大范围的受众,提供最全面系统的科学传播和普及服务。并与其它传统科普服务方式实现了线上线下的有机结合,促进中国科学院科普工作的整体提升。在促进提高中国公众科学素养水平,普及科学知识,传播科学精神,启迪科学思考,发挥着独特的作用,也为中国的科普事业增添一抹新的亮色。

中国科普博览网站在承担网络科普方面的功能已经非常完善。总结出主要有以下几大特色优势:

(1)互动特色明显。设有科学论坛栏目模块,为网民提供了意见信息交流互动的平台,科学游戏,互动体验等栏目,为网民提供体验式的学习模式。

(2)多媒体技术应用广泛。科普内容的呈现方式以及多媒体技术的应用直接影响受众的关注度和理解程度。采用视频、FLASH 等多媒体手段对科普内容进行讲解和演示,有助于激发受众的兴趣、增进受众对科普内容的理解。科普博览网站上设有科学图吧,科学影院,科学游戏,科学动画等栏目。综合运用视频,音频,动画 flash 等多媒体手段技术,以其使科学知识的传播更加生动化,趣味化,收到了良好的效果。

(3)信息发布更新及时快速。网络传播的优势之一是即时性。只有做到及时性,才能保证受众在第一时间掌握资讯。科普博览网站在以下三个方面做得很好:一是科普领域的新消息,如科普活动、科普政策等;二是科技领域的新进展、新发现等;三是本网站主办方的相关新闻。这三个方面的内容得到及时有效地传递。例如 2009 年全国科普日中科院科技创新体验活动,信息在网站平台上早已公布,相关信息包括,活动时间,地点,内容,交通等各类信息一应俱全。相关报道也在网站上同步更新。

(4)网上虚拟博物馆是一大特色。网上虚拟博物馆和数字科技馆是网络科普中新兴的一种科普内容表现手段。它采用先进的网络多媒体技术将科技博物馆的内容在网络上呈现,融知识性和趣味性为一体。中国科普博览网站累计建设了 60 个中文虚拟博物馆、13 个英文虚拟博物馆,内容覆盖自然科学领域的大部分学科和社会科学的部分领域。这是其他同类科普网站无法做到的。

(5)线上线下互动。中国科普博览网站除了在线上设置互动栏目。举办讲座。开放虚拟博物馆外。在线下也同样有相关活动。例如每年定期的中科院公众科学日,院所实验室开放日,敞开大门,迎接参观者。结合和利用全国各个基地,各个院所的实际特点,举办各具特色的科普活动。

四、新媒体语境下科研院所高端科技资源网络科普化思考与建议

新媒体的发展不仅改变了人类的交流方式,而且极大地改变了人类开展工作、从事交易、相互作用、娱乐、寻找信息和学习的方法。互联网可以更有效地传递科学文化知识和信息,人们足不出户,即可在家里参与学习和交流。海量的信息、传播的便捷、多样化

的交互,使互联网孕育着惊人的发展潜力。网络为人类提供了实时的交流平台,网络科普可以跨越时空限制,向公众传播科学知识。网络科普具有更新、更快、更平等和更便捷。

因此,科研院所的科技资源科普化必须全面适应新媒体语境下的新传播时代的要求。那么如何做好科技资源的网络科普化呢? 我们应该从以下几个方面努力:

1. 以"科普受众"为中心,针对科普受众需求将科研院所科技资源科普化

新媒体语境下强调受众个性化的需求,尤其是在 Web2.0 时代,科普受众的个性化和主动性不断增强,在选择科普信息时常常以个体需求为取向。因此科技资源科普化要吸引受众的注意力,有效发挥效果,需要在科技资源科普形式、科普内容和科普手段等方面针对受众需求和喜好提供相应的科技资源科普化产品。

2. 重视网络技术的应用,创新科技资源科普化手段

经过互联网文明的熏陶,海量的信息、实时平等的交互和便捷的查询检索成为网络时代媒体受众的基本需求。这种需求正在不断膨胀,并呈现出日趋多样化的发展趋势。而先进的网络平台技术和权威独到的内容资源是满足此需求的两个基本条件,因此科研院所科技资源科普化必须重视网络技术的应用,创新科技资源科普化手段。

3. 突出科研院所特色,创作开发独特科普产品和内容

科研院所在各自的行业、学科上具有独特科研成果和资源优势,这是其他机构所无法比拟的。因此,科研院所应该结合自身的科研领域、科技资源优势、科研成果,积极创作开发有本考研院所特色的科普产品和科普内容。

4. 注重平台建设,实现科技资源网络科普化共建共享

共享平台是科技资源共享的重要载体,也是科技资源科普化的基础步骤;科技资源网络科普化平台建设是促进科技传播的重要内容,也是科普工作发展的必然趋势。科普资源共享强调的是不同资源之间建立联盟和共享机制,成立专门的协调机构,构建一个平台,同时完善制度保障,以集成各类科普资源,集聚多方力量,促进各个科普平台间的合作和资源共享。因此各科研院所单位应该建设共享平台,完善科普资源的共建共享机制。

5. 政策引导扶持,制度来保障,加大投入

完善和促进科研院所科技资源科普化的发展,必须要靠政策引导制度来保障和支撑。只有建立一整套切合各科研院所实际的科技资源科普化发展规章制度,才能促进科技资源科普化事业的常态化,规范化,健康化发展。在完善制度的基础上,科技资源科普

化才能有章可循,才走上健康的发展道路。因此,应该院有关部门尽快出台相关政策文件,促进科研院所科技资源科普化事业制度化,规范化的发展。

总之,科研院所科技资源科普化事业的发展,既要依赖于国家政策的保障,国家主管部门的扶持,还要各科研院所单位出台相关配套措施和制度,从人力上、制度上和资金上给予扶持。需要各单位各部门相互协作,群策群力,共建共享,将科研院所科技资源科普化事业推进到一个新的高度。

参考文献

［1］ 任福君. 新中国科普政策的简要回顾. 2008.

［2］ 任福君. 加强科普资源建设,提高全民科学素质. 2006(10).

［3］ 中国科普研究所. 中国数字科技馆科普资源调查报告. 2008.

［4］ 郑念. 科普资源建设的基础理论研究报告. 2007.

［5］ 任福君. 科普资源建设的理论与实践研究报告. 2008.

［6］ 郑念. 一个重大而又艰苦的工程. 2006(10).

［7］ 任福君. 搭建科普研究资源平台、促进科普事业发展[期刊论文]—科普研究 2006(3).

［8］ 任福君. 科普资源共建共享亟待加强. 2009.

［9］ 任福君. 关于科普资源研究的思考. 2008.

［10］ 任福君. 关于科技资源科普化的思考. 2009.

［11］ 刘玲利. 科技资源要素的内涵、分类及特征研究[期刊论文]—情报杂志 2008(8).

［12］ 周寄中. 科技资源论. 1999.

［13］ 朱付元,李正风. 政府主导下的科技资源整合研究. 2005.

［14］ 中国科技统计. 2009.

［15］ 中国互联网络信息中心. 第 23 次中国互联网络发展状况统计报告. 2009.

［16］ 刘绿茵. 国家创新体系的科技信息资源共享机制研究. 2004.

［17］ 王东阳. 自然科技资源共享政策法规研究. 2005.

［18］ 何丹,何维达,李梅,汪振霞. 北京市科普资源开发与共享现状及对策研究. 2009.

［19］ 尹霖,张平淡. 科普资源的概念与内涵[期刊论文]—科普研究 2007.

［20］ 中国科学技术协会. 中国科协科普资源共建共享工作方案(2008—2010 年)2008.

小议天文科研资源的科普化

——值得借鉴的"科学松鼠会"

冯 翀

国家天文台

摘要：近几年由一些青年科研人员自发组织成立的科普团体——科学松鼠会，他们开展科普活动的过程中有许多经验值得借鉴到天文领域之中，使该领域内科研资源可以顺利完成科普化的过程。同时科研资源科普化不仅是对科研成果的一种展示，也是利用自身资源对公众进行回报的有效方式。

关键词：天文，科普，科学松鼠会。

一、借鉴成功模式发展天文科普

科学松鼠会是近几年由一些青年科研人员自发组织成立的科普团体，他们秉承着"让我们剥开科学的坚果"的理念，利用自身的科学知识背景，结合当下公众的兴趣点，进行科普知识的传播和科普活动的组织。该组织成立之初规模并不大，但基于其明确的活动定位和活动组织方式，迅速吸引了大量有志于进行科普活动的科研工作者及广大的读者群。目前他们出版科普书籍、组织科普讲座，利用各种媒体进行着宣传和活动开展，科普宣传效果很好。

其迅速的发展态势证明了运营模式的成功，通过借鉴其经验，也将有益于天文科普的发展。

1. 天文科普的内容构建

科学松鼠会科普活动涉及的学科很多，从"食品色素"到"触摸太阳系的边界"，但各种话题都有同一个特质，那就是与人密切相关。在核辐射谣言四起时，科学松鼠会很快就制作了一系列科普图片和动画，用简明的语言阐释了真相，缓和了公众的紧张情绪，这种"以人为本"的精神对宣传效果产生了积极的影响。天文科普在制作和组织内容时，也需要从公众出发，只有内容与公众相关，才会吸引大家的注意力，才会让公众有了解和学习的动力。

科研人员有着深厚的天文学功底，但在科技资源科普化时并不需要把实验和计算的细节和盘托出，因为那样会让公众抓不住重点，在艰深的专业内容中丧失了解的兴趣。科研人员接触着科技发展的前沿，但在科技资源科普化时并不能仅从学科发展的角度诠释,而需要找出该项创新与公众的相关点,从"实用"的角度着手介绍。面对丰富的科研资源,要避免枯燥的原理和概念介绍,避免内容缺乏可读性和远离公众生活,要从社会的角度切入,结合科技发展的历史和人文影响,借由发生的天象和事件,以天文知识为基础,解释过程,阐明观测方法,让公众觉得天文科普知识有用、有趣而且有很强的可参与性。

依托于国家天文台的中国"动手天文"教学组织(简称 HOU),就充分利用了动手性和参与性,通过手工制作天球、组装望远镜和实际观测等活动,让公众在实践中了解天文,并对天文知识产生兴趣。而另一个成功例子——《中国国家地理杂志》,则将地理和人文充分糅合,用精彩的图片和浓郁的人文气息拉近与读者的距离。天文学本身就有许多精彩的图片,这也是亮点之一,将其与古代历史传说、科技发展过程、著名文学作品、人物传记以及当下的热点天象等相结合,再以简明扼要的科学知识阐释,就能制作出有人文气息的科普作品。

天文学观测过程的可参与性、观测结果的可看性以及发生天象的实时性对于公众还是很有吸引力的,但在具体科普作品创作中,也需要认识到科技论文和科普文章的差异,以免由于文章的通俗性和可读性较差而使公众感到枯燥难懂,甚至望而却步。科研人员应进行相关培训,在"能写"的基础上"会写"科普文章,进而从题材和形式上都能让公众感兴趣,制作出内容优秀的科普作品。

2. 天文科普的宣传方式

科学松鼠会举办的活动形式多样,读书会、看片会、参观展览、专家讲座、出版科普书籍、网站、论坛以及微博一应俱全。各种媒体渠道的充分利用扩大了活动的影响力。在活动开展前,利用多渠道广而告之,吸引公众;在活动中邀请专家学者,保证了活动的科学水准;规范化的活动开展流程,有效提高了科普活动的效率;活动结束后的网络投稿等,也是与公众互动并从中得到经验的有效举措。

天文科普活动要想有良好的收效,不仅内容要精良,还要有行之有效的宣传方法。科研单位具备精确预报天象的能力,在天象发生前,就可以准备相关资料,并与各路媒体联系,进行有效、广泛且具有前瞻性的活动宣传。2009 年的日全食直播,就是一个典范。在日全食发生前的宣传工作,不仅提前通知了公众可观测区域,还给出了简明的物理图景,并对公众给出观测的指导,不仅避免了迷信造成的谣言和恐慌,还防止了公众由于观测不当造成人身伤害。在日全食发生过程中的多方连线和各路媒体的直播,让宣传的力度和影响范围都进一步扩大。许多媒体都请了天文专家进行讲解,这也是科普中的一个有力手段,即利用专家的名人效应和他们的丰富知识,进一步扩大影响,增强科普效果。

从早期天文科普专家李元先生"到宇宙去旅行"的表演节目,到现在的北京天文馆的数字工作室,媒体技术的进步也正推动着科普活动的开展。在具体宣传中,要结合时代发展,以公众方便接受的方式和途径进行通知发布。有调查表明,公众的阅读大多呈现

"碎片化"，即阅读时间集中于睡前和外出途中这两个时间段。这就要求在进行天文科普推广时，科普内容要符合公众的阅读习惯，以短小易懂的方式呈现，便于公众接受。另外，公众网页阅读的时间越来越长，博客、微博的号召力不可小觑。许多专家学者都开通了个人微博，这是很好的互动交流平台，也是推广科普活动的新兴平台。北京天文馆的朱进馆长就很喜欢用微博和公众交流，他经常发布天象简介、观测照片以及天文馆的活动介绍等，这在一定程度上帮助了科普信息的传播。目前我国天文科研机构都有门户网站，也都有科普专栏，但内容还有待丰富。美国国家航空航天局(NASA)的官网上就有针对不同公众群体的各种天文知识介绍，甚至包括对低年龄层儿童开发的天文游戏等。通过借鉴不同的科研机构网站，我们可以丰富科普专栏内容，结合前沿科研成果，深入浅出的向公众展示我国天文事业的发展，拉近公众和天文的距离。所以，在具体开展天文科普活动时，选择合适篇幅的科普文章，考虑不同层次公众的需要，进一步完善科普内容，并且擅长利用公众热衷且高速的交流方式，才能最大限度的实现知识共享和传播。

3. 天文科普的团队和政策支持

科普活动，既涉及科学知识，也涉及普及推广。科研人员制作出了科普作品，采用了有效的宣传手段，但活动的规划和组织也是重要环节。科研人员平时有繁重的科研任务，创作了科普作品，却还要组织科普活动，这是有实际困难的。科学松鼠会正是凭借着团体的分工性和合作性，才创作出了这么多优秀的科普作品。建立有着共同科普目标的团队，有重点、有计划、有经验的组织和开展活动能有效的提高科普效率，促进科研人员更加积极的为科普事业努力。

科研单位也可以考虑利用政策等将科普成果纳入绩效考评中，建立相应的鼓励机制来为科研人员进行科普活动创造条件。目前，依靠政策和制度进行科普活动仍是主流，因为依托于国家各单位的经济、技术和人力支持，才可开展有长期发展计划和进度的科普活动。例如，在2010年的公众科学日，中科院在园区内建立了相关展厅，吸引了众多市民参观。这一举措既是中科院等科研单位对大众的科研成果展示，也是利用自身资源对公众的回报。

三、结语

发展科普，是提高我国公民素质、促进社会和谐发展的关键举措。通过科学知识和科学思想的传播和推广，既可提高公民的科学素养，还可保证公民在遇到突发事件时能以科学的态度面对和解决，从而避免不必要的慌乱。高效的科普宣传活动，需要各方的努力配合。作为活动组织机构，在选题时，应结合时代特色，选择符合大众需求的话题，以大众喜闻乐见的形式开展活动；在活动过程中，应少理论，重参与，从大众易于接受的角度传授科学知识，并吸引大众的兴趣；在活动结束后，还应对活动进行效果评估，争取每次科普活动的效果最大化。

在科普活动实践中,应充分利用科技资源。现有的科学实验室和科研单位可以选择适当的部分对公众开放,定期进行成果展览,让大众走近科学前沿,也让大众了解我国科研事业的内容、进展和成果;对有能力进行科普作品创作的科研人员应该予以支持,并建立鼓励机制,激发科研人员参与科普活动的热情;对于有兴趣进行科普活动的科研人员,可以进行传播方法和科普写作等方面的培训,进一步提升其科学传播的能力,有效提高科学传播的效果;科研人员也可利用自身知识优势与媒体合作,推出专业性和可读(看)性兼备的书籍、纪录片等,从不同媒体渠道进行科普活动;科研单位在进行科普活动时,也可联合一些志愿者和民间机构,学习其丰富的活动组织经验和对大众兴趣点的把握,对其进行经济和政策层面的支持,双方一齐努力将科普活动的效果最大化。科普和科研的互相扶持,既有利于我国公民科学素养的提高,也有利于培养科学研究的后备力量,更好地促进我国科学研究的健康发展。科普活动的开展,是真正将科学研究回报社会的有效途径。

参考文献

[1] 科学松鼠会网址 http：//songshuhui.net/.

[2] 刘明华,科普期刊的发展探索,记者摇篮,49—50,2008.

[3] 卞毓麟,新时期的天文教育和普及,紫金山天文台台刊,第 22 卷第 1 期,111—116,2009.

[4] 杨尚鸿,我国公共科学传播理论与实践初探——以 2009 国际天文年日全食多路联合直播为例,人文杂志,第 22 卷第 1 期,158—162,2010.

[5] 杨虚杰,李元：一位科普事业家的历程,科普研究,第 4 卷第 022 期,90—96,2009.

[6] 2011 年度北京阅读状况调查.

[7] 陈妙贞,关于科普期刊作者队伍建设的思考,新闻实践,60,2005.

科普图书漂流,让科学知识循环传播

郭　璟

科学普及出版社

摘要: 如何有效实现科普资源共享,是我国科普工作亟待解决的问题。科普图书漂流,在我国尚属起步阶段,但其影响力却不容忽视。如何将此活动深入开展下去,有效地整合社会资源,是科普部门需要考量的问题。

关键词: 科普图书,科普资源共享,漂流,传播。

随着我国政府大力倡导的"低碳"意识的深入人心,如何提高科普图书等科普资源的传播利用率和服务公众的能力,如何实现最大效率的共享,是我国科技传播研究及科普工作的重要课题。在众多科普工作者的努力下,科普图书在阅读传播模式上正在做一些有益的创新和探索。科普图书漂流——这一新兴的科普资源传播模式——正在我国摸索前行。

一、图书漂流的起源及在中国的发展

图书漂流起源于20世纪六七十年代的欧洲,读书人将自己读完的书,随意放在公共场所,捡获这本书的人可取走阅读,读完后再将其放回公共场所,继续放漂。这种好书共享方式,让"知识因传播而美丽"。互联网的出现加速了图书漂流活动的普及,参与图书漂流活动的读者有义务在书签上所示的网站注册,并在网站上撰写获取日志、趣闻或阅读笔记。这样,参与了该书漂流的书友就可以相互沟通、交流。

我国的图书漂流活动已有八年多的历史,中国"图书漂流网(www.tspl.cn)"是国内一家大型图书漂流网站,网站上的每本漂流书都有一个独一无二的标识码,使得图书漂泊之旅中的每一站都在网上清晰可见。获取图书的人还可以撰写读书笔记,供书友们沟通交流,达到"分享藏书,以书会友"的目的。该网站目前拥有注册书友4 000多人,注册图书超过400册,并在北京和乌鲁木齐设有两个"图书漂流"站。但此网站上放漂的图书大多数为人文社科类图书,科普图书较少见。

二、科普图书漂流虽是新生事物,但其影响力已显现出来

2011年,在全国科普日活动期间,科学普及出版社启动了"科普图书公益漂流"活动,受到党和国家领导人的关注及公众的欢迎。中央领导刘云山、何勇在参加科普日活

动时，对"科普图书公益漂流"活动表示赞赏，欣然为首漂图书——传播水知识的科普文学作品《来自宇宙的水精灵》题词并写下寄语。

2011年12月26日，中国科协青少年科技中心、科学普及出版社、北京史家小学联合主办的"2012爱心起航——科普图书公益漂流"活动北京启动式在北京史家小学举行。此次科普图书公益漂流活动放漂的图书为《来自宇宙的水精灵》和郑渊洁著的青少年安全教育图书《皮皮鲁送你100条命》。北京史家小学的同学们还将自己爱心捐购的2 000余册图书赠送给北京、西藏、宁夏、四川、河北等地的小朋友。中国科协书记处书记王春法在致辞中说："知识，爱心，皆因传递而美丽。在图书一棒接一棒的漂流过程中，传递的不仅是知识，更有诚信的培育和爱心的播洒。"

在中国科协、地方科协以及地方教育部门的大力支持下，"科普图书公益漂流"目前已在北京、山西等地举办，并延伸到西藏、宁夏、四川等地，产生了良好的社会效益。

三、"科普漂流书屋工程"成为"十二五"期间广东省科协的重要任务

广东省科协组织实施的"科普漂流书屋工程"在2011年广东省全国科普日活动期间正式启动，并明确把科普漂流书屋建设作为广东省科普基础设施建设的重要任务，计划在广东省主要社区、学校建立一万座科普漂流书屋。

2012年2月，"科普漂流书屋工程"向校园推进的一项重要活动——"2012年科普漂流书屋进校园"在广州市海珠区实验小学正式启动，此活动旨在为青少年学习科学、探索科学创造更好的条件和环境。该活动的近5万册科普图书资源全部来自社会捐赠，分发到广东省200个示范点，让科普图书在校园中"漂流"。广东省科协领导表示，实施"科普漂流书屋工程"建设是广东省进一步加强科普基础设施、推进科普资源共建共享的实际行动。

四、科普图书漂流的重要意义

科普图书漂流作为我国科普工作中的新生事物，在科普资源共建共享方面具有重要意义。现如今，我国科普资源共享工作主要有优质科普资源缺乏、科普资源共享服务工作不到位、社会共享意识淡薄等问题。[2]而科普图书漂流这一科普资源共享方式，能最大限度地充分利用现有科普图书资源，广泛借助社区、学校、各级科普活动场所等社会力量，通过网络、漂流书屋等媒介积极调动社区居民、青少年的参与积极性，以和谐的方式促进科学知识的传播、交流与分享。

五、问题与对策

科普图书漂流在我国尚处于起步阶段，公众对此活动规则的认知程度较低；针对不

同受众,如何最大限度地满足不同人群的科普需求,是漂流图书选择的标准;科普图书漂流对于公民的诚信自律、公物保护意识无疑是一个考验,如何管理漂流图书,使更多的人收获科学知识,需要健全制度的保障;活动实施过程中,如何最大程度地节约成本,也是组织者需要考量的重要问题。针对以上问题,提出如下的工作方向和思路:

(1) 充分利用电视、报纸、网络等新闻媒体以及社区、学校、科普场所的传播优势,使公众对科普图书漂流这一概念有逐渐深入的认识和理解,并引导公众将参与到科普图书漂流阅读活动中来作为一种时尚的业余休闲方式。

(2) 应按照不同受众的类型,提供定位明确的科普图书目录,入选书目的科普图书应经过专业权威的科普工作小组的遴选审核方可通过。

(3) 图书漂流的游戏规则是"爱就释手",此活动不仅在于传播科学,对于公众的诚信培育和道德教育也起到了积极的作用。应针对科普图书漂流活动开设相应的网络平台,以便跟踪图书漂流进程,同时,可供书友交流分享心得,还可宣传资源循环再利用的环保理念等。

(4) 为节约政府支出,可广泛动员热心公益事业的单位对科普活动的支持,如通过宣传,倡导图书出版单位的图书捐助、企业的冠名赞助、社会群众捐赠闲置旧书等形式,进一步整合社会资源。

科普图书漂流,在我国的科普工作中,虽然新来乍到,却是我国科普传播的方式的创新之举,有无穷的发展潜力,期待其在未来能对我国科普资源共建共享起到积极的推动作用。

参考文献

[1] 莫扬. 我国科普资源共享发展战略研究[R]. 北京:2010 科普理论国际论坛暨第十七届全国科普理论研讨会,2010.

[2] 何悦,常亦殊. 图书漂流能"漂"多远? [EB]. [2011 - 05 - 19].

[3] 冯永锋,詹媛. 繁荣科普出版需多方出力——访科普出版社社长苏青、总编辑颜实[N]. 光明日报,2012 - 03 - 21(2).

[4] 李芸. 科普图书向何方漂流[N/EB]. [2012 - 02 - 03].

[5] 科学普及出版社. "科普图书公益漂流"活动在京启动[N/EB]. [2011 - 12 - 26].

[6] 张炜哲. 广东省科普漂流书屋进校园活动启动[N/EB]. [2012 - 02 - 27].

科普活动与传播

加强国家科普能力建设的实践与探索

钮晓鸣

上海市科委

摘要： 科学技术的进步与创新与科学技术的普及息息相关，上海一直高度重视科普事业发展，注重发挥科普工作潜移默化的影响。与此同时通过学习兄弟省市的经验，致力于将科普工作做实、做强。

关键词： 科普能力，基础夯实，探索。

回眸近百年创新历程，科学技术的每一次重大变革，都创造了全新的生产力，丰富了先进文化的宝库，加速了人类文明的进程。而每一次科学的进步与创新又总是与科学技术广泛而迅速的普及息息相关，科学普及已成为构筑国家竞争优势、促进社会和谐的重要基石。正如胡锦涛总书记多次强调的那样，"科普是发展创新文化，培育全社会创新精神的重要保障"。

国家科技部等八部门出台了《关于加强国家科普能力建设的若干意见》，明确将科普能力建设作为创新型国家建设的重大战略任务之一，并提出了"十一五"期间加强科普能力建设的主要任务。将自主创新和科普学普及紧密结合，把科普能力建设作为创新型国家建设的一个环节，以科学发展观为指导，通过发展科技和教育、强化传播与普及，推动我国科普能力不断增强，公民科学素质不断提高。

过去几年，在科技部的大力支持下，上海的科普工作在工作创新、体制创新等各个方面开展了一系列的有益探索，并取得了一定的成效。

长期以来，上海一直高度重视科普事业发展，在科技部的支持和指导下，围绕科普能力建设的各个方面，注重发挥科普工作潜移默化的影响，强化公众对科学的"理解"和"感悟"，在努力提高市民科学素质的同时，通过加大科普专项投入、加强基础设施建设、加快人才队伍培养、加紧体制机制创新等多种途径，比较有效地体现了科技和文化的交融、创新和传播的结合、政府推动和社会参与的协同，科普能力建设的基础不断得到夯实。主要体现在以下六个方面：

一是健全体系，构建了新框架。在市科普工作联会框架下，各成员单位、各区县通力协作、各司其责，"政府推动、全民参与"的组织协调网络不断拓展和延伸。2006年，上海市科委正式成立了科普工作处，以进一步发挥政府在集成资源、创新机制、组织协调、监测评估中的作用。通过强化"上接下联"，使区域创新资源围绕国家重大战略实现了优势互补和强强联合。

二是制定规划，聚焦了新目标。按照"自主创新、重点跨越、支撑发展、引领未来"的工作方针，上海不断完善科普工作的战略布局，编制完成了《上海市科普事业"十一五"规划》《上海市实施〈全民科学素质行动计划纲要〉工作方案》，同时明确了阶段的任务，出台了《上海市促进科普事业发展的实施意见》和《上海科普工作任务分解表》等系列配套的政策和措施，使全市科普工作目标进一步聚焦，任务更加明确，责任更加到位。

三是完善设施，形成了新网络。2004年上海市政府首次把提升和改造10家科普教育基地列入实事工程，有力地推动了科普场馆的建设。通过几年的努力，目前，已初步建立起以上海科技馆为引领、近20个专题性科技场馆为主干、140余个基础性科普教育基地为基础的科普场馆网络，逐步满足了市民科普活动开展对科普基础设施提出的需求。

四是开展活动，培育了新品牌。这些年，我们相继举办了全国科技活动周、上海科技节、上海社会科学普及活动周、百万青少年争创明日科技之星等各类重大科普活动，广大市民积极响应、踊跃参与，并通过加强国际合作，举办了国际青少年科技博览会、中美科普论坛、城市科普发展国际论坛等活动，在国内外产生了一定的影响。我们坚持特色，面向不同人群需求，不断调整活动内容，加大活动的覆盖面和群众的参与度，争取成为科普品牌。

五是加大宣传，突出了新热点。充分依托出版社、报社、广播、电视、网络等传媒，利用媒体各自优势开展科普宣传。结合科技工作的重点和热点，加大对重大自主创新科技成果、重大科技事件（人物）、重点科普活动等的宣传，各出版社每年出版科普（技）类图书读物达500余种。同时，不断探索开发科普多媒体公益短片、科普剧目等新的传播形式，促进市民对科技新热点的了解与关注，在普及传播科学知识的同时，也大大弘扬了民族精神。

六是加强保障，营造了新环境。全市的科普经费投入不断增长，市、区县两级政府财政都设立了科普专项经费，初步建立起以政府公共财政投入为主，吸引社会资金投入的全社会科普投入机制。由科技工作者、科普作者、高校教师、大众传媒编创人员以及普通市民组成的科普志愿者队伍已达10余万人。《上海市科普税收优惠政策实施细则》《上海市科普创作出版专项资金》等一系列政策的出台，有力地促进了科普事业的发展。

最近，科技部在上海市启动了国家科普能力建设试点工作，这项内容列入了科技部与上海市的"部市合作"计划。我们深深地感到，这为上海的科普工作更好地承担国家重大任务，更加紧密服务国家战略以及上海科普工作的推动提供了一个重要机遇与空间；同时，也对上海科普工作进一步创新思路、加快发展，提出了新的要求。

推进科普能力建设是一项具有较强探索性、系统性和前瞻性的基础性工作。我们将在科技部的指导下，在前期工作的基础上，认真学习借鉴兄弟省市的经验，把科普工作做实、做强，重点强化四个方面的工作：

一是加强科普工作的领导。进一步发挥科普工作联会制度作用，加大政府引导和推动力度，重点通过开展科普工作监测评估，不断完善并全面落实科普能力建设的相关政策,建立健全政府科普工作管理体系等形式,转变政府职能和完善科普工作服务,为科技创新营造良好的氛围。

二是突破能力建设的瓶颈。重点是针对科普能力建设中原创性科普内容的不足,加大专项资金资助力度,资助科普内容的创作,促进科普队伍的壮大,探索建立网络互动的区域科普内容公共服务平台,加大区域范围内科普内容资源的统筹、开放与共享,发展科普内容产业。

三是推进基础设施的建设。重点是根据国家科普场馆建设的战略部署和需求,结合上海在科普场馆建设方面的经验,在场馆规划布局、资源整合、功能定位、内容设计、展品研发、管理体制等方面开展探索和实践,充分发挥其在加强科普教育,提高市民科学素质中的重要作用。

四是优化各类资源的配置。重点是以全国科技活动周和国际青少年科技博览会等大型活动为载体,通过部市合作、长三角区域融合、国内合作、国际合作等多种渠道和途径,将各方优势资源整合到需要协力推进的重点任务上来,提高科普资源的利用效率。

突出实效,积极开展有特色的科普活动

姜 波 李 欣

青岛市科技局

摘要:实践证明,科技活动周是科学普及的重要途径之一,利用科技活动周大力宣传科学思想、培养群众的科学创新意识、树立科学发展观具有重要战略意义。如何充分利用科技周,组织开展好科普活动,是广大科技工作者共同关注的热点话题之一。

关键词:科技周,科普活动,特色。

自 2001 年我国批准设立全国科技活动周以来,作为群众性科技活动盛会,科技活动周在科学普及方面发挥着越来越大的作用。

一、科技周活动现状

六年来,在广大科技工作者和全社会的共同努力下,科技周取得的成果有目共睹,科技周以其鲜明的主题、丰富的内容、多样的形式、众多的参与人数,彰显了科技周独有的魅力,科技周已经成为了科技节日。但是随着时间的推移,科技周也逐渐走入瓶径,暴露出一些问题,主要表现在:活动场面很热闹,但真正关注人的不多,实效性不强;科普活动面向全市,但重点人群不突出,层次不分明;宣传资料发放范围广泛,但内容比较单一,材料有历年重复使用的现象;活动形式多样,但趋于模式化,渐渐缺乏新意。

针对科技周活动的现状,要想使科技周开展得扎实有效,必须开展有特色的重点科普活动,使科技周充满活力和新鲜感,充满吸引力,长盛不衰。

二、如何开展有特色的科普活动

1. 有特色的科普活动要与区域资源特色紧密结合

各地区的科普活动不能千篇一律,一定要结合当地资源特色,把科普活动与开发、利用当地特有的资源结合起来,科普活动才有特色,才能让人耳目一新,才能具有其它地区所无法比拟的优势。比如青岛,在海洋科技事业方面有独特的优势和基础,是我国海洋科技力量最集中的城市,是国际上知名度很高的海洋科研基地,特别是拥有亚洲最大的海洋生物标本馆,充分利用海洋资源优势开展科普活动就是青岛的特色之一。2004 年,受宁夏、青海、兰州科技部门的邀请,青岛利用"科技活动周"有利时机,宣传普及海洋科技知识,与宁夏、青海、兰州科技部门联合启动了"海洋科普知识西部行"活动。这次活动旨在利用青岛市海洋科技的发展和海洋生物知识,把科技活动周的主题活动与西部大开发结合起来,让西部更多的群众特别是青少年了解海洋、热爱海洋、走近海洋,并通过"海洋科普知识西部行"这一媒介,加强东部与西部的科技交流与合作,实现东西部的共同发展。那次在银川市、兰州市、西宁市举办海洋科普知识西部行展览,展出近千件海洋生物标本和介绍青岛海洋科技及海洋科普知识挂图,受到宁夏、甘肃和青海等省市自治区群众,特别是青少年的热烈欢迎,有数万青少年参观展览。所到之处,展览现场气氛热烈感人。很多孩子从未见过海洋,我市带去的海洋生物标本让他们大饱眼福,三省(自治区)的媒体更是把这次前所未有的展览称为西部的"科技盛典"或"盛宴",像这种有区域特色的科普活动注定要受到群众的喜爱,也是各个地区应该着重发展的方向之一。

2. 科普活动的对象要突出重点

每年科技周活动面向全市,覆盖全体市民,但是目标人群并不突出、没有重点,应该突出活动重点对象,细分重点人群。虽然全民科学素质行动重点人群是青少年、农民、城镇居民和公务员,但各地区在开展科普活动时候,还是应该细分目标,不一定覆盖全体,有针对性地组织科普活动,效果会比较好。比如:青岛郊区五市,可以把活动重点放到青少年和农民上,市内各区可以把重点放在青少年和城镇居民上。今年青岛市南区科技局把活动重点放在城镇居民身上,以城镇社区为依托,结合"节约能源资源、保护生态环境、保障安全健康"等热点问题,组织了"保障安全健康"科普游园活动、"让科学走进生活——让公众理解科学"等一系列科普活动,普及了节约能源、保护生态环境、安全生产的科学知识,提高了公众的节约意识、环保意识和安全健康意识,由于活动突出重点,全区集中力量走进社区,活动内容丰富紧凑、深入扎实,使科学知识真正走进千家万户,促进了科学文明健康生活方式的形成,促进和谐社会建设,收到了良好的效果。

3. 科普活动的内容要突出特色

目前科普活动内容雷同,宣传材料千篇一律,一样的挂图、一样的宣传资料全市发放,一套展牌全市巡展,到底哪些人看、哪些人真正受益并不清楚,某种程度上也是一种资源浪费。这样的挂图和展览时间长了群众就失去了兴趣,科普的效果就大打折扣。应该针对重点人群的需求,开展有针对性的特色科普活动,比如:青少年对什么感兴趣,农民关注哪些农业技术,社区居民渴望得到哪些生活常识,应该根据不同的地区的特点,不同人群的需求,制定不同的活动内容、印发不同的宣传资料,这样的活动才有特色,这样的内容才能吸引目标人群,才能有的放矢,利用有效的资源和时间,达到最大的普及科学知识的效果。比如:青岛郊区五市,活动的重点是提高农民素质,但各区市没有发放同样的宣传资料,而是结合区域经济特色,制定不同的宣传内容:莱西市突出花生等食品加工方面的科普宣传,平度、胶州市突出蔬菜方面的农业技术培训,即墨市突出果树、茶树种植等技术方面的服务指导,实实在在的内容却给农民带来了极大的实惠,这样的科普活动无颖是具有生命力的。

4. 科普活动的形式要推陈出新

目前,科普活动的形式多集中在广场展览、参观、咨询、发放宣传资料、文艺演出等几种形式,当然这些形式通俗易懂,已成为普及科学知识的重要方式,但如果每年都是这些花样,时间长了难免缺少新意,应该在活动形式上推陈出新,在喜闻乐见、深入浅出的基本前提下,着力突出活动的实践性、体验性、参与性和实效性,如:参观科普基地和重点实验室的时候,能否在可行的范围内,通过事先的设计,使参观的人可以动手参与实验,使公众通过参观科研过程、参与科研实践和探讨科技问题等活动,增进对科学技术的兴趣和理解;再如:许多企业对如何申请、保护知识产权不太明白,只看展牌巡展,效果不是很好,今年青岛市知识产权事务中心组成专家组,深入各区市,现场为企业家们授课讲解,解决实际问题,实际效果比展览要好很多。

三、开展科普活动需要注意的问题

一是活动要紧扣主题。有特色的科普活动不等于偏离主题随便发挥,否则活动就"神"散了,要结合主题开展活动,组织活动内容。

二是要注意上下联动。要充分调动各有关部门、各区市的积极性,调动各级科技工作者的积极性,不光是科技部门自己干,而是全市上下一体,各部门结合部门职责,都动起来,才有利于开展工作,科普活动才能更深入有效。

三是要注加强重宣传。要充分利用现代媒体的便利条件,积极开展宣传活动,事前、事中、事后都要加强宣传,宣传工作做好了,事半功倍,会有很多人自动加入到科普活动中来,扩大科普活动的影响,增强科普活动的效果,在全社会形成浓厚的弘扬科学精神、崇尚创新精神的良好氛围,使科普活动真为推动社会进步服务。

从公众角度评估大型科普活动的指标体系及相关研究

张志敏

中国科普研究所

摘要：结合国内大型科普活动的评估实践，讨论在对大型科普活动进行的综合评估中，公众角度评估的重要意义，提出指标体系的设计，并进行指标体系解释。

关键词：公众，评估，指标，方法。

一、公众角度评估的意义

社会公众是科普活动的直接服务对象，科普活动的终极目的就是要提升公众参与科学的意识与能力。因此，公众对于科普活动所持的基本态度和评价，以及参与活动的实际体验和感受，是对活动最直接和最有力的评价。公众角度的评估能够实现多方面信息的获取。一方面，公众对于活动主题、内容、形式的策划与设计，对于活动组织与实施过程中的各个方面和细节都可以做出直接评价；另一方面，科普活动的宣传工作是否有成效、活动的影响与效果如何，也都需要来自公众的信息反馈才能得以客观评价。所以说，公众是大型科普活动评估最为重要的角度，是整个评估的核心所在。

二、公众角度评估的指标

在 2007 年和 2008 年进行的全国科普日北京主场活动评估中，依照"为活动今后改进与提高提供改进依据"的评估目的，公众角度的评估设计了相对固定的指标体系。但这两年的指标体系依照隔年评估要求和重点的不同，存在细微差别。总体来说，这两个指标体系涵盖了活动的策划、宣传、组织实施、以及效果影响各个方面。评估实践表明，依照该指标体系对当年活动进行的评估基本上客观地反映了活动的实际情况。

然而，这两个指标体系都还停留在一级和二级指标上。虽然在调查问卷设计中对二级指标进行了一定的细化设计，但系统性、完整性尚有欠缺。因此，本文对公众角度评估的指标体系进行了细化设计，并进行了详细阐释；同时，对部分指标的归类进行了新的思考，形成指标体系，详见表1。

表1 公众评估的指标体系

一 级 指 标	二 级 指 标	三 级 指 标
策划与设计	选题	时代性
		贴近性
	内容	丰富性
		吸引力
	形式	停留时间
		印象
宣传与知晓	知晓度	主题知晓度
		时间知晓度
		地点知晓度
		主办方知晓度
	知晓渠道	实际知晓渠道
		期望知晓渠道
组织与实施	公共设施	导览设施
		卫生设施
		休息设施
	展品	完好程度
		运行状况
	咨询	服务态度
		服务能力
效果和影响	总体印象	愉快程度
		基本评价
	对公众影响	对观念的影响
		对行为的影响

1. 指标体系

整个评估指标体系分三层。第一层的项目为一级指标,共4个;第二层的项目为二级指标,共10个;第三层的项目为三级指标,共23个。这个体系直接体现了公众对于科普活动的认识、反响与感受,由指标名内涵、测评方法、计算方法等内容构成。

2. 对各级指标体系的解释说明

（1）对一级指标的说明。

任何科普活动的实际开展过程都可以分为以下四个阶段：活动开展前期的策划与设计，活动全过程都要不间断进行的宣传与知晓，活动现场的组织与实施，以及活动过后的效果与影响。依照这个思路，公众角度的评估可以设定策划与设计，宣传与知晓，组织与实施、影响与效果 4 个一级指标。

这四个一级指标整合起来，可以涵盖科普活动的全过程。其中，策划与设计侧重于对活动开展的前期工作进行测度；组织与实施是对活动的组织实施过程的测度和衡量，影响和效果是对活动开展之后对公众产生的影响和效果的测度；知晓情况则是对活动前、中、后各个阶段宣传工作效果的间接评价；在多角度的综合评估中，这是与媒体宣传报道角度评估数据相互验证、说明的重要依据。

（2）对二级指标的说明

"策划与设计"下设选题、内容、形式 3 个二级指标。旨在了解公众对于活动主题选定、内容安排、以及形式设计方面的评价与感受，以验证活动策划的有效性和价值。由此得出的结论可以作为活动在策划设计方面日后改进的方向和依据。

"知晓情况"包括知晓度和知晓渠道两个 2 级指标。"知晓度"具有双重性，既可以衡量活动的宣传工作，又可以作为活动的社会影响衡量指标。本研究倾向于将它归入知晓与宣传这个 1 级指标中，主要出于照顾该指标与其他指标在容量上的平衡关系。知晓渠道可以反映出公众获取活动信息的途径，能够反映宣传工作传播比较有效的媒介与途径。

"组织与实施"设公共设施、展品、咨询 3 个二及指标。公共设施旨在得到公众对活动现场必备的公共设施数量与质量的满意度和评价；展品是指科普活动展品及设备的完好程度和有效运行性；咨询旨在了解公众对专家咨询服务的参与度和满意度，以测度咨询服务的质量。

"效果与影响"包括总体印象对公众的影响 2 个二级指标。总体印象希望了解公众参与活动的愉快程度和对活动总体面貌的基本评价；了解活动对公众的影响，以体现科技传播效果。

（3）对三级指标的说明

表 2 是对本评估指标体系中各三级指标的具体说明。

表 2   三级指标及其说明

二级指标	三级指标	对三级指标解释
选题	时代性	指活动主题是否符合社会发展的热点或重点
	贴近性	指活动主题是否与公众的日常工作与生活密切相关

续　表

二级指标	三级指标	对三级指标解释
内　容	丰富性	指公众对活动项目容量的满意度
	吸引力	指公众对于活动吸引人程度的评价
形　式	停留时间	指公众参与哪些(个)活动形式的时间较长
	印象	指公众认为哪些活动形式留下与主题相关的科学的印象最深
知晓度	主题知晓度	指社会公众对活动主题的知晓度
	时间知晓度	指社会公众活动举办时间知晓度
	地点知晓度	指社会公众活动举办地点知晓度
	主办方知晓度	指社会公众活动主办方知晓度
知晓渠道	实际知晓渠道	指社会公众实际知晓本次活动的渠道
	期望知晓渠道	指社会公众最希望通过什么渠道知晓活动信息
公共设施	导览设施	指活动提供给公众的关于活动及活动场所的指示服务信息的数量与质量
	卫生设施	指活动提供的卫生间、废物回收等必备卫生设施的数量与质量
	休息设施	指活动提供的便于公众休息设施
展　品	完好性	指对展品或仪器设备是否有损坏情况的考核
	运行性	指展览品是否能有效保持工作状态
咨　询	参与度	指公众对科技咨询的参与程度
	满意度	指参与咨询的公众对咨询服务满意度
总体印象	基本评价	指公众对活动的总体印象
	愉快程度	指公众参与活动后是否感觉愉悦
对公众影响	对行为的影响	指公众参加完活动有可能受影响而做的事情
	对观念的影响	指公众参加完本次活动在思想和认识上的收获情况

三、指标权重的确定

权重是衡量某指标在指标体系中相对重要性的量值。在数据分析过程中,依据评估需要,可根据各指标体系的重要程度进行权重分配。可以采取专家团的主观判断与决策者对指标的重视程度相结合来确定权重。具体讲,选取一定数量专家对指标体系进行综合评分,在此基础上进行定量分析,并考虑决策者对指标的重视程度,获得权重的赋值。

以上谈到的是评估活动的指标体系,它构成了调查问卷的主体内容。实际上,在公众调查问卷中,还有部分问题是对受访对象的社会背景变量,包括性别、年龄、文化程度和职业的提问。这样设计为了获得参加科普日北京主场活动公众的基本情况和更多的交叉分析基础数据。

总之,对大型科普活动开展公众角度的评估,主要方法是问卷调查。因而,如何将指标体系中的各个指标,科学地、赋予技巧地体现于调查问卷之中,是值得进一步研究的问题。

参考文献

［1］ 2007 年全国科普日典型科普活动评估(试点)研究报告文集［M］中国科普研究所,2008.

［2］ 2008 年全国科普日北京主场活动评估报告［M］中国科普研究所,2009.

［3］ 郑念主编,《科普效果评估研究案例》,中国科学技术出版社,2005.

科普节日的绩效评估研究与案例

田德录

国家科技评估中心

摘要：本文概述了国内外设立科普节日的基本情况，总结了我国科普节日的主要特点，指出了我国科普节日开展绩效评估的必要性，并以"国家科技活动周"绩效评估研究为例，分析了科普节日绩效评估的指标框架和思路。

关键词：科普节日，绩效评估，科学传播。

一、科普节日的发展概况

1. 国外科普节日的发展

设立"科普节日"起源于日本，而开创现代科普节日先河的则是1988年爱丁堡国际科学节。目前，很多国家都设立了科普节日，这种以"节日"的形式开展科普活动受到了社会公众的喜爱，它能够有效促进科学传播，加速公众理解科学的进程。

日本政府非常重视开展科普活动，每年的4月18日为日本的发明日，据介绍已有150年的历史。1960年，作为振兴科技的六项措施之一，日本内阁作出了开展"科学技术周"的决定，将发明日所在的一周定为日本科学技术周，要求"尽可能地在此期间集中开展各种科技活动，并以求达到目的"。科学技术周通过国家和企业科研机构、社会团体等的协助，举办各种感受科技近在身边的活动，开放实验研究设施等，提供与科技接触的场所。

爱丁堡国际科学节是爱丁堡市政府、爱丁堡科学节有限公司联合举办的半官方、半民间的科普活动，组织者是爱丁堡科学节组委会，一般在每年的4月份举办，持续时间为12天。英国爱丁堡市所举办的科学节在世界范围内都极负盛名，已经成为了该城市标志性的文化特色。爱丁堡科学节在活动安排上非常强调互动性、参与性；开展了独特的巡游活动，将诸如地理、地质、历史、生物等知识贯穿于城市游览之中，既突出了科普的主题，又促进了旅游产业的发展；不少活动提倡家庭集体参与，活动的主题与内容也更加生活化。

美国的"公众科学节"起源于1989年1月美国科学促进会（AAAS）在加州旧金山召开的年会，它将年会主办城市所有的科学资源集中到一起，帮助K-12级的学生们理解科学技术在他们生活中的重要性不断增加的趋势。科学节的成功举办，促使美国科促会决定在每年年会召开的城市同时进行公众科学节活动。几年的成功经验，使得美国科促会在1998年于费城举办的科学节的规模扩大了几倍，有原来的一天、一地改为一学期并涉及数个州,超过 1 万名学生参加。

2. 我国科普节日的概况及特点

为了促进我国科普工作的开展,经国务院批准,自 2001 年开始,每年 5 月的第三周确定为"科技活动周",由科技部会同中宣部、中国科协等 19 个部门和单位组成科技活动周组委会,在全国组织开展群众性科技活动。在全国科技活动周开始之前,我国一些省市已经举办了自己的科技周,比如北京、上海等。

目前,我国全国性的科普节日还包括"全国科普日",这是 2003 年起由中国科协组织各级科协和学会在全国范围内开展的科普活动,其宗旨是努力在全社会营造相信科学、热爱科学、学习科学、运用科学的良好氛围。为持续做好这项群众性、社会性科普活动,中国科协决定从 2005 年起,将每年 9 月第三周的公休日定为全国科普日。通过设立"科普节日"促进科学技术普及,在我国各地、各行业得到很好的响应,比如中科院设立了"中科院公众开放日"、广西设立了"科技活动月"等。

从国家设立科普节日的有关背景情况,可以概况出我国科普节日的主要特点,体现为三个方面:一是强调政府主导和推动,二是活动范围涉及全国各地或某一区域,三是强调公众参与的群众性科技活动。这也是我国大部分"科普节日"的特征表现。

二、开展科普节日绩效评估的意义

英国、美国等国外科普活动组织者都非常重视对"科普节日"的绩效开展评估,从中发现问题,提出改进措施,并在此基础上进一步完善科普节日的组织管理,最大程度地提高科学传播的效率和效果。

我国的科普节日大都是由政府公共财政资助的、面向全体公众开展的。对政府公共支出开展绩效评价已经成为我国各级政府落实科学发展观、提高政府行政管理绩效的重要举措。对科普节日绩效进行评估,是提高政府公共科技管理能力和水平的有力工具。

三、科普节日的绩效评估实践

鉴于科技部牵头主办的"科技活动周"已经成为全国性的大型群众性科技宣传与教育活动,它是政府引导社会各界共同推动科普工作的重要载体。本文将以"科技活动周"为例,探讨科普节日的绩效评估框架。

1. 绩效评估理论

对"国家科技活动周"绩效的评估属于政府公共管理绩效评估的范畴。政府公共管理绩效评估的理论起源于西方国家,他们运用"绩效"概念衡量政府组织的行政活动效果,认为它应包括经济(economy)、效率(efficiency)、效益(effectiveness)三项主要内容。其中,"经济"涉及成本和投入之间的关系,"效率"涉及投入和产出之间的关系,而"效益"则涉及产出和客观效果之间的关系。实际上,"经济"是为了实现政府公共支出"成本计算"的"最小化";"效率"是为了在公共支出固定的前提下,实现政府产出公共产品能力的"最大化";"效益"则是指如何实现政府产出的公共产品的经济效益和社会效益。

2. 绩效评估指标

根据科技活动周的特点,科技活动周绩效评估要关注的要点或需要回答的重点内容包括,一是中国政府设立科技活动周值不值,二是用于科技活动周的国家公共财政经费花的值不值,三是科技部等若干部委和单位投入各方面力量共同组织实施科技活动周值不值等。根据评估的目的,依据相关绩效评估理论和科技活动周的特点,研究组从目标评估、组织实施与管理评估、效果与影响评估三个方面设计了科技活动周绩效评估指标框架。

表 1 科技活动周绩效评估指标框架

A 目标评估
• 科技活动周目标及特点 • 目标的合理性 • 目标的实现情况
B 组织实施与管理评估
• 组织管理模式 • 管理机制、效率与规范性 • 组织管理的适应性 • 经费投入与使用
C 效果与影响评估
• 受益人群 • 科普工作示范带动作用 • 科普品牌建设及品牌效应 • 公众满意情况及提高公民科学素质

3. 主要评估结论

在上述评估框架的指导下,研究组制定了评估方案,尝试对2008年科技活动周绩效情况开展了评估工作,主要结论如下。

(1)目标完成情况评估。

评估角度:基于科技活动周的特点和目标分析,从科技活动周主题目标的合理性、国家层面及地方层面2008年科技活动周具体工作任务的完成情况等方面展开评估分析。

评估结论：科技活动周是政府部门主导的全国性的大型群众性科技宣传与教育活动，是政府引导社会各界共同推动科普工作的重要载体。以"携手建设创新型国家"为活动主题的 2008 年科技活动周，全国地市级以上各级政府部门共开展了超过 1 400 项大型群众性科普活动（全国各地各部门共组织各类群众性科技活动近万项），并以抗震救灾作为重点内容，顺利完成了所有具体工作任务。

（2）组织实施与管理评估。

评估角度：研究组从科技活动周组织与管理的科学合理性、管理机制与规范性、效率、经费投入与使用、以及与目标的适应性等方面展开了评价。

评估结论：从全国科技活动周的组织实施情况看，在科普工作联席会议制度的指导下，科技活动周已经建立起了从中央到地方的纵横协作的矩阵式工作模式，建立了政府主导、社会参与，多部门联合的协调工作机制，这种组织管理架构的建立，满足了作为科普工作重要载体和工作平台的科技活动周特点，对成功组织实施科技活动周发挥了重要作用，是历届科技活动周组织管理规范、高效的制度保障。

（3）效果与影响评估。

评估角度：研究组从国家设立"科技活动周"的宗旨或意图是否实现的角度，评述了科技活动周的组织实施在政府部门推动科普工作方面的成效和影响，主要包括科技活动周的受益人群和范围、科技周对科普工作的示范带动作用、科技活动周的品牌影响力、以及社会公众对科技活动周的反映等几个方面。

评估结论：科技活动周自 2001 年首次举办以来，经过 8 年的实践，科技活动周形成了集成资源，整合力量的全国科技活动效应，打造了政府引导的大型示范活动品牌，有力地带动了各界社会力量的积极参与，社会影响力逐年提高，品牌效应日渐显现，已经成为我国活动规模最大、覆盖范围最广、参与人数最多、内容最为丰富的群众性科技节日；已经成为促进公众直接参与科技事业的一个重要渠道，成为连接政府、公众、科技工作者之间交流互动的有效载体，促进了公众对科学技术的理解。

（4）有关建议。

研究组在评估分析的基础上，结合有关调研情况，对今后科技活动周的实施提出了若干建议。一是继续坚持科技活动周组织实施的政府主导的目标定位，将其作为一种有效的政策引导措施和重要抓手，促进科普工作、加强国家科普能力建设。二是逐步加大国家财政经费对科技活动周的投入，尽可能扩大科技活动周的实施效果和影响，提高公众科学素质，满足创新性国家建设的需求。三是坚持科技活动周主题设置的适应性和灵活性，使得每届科技活动周的主题和工作重点都能够紧紧围绕当前科技和经济社会发展的热点。四是进一步加强科普工作联席会议制度的作用，使其成为各地、各行业发挥各自优势共同推进科普工作的重要平台。五是坚持科技活动周组织实施中的工作创新，包括全面集成社会科普资源、加强科学与艺术的结合、引入网络媒体的合作、建立重大示范活动的全国巡回制度等,使得科技活动周能够越办越好,常做常新。六是归纳总结历届科技活动周成功经验,考虑研究制定科技活动周管理办法、工作手册等规范化文件,将有关组织管理流程和工作措施制度化,并以此作为促进地方、行业、以及科研机构、高等院校、企业等积极参与科技活动周、开展相关科普活动的操作指南。

四、结语

科普节日对促进科学传播普及、推动公众理解科学具有很强的带动和示范效应,是吸引社会公众主动提高科学素质的有效方式。对科普节日的绩效进行评估,其意义已经得到了各有关组织方的一致认可,但鉴于科普节日大都涉及范围广、影响面大,效果显现具有长期性、持续性和潜在性,通过对"科技活动周"绩效情况的试评估,这些因素都影响科普节日绩效评估工作的有效开展,还需要继续研究多角度的信息采集方法和技术手段,完善评估工作流程,为做好科普节日绩效评估提供支撑。

参考文献

［1］ 科技部政体司,中国科学技术普及发展报告(1978—2002年),科学技术文献出版社,2002年.
［2］ 科技部政体司,中国科普理论研究报告文集,科学普及出版社,2008年.
［3］ 国家科技评估中心,科技评估规范,中国物价出版社,2001年.
［4］ 国家科技评估中心,科技活动周绩效评估指标体系研究及2008年评估报告(内部资料).

如何开展有效医学科普传播项目的策划

唐　芹　钮文异

中华医学会科普部 北京大学医学院公共卫生学院

摘要：如何解决医学科技成果向大众普及的转化难题,如何开展医学科普/健康传播的项目策划,是摆在科普工作者面前的重大课题。笔者根据参加国家"十一五"科技支撑计划重点项目"公众健康普及技术与评价研究"课题,和多年在社区开展医学科普/健康传播项目的实践经验,尝试介绍医学科普有效健康传播的 IEC 基本技术框架——传播金字塔模式和探讨医学科普资源转化与知识传递的八要点,希望能对提高基层医护卫生人员提高医学科普传播健康知识技能的能力有所帮助。

关键词：医学科普,传播。

一、有效健康传播 IEC 的基本框架

要想取得健康教育或医学科普项目的成功,必须认真做好传播项目的策划。联合国儿童基金会推荐的"传播金字塔"为此提供了一个有效、成功的基本框架,将会帮助你识别你所需要的信息、问题、以及要采取的行动。传播金字塔从塔底到塔顶共有 8 个层次：

（1）评估危险因素：即首先要摸清某健康问题的危险因素有哪些？这就是"摸敌情"的工作,是制定有效可行的作战计划的序曲。

（2）确定和细分目标人群：即要弄清传播项目所面对的对象。处于该病最危险境地的人群的特征是什么？这就是需要"知己知彼",细分受众或市场。

（3）行为规范与态度转变：即要了解什么态度与行为转变是可改变的？这就是需要确定优先干预的教育目标与行为目标。

（4）初期计划：即要确定行为改变的目标是什么,如何能达到？何人何物将会转变？采取什么方法？转变的原因何在？

（5）确定核心信息：即如何制定有效的信息？科学普及的核心信息是什么。传播渠道与媒介：即要优选如何把这些信息传递出去的有效途径？

（6）做预试验：如何保证信息与媒体能达到预期效益？

（7）实施干预：即如何制定一整套有效的传播策略并实施干预？

二、在社区开展医学科普传播健康知识传递的要点

集多年在社区开展医学科普、传播健康的项目经验,结合科学技术与普及艺术的综合要求,总结提出传播医学科普健康知识和技能的 8 个要点:

1. 动员关键人物,利用当地资源

根据国内外健康教育的有效经验,无论是在城市还是在农村,要使确定的医学科普知识和技能转化为当地人民群众的健康行动,非常有效的作法是开展社会动员。它包括动员政府关键干部和受群众拥戴的宗教或舆论领袖人物,动员社区内有关组织,动员医护人员和动员广大群众。这种社会动员工作就是要动员方方面面的社会力量共同参与和支持卫生工作,这对解决群众的健康问题具有至关重要的意义。基层卫生人员应通过创造各种机会,利用各种手段,包括积极主动地向领导游说、汇报等,让各级领导干部充分认识、了解各种卫生项目在社会经济发展中的重要地位和作用,使他们认识到必须对社区居民的健康负起责任。争取各级领导从政策上对健康需求和有利于健康活动的支持、并把居民卫生当作自己的职责,提供必需的卫生资源,而且要制定正确的方针、政策,加强指导。创造一个支持环境,有利于群众做出抉择,保证人人参与、人人享有卫生保健目标的实现。

要想真正达到项目目的,最好事先策划、编写一个活动脚本。通过社区居民大会、广播电视、贴标语等宣传活动,动员全社区老百姓积极参与本社区的卫生保健活动。在改善居民健康的过程中,应要注意发挥全社区居民在医学科普活动中的重要作用。

同时人人也都有义务参与。事实上,影响自身健康的重要决定大部分是由个人或家庭做出的,而不是由医生或其他卫生工作者做出的。为了使日常生活中的健康决定都是明智的,人们应取得必要的知识和技能,这就需要进行健康教育。

健康是与卫生和社会资源的获得及公平分配相关联的。改善健康状况,促进健康,就要求大家能充分有效地利用当地的人力、物力、财力资源,并在更广阔的视野中理解和解决健康问题。开展社区卫生心血管保健的健康教育工作一定要因地制宜,就地取材。这也是卫生工作可持续发展的基本立足点之一。

基层医生要了解当地卫生资源、了解老百姓获得健康信息的有效传播渠道,及对传播媒介的拥有与喜爱程度等。

(1) 遇事先问主心骨,社区政府找干部。"老大难,老大难,老大出面就不难。"
(2) 社区百姓齐动员,事情再大不犯难。

2. 根据当地需求,选择重点优先

自下而上,而不是自上而下地发动社区居民,参与发现本社区心脑血管疾病防治方

面的问题,找出自己的卫生需求;了解和参与解决他们自身的最主要的心脑血管健康问题;解决问题的方法必须同个人或本社区的实际情况相适应,通过本社区参与式卫生需求调查和诊断,以便把有限的卫生资源用于当地最急需解决的重大健康问题上,并发挥最佳社会效益。

健康教育的主要目的是使人们能够:

(1) 确定自己的问题和需要;

(2) 了解依靠自己的力量,结合外界支持,对解决这些问题能够做些什么;

(3) 决定采取最适当的行动,以促进村民采纳健康的生活方式。

3. 使用百姓语言,群众喜闻乐见

在动员群众参加健康活动、劝服群众改变不良行为和生活方式的健康教育中,多使用喜闻乐见、通俗易懂的语言,便于同群众进行沟通与交流。居民对卫生保健的新信息,除了表现为选择性注意、选择性理解和选择性记忆三种信息选择性的心理因素外,并有"五求"心理: 求真(真实可信);求新(新鲜新奇引人);求短(短小精焊,简单明了);求近(与受传者在知识、生活经验、环境、空间及需求欲望接近);求情厌教(喜欢富有人情味的、动之以情的信息,而厌恶过多的居高临下的说教)。

社区卫生人员开展心脑血管疾病防治的健康教育,在进行卫生保健知识、技能的传递时,必须理解和考虑到社区群众的上述心理特点,并设计出能被群众理解的宣传材料,采用群众喜爱的语言形式和媒介渠道,才能收到较好的传播效果。产生欣快是健康教育传播的成功要素之一。

基层卫生人员可以结合工作内容,注意收集和勇于尝试着自行编制一些健康科普传播材料。

(1) 编儿歌、顺口溜(口歌)、数来宝、四六句: 通俗易懂易记,适宜社区群众。

(2) 讲故事、典故、寓言: 如"曲突徙薪"讲完后,可与群众讨论这个典故带给人们有哪些启示,准备好可能的答案。

(3) 民谚: 民谚是民俗文化,它是老百姓祖辈口碑相传的生活经验,容易被群众接受。

(4) 常言、警句: 民间流传有许多颇有教育意义的"警世之句",也容易引起群众共鸣。

(5) 利用"真人真事"、"现身说法": 真人真事和现身说法是易被群众接受或喜爱的教育形式。

(6) 使用广告语、甚至网络语言: 但要视目标人群的特点而定。

4. 多用漫画图片,通俗易懂简练

新闻界有一句名言:"一张照片能顶一千个字"。漫画图片是深受老百姓喜爱的通俗易懂、生动有趣的传播形式,可以形象直观地表达传播医学科普的信息要点,既容易被群众喜爱和接受,也很适合文化程度不高的百姓理解。

5. 大伙都来参与,能人就在身边

相信群众、依靠群众、尊重群众的传统与创造性,是非常重要的工作原则。群众的参与,对解决他们自身的健康问题至关重要。要鼓励群众发现自己的问题,才能对解决问题有所准备。要明确哪些事情是你能够做或应该做的,哪些是群众自己能做或可以学会自己做的。过分依赖卫生人员是社区卫生工作的大敌。用知识和技能武装群众,使之能够自己解决自己的问题,获得自我发展的能力。

在开发、收集和推广适宜技术方面,"群众是真正的英雄","三个臭皮匠,顶个诸葛亮"。所以,社区卫生工作者在推广新的心脑血管疾病防治方法与卫生保健技术前,应多请教当地经验丰富的群众。最好能将新技术与当地群众的有益经验结合起来,才具有推广潜力和在民间扎根的生命力。"众人拾柴火焰高,身边能人有高招。""相互交流好经验,能人就在咱身边。"

6. 推广适宜技术,别忘操作示范

选择和推广适宜技术:社区卫生寻求以尽可能低的代价,满足尽可能多的人的基本健康需求。从这个意义上讲,健康教育显得特别重要。这就要求健康教育所传播的卫生保健知识和技术科学简单,经济实用,从老百姓看得见,摸得着,找得到的地方入手。

注重掌握示范性操作的必要三步骤:

(1) 使用目标人群能听懂的语言,讲述操作要点。

(2) 做一遍示范性操作。

(3) 让目标人群亲身体验与操作一下,观察是否正确,并给予答疑。

参与的方法主要为人际交流:如同伴教育、小组讨论、办学习班与角色扮演等。

7. 多种途径宣传,综合策略优选

各种传播媒介各有所长,也有所短,它们之间虽然很少能相互取代,但可以通过互相取长补短,扬长避短,各尽所能,发挥最佳综合效果。现代战争讲究海陆空,多兵种配合,立体作战。采用多种传播媒介渠道同时进行宣传,在新闻媒体戏称"立体轰炸"。每一种传播媒介渠道都有其相对稳定而明确的受众群体,每一种传播媒介渠道也都有自身的特点和优势。在实践中,针对各种媒介的不同特点,择优选用,才能发挥传播媒介的最佳功能。

在医学科普传播健康的实践中,主要采用大众传播方式进行健康知识的普及教育;采用人际传播方法技巧进行健康观念的劝服和卫生行为干预;采用大众传播与人际传播相结合的方式,开展综合性的全方位的健康教育和健康促进。

8. 广告家喻户晓,扎根民间实践

(1) 依靠热心人和志愿者(小学生、教师、家庭妇女等),将卫生保健教育材料如小册子、卫生传单、招贴画等发到每一居民户。广而告之,使家喻户晓。"健康知识送到家,依靠志愿学生娃。"

(2) 开展各种宣传活动后,要注意收集、了解群众的意见反映:"做宣传,访民情,别忘了解知信行(即:知识、信念和行为)。"

(3) "文艺靠汇演,体育靠比赛,卫生靠检查。"经常开展卫生检查和评比先进家庭活动,是督促老百姓进行健康实践的有效措施之一。

调动挖掘社会科普资源和潜力
促进农民科学素质水平的提高

陈东云

中国科普研究所

摘要：《全民科学素质行动计划纲要(2006—2010—2020)》对我国全民科学素质建设提出了战略规划,其中农民科学素质问题是我国科学素质发展的关键。农村实际情况的特殊性和工作实践证明,提高农民科学素质,不但是一项长期的工作,同时也要求必须坚持求实、求稳并行的方针。

关键词：社会,科普资源,潜力。

一、继续发挥农技协的积极作用

发端于 20 世纪 70 年代末的农村专业技术协会,是我国改革开放以来、经济体制转型过程中农民的一项创举,是一部分农民求生存、求发展的具体体现。农技协是我国农村特有的自助型民间组织,是我国农民专业合作组织的重要组成部分,目前,全国登记在册的农技协总数已经达到 13 万多个。虽然,对于农技协的概念界定,学者和相关部门的看法不一,但是,就"农技协的性质——是以专业户农户为基础,以双层经营体制为主要特征,拓展销售市场,带领农民致富,建起新的农村经济合作组织;作用——实现农业发展的组织化、专业化、规模化、标准化、商品化、市场化,全面推进社会主义新农村建设进程。"是对农技协的普遍认识。实践证明,农技协是农村经济体制的创新,是增加农民收入、提高农民整体素质、实现农业现代化的一种好形式。

1. 农技协为丰富和发展农村科普工作注入了生机

农业要发展,农民要增收,必须以科技为支撑。针对农技协多数是以各类"土专家"、"田秀才"为核心,以科技示范户、专业户为骨干的"科技联合体"的特点,科协通过"能人效应"、"示范效应",把科技知识直接、迅速、有效地传播到农民中去,有效地弥补了政府农技推广机构人力技术不足状况。在各级科协的长期引导和支持下,农技协实际上已经成为一种学习型组织,其运作可以使农民在科技推广、分工协作、组织管理、市场营销、对外联系及民主决策方面得到锻炼,培养了一大批有文化、懂技术、善管理、会经营的农村乡土人才。在发展中,他们不但提高了自己,同时也带动了广大农民拉近了与科技的距离,积累了提高科学素质的必备条件,使农技协取得了农民的广泛认同与关注。直至目前,组织或参与农技协活动仍然是农民以科技手段致富的一项重要发展选择。研究(中国科普研究所 2005 年问卷调查数据)表明,我国中部地区 85% 的农村基层人员在居住地区注意到有农技协组织存在,只有 13.3% 的被访者表明没有农技协组织,这说明,目前我国中部地区农村中,农技协组织活动广泛存在,处于发展中,其中吉林省、黑龙江省农技协组织存在于 93% 以上的区域,即使在农技协工作相对比较薄弱的江西省和湖南省,开展农技协工作的区域(村、乡镇)也占到了 72% 以上。同时,67.2% 的被访者参与过农技协活动,5 个省超过了统计平均数,其中黑龙江省达到了 87%。

2. 农技协取得服务"三农"的实际效果

在寻求发展的探索中,农技协出现了不同的组织形态,目前主要有 6 种组织形态,即他们的发展结局和工作局面反映出农民对农业技术与农村经济发展的需求,也为农技协的健康发展积累了经验:

一是挂名型,实质内涵不完善;二是技术交流型,层次水平不高;三是技术服务型,即协会+农户,也可以称之为公司+协会+农户,提供比较完善的产供销服务;四是技术开发型,这种类型的不多,但具有一定的科技力量,有发展势头;五是生产经营型,即公司+协会的模式,服务力量强,会员和农民受益明显;六是股份实体型,有继续发展的趋势,但会员收入的提高与非会员农民的收入拉大。

研究表明,虽然组织形式各有不同,但农技协在服务"三农"中发挥的积极作用是普遍的。如山东省沂南县农民科技开发协会成立于 1999 年,目前拥有 7 689 名会员,遍及 7 县、31 个乡镇、356 个自然村。协会与中国农业大学、中国农业科学院等部门建立了合作关系,发展大白菜、甘蓝、大葱、黄瓜等种子基地 12 000 多亩,涉及 16 个品种,增加会员收入近 3 000 万元,增加社会效益近 2 亿元,为我国的蔬菜生产和出口做出了积极贡献。通过蔬菜繁种,脱贫的会员由原来的 61% 增加到 87%。除了为会员工作到村,服务到户,培训到人,指导到地,为促进协会的发展,协会已经为 6 位理事办理了社会统筹,每年为每人缴纳统筹 6 000 元,协会表示这项工作要继续开展下去。2007 年协会获得 20 万元"科普惠农兴村"奖补资金,为在"惠农"上下工夫,除了投资 12 万元引进新品种,协会还利用价格补助的办法为会员统供化肥,为会员提供抗旱补贴总计支付 6 万元,增强了协会的凝聚力。另外,为提高会员对子女教育的重视程度,协会还出台了会员优秀子女奖学金政策,对考上农业院校的会员子女奖励 2 000 元,非农业院校的奖励 1 000 元,专科以上的奖励 500 元等,对初、高中优秀生也有奖励。在事业发展上,协会计划在 2012 年建立全国最大秋大白菜种子生产基地,县内建立基地 15000 亩以上,达到全国第一;加强自身建设,争取在 2012 年前建起协会培训中心和办公楼。

3. 政府支持农技协发展是服务"三农"的客观需要

目前,农民专业合作社(在政府部门注册)的发展速度很快,不免使一些专家学者对支持农技协发展的必要性提出疑问和看法。但据我们了解,农民专业合作社中除了直接组成的以外,凡是由农技协发展形成的农民专业合作社,基本都是挂着两个牌子,原因一是为了获得国家给予农民专业合作社的基金支持及相关政策,二是由于科协长期对农技协的支持,使他们认识到科协的支持对他们事业发展的深远意义。因此加强政府对农技协的支持力度,有利于提高农技协的社会地位,扩大农技协的社会影响,也会进一步推进各级科协继续加强对农技协的引导和支持,其蕴藏的科普潜力仍然会得到持续发挥,为服务"三农"继续做出贡献。

二、"大学生村官"长效机制的实施为推动农村科普带来历史机遇

从20世纪90年代中期开始,大学生"村官"从无到有,到快速发展,经历了长时间的积累发展过程。中组部印发的《关于建立选聘高校毕业生到村任职工作长效机制的意见》的通知(组通字[2009]21号)明确提出:"从2008年开始,连续选聘5年,选聘数量为10万名,每年选聘2万名",勾画了这项工作的远景。今年是《长效机制意见》实施的第三个年头。实践证明,实施大学生村官长效机制,符合我国农村发展的实际需要,为缓解大学生就业难、提高大学生的实际工作能力开辟了渠道。特别是一些地区开展大学生村官兼职科普宣传员活动,明显加强了农村科普力度。除产生了利民富民的实际效果,作为公务员后备力量,有利于大学生村官工程的实施和干部队伍素质的提高,这种培养接班人模式的推广,对于落实科学发展观具有极大的推动作用。如山东省临沂市,从1999年市委组织部实施"大学生村官工程"起,就在市科协的推动下,全市2 000名村官除了协助村领导开展工作,同时也兼任村科普宣传员职务,扶持帮扶户是他们的重要工作内容,每个村官可为5个帮扶户各带来25 000元无息贷款。到村任职大学生帮扶农户科技致富工程的实施,为科技的推广,农民的科技致富,村风文明程度的提高发挥了重要作用,即丰富了大学生村官锻炼内容,也为新农村建设做出了贡献。如费县鹏翔蔬菜种植专业合作社,大学生村官为合作社顾问,顾问手机电话公布在合作社门牌上,同时顾问还掌握着相关专家的联系方式,为农户随时提供技术咨询和现场指导。如帮扶户农民王纪尚种植1.6亩大棚蔬菜(西葫芦和辣椒),每年收入6万元,当年脱贫。因此,积极宣传推广大学生村官参与科普工作的经验,利于大学生村官长效机制的实施,提升农村科普工作,为促进大学生村官与农民科学素质的双提高产生重要意义。

三、政府加强对农村科普活动场所建设的重视程度意义深远

具备一定室内空间和必要科普活动器材的固定科普活动场所,是正常开展农村科普活动的基本条件。但目前,农村科普活动场所建设情况不容乐观,集中体现在数量偏少,

质量偏低,各地发展情况不平衡。

1. 农村科普活动场所普遍偏少

中国科普研究所(2008年)调查数据显示,总体上农村科普活动场所数量偏低。有13.5%的村没有建立科普活动场所,这相当于91 800个行政村(全国行政村总数68万个)、21 300万个农村居民没有开展科普活动的室内场所。如果按我国农村居民总人口数量为9亿计算,就是占23.7%的农民没有在室内参与科普活动的条件。特别在西部地区,情况更加严峻,如贵州省,虽然近年来科普基础设施建设和改造加快,但县级科协科普基础设施严重不足的局面尚没有得到根本的转变。大部分的县(市、区)和乡镇没有专门的科普场所,现有的一些场馆设施陈旧,展示技术手段落后,科普教育功能有限。中部地区情况也不容乐观,如黑龙江省,不但是科普活动场所数量少,场地设施也很简陋,许多农村科普场所内没有取暖设施,无法使用,寒冷的气候在很大程度上限制了科普场所的利用率。

2. 农村专用科普设施严重不足,多数是依托村委会设施开展科普活动

目前,农村专门开展农村科普活动的场所少,通常与其它活动场所合用,科普设施(专用及兼用)绝大多数是各类科普活动场所混合使用。如科普活动室专用的占6%,兼用的占74%;科普图书室专用的占7%,兼用的占55%;科普学校专用的占4%,兼用的占52%。科普活动室与其它科普活动场所混合使用的比例最高。科普活动场所设施很大程度上依托村委会设施得以解决。目前,村委会建筑面积平均为213平米,科普活动场所占用村委会建筑面积72.3平米,占用比例为31.6%。

3. 政府投入与社会资源共享都是开展农村科普活动场所建设的必备因素

由于科普活动场所对村委会设施的依赖性普遍存在,村委会设施的建设和改善就直接关系到科普活动场所的建设,事实证明,村委会设施的状况影响到科普活动场所的状况已经很明显并且普遍,因此,结合农村公用设施建设推动科普活动场所建设,以"一室多用"方式开展科普活动场所建设的模式成为许多地区的做法,这主要是适应村科普工作的普遍特点和村集体经济实际状况而采取的措施。但是,这种工作模式在政府的支持下,才能够显现效果,政府加大村庄建设的力度,实际上也就是直接支持了农村科普活动场所的建设。

参考文献
[1] 国务院《全民科学素质行动计划纲要(2006—2010—2020)》.
[2] 中国科普研究所《典型地区农村科普活动场所建设研究》(2008年).
[3] 中国科普研究所《农村科普工作发展概况研究》(2010年).
[4] 王元,刘冬梅《我国农村专业技术协会的运行机制与发展方向研究》(中国农业科学技术出版社2009年).

当前环境下科普网建设趋势研究

——兼论吉林科普网特色

李云彪　毛　刚　贾志雷

吉林省科学技术信息研究所

摘要： 本文在深入分析当前科普网站建设外部环境的基础上，从五个角度出发深入研究了当前环境下科普网站与传统的科普网站建设的差异、建设重点、以及建设趋势，为科普网站今后的建设指明了方向。在文章的最后，对吉林科普网进行了分析，以期起到抛砖引玉的作用。

关键词： 科普，网站，趋势，吉林科普网。

一、当前科普网建设的外部环境分析

1. 社会分工和专业化分工越来越明显

当前，随着社会不断向前发展，社会分工和专业化分工越来越明显，这是提高创新能力、提高竞争力水平、加快产业发展、孕育新兴市场的必经之路。在这样一个大环境下，科普传播工作也必须顺应时代发展的潮流，科普网站的建设也必将朝着专业化、特色化的方向发展。传统的综合性科普网站依旧有着其存在的必要性，其体现的价值以及在科普中的作用仍旧值得人们肯定，不同的是，综合性的科普网站将不是科普网站发展与建设的唯一形式，更多的具有专业分工性质的、针对性强的科普网站将会越来越多。

2. 网络环境有了较大的改善

这里所说的网络环境包括两大类环境：一是科普知识组织、建设、传播者和管理者所处的环境，二是科普受众所处的网络环境。网络技术、信息技术以及计算机技术的迅猛发展，使上述两类环境均发生了天翻地覆的变化。对于前者来说，在科普网站的建设过程中，在其网站的接入带宽，服务器的运算能力、稳定性、安全性，网站后台的可维护性、可扩展性，网站前台实现功能性、艺术性、实用性、用户界面的友好程度等诸多方面均得到了较大的提升，科普传播的形式更加多样化，科普知识内容更加丰富多彩，能够实现以质量更高的视频、音频、图片、FLASH等多媒体为载体进行科普传播；而对于后者来说，根据CNNIC发布的《第27次中国互联网络发展状况统计报告》显示，截止到2010年12月底，我国网民规模已达4.57亿人，较2009年底增加了7 330万人；互联网普及率攀升至34.3%，较2009年提高5.4个百分点；上网设备呈多元化发展，我国手机网民规模达 3.03 亿,较 2009 年底增加 6 930 万人;手机网民在总体网民中的比例进一步提高,从 2009 年末的 60.8% 提升至 66.2%;网民平均每周上网时长为 18.3 个小时;农村网民规模达到 1.25 亿,占整体网民的 27.3%,同比增长 16.9%;宽带普及率已经高达 98.3%;有 89.2% 的网民在家上网,而在网吧、单位和学校上网的网民分别有 35.7%、33.7% 和 23.2%,还有 16.1% 的网民在公共场所上网①。这一系列的变化,使得广大科普受众能够更为方便、快捷的接入到互联网中,同时也为科普网站的蓬勃发展奠定了牢固的现实基础。

3. 信息环境有了新变化

当前环境下,一方面由于信息数量过多,信息数量增长过快,即所谓的信息爆炸,很容易将科普受众淹没在信息的海洋中,科普受众在面对过多的信息时倍感压力,对于数量庞大的科普信息要么无从下手,要么抓不住重点,要么不能及时获取所需信息;另一方面,由于科普受众的个体差异以及环境差异,一些科普受众在获取信息方面具有优势,而一些科普受众很难获得信息,在这方面处于劣势;再有,信息孤岛现象和信息鸿沟现象仍然困扰着众多科普受众。这些现象的出现,为科普网站提出了新的要求,在科普网站的建设过程中必须切实解决上述问题。

4. 科普受众的需求有了新变化

人类的需求具有层次性和上升性的特点,作为科普受众来说,其需求也会随着外部环境的变化而不断变化。在传统的科普方式下,由于科普方式的局限性使得科普受众很难对科普形式、科普手段、科普内容发表自己的观点,用户的真实需求和感受很难得到有效反馈。而在当前环境下,随着信息技术、网络技术、计算机技术的不断成熟,使得科普受众的需求能够从技术上得以实现,越来越多的个性化需求能够得到重视,用户需求的变化逐渐朝着多元化、个性化、及时性、专业性、准确性、互动性等方面发展,而这也为科普传播提出了新的要求。

二、科普网建设趋势

1. 科普网站特点更加突出,网站针对性更加明显

在社会分工和专业化分工越来越明显的环境下,当前科普网建设更加注重网站特点的突出,注重对目标群体的定位。这样能够有效提升科普传播的针对性和准确性,避免了传统科普网站建设过程中为了求大求全而造成的网站建设针对性差、特点不突出、信息量过多对用户造成的信息过载等现象。为此,在当前科普网站的建设中,一方面,部分综合类科普网站继续保持综合性的建设道路,重点突出门户网站的综合效应,这类网站

① 第 27 次中国互联网络发展状况统计报告.

275

有中国科普博览(www. kepu. net. cn)、中国科普网(www. kepu. gov. cn)、科学网(www. sciencenet. cn)、中国公众科技网(www. cpst. net. cn)、中国数字科技馆(www. cdstm. net. cn)、吉林科普网(www. jlkp. net);另一方面,许多科普网站注重科普传播的针对性,其目标群体定位非常明确,科普内容也比较具有针对性、时效性和专业性,针对某一专业的科普网站如朝阳化石(www. chaoyangfossils. com),针对某一自然现象的科普网站如中国地震科普网(www. dizhen. ac. cn),针对某一公共突发事件的科普网站如吉林省防灾减灾科普信息网,针对某一类人群的科普网站如学生科技网(www. student. gov. cn)等。

2. 科普网站更加注重信息自下而上的建设

在互联网发展处于 Web1. 0 时期,科普网站建设是以一种自上而下的形式出现,相应的科普信息的组织建设工作也是由网站发起的一种自上而下的形式,科普受众通过信息浏览方式获取信息。在这一过程中,科普信息的传递方式是单向的,科普受众很难参与到科普网站与科普知识的建设过程,并且是处于较为被动的信息接受方。随着外部环境的不断发展变化,到了 Web2. 0 时期,科普网站的建设更多的是由科普受众参与并完成的,科普网站的建设更多的是呈现出自下而上的一种建设模式。网站的管理者主要作用是为搭建一个平台提供技术支持,而对于具体的建设工作则交由科普受众来完成。例如维基百科、百度百科等网站就是以这种方式来进行构建的。

3. 科普网站建设更加注重科普受众的参与和互动

受到当前外界环境以及技术条件的共同影响,在 Web2. 0 环境下,科普网站建设更加注重科普受众的参与和互动,"以人为本"、"以用户为中心"、"以需求为驱动"的思想得到重视并且贯穿于科普网站的整个建设过程中。大量 Web2. 0 环境下的经典技术在科普网站建设中得到了广泛的应用,包括 Blog、RSS、Wiki、TAG、SNS、P2P、IM 等。这些技术的广泛应用,为科普受众参与网站建设和网站互动提供了强大的技术支撑与保障。例如科普受众可以通过 Blog 来发表科普观点,撰写自己的科普感受、心得;利用 RSS 订阅科普信息;利用 Wiki 的多人协作模式参与科普知识的创作与共享;利用 TAG 对科普信息进行更加准确、个性化的分类;甚至可以利用 IM 软件与科普专家进行一对一、"面对面"式的即时通讯交流。为此,科普传播不再是"一言堂",当前科普网站的建设模式使得越来越多的科普受众能够利用便利的条件充分的参与到科普网站的建设以及科普传播的过程中。在这些科普受众中,不乏各行各业的专家与学者,这样可以形成百家争鸣、百花齐放的态势,对科普内容、科普形式、科普方法展开全方位的讨论。并且,随着用户参与的积极性与热情的提高,能够对科普传播进行广泛的群众监督,降低伪科学、伪科普出现的几率,进而提高科普的效果。越来越多的科普网站开通了与用户的互动交流,如中国数字科技馆开通了自建的博客平台(blog. cdstm. cn),甘肃大众科普网开通了博客专版(blog. gspst. com),这些网站充分利用 Blog 使科普受众积极地参与到科普中来;北京市科协自 2007 年以来已经举办了五届北京科普动漫创意大赛,吸引了 22 个国家和地区的选手参赛;吉林科普网举办了科普知识网络大赛,充分利用网络与科普相结合的形式进行科普宣传,不仅提高了社会公众的科学素养,同时能够将吉林省的地理、人文、风俗、科技等融入科普宣传当中,寓教于乐,收效显著。

4. 科普网站建设更加注重个性化信息的推送

在信息环境日益复杂的情况下,为了解决信息爆炸、海量信息、信息鸿沟以及信息孤岛等现象对用户的困扰,科普网站在建设过程中更加注重个性化信息的推送。这能够有效缓解科普受众对于信息获取在针对性上、时效性上、权威性上以及个性化等方面的需求。RSS 是 Web2.0 环境下在这一领域的典型应用。RSS 的目前有三种公认的提法,即 Really Simple Syndication(真正简易聚合)、RDF Site Summary(RDF 站点摘要)、Rich Site Summary(意为丰富站点摘要)。虽然人们对 RSS 的表述有所不同,但其本质是相同的,它是基于 Syndication 技术,用来共享新闻和其他 Web 内容的数据交换规范[1]。RSS 目前被广泛应用于网络新闻频道、Blog 和 Wiki 中。通过 RSS,科普受众可以在科普网站上订阅自己感兴趣的信息,这类信息既可以是新闻频道提供的科普新闻、科普动态,也可以是科普 Blog 的更新通知。RSS 既提高了信息传递的效率和准确性,又能够节省科普受众大量时间,并且有效减少垃圾信息和垃圾邮件对用户的干扰,切实满足科普受众对于科普信息针对性、时效性、权威性以及个性化等方面的需求。

5. 科普网站建设更加注重科普受众之间的联系,注重深度揭示科普知识之间的联系

当前科普网站的建设一方面更加注重科普受众之间的联系,另一方面则更加注重深度揭示科普知识之间的联系。对于这两种理念的出现,前者是受到 Web2.0 的相关理念所影响,而后者是受到以信息构建和知识构建为基础的知识服务理念所影响的[2][3][4]。在 Web2.0 下,科普网站建设的重心从"以信息内容为建设重心"向"以用户为中心"转变,用户之间的联系得到了前所未有的重视。以优酷网为例,如果是在 Web1.0 时代,网站会比较关注哪些视频是播放次数最多的,而对信息的排列方式是基于时间、名称等方式进行;而在当前环境下,网站能够记录用户看了哪些视频,并且加入了"用户播放次数"、"用户评论次数"、"用户收藏次数"等形式的信息排列方式,用户能够了解到还有哪些人观看了这些视频,从而能够为用户寻找到具有相同兴趣、爱好、专业的其他用户。

---

① RSS. 百度百科[OL]. [2012 - 04 - 17].
② 李丽,戚桂杰. 从雅虎的分类目录分析信息构建的发展[J]. 情报理论与实践,2006(2): 164—167.
③ 姜永常. 基于用户体验的知识构建——Web2.0 环境下对知识构建原理的再认识[J]. 情报学报,2010(10): 872—879.
④ 李贺,刘佳. 基于知识构建的数字图书馆知识服务优化研究[J]. 图书情报工作,2010(1): 127—130,49.

对于深度揭示科普知识之间的联系,目前只是在极为少数的科普网站中有所体现。究其原因,一是科普网站的管理部门以及网站建设者在这方面的认识存在不足;二是这一工作目前在科普传播工作中的开展尚处于起步阶段;三是这一工作需要大量的人力与财力支撑,目前多数科普网站还没有这方面的预算;四是部分科普网站已经从事了这方面的建设,但是效果还不明显。吉林科普网在这方面进行了尝试性的研究与建设,并取得了一定突破。在科普网站信息组织与建设的同时,针对某篇科普文章的内容进行分析、整理,析取出该篇科普文章所述重点,在中国知识资源总库——CNKI 系列数据库、万方数据、重庆维普中文科技期刊数据库、国家科技图书文献中心等数据库中进行检索,将检索到的相关结果有选择性的与该篇科普文章进行连接并推送给用户。

三、吉林科普网特色分析

1. 吉林科普网简介

吉林科普网是由吉林省科技厅主办,吉林省科学技术信息研究所承办的大型科普类网站,旨在普及社会公众的科普知识,提高全民族的科学素质,拓展青少年视野,培养科技创新精神,共创和谐社会。目前,吉林科普网已经开通科普动态、科学博览、科普园地、应急避险、青少年科普、吉林大自然科普、科技活动周、科普法规等八大栏目,拥有各类科普图书三十万册,科普期刊两百余种共计一万余册;各类科普视频讲座 16 000 余部,时长共计 45 万分钟,涵盖天文、生物、地理、历史、数理、医药卫生、农学等 20 门学科。

2. 吉林科普网功能定位

(1) 吉林科普网建设目标。

① 吉林省科普网是向社会各界宣传科学知识、科学思想和科学方法的重要工具,因此既有政府网站的严肃性,又有适宜的广大社会公众的普及性。

② 科普网以吉林省的科普工作经验、方法的介绍、宣传、交流为主,兼顾科学知识的传播,建立一个网络平台,实现科普工作方法和科普知识信息储存、处理、传送一体化,充分实现全社会范围内的知识共享。

③ 吉林省科普网建设目标着眼于突破传统科普传播的局限性,针对现行科普网站存在的问题和不足,适应信息时代的发展和要求,综合利用 Web2.0 下的网站建设理念、网络技术载体,建设具有深度和广度的科普网络,从而更全面、系统的推广和普及科普知识。最终目标是将吉林省科普网办成有地域特色、有影响力、有权威性的,集实用性、趣味性、互动性、新颖性于一体的科普网站。

(2) 吉林科普网建设重点。

① 着眼于提高吉林省青少年的科学素质。吉林科普网是青少年科普教育的重要平台,是普及科学知识的重要工具,对于青少年树立科学发展观,提高科学素养、培养社会

实用人才等方面都具有重要的现实意义。一是在转变青少年思想,提高认识上有其独到之处。二是在培养青少年小发明、小制作兴趣,提高自主创新意识,增强动脑动手能力等方面有着很大的优势。三是在青少年心理健康、心理咨询、心理疾病预防等方面发挥着重要作用。四是青少年感受科学、启迪创造思维、陶冶情操培养形象的净土。

② 强化农村科普,提高农民科学素质。吉林省是一个农业大省,为建设社会主义新农村,必须提高广大农村干部群众的素质,这就需要科技的武装。吉林科普网,以科普助推农民科学致富,着力培养一批有文化、有素养、懂技术、会经营的新型农民。

③ 致力于向社会宣传应急避险科普知识,提高公众防灾自救的能力。近年来,我国及我省自然灾害发生频繁,如汶川、玉树地震;舟曲泥石流;永吉特大洪水等,造成了巨大的生命财产损失。当公共应急事件出现时,公众当如何应对? 针对这一问题,吉林省科学技术信息研究所向社会发放了1 000份问卷调查表,被调查的人普遍不知道地震等灾害来临时,怎样科学防范自救,对应急避险、防灾自救的知识掌握不多。因此,建设吉林科普网,可以通过网络平台向公众普及应急避险知识,提高公众的防灾自救的能力,将国家和人民生命财产的损失降至最小。

④ 建设和培养优秀的科普人才。在《中国科协科普人才发展规划纲要(2010—2020)》①中明确提出:"到2020年,全国科普人才的数量要在2010年的基础上翻一番,总量达到400万人左右,科普人才质量得到较大提高,结构进一步改善。"吉林科普网的建设,将为吉林省贯彻落实这一纲要提供有力支撑。吉林科普网立足于经济社会发展,面向青少年、基层群众和新农村建设,大力培养优秀科普人才,重点培育高水平的科普创作设计、科普研发、科普传媒、科普产业经营、科普活动策划与组织等方面的高端人才,为我省科普事业的发展做出巨大贡献。

3. 吉林科普网特点

(1)吉林科普网充分利用互联网这一重要的载体和交流手段搭建科普平台,宣传科学思想、弘扬科学精神、传播科学知识,充分体现了科普网站在科普知识传播中速度快、交互性友好、信息容量大、信息及时性强等特点。目前,吉林科普网已在科普知识传播工作中发挥了较大作用。

(2)吉林科普网具有强大的生命力和广阔的发展前景,能够充分满足科普受众对科普知识在权威性、趣味性、针对性、时效性等方面的要求。同时,还能够满足科普受众对休闲娱乐、解疑答惑、互动交流、广泛参与等方面的要求。吉林科普网在强势占领网络阵地过程中充当着重要的角色,不断吸引着科普受众积极主动地参与到科普传播中。可以说,吉林科普网是感受科学、启迪创造思维、陶冶情操、净化心灵、拓展视野、实现科普受众多方面需求的堡垒与阵地。

---

① 中国科协科普人才发展规划纲要(2010—2020)[OL/EB].[2012 - 04 - 20].

（3）吉林科普网站定位准确，特点鲜明。当前，我国网站数量约为 191 万个①，若在浩瀚的网络海洋中占有一席之地，需要具有鲜明的特色和独特的风格。吉林科普网特色鲜明、风格独特，在传播科普知识、提升全民科学素养的同时，能够重点突出吉林省地域特色，将吉林省的文化风俗、历史传承、地理地貌、经济科技等内容与科普知识进行有效融合，使科普受众在接受科普知识的同时了解吉林、扩展视野。

（4）网站内容表现形式多样，互动性较强。吉林科普网其科普内容的表现形式具有多样性的特点，充分利用了视频、音频、游戏、Flash 动画、实验和文章图片。相对于以静态文字呈现的科普文章和图片，科普受众更乐于接受虚拟博物馆、数字科技馆、视频、音频、游戏、Flash 动画等方式呈现的科普内容。吉林科普网在这方面顺应了广大科普受众的需求。

---

① 第 27 次中国互联网络发展状况统计报告. CNNIC. [EB]. [2012 - 04 - 16]. http：//research. cnnic. cn/html/1295343214d2557. html

互联网环境下的科普传播方式探讨

刘　武

重庆科技馆

摘要： 文章对网络科普传播方式的优势进行简要梳理，提出发挥网络科普传播效能的途径，期待能对互联网环境下的科普传播方式的优化有所裨益。

关键词： 科普，网络化，传播。

在网络普及和信息共享的今天，人们依赖网络获取并交换信息的频率越来越高，网络在社会生活中的地位也将越来越重。以介绍和推广最新科技信息、科技产品和科技进展成了科普工作的主要发展方向。为了使更大范围的群体能够开拓视野，提高综合素质，增强科技意识，接触到最前沿的科技信息，了解全球科技的发展与进步，就应该顺应这种趋势，利用网络所具有的高度选择性、实时性、交互性和广泛性，通过网络传播科普，借助于多种技术手段收到比传统手段更及时、更生动、更全面的信息，从而实现科普工作的网络化。

一、网络科普传播方式的优势

1. 交互性，使公众更易参与科普

Web2.0技术的应用，使全民参与科普成为可能，Web2.0时代崇尚"自由、互动、共享"的精神，人们不再是简单的科普受众，还是科普的传播者。每个人都可以通过网络平台发出自己的声音并与他人进行多角度、全方位的互动交流，由被动地接收科普知识走向主动发布科普知识，实现人人参与科普，全民皆为科普链中的一环。

随着Web3.0技术的革新，相信科普传播及受众将不再受到现有科普资源匮乏积累的限制，而具有更加互动参与科普的可能。

2. 包容性，使科普资源共建共享

由于受制于技术条件，传统媒介在传播知识、信息的过程中，局限于单一形式。如今，网络科普呈现出多媒体、综合化的特征，文字、图形、图像、动画、音频、视频等无所不包、无所不容，将各种传统媒介形式汇聚于一体，体现出强大的包容性。网络科普借助网络平台，将大容量的科普素材（如视频、动画、图层等）存储到服务器和"云"端，并通过网络互联实现资源共享，公众可以便捷地读取、下载自己感兴趣的科普资源，使科普资源共

建共享成为可能。

3. 小众性，使科普传播趋于个性化

当今时代是一个资讯涌动、信息暴涨的时代，但同时也是传统的大众传播向现代的小众传播转型的时代。科普内容的同质化很难再得到受众的青睐，公众在选择科普时更加趋于理性化、个性化，这种趋势所带来的群体分解、转化，也在情理之中了。以博客、播客、微博等基于网络信息技术的媒介平台，将传统"点对面"的传播方式，转变为"点对点"的交流与对话，不仅大大提高了传播效率，同时也有助于增强科普受众的满足感和归属感。

4. 草根性，使科普传播注入新动能

传统的科普工作主要由官方科普组织或机构完成，而在注重公众参与的网络中，科普工作的责任不仅由相关科普组织承担，部分也落在诸多非专业但富有经验的草根网络科普工作者身上。这种网络科普的新动能已经在多种草根性质的网络科普组织中得以实现。如科学松鼠会在汶川地震后做出的快速反应：地震发生后的三个小时，就发表了一篇原创科学文章，作者瘦驼在文章中的见解第一时间回应了地震后关于震前动物预报的种种谣言。

二、发挥网络科普传播效能的途径

1. 培养专业化的网络科普创作者

网络科普需要建设一支由专业化人才、兼职人才和志愿者组成的高素质队伍，为网络科普工作的开展提供人才保障和智力支撑。培养专业化的科普创作团队，打造一支优秀的科普创作队伍，创作出优秀的科普精品，对网络科普的发展是至关重要的。

2. 多渠道解决科普经费投入不足问题

科普是一项公益事业，要解决科普经费投入不足的问题，首先要争取政府对网络科普的经费投入力度，《科普法》中规定"各级人民政府应当将科普经费列入同级财政预算，逐步提高科普投入水平，保障科普工作顺利开展。"其次，要尝试摆脱目前科普经费主要依靠国家拨款的单一模式，可制定相关政策，支持和鼓励民间资本的进入，积极探索一些新型的运作模式，使科普走向市场，服务于社会，使"计划科普"转变为"市场科普"。

3. 加大官方科普网站的建设力度，发挥科普的权威性

科普事业只有在政府的关心和支持下才能形成稳定的发展机制，要发挥网络科普的权威性，首先要重点扶持一些高水平的国家级科普网站，打造科普网站品牌，突显官方媒体的权威性。其次要鼓励各学科带头人、科学家开通个人科普博客、微博，在各种突发事

件出现时,作为信息的"把关人",在第一时间发出权威声音,对热点问题进行科学解读,消除公众不必要的恐慌情绪。

4. 网上科普宣传与线下活动相结合

互联网拥有强大的信息集散功能和许多传统媒体所不具有的优势。它以超媒体方式组织信息,跨越时空,双向交互。科普知识竞赛、科普作品征集等线下科普活动可依托互联网平台开展,进一步强化网络科普设施的互动功能,激发公众参与科普的兴趣。

5. 培养重点人群科普自觉性

要充分体现网络作为科普传播媒介的优越性,培养重点人群的科普自觉性,从传统灌输式的科普教育向公众参与、互动交流的科普教育发展。可以充分利用现代多媒体技术,制作一些互动效果良好的科普软件,让更多的人真正能感受到从事科学研究的乐趣,在参与中认识科学、了解科学。

6. 建立科普网络联盟,共建共享科普资源

科普网站之间要改变只重视自我资源开发而轻视相互之间协作共享的局面,各自为政、闭门造车必然导致科普网站大量重复性的开发建设,造成资源的巨大浪费。所以,建立和完善网络科普信息资源共建共享机制是网络科普可持续发展强有力的支撑。要加强各地区、各部门之间的联系,通过搭建技术平台,让更多人共享分散于不同权属的科普资源;进一步深化产、学、研合作,促进并实现网络科普联盟,有效协调和利用好现有的科普资源,形成优势互补、信息共享、系统联动的网络机制;应鼓励草根网络科普的发展,集结网民力量使科普网络向更加广阔的领域延伸,全面推动网络科普事业的发展。

三、结语

总之,网络科普前景广阔,只有充分地利用好、协调好现有的各种科普资源,加大对科普网站的投入,创作出更好的科普作品,发挥网络科普自身的优势,实现科普资源的共建共享,改变各区域网络科普发展的不平衡现状,才能实现网络科普效能的最优化,推进我国科普事业不断向前发展。

参考文献

[1] 周荣庭何登健美管华骥. 参与式科普:一种全新的网络科普样式[J]. 科普研究,2011(1).
[2] 张小林. 中国网络科普设施发展报告[M]. 北京:中国科学技术出版社,2009.
[3] 徐桂华. 网络科普——新时代科普宣传的沃土[J]. 城市与减灾,2007(1):10—12.

互联网在社区科普中的创新运用

罗勇军

华东理工大学计算机科学与工程系

摘要：在互联网时代，网民可以获取无处不在的、海量的信息。科普可以更广泛更深入地进入大众的生活。本文将用具体的例子，阐述如何创新性地利用互联网，更好地为社区科普服务。

关键词：社区科普，互联网，科学传播。

一、互联网在科普中的作用

1998 年的图灵奖获得者、数据库专家 Jim Gray 在获奖演说中预言，信息量在 18 个月内就会增加一倍，即 18 个月中增加的信息量是以往所有信息量之和。著名的信息技术咨询公司 IDC 在 2011 年的研究报告《数字宇宙：从混乱中提取价值》[1] 中指出，2011 年，产生与复制的信息量超过 1.8ZB——在仅仅 5 年中增长了 9 倍。这一事实完全验证了 Jim Gray 的预言。

互联网的巨大影响，改变了日常的生活，比如购物之前先上淘宝看看价格、不会做菜上网查查菜谱、不知路线上网搜搜地图等。很多人已经产生了网络依赖症，"请保持随时在线！"现在的人们已经很难想象没有网络前人们是如何生活的。网络是不是万能的？

根据中国互联网络信息中心《第 28 次中国互联网络发展状况统计报告》：截至 2011 年 6 月，中国网民规模达到 4.85 亿。8.15 亿非网民，大部分是老人和农村人口。也就是说，大部分城市人口已成为网民。

网络的受众如此之大，使网络的一个重要问题"网络是一把双刃剑"应得到重视。在科普中，网络可以传播科学：有问题可以随时随地从网络获得答案；也容易传播伪科学：网络上大部分都是错误的、垃圾的信息。

科普工作者、大众，都应该意识到，懂得正确利用互联网，是获得科学知识的基本能力。

二、重要的科普网站

科普网站能集中、全面、深入地展示科学内容，并以美观、互动的形式让科普变得生动有趣。下面是一些有影响的科普网：

中国科普 www. kepu. gov. cn

中国科普博览 www. kepu. net. cn

- 上海科普网 www. shkp. org. cn
- 科普研究所 www. crsp. org. cn
- 北京科普之窗 www. bjkp. gov. cn
- 苏州科普之窗 www. szkp. org. cn

三、如何开展网络科普

Sohu 网曾做过一个"我国网络科普现状调查问卷"。它的内容有：

- 您主要是从那些渠道了解和学习科普知识的？
- 您最感兴趣的科普知识是下列哪些领域的？
- 您是否能从网络上找到您所关心的科普知识？
- 如果您在网络上总是找不到或者很少找到您关心的科普知识，其原因是？

……

网民需要什么样的网络科普？网民有一个共同的特点：网民都是"懒惰的"，他上网时希望能很快查到真实的信息。然而网络是复杂和自由的，在查某些信息（例如有争议的、和某些人利益相关的信息）时，几乎不可能容易地得到正确答案。一个网民，如果没有耐心、缺乏科学的判断力，很难通过网络获得正确的知识。权威的科普网站、政府网站应该提供可信的信息，但是它们不可能涵盖所有的内容。很多问题仍需要个人的判断。

正确的判断需要基本的科学知识，也需要方法，比如在网上追根溯源、查询权威认证、搜索正反意见等。

四、网络在社区科普中的应用

如何通过网络查科学的信息？下面分别从几个方面举例说明：日常的吃穿住行、医疗、分辨伪科学、突发事件和热点问题的科普等。

在日常的吃穿住行中，能吃到健康食品，是城市居民非常关心的问题。城里人没有自己的田地，不可能自己种菜吃。他们不得不面对很多关于食品的概念和说法，作出自己的判断。

比如有机食品。什么是有机食品？有机食品更安全吗？有机食品更有营养吗？到哪里找真正的有机食品？

首先，先了解什么是有机食品。比如什么是有机蔬菜，上海政府网站的说明是[3]：

（1）所谓有机蔬菜，指来自有机农业生产体系、在生态环境质量符合规定标准的产地、生产过程中不使用任何有害化学合成的农药、化肥等化学物质，根据国际有机农业生产要求和相应的标准生产加工的,并经独立的有机食品认证机构认证的供人类食用的蔬菜产品。

(2)有机蔬菜通常需要符合以下四个条件:1.原料必须来自有机农业生产体系的或采用有机方式采集的野生天然产品;2.产品在整个生产过程中必须严格遵循有机蔬菜的生产、加工、包装、贮藏、运输等标准要求;3.生产者在有机蔬菜生产、加工、流通过程中有完善的质量跟踪审查体系和完整的生产及销售记录档案;4.必须经过独立的有机认证机构进行全过程的质量控制和审查,符合有机蔬菜标准并颁发相关证明的产品。

(3)有机蔬菜是一种真正无污染、富营养、高质量的环保安全产品。其生产全过程管理严格,成本较高,产量较低,价格也必然较高。

了解了有机食品后,如何确认市场上卖的一种食品是不是有机食品?这时需要通过认证机构进行权威回答。在网络上,可以了解到 IFOAM 是领导全世界有机农业运动的大型国际组织[4],而中国唯一获得 IFOAM 认可的有机产品认证机构是 OFDC[5]。

因此 OFDC 认证的食品,就是目前比较权威的有机食品。比如 OFDC 的通告[6],里面认证了很多公司,其中有一个"上海艾妮维农产品专业合作社",它的产品有国标证书品种 102 个,OFDC 标准证书品种 98 个,例如豌豆芽、萝卜芽、丝瓜、柠檬草、绿豆芽、荞麦芽、黄豆芽、花生芽等。具体的购买可以到艾妮维的网站[7]查询它的产品。

以上说明了如何通过网络了解并购买真正的有机食品。

需要说明的是,有机食品很贵,而且有机食品是不是一定比普通食品更卫生、更有营养,这是另一个需要科普的问题。

还有其他例子,比如吃香蕉会导致腹泻还是可以治便秘,转基因产品能不能吃,食物是否相克等。例如对食物是否相克,正方意见是会相克,反方认为不相克。

医疗也是大家关心的重要问题。新闻经常提到假药品,药品的打假可以查询这个网站:阳光中国[8]。还有很多大众关心的热点问题:孕妇防辐射服是有效还是无效?感冒不需要治疗?发烧了是要捂汗还是降温?不能洗澡?生病了是要多吃补营养还是少吃多休息?

关于突发事件和热点问题的科普,比如日本核事故导致中国碘盐脱销、神舟飞船、异常气候等。例如通过日本核事故—中国碘盐脱销事件,可以使公众知道以下知识:

● 中国的食盐绝大部分是矿盐,而不是海盐。

● 碘盐的含碘低不能防辐射。

● 对食盐这样的基本生活必需品,应相信政府在质量和供应上不会有问题。

本文用几个有趣的、和日常生活紧密相关的例子说明了如何用互联网进行社区科普。互联网已经和日常生活紧密联系在一起,而网民却容易受到庞杂的、不正确的网络信息的影响。因此,帮助网民获取正确的、科学的网络信息,是社区科普工作的重要内容。

参考文献

［1］ IDC 的数字宇宙。

［2］ sohu：我国网络科普现状调查问卷

［3］ 中国上海政府网站。"什么是有机蔬菜?"

［4］ IFOAM。http：//www. ifoam. org/about_ifoam/around_world/china. html

［5］ OFDC。http：//www. ofdc. org. cn

［6］ OFDC 扩大、缩小认证产品公告。

http：//www. ofdc. org. cn/article_info. asp? n_id＝1197

［7］ 艾妮维。http：//www. anywaysh. com

［8］ 阳光中国。http：//y. china. com. cn/

科幻小说科学传播影响力提升的 AMO 分析

罗子欣

四川省社科院新闻与传播研究所

摘要：科幻小说在传播科学思想、科学观念、科学精神以及科学方法与知识方面，尤其符合新媒体时代的传播特征，显现出其他通俗科普读物难以匹及的科普功效。本文从传播学的角度出发，拟借助说服传播的精细加工可能性模型（ELM），将其中的 AMO（能力、动机、机会）三因素作为分析视角，对科幻小说科学传播影响力的提升提出了分众化、娱乐化、多媒体化的传播策略。

关键词：科幻小说，科学传播，影响力，ELM，AMO。

一、ELM 理论及 AMO 三因素

20 世纪 80 年代，美国研究者佩蒂（Richard E. Petty）和卡西欧珀（John T. Cacioppo）提出的精细加工可能性模型（Elaboration Likelihood Model，ELM）在商业广告设计和传播实践中得到了极广泛的运用，并被认为是"说服传播研究领域 30 年来影响最大的理论模型"。笔者认为，ELM 理论的应用并非仅限于营销传播领域，作为一种经多次实证研究检验并发展的理论，同样适用于科学传播实践，尤其在拓展科学传播领域、提升科幻小说科学传播的影响力方面，能够提供一些有效途径。

受众对信息的接受过程即是其"通过对信息进行加工，实现阐释和理解的过程"，ELM 理论基于此前提，把受众接收信息的途径分为中枢路径（central route）和边缘路径（peripheral route）。受众通过中枢路径接收信息时，通常会对认知性信息（cognitive information）的关键要素进行直接而有意识的精细加工；而通过边缘路径接收的信息大多是一些情感性信息（emotional information），这些"次要信息"往往得不到深入的研究，而是形成一种基于信息情境成分的态度，对受众产生潜在影响。通过中枢路径接收的信息、态度，比通过边缘路径对受众产生的影响更为持久、深入。

麦克英尼斯（Deborah J. MacInnis）和贾沃斯基（Bernard J. Jaworski）在 ELM 理论基础上进一步研究认为，受众自身的三个因素（AMO）亦会影响信息加工水平：A（ability）能力，即受众是否具有必要的知识和信息加工技能，受众在此前提下才能够理解传播内容；M（motivation）动机，即受众获取信息的动机是否强烈，一般而言，传播的信息与受众的需要、愿望、已有观念越接近，关联性越强，信息越容易获得深度加工；O（opportunity）机会，即受众接触讯息时的情境促进还是妨碍信息加工，强调信息处理的客观条件。对

于科学传播而言,科学信息进入到中枢路径,仅仅是获得了精细加工的可能性,最终能否得到精细加工,具有良好的科学传播效果,还会受到受众 AMO 三因素水平的影响。

二、AMO：科幻小说科学传播效果的影响因素分析

1. 科幻小说科学传播中的 A 因素

A 因素(ability)是受众的信息加工能力,强调其知识储备和讯息理解能力。科幻小说的阅读过程中,信息加工对象包括小说本身的故事情节、基础科学信息、基于现实科学技术的科幻想象等,受众需要具备基本科学知识,和对含有基础科学信息进行解读的能力,才能够充分而愉快阅读科幻小说。具体而言,有以下几个层次：首先,对科幻小说的科学背景和基础科学知识有大致了解,例如基本天文地理、生命医学、物理化学、数学历史知识等。其次,对科技发展现状有所关注,了解其近期的一些科研成果和科技应用。再次,对科幻小说的科学观念和代表性文化符号有一定的了解。例如王晋康的作品《水星播种》中,需要对基督教义化符号有基本的了解。最后,对科幻小说中基于已有科学技术的幻想细节进行了解,能够理解和阐释在小说的境遇下,人物的日常生活、行为习俗、价值观念等文化信息,这是加工科幻小说信息所需要具备的能力中要求更高的一个层次。

A 因素水平的缺乏意味着既不具备也不能获得加工信息的必要知识结构。对于普通民众而言,通常接受过中学以上教育者,就大致能达到对基础科学有一般性的了解。并且在其大众媒体的日常接触中,能在一定程度上达到第二个层次。但除非对某些学科进行专门了解或研究,很少有人能达到后面两个层次。在信息过剩的今天,大多数人对科学信息的接受仅仅停留在初步了解的层面,目前科幻小说的科学传播更多的偏向 A 因素水平较高的小众和精英。

2. 科幻小说科学传播中的 M 因素

M 因素(motivation)指受众信息加工的动机。在科学传播中,M 因素的涵义主要指向以下内容：1. 科学技术信息与受众的相关性。一般而言,关联性越大(例如转基因食品、食品添加剂等信息),受众就越有动力对其进行仔细的思考。2. 了解科学技术信息的认知需要。这种认知需要既可能由兴趣激发,也可能是基于个人的义务或责任产生的。前者如游戏玩家学习计算机编程,后者如科普作家、科研工作者对某些技术手段的重视和引进。3. 偏好批判式思维的个人习惯。部分个体偏向于对接触的信息都进行深入思考,故其比常人有更多精细加工信息的动力。但这仅是一项个体差异变量,与传播类型和情境没有必然联系。x 由此可见,在实现科幻小说的科学传播过程中,受众是否有兴趣、有多少兴趣去接触小说本身,是 M 因素中最重要的一个前提。

在新媒体快速发展的过程中,虽然科幻小说的传播速度和传播面都较以往有所增

加,但许多普通民众仍在心理上与科幻小说有距离感,没有兴趣和动力去阅读科幻小说和其科学传播的内容,即便因接触一些科幻载体(如科幻电影或相关科技信息)产生了探求动力,也不易持续太长时间。其次,科幻作品的校园化特征尤为明显,科幻小说的受众更多的是基于对科学的兴趣而产生阅读行为,很多人离开校园后,由于缺乏想象的激情和对科学专一的环境而终止对科幻小说的阅读。此外,由信息革命带来的娱乐形式的多样化也分散了受众的注意力。因此,科幻小说的科学传播中 M 因素通常不易达到较高水平。

3. 科幻小说科学传播中的 O 因素

O 因素(opportunity)指受众的信息加工机会,强调其所处环境对信息的加工的影响。这一因素的缺乏意味着环境条件不利于解码过程的完成,或没有足够时间、精力进行信息加工。在科幻小说科学传播的过程中,O 因素主要包括以下几个维度:1. 受众接触科幻小说的渠道及可能性;2. 受众接触科幻小说的频度;3. 受众接触科幻小说的持续时间;4. 科幻小说提供给受众的科学传播内容的含量。只有当受众与科幻小说之间渠道畅通,整个科学传播的过程才能完成,来自科幻小说的科学讯息也才能到达受众,并得到精细加工。而传播渠道的种类也决定了受众在一定的时间范围内,接触科幻小说中科学信息的可能性,以及接触的频率和每一次接触的持续时间。接触的可能性越大、频度越高、持续时间越长,越有利于对科学信息进行精细加工。

通常情况下,"受众的媒介接触渠道是 O 因素中最为重要的一个维度",是其它维度的前提。科幻小说传播的主要渠道之一,是由《科幻世界》、《新科幻》、《科幻画报》、《科幻大王》、《九州幻想》等专门类杂志发掘刊登,或由这些杂志编辑联系出版社发行成书;近年来兴起一些新渠道,如科幻爱好者通过论坛、博客、微博等自媒体进行个人个性化出版,但通过此渠道进入受众视野之中的内容通常不具有严谨完善的体系,并且常常由于受关注度不够,仅在小范围内通过人际传播渠道进行;此外,民间文化交流、新闻媒体报道、科幻电影等文化产品营销与消费是其传播的其他渠道。在媒介形式多样化的新媒体环境下,仍然主要依赖于纸质书籍、杂志传播的科幻小说,O 因素的水平还处于较低水平。

三、大众传播渠道下科幻小说科学传播影响力的提升策略

前文分析表明,只有保证受众在加工文化信息时具有足够的 AMO 水平,才能有效提升科幻小说科学传播的影响力。笔者根据这一分析框架,对大众传播渠道下科幻小说科学传播的 A、M、O 三因素水平提升提出相关策略。

1. 分众化:大众传播渠道下 A 因素水平的提升策略

科幻小说现有的科学传播对象多为 A 因素水平较高的小众精英。希望通过一般性

的媒介接触来完成大众的科学素养教育，无疑不够现实。笔者认为，要提升科幻小说的科学传播影响力，需要明确目标受众及其阅读层次和阅读需求，采取分众化策略。

科幻小说对大众进行科学传播时，科学信息和科学知识的制定与策划必定是不同的。通过媒介在传播过程中针对不同的媒体特性进行分众传播，其中，根据目标受众的特点，制定适合其接受心理、接受习惯和接受行为的形式和内容，应是首先需要考虑的问题。例如，目标受众为儿童，就可以用简单的动画和图片融合的科幻小说形式，让其对科学概念与事实、科学过程与方法等方面有初步的了解；其次，对作为传播载体的讯息进行"二次编码"在科幻小说的编辑出版中尤为重要。进行"二次编码"即对科学信息进行重新编码和通俗化解读，例如在科幻作品中加入一些对术语、背景等的注释，以实现原始讯息与受众认知习惯和知识背景的对接，通过降低科学信息传播对受众的知识和技能要求，使其在处理科幻小说信息时拥有相对较高的 A 因素水平，从而让更大范围的受众凭借自身已有科学知识和理解能力对科幻小说进行解码，以提高科学传播的效果。在科幻小说对小众精英进行科学传播时，则可以省略掉一些常识的解释，在出版过程中，可以参考《时间简史》采用大众版和专业版两种版本形式，对不同阶段、不同 A 因素水平的受众进行分众传播；此外，A 因素水平不同的受众，其关注点和对科幻小说要求亦不相同，科幻小说在细分受众 A 因素水平的基础上，进一步细分受众市场，才能够在分割的市场中为核心读者提供差异性产品，从而达到科幻小说科学传播效果的最大化。

2. 娱乐化：大众传播渠道下 M 因素水平的提升策略

在浅阅读、微阅读时代，大多数人对科学信息的接受仅仅停留在初步了解的层面，而科幻小说的篇幅较长，虽然之前有人尝试过以"微科幻"的形式在社交网络媒体上进行科学传播，但科幻本身的特点决定了其需要投入一定的时间和注意力，才能够充分接受科幻小说的信息，从而实现科学传播。科幻小说本身充满了不同的种族、不同的生命、不同的社会和变化多端的不同的环境，亦不受传统社会思想的束缚，可以无拘无束地探讨各种各样的社会概念和科学概念，既可以降低作品中科学技术和理论定律的重要性，将情节和题材集中于哲学、心理学、政治学或社会学等方面，创作传播科学观念、价值观和生活方式等无形的形式（深层结构）的软科幻；又可以物理学、化学、生物学、天文学等自然科学为基础，创作传播科学技术细节、描述新技术新发明给人类社会带来具体影响等有形的物质成果形式（表层结构）的硬科幻。但就大众传播而言，无论是哪种科幻小说类型，其进行科学传播都需要依靠信息。因此，增加科幻小说信息的吸引力，建构富有感染力的科幻小说，激发受众信息加工动机的关键是提高受众对文化信息本身或者其信息载体的兴趣，对于提升 M 因素水平至关重要。

无论受众 A 因素水平的高低，作为"人都有一些共同的基本需求，从而能够引发共同的基本认同"。其中在信息加工过程中最为重要的，是人们对娱乐的需要，对科幻小说而言，增加传播内容的娱乐性是提高吸引力最为常用的手法。以深受世人喜爱的《银河系漫游指南》系列作品而闻名于世的道格拉斯·亚当斯(Douglas Noël Adams),把喜剧、奇异的元素融入了科幻小说的写作里,让它们变得独特而具有吸引力,如今这些作品仍深受科幻迷的欢迎。可见,就 M 因素而言,"从感性出发的讯息(媒介文本)娱乐化策略有利于激发受众对科幻小说和其科学传播内容的兴趣,提升信息加工动机水平"。这一策略需要我们以幽默、智慧的方式探索科技发展的后果、人生与科学的价值等问题,"它需要更多的工作,更敏锐的洞察,更优秀的作品",从满足人的基本需要入手来构造讯息要素,才能取得较为理想的效果。

3. 多媒体化:大众传播渠道下 O 因素水平的提升策略

限于内容及发行中的诸多环节,目前科幻小说的出版发布大多仍停留于传统的纸质媒介,覆盖面相当有限,其科学传播也仅限于少数人群。要提高 O 因素水平,首先,需要结合受众的媒介使用习惯,利用新媒体构建多种媒介发布形式,提供多种媒介渠道让更多受众能够选择自己喜欢、方便的媒介形态,来接触科幻小说中科学传播的内容。例如,出版科幻小说的电子版以满足喜爱电子阅读的读者;运用手机等移动新媒体的应用,让受众得以利用碎片化时间接触科学传播内容,从而增加接触频率和持续接触时间。

其次,多媒体的兴起,在提供便捷、快速的传播方式的同时,也构建了一个全新的"熟悉的陌生人全球社区",网络传播开始从以信息为主的数量传播时代,转向以关系为主的质量传播时代。因科幻小说传播的科学信息本身不易理解或存在争议,则更需要搭建社交网络平台对故事本身、其科学传播内涵进行梳理,倾听各方受众的意见反馈,以有效地提高受众接触信息的频率和持续时间,并且,这种互动式的参与还能够充分调动受众的积极性,获得良好的科学传播效果。

此外,将科幻小说改编成影视作品、游戏、动漫等形式,亦是科幻小说科学传播的有益尝试。中国原创科幻电影很少,而"影视是科幻题材很好的载体,尤其是随着电影技术的发展,三维动画技术的突破,电影在构建场景方面有着很大的优势"。国内一批优秀的科幻小说,如刘慈欣的《三体》等具有很强画面感和视觉冲击力的作品,有空间改编成电影或游戏,获得更大范围的有效传播,让公众不仅对科学技术知识有所理解,更重要的是通过视觉传播的方式,让受众对科学研究的过程、方法,对科学精神和科学的社会影响加以理解。而这,对于促进科学传播的良性发展是大有益处的。

科普与当下中国传媒

潘婷婷

中国传媒大学

摘要： 随着中国改革开放和经济发展，中国的文化发展和科学观念也随之产生一系列变化；处于高速运转社会中的中国传媒，也正在发生不同程度的变化。本文分析了西方国家传媒与科学普及活动的关系，探讨了如何借助传媒力量的最大化，进行政府科普活动。

关键词： 传媒，娱乐至上，受众。

一、从探索频道节目分析，看美国式"科学观念普及"

DISCOVERY，在世界范围内代表着高品质的科学节目样态，它有悬念百出的讲述方式，"平衡——打破平衡——在不平衡的状态中寻求新的平衡——达到新的平衡"三段式的标准叙述结构，极具冲击力的画面，和对未解科学话题层层剥离以逼近最终真相的选题方向。这一切经过融合，最终形成的就是以"科学观念"为诉求的探索频道节目标准范式。

三段式结构源于古老的戏剧理论，悬念的构建是人类爱听故事的天性使然，美轮美奂的画面是电视技术美学向极致发展的必然呈现，而选题的科学特征则在满足人类好奇心和求知欲的同时，代表着人类对于一个科学化的美好社会的终极向往。

从故事的讲述方式上说，探索频道具有典型的好莱坞类型电影的意识形态传播特性。任何一种艺术形式，其目的都在于维持一个民族的"神话"的谜语。探索频道几乎完全地借鉴好莱坞类型片的叙事技巧和结构方法，这是一种非常讨巧的方式。因为它几乎没有成本地将类型片的成功经验拿来，为我所用。

从受众的接受角度来说，它如同松鼠，剥去科学这枚坚果又厚又硬的外壳，不仅如此，还给它披上一件糖衣，让观众在听故事的过程中形成对科学知识和科学观念的理解，并通过新鲜的故事，不断形成对观众的累积刺激，从而积累观众对这类节目的兴趣。

如此一来就形成这样一个三赢局面：政府完成科学普及工作、节目制作方完成盈利、观众欣赏到有趣的节目。但这种局面的形成一方面依赖于对节目投资量的稳定增加，比如 DISOVERY 的单期节目投资量约等于国内一部中等成本电影的投资量；另一方面，也与观众的科学素养长久形成和稳定程度有密切的共生关系。

二、当下中国传媒两大特质

建设和谐社会,人的力量开始复苏并汇集,这一阶段的中国传媒开始更多地重视个体,更重视观众的感受,更重视个体的独立性,因此灌输式的科普内容不再受到广泛追捧,而寓教于乐型的科普内容越来越受到欢迎。以电视媒介为例,前几年《走近科学》一度收视率爆红,并引发从中央台到地方台的电视专题节目跟风,其实这正是创作者在充分研究观众收视心理的前提下,以讲故事的方式传播科学知识和科学理念的成功。

但与此同时,传媒行业尤其是电视行业开始走上另一个极端:娱乐至上,娱乐至死。波兹曼在《娱乐至死》的引言中,郑重地提到赫胥黎在《美丽新世界》中的寓言,他说"奥威尔害怕的是那些强行禁书的人,赫胥黎担心的是失去任何禁书的理由,因为再也没有人愿意读书;奥威尔海派的是那些剥夺我们信息的人,赫胥黎担心的是人们在汪洋如海的信息中日益变得被动和自私;奥威尔害怕得是真理被隐瞒,赫胥黎担心的是真理被淹没在无聊繁琐的世事中;奥威尔还跑的是我们的文化成为受制文化,赫胥黎担心的是我们的文化成为充满感官刺激、欲望赫无规则游戏的庸俗文化……那些随时准备反抗独裁的自由意志论者和唯理论者完全忽视了人们对于娱乐的无尽欲望。"事实上,波兹曼正是从这里出发,尖锐地抨击传媒泛娱乐化和它所形成的恶果。娱乐至上是资本无限追逐利润所导致。"娱乐"没错,"至上"就有问题。对资本的无限追求是社会上升过程中不可避免的阶段,但不是永久的未来。而可怕的是,中国的媒体已经淹没在娱乐的汪洋大海之中,要想坚守科学理念,固守人类精神家园,似乎变得更加困难。

三、不同媒介形态中的科普活动

科普活动要面对的是最大范围的公众,但科普活动的传递介质无疑是媒体,但不同的媒体,其传播方式、受众特点、适合的内容都各不相同,因此不能一概而论。在这里,我以电影和电视为例,阐述其特点:

1. 电视

从受众角度来说,电视是一个零门槛的公众媒介,在目前仍然是中国普及面最广泛的媒介形态。从地域上来说,电视涵盖从城市到乡村;从人口素质来说,它既包括高层知识分子,也包括文盲;从年龄层次来说,从幼儿到老年都可以成为忠诚的电视观众。正因为电视具有这一特性,所以电视科普活动就要考虑到大众最低线的接受程度。换句话说,电视科普必须要照顾低端观众。

从内容角度来说,电视科普需要满足观众的两种需求,一种需求是好奇心,电视观众对常规生活当中看不到的东西有普遍的好奇心,而好奇心的满足,对观众来说是一种心理快感的释放；另一种需求是关联度，作为最广泛的公众，如果将高深的宇宙科学与身边的生活科学放在一起，绝大多数人都会选择生活科学，这是因为生活科学与观众的关联度很高，如果这种科学知识能够帮助观众生活得更好，他们会对此更加感兴趣，并且愿意深入了解。

2. 电影

对于传统的科教电影来说，知识是第一位的，不强调故事性和人物、情节，而采用的播出出口也非常单一，一般在电影院的正片前插播，是具有强制性的收看。这类科普电影是以讲知识为核心的，所以也就限制了电影的结构和可视性，因此显得呆板、教学设计浓。

从运营角度来说，科普类电影几乎鲜有出现，即使偶尔有个别也大多是低成本制作，质量可想而知。而从发行角度来说，一方面被冠之以科教类的电影在电影观众脑海中已经形成了说教的印象，因此票房成绩可想而之；另一方面，低迷的票房又进一步打击投资方的信心，影响了下一步科普电影的制作。

电影市场比电视的运作相对更加规范，电影的受众比电视受众的审美能力更高，而电影营造话题效应的能力在艺术角度要高于电视。随着市场的竞争激烈，低成本的电影生存、发展空间越来越差。因此电影提高制作成本、提高质量和效率是唯一战略。

从科普电影的创作角度来说，要想吸引观众，唯一的办法就是建制故事。这个故事要有悬念，因为悬念往往是最吸引观众的。这个故事在结构上环环相扣。讲知识不是现代科教电影导演的唯一要素，但并不是不讲知识，而是要通过故事来讲知识。在这方面，DISCOVERY 的经验完全可以为我所用，故事是承载知识的平台，是包裹在科学知识这颗药丸上的糖衣。一个有吸引力的故事会让观众饶有兴致地服下科学知识的药丸。

从政府支持角度来说，可以借鉴国外艺术电影院的经验，在寸土寸金唯票房马首是瞻的院线中，为科普类电影开辟一片土壤。科普类电影，不论是故事片还是纪录片，都无法与常规电影故事片抗衡。这是由于一方面中国科普类电影的制作水平和制作成本的制约；另一方面是观众被"说教"吓怕了，即使讲故事，观众也敬而远之。但是从遍布地摊的 DISCOVERY 盗版光盘可以看出，这样的高成本，精耕细作的作品在普通观众中其实有着广泛的受众基础，观众不是不爱看科普类的作品，而是没有机会在中国的大银幕上看到科普类的优秀作品。

从投资角度来说，如果单纯依靠市场行为来投资科普类电影，显得势单力薄。因为中国科普类电影的发行和放映市场远未形成，而一个优秀的科普类电影投资量并不比一部故事片少。科普类电影为了将科学知识和理念视觉化，有时还用到高科技的电影技术，而一般来说，三维动画的投资量将占到科普类电影总投资的一半以上，这又是一笔相当大的费用。而面对阴晴莫测的发行市场和票房，没有足够的魄力和信心，投资方很难下决心将资金压在科普类电影项目中，因此政府直接或间接的资金支持也显得尤为重要。

媒体是一把双刃剑,在政府科普活动中,媒体所扮演的角色尤为重要,它将决定了公众如何看待科普,如何接受科普,甚至在一定程度上决定了公众的科学素养水平。因此,用好媒体,与媒体的合作,是一个值得深入探讨的课题。作为创作者,我们期望通过政府的积极参与和政策支持,能够给创作者以空间,通过优秀的科普类作品,影响人,鼓舞人,激发人,从而达到政府、媒体、公众三赢的局面。

青海藏汉双语科普网建设方案与关键技术研究

李安强

青海师范大学计算机学院

摘要：本文探讨了青海科普网建设中的系统配置和藏汉双语网页处理技术的解决方案，具体分析了科普网功能模块的设计和系统的内容规划，介绍了程序设计的特点和系统的创新性，并对网络安全提出了具体的处理措施。

关键词：科普网，藏汉双语，建设方案，关键技术。

随着互联网在青海省的普及，在网络上进行藏汉双语（Tibetan-Chinese dual language）科普知识的宣传和传播的时机已经成熟。由青海师范大学和西宁市科学技术协会共同完成了青海藏汉双语科普网的建设工作。它的建设将增强本省科普宣传的能力，提高本省群众的科普知识水平，拓宽本省的科普宣传渠道，并有效地解决本省部分藏族群众由于语言障碍而无法从网上获取科普知识的问题。本文主要探讨了青海科普网建设方案的设计思想及关键技术。

一、网络系统的配置

目前，Internet上有60％以上的网站服务器使用的是 Apache Server。而且 Apache Server 比大多数的 WEB 服务器都快，因此，青海科普网的服务器也采用了稳定性高、速度快、功能强的 Apache Server 服务器[1]。

后台数据库选用多线程多用户的 Mysql 数据库系统，其多线程直接使用了系统核心的多线程内核，效率非常高。它的功能强大、快速而价格低廉，在互联网的数据库产品中，Mysql 的数据库检索速度与其他产品相比占有很大的优势。在选定网站的服务器和数据库后，与 Mysql 配套的网页设计语言选用了 PHP，它是一种服务器端的 HTML 嵌入式的脚本描述语言，其最大的特色就是数据库层操作功能十分强大，可以和 Mysql 数据库完美地组合，所以，青海科普网选用当前最流行的 PHP 作为动态网页设计语言[2]。

综上所述，青海科普网采用 Apache Server 作为网站服务器，Mysql 作为 WWW 的藏汉双语后台数据库系统，采用 PHP 作为动态网页设计语言，即 Win2000/XP/2003＋Apache＋PHP＋Mysql 作为本系统的较佳组合。同时充分利用本省现有的科普网络信息资源和现代网络互联技术，建设以提高广大人民群众科学素质为目的先进、开放、可靠、可伸缩的青海省科普网络信息平台[3]。

二、科普网藏语言网页处理技术

开发藏语言网页及应用软件,目前只处于起步阶段,由于业界流行的各种开发系统大都只支持中西文信息,所以在网站开发系统平台上实现 WWW 的后台藏文语言信息的正常输入、存储、处理、输出、显示等功能,除了采用班智达藏文系统作为藏文信息的输入法外,重点在于解决网页的藏文环境问题。

网上浏览藏文网页时,在网页中使用的很多特殊的精美的藏文字体却因没有安装相应的藏文字库,只能看到默认的宋体字,显示怪码。但如果利用图片的方式来显示这些特殊字体,会使网页的容量增大很多,也不利于网络传输,而且还不能方便地复制网页的内容[4]。针对以上问题我们采用了 WEFT 技术处理,解决了在网页中嵌入藏文特殊字体这一难题。能够将网页中的字体制作成一个体积非常小巧 EOT 格式的压缩字库,这个字库中仅包含了在网页中使用到的藏文字体。因此,当远程的客户机访问藏文网页的页面时,浏览器会自动下载该字库,可以很方便地将其中的藏文字体在网页上完美地显示出来。

三、青海科普网功能模块设计

本系统的功能模块主要有以下部分:

(1) 搜索引擎:供其他网站在线加注的搜索引擎模块,支持不同 IP 点击计数功能、在线随时增删类别与网站。

(2) 新闻更新系统:前台网显示新闻,可升序或降序排列,新闻类别动态管理,后台填加,前台实时显现,可按类别、日期、内容等关键字,对新闻进行查询,后台设置管理员维护界面,可对每条新闻进行编辑,图片位置,实现图文绕字,可议之热点新闻,优先显示,可按类别、日期、内容查询、修改、删除。

(3) 内容发布系统:网站内容发布系统,是将网页上的某些需要经常变动的信息,类似新闻、产品发布等更新信息集中管理,并通过信息的某些共性进行分类,最后系统化、标准化发布到网站上的一种网站应用程序。

(4) 数据库开发:支持标准的 SQL 语言,标准的 Perrl 开发接口,(含基于 www 的管理界面)数据库,提供友好的数据库查询界面,强大的后台管理系统,支持全文检索和模糊查找。

(5) WebFTP:可直接利用浏览器进行网站文件管理。支持新建目录、在线编辑、新建文件、文件上传、目录上传、分级权限管理等功能,达到简化网站维护工作的目的。

(6) 站内中文检索系统:用户可通过关键字搜索到任何包含关键字的文章或主页

（该匹配指的是完全匹配，不做模糊查询）在 WEB 中，提供方便、高效的查询服务，查询可以按照分类，关键词等进行，也可以基于全文内容的全文检索。

四、系统创新性

（1）藏汉双语科普网采用开放的管理。系统的开放性主要体现在对异构平台的适应方面。平台包括网络平台和数据库平台两大类，本网络平台开放性能设计较好，能支持多种协议；在数据库平台方面，本系统能够支持对多种异构数据库的访问；从应用角度看，系统开放性表现为不同收益群体相互间的信息按预定规则开放。

（2）可扩充性。包括网络的可扩展性和应用系统功能的可扩展性等，如栏目的增加，会引起对系统的扩展要求。在网络设计时充分考虑到将来网络扩展的可行性，预留适当的接口；在应用系统功能上，尽量做到模块化设计。

（3）可维护性。通过增加系统的伸缩性和可重用性来解决。在科普网建设过程中，结合分布式应用的网络特点，在开发过程中通过多层 C/S 体系，实现应用在网络中的灵活配置，将业务逻辑独立出来单独进行。

五、系统的内容规划及特点

通过调查研究，项目组的同志对行业进行分类、规划出国内外科技动态、藏区专栏、科教卫生、农林畜牧、工业技术、生活健康等方面藏汉双语科普信息的网站内容栏目。

1. 主要内容

（1）宣传基础性的、普及性的科学知识；

（2）介绍有成就的国内外科技名人；

（3）介绍国内外科技发展前沿动态；

（4）宣传农业、牧业的普及性的相关科学知识；

（5）宣传青海本地土特产，名优产品；

（6）指导农民进行科学规范地种植，指导牧民科学养殖，使农牧民增产增收；

（7）动态公布重要的科技新闻；

（8）宣传农牧业及其他科普性法律、法规。

2. 主要特点

（1）广泛性。在向国内外广泛的人民群众提供最全面的科普知识的同时，根据青藏高原的特色，建设有高原地域特点的科普知识，尤其是藏语版内容更是方便了少数民族群众。

（2）便民性。网站无论是发布信息，还是提供生活常识，均以便民、利民、为民为出发点和归宿倡导科学,并在内容上和形势上充分体现它的价值。

(3) 趣味性。开设不同人群的专栏,根据公众不同的心理,编辑喜闻乐见的内容和形式。

(4) 安全性。从技术和管理上确保网络和信息的高度安全,使科普信息安全运转并得到充分利用。

(5) 高原特色性。在科普网站上,安排许多突出青海本地的科普资源优势的栏目,如介绍塔尔寺、青海湖等在国内外享有盛誉的历史,来重点突出青海多民族的文化特色。

六、网站安全措施

安全问题是网站的首要问题,作为政府部门的网站,网上发布的重要新闻、重大方针政策以及法规等都具有权威性,一旦被黑客篡改,将严重损害政府的形象,破坏群众对政府部门的信任。所以青海科普网主要采用了以下安全措施:

(1) 服务器装有漏洞检测和入侵检测系统,使用漏洞扫描软件扫描系统漏洞,及时发现系统安全隐患,采取修补措施,有效地阻止多种攻击和入侵企图。

(2) 安装防火墙、杀毒等安全软件工具,进行服务器网络安全防护。通过过滤技术,对进出信息进行杀毒和及时阻止入侵,防止病毒和不良信息的传播。

(3) 采用动态双备份系统,防止网页篡改系统,自动恢复被篡改的网页,保证网站主页、重要页面的安全。

(4) 分层管理权限,使网站工作人员根据不同的优先级进行信息维护权限。

青海藏汉双语科普网域名为 WWW. QHKPW. COM。目前运行情况良好,浏览人数已突破 70 万,实现了在民族地区以网络媒体为载体,面向公众开展藏汉双语科普服务活动,宣传普及科学文化知识,提升了本省科普工作的深度与广度,促进了民族地区各民族特别是藏族群众科学文化素质的提高,对社会安定、民族和睦有重大的现实意义。

参考文献

[1] 郑纪蛟.计算机网络[M].北京:中央广播电视大学出版,2002. 258—263.

[2] 陆姚远.计算机网络技术[M].北京:清华大学出版社,2001.18—20.

[3] 陈良琴.网站建设全攻略[M].上海:上海科学普及出版社,2004. 28—29.

[4] 郭占龙等.WWW 后台藏文信息库的应用实现[J].青海师范大学学报(自然科学版),2006 年第 4 期:38—40.

农民获取科技信息的媒介和渠道

张 超 任 磊 何 薇

中国科普研究所

摘要： 农民作为中国公众的一个重要群体,是全民科学素质行动计划的重点人群,在获取科技信息渠道和途径上有独特的特点,在我国经济社会发展迅速发展的今天,各种信息获取渠道成为农民获取科技信息的重要媒介,本文通过全国公民科学素养调查数据已经部分调研案例来阐述农民获取科技信息渠道的现状与变化。

关键词： 农民,科学素质,媒体,科普活动,科普设施。

一、农民获取科技信息的渠道和途径

1. 农民获取科技信息的渠道

调查显示,2010 年我国农民获取科技信息的主要渠道是电视(93.4%)和报纸(53.2%),与 2007 年类似。利用因特网的农民比例较 2007 年的 4.4% 迅速提升至 2010 年 16.1%,增长幅度最大;通过与人交谈获取科技信息的农民比例仍然较高,半数多农民利用与人交谈方式获取信息。

2. 农民参加科普活动的情况

参加科普活动是获取科技知识和科技信息的重要手段。2007 年调查表明,在过去一年中农民参加过科技周(节、日)、科普讲座和科技展览等专门的科普活动的比例分别为 13.0%、24.9% 和 15.4%。2010 年则分别为 19.2%、25.9%、16.6%,均比 2007 年有不同程度的提高,这表明相关部门进行的科普活动在农民中产生了一定影响,农民参与相关活动的比例在逐渐提高,但参与活动的农民比例最高也仅为 25.9%,这说明这些科普活动还有很大的扩展空间,以服务于更多的农民。

3. 农民利用科普设施的情况

对农民在过去一年中利用科普设施的情况调查发现,农民参观过科技类场馆的比例,2007 年为 10.6%,2010 年提高到 16.8%;利用身边科普设施的比例分别为：科普画廊或宣传栏 2007 年为 42.6%,2010 年为 43.2%,图书阅览室 2007 年为 33.9%,2010 年为 45.0%。可以看出农民利用科普设施的比例逐渐提升,科普资源建设的有关措施成效显现。

在对农民利用各种科普设施及场所的情况及原因深度追问中发现,在没有去过的原因中,"本地没有"的比例均明显高于"不感兴趣"的比例。虽然农民利用科普设施的比例是提升的,但相关科普设施仍处于供不应求状态,今后应该继续加大相关科普资源建设,扩展农民获取科技信息的渠道。

4. 城乡获得科技信息渠道的差异

中国城市公众和农村公众在获取科技信息渠道上存在着很大的差异。虽然电视都是最主要的渠道,但农村公众对电视的依赖程度要比城市公众高一些(91.5%,86.5%,2010 年)。农村公众通过亲友和同事获得科学技术信息的比例高于城市公众。城市公众在报纸、图书、杂志或刊物、因特网等方面的利用程度都明显高于农村公众。尤其明显的是利用因特网的比例差距太大。在 2005 年农村公众利用因特网的比例(1.8%)远低于城市公众比例(13.4%),2010 年调查数据(城市 39.2%;农村 18.0%)与 2005 年相比,农民利用比例有较大提高,而且因特网利用增长幅度,高于城市[1]。

表 1　　　　　　　　　　城乡公众获取科技信息渠道差异(%)

	2010 年		2005 年	
	城　市	农　村	城　市	农　村
电视	86.5	91.5	96.0	94.8
报纸	70.3	52.8	66.7	35.8
与人交谈	34.7	50.9	41.9	58.5
广播	20.3	28.8	23.0	24.9
图书	12.7	11.7	9.2	8.4
因特网	39.2	18.0	13.4	1.8

导致这种差异的原因,从国家层面来看,中国社会经济发展处于长期的城乡分割状态(城乡二元化),资源配置不平衡,城市公民在教育和科学普及的政策和相关基础设施与农村公民相比具有较大优势;从公民个体来看,城市公民比农村公民具有较高的文化素质或较好的文化氛围,与各种科技信息传播渠道接触的机会比较多。在农村,除了通过电视,其他途径就是主要靠亲戚朋友聊天来获得科技信息了,因此有些信息可能在传播过程发生改变甚至是错误的信息被广泛传播。占中国人口大多数的公众(农民)由于自身经济条件限制、基础设施的缺乏和自身文化素质的不高,导致他们没有机会和能力应用现代最快捷、方便的手段获得科学技术知识和各种信息,而不得不更多地依靠单一的传统的方法。但近年来,因特网利用比例的快速提升也给广大农村扩宽了科技信息获

取的途径和渠道。

从 2005 年到 2010 年渠道利用比例变化来看,农村利用电视和与人交谈利用比例出现下降,利用因特网、图书、报纸等比例上升。由此我们可以分析,在中国,社会经济发展迅速,电视已经极大普及,是目前公众获取科技信息的一个传统的重要出道。而因特网也正在迅速普及,据中国互联网络信息中心(CNNIC)发布的《第 28 次中国互联网络发展状况统计报告》显示,截至 2011 年 6 月底,中国网民规模达到 4.85 亿,网络作为一种新的信息传播方式,已经融入中国公众生活中[2]。可以预计,未来发展中,利用互联网进行科学普及的一个重要平台。虽然城乡利用比例仍有差距,但农村利用比例提升较为迅速。

上述差异是我国社会文化经济背景下的真实体现。我国公众正从对电视的高依赖,过渡到利用因特网、图书等多种渠道,正从获取信息渠道的单一化向多样化过渡的趋势。从 2010 年农民获取科技信息的主要渠道来看,利用比例都在 10% 以上,体现了获取渠道的多样性。

二、农民科学素质行动试点村调研

为全面贯彻落实《全民科学素质行动计划纲要》,深入推动实施农民科学素质行动,从 2008 年 11 月起,农民科学素质行动协调小组办公室在全国范围内选出具有区域代表性和少数民族的代表性,当地农村干部和群众对提升自身素质具有积极性、主动性,而农业生产、农村经济和社会基础条件有各自特点和一定差异的 10 个村,作为农民科学素质行动试点村,分别由国家一个部门作为协调单位参与到具体的试点工作中。试点村建设以《农民科学素质行动教育大纲》为指导文件,切实加强农民教育培训和科学普及工作,努力培养有文化、懂技术、会经营的新型农民,全面提高农村劳动者的科学素质。《教育大纲》共有 20 条,其中第 13 条规定"学习应用广播、电视、报刊、电话、互联网等现代工具,获取有效生产生活知识和信息。"[3] 根据《教育大纲》要求,课题组设计调查问卷对试点村进行了走访。

1. 问卷调查

通过调查问卷来看,农民对于农业信息的获取主要依靠电视、广播、报纸等大众媒体,约占总体的 35%;不过从农村合作组织获得信息的村民占 13.13%,从网络上获取信息的村民占 6.91%。也就是说这些年随着农村合作组织和和网络的完善和蓬勃发展,这些新的渠道已经成为农民获取信息的重要渠道。

通过获取信息渠道与农民科学素质关系来看,通过"互联网上查询"的村民科学素质指数最高,而依赖于与人交谈这种方式的村民科学素质最低,随我国经济社会发展,我国公民获取科技信息的渠道逐渐多样化,但在广大农民一些现代化的科技信息渠道还有待于进一步扩展。

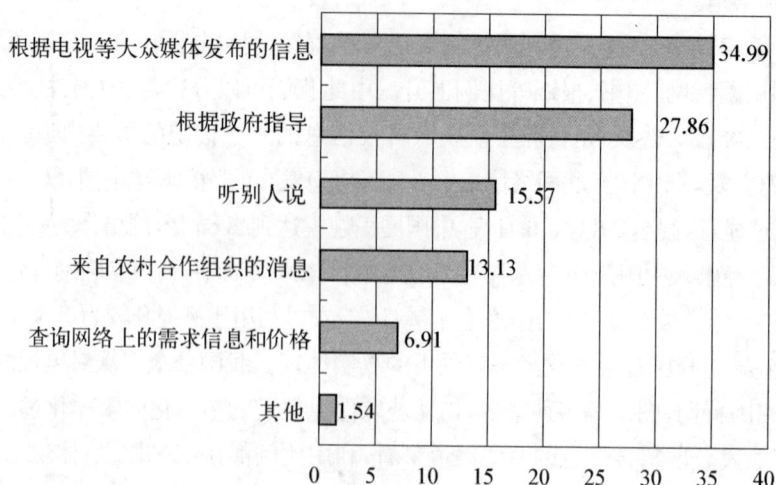

图1 试点村农民获取农业信息利用比例

表2   渠道与科学素质水平

在决定种植(养殖)生产前,您对未来农产品的市场行情是如何判断的?	科学素质指数
1. 根据电视、广播、报纸等大众媒体发布的信息	44.9
2. 根据政府及农业部门指导	40.5
3. 来自农村合作组织的消息	47.5
4. 查询互联网上的需求信息和价格	51.3
5. 听别人说	36.4

通过利用科技培训方式来看,希望通过看书本等方式自己来学习的村民科学素质指数较高,与试点村村民整体比较来看,通过希望通过各种方式进行学习或培训的试点村村民科学素质是较高的。

表3   培训形式选择与科学素质

您认为什么形式的培训最好?	科学素质指数
1. 在农业推广部门或农校集中短期培训	44.1
2. 专家、技术员面对面授课或现场指导	44.7
3. 电视、广播、卫星远程阶段培训	35.6
4. 看书本、教材、VCD 等资料自己学习	47.5

2. 定性调查

结合问卷调查,课题组还对试点村农民进行了访谈工作。从访谈来看,广大农民对科技信息较为感兴趣,获取渠道也逐步多样化,特别国家政府利用各种工程、科普活动、科技培训及送图书建场所等,给农民进一步扩宽了获取科技信息的方式,但就这些渠道利用率还存在一些问题。

方式多样,但利用率有待提高。近年来,国家及相关部门不断的采取措施,投入资金,促进农民素质教育,建图书室,通网络,建数码影剧院,立报刊栏,安广播,办村成人学校,培养农村实用技术人才,培养一村一大学生计划,开田间学校,送戏送书下乡,还有发送农业信息等等,在提高农民素质上下了大功夫,也取得了一定的成果。然而当走进农村,问农民,他们还会回答你缺技术,缺信息,缺设备等等。农民渴求知识,却没学习的决心和毅力;农民抱怨没信息,却不利用信息;农民需要设备,却将设备束之高阁。

究其原因:一是学习观念的问题。当农民渴求知识时,不是一步一步积累,而是希望一蹴而就,找到一个捷径、绝招。但知识是有系统性的,相互关联的,需要逐步积累。完成义务教育就需要九年,培养一名大学生需要十六年或更多,有时做个实验尚需几月或更多,农民要掌握一门技术怎么可能通过一次讲课就取得效果呢。然而,农民却在希望这种奇迹发生,最好是能找到一种药包治百病,一种技术哪儿都适用。所以教授们来村大家不爱听,因为不能一针见血立马见到效果;村里开办中专班,大家不积极,因为时间长;送书下乡了,大家疯抢,却很少有人认认真真去看,转而投向一些"妙招"。虽然对于知识需求的迫切性是可以理解的,但是这种学习的观念是不对的。

二是使用方法和理念。农村科技普及贵在坚持,需要细水长流,使农民逐渐养成习惯。这不仅是政策长期的执行,更是农民相关的教育计划的长期可行性和可操作性。比如说,在村里办数码影剧院,虽然可以丰富大家文化生活,但是需要考虑长期的运行经费,工作人员的工作经费,人员组织的可能性,集会的安全性,还得考虑农民愿不愿意看,要知道现在家家都有电视。如果一个农民教育计划开始轰轰烈烈,最后不了了之,那么不但打击了农民的学习积极性而且也易产生不信任情绪。还得考虑教育方法的适用性,针对不同的群体,不同的环境,选择的方法应该是不一样的。一个试点成功,多个推广虽然具有很高的可行性,但是随着时间的推移,教育方案却不改变,那可能就不行了。所以要加强沟通。要不断了解农民了解农村,因才、因地施教,否则,再好的方法设备场所,在农村就找不到发展的土壤。

三、讨论

1. 农民获取科技信息的渠道逐渐多样化

调查中发现,试点村农民获取科技信息的渠道从电视、书本,到互联网都有使用,同时各种培训工作及娱乐互动也逐渐增多,特别近几年国家对农民工作的重视,通过各部门的项目,农民获得的农业生产生活的书籍、光盘越来越多,以及各种培训工作也开展了不少。同时随农村经济的发展,互联网等一些现代传播媒介也出现在农民生活中。但通过调查来看,一方面农民缺少必要科普设施或较为简陋,这些科普设施需要更新或维修建设,另一方面现有一些书籍资料大多利用率较低。因此,科普工作效果还有待于进一步提高,一些与科普相关基础设施还需大力建设。

2. 农民对科技信息具有较高的兴趣度,但获取渠道还需加强

农民大部分采用电视获取科技信息,另外相当一部分农民还采取与人交谈获取科技信息,因特网等现代传播方式的利用率增长最快,但总量相对还是较低;农民对科技信息具有较高的兴趣,但获取渠道还需进一步的挖掘和扩展。因此,应该抓住农民对科技信息的兴趣,扩展获取科技信息渠道,为提升农民科学素质创造良好的氛围。

通过上述宏观调查及微观的定性调查来看,我国农民获得科技知识和科技信息的主要渠道是电视,与人交谈的比例也很高,利用因特网的比例提升最快,农民获取科技信息的方式正从传统的单一方式向多样化转换;国家和政府利用对农村科学普及采取了大量措施,建设科普场馆和科普设施,购买科普书籍,举办科普培训等等,大大扩宽了农民科学科技信息的渠道和途径。同时,我们关注到,相关渠道设施利用的差异及利用率不高的问题,需要在今后的科普工作中,提高相关政策措施的可操作性、可持续性,更好使各种信息渠道途径服务于广大农民。

参考文献

[1] 任福君(2011)中国公民科学素质报告(第二辑),科学普及出版社,2011.

[2] 农民科学素质行动协调小组《农民科学素质教育大纲—农民辅导读本》,科学普及出版社,2007.

[3] 中国互联网络信息中心(CNNIC)《第28次中国互联网络发展状况统计报告》.

如何发动社会力量促进网络科普设施建设

——以"三农"网络书屋建设为例

高 明

中国科协农村专业技术服务中心

摘要： 本文比较了网络科普方法相对于传统的依赖于组织体系的科普方法的相对优势，并以"三农"网络书屋建设为例分析由社会力量提供网络科普设施时所面临的供需对比，归纳出发动社会力量建设网络科普设施的动力，并提出相关建议。

关键词： 网络科普，科普设施，"三农"网络书屋，社会力量。

一、传统科普与网络科普的对比分析

科普资源的成品，从完成生产到实际使用，其供应过程可以通过两种渠道进行，一是传统的通过现有组织体系进行服务的途径，即由科普机构制作或购买科普成品，再通过在当地进行展示、开展活动、捐赠、会议等形式完成对目标群体的科普实现；另一种则是信息技术供应渠道，即通过制作或者转制数字化的科普资源，利用信息技术的高速传输直接实现科普目标。

1. 通过组织体系进行的科普服务过程

大部分科普资源产品带有明显的公共物品属性，其购买者——一般是政府机构或公益性组织——并不属于科普目标群体本身，因此科普资源或服务的购买者与真正的需求者之间存在着一定程度的信息不对称。为降低这种信息不对称程度，科普资源的供应需要当地公共部门或群众团体组织的配合。尤其是在农村地区，科普服务的实现过程会表现出更大的"间接性"特征（参见图1）。

（1）通过县级公共部门开展农村科普服务。县级科技局、科协等公共部门或群众团体是科普资源供应的重要环节，其桥梁纽带作用表现为两方面：

首先，在地方公共部门的体系中，县级科普主管部门上联当地县委县政府，中联县级各相关职能部门，下联基层科普组织和个人，能够动员和联合当地各方力量参与科普，整合资源与优势。

其次，在科普服务体系中，县级科普主管部门是科普服务的最基层组织，即了解科普资源生产与供应的情况，又了解当地居民对科普资源的实际需求，能够降低科普资源供求双方的信息不对称，缩小供需差距，防止供求不匹配。

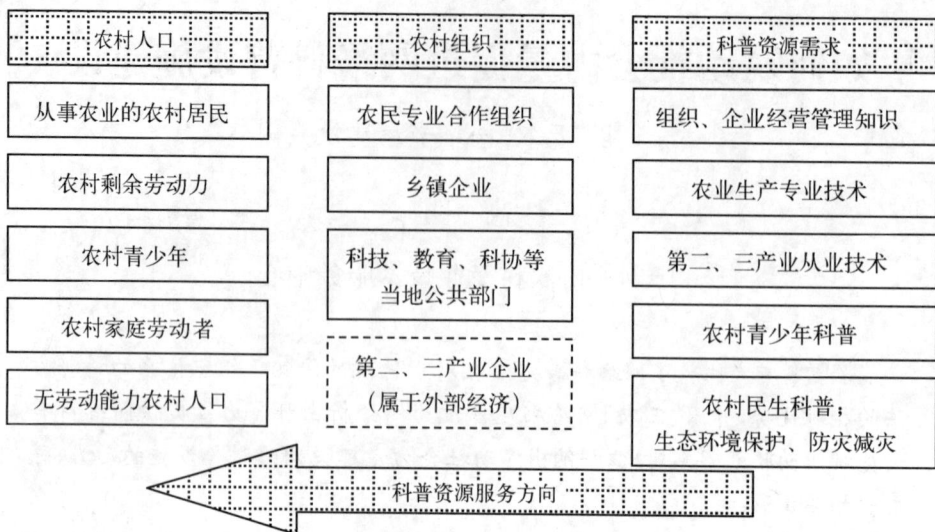

图1 科普资源需求、服务对象和供应过程

当前,公共部门开展的农村科普服务是农村科普服务的主要力量。但事实上,这类农村科普服务存在某些方面的短板和限制,需要农民合作组织、企业等其他力量的补充。

(2) 通过农民合作组织开展的自发性科普。公共部门的科普服务不可能完全覆盖辖区内所有受众,不可能完全涉及所有需要科普服务的专业领域,不可能完全适应不同深度的多层次需求,亦即公共部门的农村科普服务并不能解决所有的问题。

而农民合作组织、乡镇企业等是农民自发建立的组织,面向农民、数量众多,能够开展时效性最强、受众最广泛、适应性最高的农村科普,从而能有效弥补公共部门科普供应的不足。在今后科普服务的发展中,应当进行推动和鼓励。

(3) 企业市场化行为中的科普作用。公共部门的科普服务还会受到部门财政经费的限制,为打破这种束缚,可动员相关产业的企业出资支持农村科普,或借助其行业技术优势来组织相关科普活动。通过这个渠道开展的企业内部科普或者对外部的科普,能够通过“市场化”的力量实现“公益性”的目的,从而从更广阔的空间中汲取到资源和动力。

2. 网络科普的相对优势和问题

由于传统科普服务的一些固有不足,通过网络开展科普成为一种重要的发展方向。

(1) 网络科普的相对优势。网络科普相对于传统的农村科普,其优势体现在以下方面:

一是现代信息存储技术增强了科普资源的规模扩大能力,使之能够应对农业生产行业众多、生产问题复杂、自然条件依赖性强、受众差别大等困难,满足了科普资源的多样化需求。

二是现代信息通讯技术降低了科普资源传输的成本,即能够促进科普资源的集成与共享,又能够实现实时的科普资源服务。

三是多媒体信息传输技术,可通过音视频、数字模拟、即时互动、远程教育等方式实现多种类型的科普资源服务,并能提高受众接受效果。

四是科普资源服务所依赖的信息系统,通过其可扩展的结构特点和开放的功能特点,不但能够适应农村经济社会的变化发展和科普工作方式的创新,而且能够反作用于科普资源本身,促进科普资源的集成共享与自我增长。

由此可见,信息技术在科普资源中的应用将是科普工作的一个重要发展方向。

(2)网络科普应用中存在的问题。当前,在将信息技术应用于农村科普资源供应的过程中,还存在着若干需要注意和加以解决的问题。

一是农村部分居民由于缺乏设备、或者受自身能力限制而不具备使用网络服务能力的问题,使得信息化科普资源的覆盖面不够。这可通过手机短信、信息服务亭等简化终端替代电脑的方式、或者通过设立集体电脑服务室的集体终端服务方式进行。

二是在科普资源的整合过程中,信息量庞大、形式多样、具有行业跨度和时效性差别、信息适用范围和可靠性情况复杂、开放式信息的自我扩充趋势难以把握等,都是不能忽略的问题。因此必须做好标准化处理、分类处理、整体规划等工作。

二、发动社会力量建设网络科普设施的机制分析

网络科普设施建设有其独特发展动力与规律,市场供需力量是社会主义市场经济中的基础性力量,由企业为代表的社会力量来提供网络科普设施,首先要符合市场规律作用,本节对此进行分析,并将介绍一个实例。

1. 网络科普设施的供需分析

从对信息资源服务的需求方面来看,当前信息资源服务市场在信息技术较为普及地区呈现出供不应求的局面,但大部分地区的信息资源服务需求由于基础设施等问题,仍未被激发,但可以预见的潜力是巨大的。

为开发和利用这种市场潜力,当前我国部分具备提供信息资源能力的企业的主要目标是进行市场开拓与培育。而这种开拓与培育,一般是单向投入性的,对当前盈利的要求较低,重在培养大量用户对信息服务或产品的认识、熟悉和习惯,在近期内其市场行为是带有一定程度公益性的科普行为。因此公共部门可以以"大联合、大协作"的工作方式加以利用。

从信息资源服务的供给来看,其先期投入成本巨大,一般要建成一个数据资源库,需要对超过数千万篇文献进行数字化、分类、索引、标记等操作,而系统性的数据处理体系的建立更需要耗费巨大的人工、设备、资金、技术和时间,这种巨大的初期投入导致目前我国只有几家能够提供这种服务的企业,市场具有一定垄断性。等到初期数据库系统建

成,后期的更新维护费用就会降低,且可以以很低的边际成本提供给大量的使用者,使用者的增加不会造成成本的上升。因此,当这种服务被商品化时,其定价完全取决于服务提供者自己。从国外经验看,信息产品定价也一般采用差别定价的策略,即针对不同的客户群,实行不同的价格。

总的来说,我国对科技信息资源的需求是巨大的,但信息资源服务企业的盈利目的不能保证这种需求得以满足,而我国公共非盈利性的信息资源服务又不能满足当前大规模、多种类、多层次的需求,这就是当前的主要矛盾所在。

2. 一个实例——"'三农'网络书屋"

(1) "'三农'网络书屋"简况。

"'三农'网络书屋"是基于云计算的网络资源服务平台,由同方知网(北京)技术有限公司开发,以中国知网(www. cnki. net)的电子期刊服务平台为技术和资源支持,面向基层农技推广机构、农民合作组织及广大农村实用技术人才提供农业技术、农村科普等系列化信息服务。

该项工作已被列入《全民科学素质行动计划纲要实施方案(2011—2015)》,其中指出要总结推广"'三农'网络书屋"等行之有效的做法,并于2010年12月荣获第二届中国出版政府奖。《基于云计算的"三农"数字出版与服务平台》获得中关村海淀园区重点创新型产业化资助项目。

"'三农'网络书屋"包含图书、音像、期刊、挂图等电子资源,能够提供内容多、个性化、持续、及时的农业实用技术信息服务,具有知识元抽取技术、语义技术、检索技术等核心技术,以及云服务平台、全媒体发布服务、个性化知识服务等创新点,在国内农村数字出版领域处于领先水平。

(2) "'三农'网络书屋"运营机制分析。

由于信息资源服务市场的垄断性,产品或服务供给者便具有定价权力,在不同市场主体之间也会采用价格歧视策略,例如同方知网,对科研院所、政府机关、医疗机构等需求弹性小的使用者,就会制定较高的价格。而对于农村市场,"'三农'科技网络书屋"不应再使用与上述使用者相同的定价,考虑到农民群众对于科技知识的渴求和价格承受能力,应该对农村市场采取低价甚至零价策略,但这势必又和企业的盈利目的相矛盾。当前同方知网所提供的"'三农'网络书屋"在短期的免费试用确实具有为农村提供信息资源服务的功效,但这种无偿服务的持续性和稳定性,却无法保证。

"'三农'网络书屋"的提供者的目标是市场培养,他们寄希望于中国农村地区的发展。当前,"'三农'网络书屋"所属公司在中国科协、农业部等部门的指导下参与了农村信息技术科普培训和全国农民科学素质网络竞赛活动,旨在提高各地对于其信息资源产品与服务的接受和认知程度,并配合出台了"免费试用一年"以及"万元一县"等市场策略,当前全国共有免费试用书屋一万余个,"万元一县"试点县70余个,在四川省宜宾市兴文县等地取得了良好效果。

三、总结及相关建议

经过对科普资源供求力量的对比分析可看出,科普资源需求状况复杂,表现出主题分散、深度层次多、种类需求多、时效要求高等特点,供应方没有足够的能力完全满足这些需求,农村科普资源的供需总体上呈现出供不应求的状态。

从我国经济社会发展的现状出发,笔者认为当前较为理想的解决方法是:以进一步推动科普工作的网络化和信息化为目标,充分发挥网络科普设施在社会化服务体系建设中的作用,通过建立激励机制,引导群众组织、企业等社会力量进行自发的、主动的科普。具体实现方式包括以下几个方面:

一是要引导各类群众组织,为广大群众提供面对面的现场咨询和服务,并通过群众组织程度的提高来延伸当前科普资源服务体系的触及深度。尤其是在农村地区,专业合作社、专业技术协会等组织已经在农村科普中发挥了重要作用,为进一步发挥其经济社会只能,要在十七届三中全会决定精神的指导下不断推进农民专业合作组织的建设与发展。

二是要有针对性的开展公民科学素质培训,加强科普资料和服务的建设工作。为充分利用互联网的优势,要引导和提高公民运用搜索引擎、即时通讯工具、数据库等工具的能力,帮助他们能够在互联网中更快捷地找到他们需要的知识。

三是要进一步做好调查研究工作。继续组织和推动有关单位开展调查研讨活动,发现通过网络开展公民科学素质工作的优势、突出问题与方法。

这些建议,原则上是符合《全民科学素质行动计划纲要》精神的,但在实际工作中,还需要进一步的讨论和细化。

参考文献

[1] 《中共中央关于推进农村改革发展若干重大问题的决定》. 2008 年 10 月 12 日中国共产党第十七届中央委员会第三次全体会议通过. 人民出版社.

[2] 胡锦涛.《在纪念中国科协成立 50 周年大会上的讲话》. 2008 年 12 月 15 日.

美国科学传播方法分析及
对中国科学传播的启示

邱晨阳

北京第二外国语学院

摘要：美国科学传播自二战后发生了一些引人注目的变化，科技类作品和制品明显增多，科学知识和方法内容不断出现或植入在各种报刊文章、书籍、广播、电影电视节目和网络中，借公众阅读、欣赏文学艺术作品之际，传播普及科学知识和技术方法，既契合了美国实用主义理念，也对提升美国人的科学素养发挥了独特的作用，这是美国科学传播和当代文学发展的一个特点，也是美国在世界上科学发达、文化领先的重要原因。

关键词：美国，科学传播方法，美国当代文学，植入，间接式，科学知识，技术方法。

美国的科学传播已形成完整的传播体系，这与美国文学的发展密不可分。美国文学表现为平民化，多元化，富于阳刚之气，热爱自由，追求以个人幸福为中心的美国梦。美国文学大致出现过3次繁荣：19世纪前期形成民族文学，第一和第二次世界大战后，美国文学两度繁荣，并产生世界影响，已有近10位作家获得诺贝尔文学奖。美国文学在二战期间就开始了其在世界的广泛传播，影响了世界各国人民，特别是青少年，新的科学技术知识和方法通过文艺作品普及到美国和世界各国读者、观众和听众中，增添了美国文学作品的生命力、影响力和魅力，间接为美国国家战略的实施和技术、产品和服务的输出营造了氛围和土壤，打开了市场之门。认真分析美国科学传播和借助文学实现的科学传播对世界的传播和影响，其实用主义思想和方法可略见一斑。历史发展表明，当一项又一项发明把人类活动推向更高水平的时候，政治、军事和经济领域的新事物应运而生，技术的进步同时带来了文化科学的繁荣。分析借鉴美国的科学传播方式，有助于我们了解其成功背后的原因及采取的主要手段，进而促进中国文化与科学的融合，提升中国文化的竞争力和影响力，促进中国科学深层次发展和增强自主创新能力。

一、美国科学传播主要方法及特点

二战后，美国作为科技、经济、政治、军事、外交全民领先的世界强国，高度重视科技，一方面投巨资支持基础研究和太空探索，一方面提供优厚待遇延揽世界各国优秀人才到美国工作、生活、学习，以保持美国的科技领先地位。美国高度重视对美国人的科学传播，采取多种方式和手段传播科学思想、科学理念、创新精神、科学技术知识和方法，致力于提高科学美国人的社会群体。通过大众传媒开展多种方式的科学传播就是重要的方法和手段。

1. 美国建立了完善的科学教育体系

科学素质培养成为美国正规教育的主要目标，从小学、中学到大学，科学教育及创新精神和方法的培养是美国教育的重要内容，也是美国教育成功的关键举措。美国传媒中传播科学是重要内容之一，书籍、报纸、期刊、广播、电视、网络特别是新媒体都在采用多种方式方法从事科学传播，深刻影响着一代代美国人。美国建有世界最多的科技类场馆，拥有最发达的传媒体系、最先进的互联网技术和优秀的科学家和教师，从而成为科学传播的丰富资源，并被广泛应用于各个领域、各类人群。在美国的博物馆里和各种科技活动中，讲解人员常常是具有较强科学技术背景的专业人员、专家或志愿者，讲解内容专业、方式轻松、语言诙谐、不乏幽默成分，参观者示范享受、笑声不断。

2. 美国科幻小说及小说中常见科技知识及方法的使用

美国的科幻小说在美国和世界拥有广泛读者，它们在引导着人们探索未来世界科技高度发达的生活和工作情景，激励着美国人、特别是青少年面向未来，面向浩瀚的太空。美国文艺作品中植入科学知识和技术方法成为一种趋势。美国的小说中，引用专业知识和技术方法十分常见。在美国文学小说中，有科技背景的人物常常作为主人公出现。美国的侦破、推理小说中，罪犯更多的是靠科学技术知识和方法实施犯罪，而警方侦破案件，缉拿罪犯往往也是依靠科学知识、技术手段、专家协助和先进技术装备的使用来完成的。这方面美国传奇作家西德尼·谢尔顿几乎每本小说都是出版不久就登上全美畅销书排行榜。西德尼·谢尔顿的小说具有无可比拟的可读性。他的故事情节跌宕起伏、一波三折、悬念丛生，时空跨度大、人物多、涉足领域广，读罢有酣畅淋漓的感觉。对强者的推崇有社会达尔文主义的气息。其侦破小说极富代表性，许多专业知识植入在小说精彩的情节中，使读者只有读懂它才能享受那扣人心弦的结局。

3. 科技文章、故事常见美国的报刊中

《美国国家地理》是美国国家地理学会的官方杂志，拥有超过 3 000 万忠实读者，它意味着权威、科学性、准官方，融合了历史、文学、科学和人类学知识，更像是一本百科全书，使地球更像是一个生动而有活力的村落。杂志的开篇文章涉及到环境，森林砍伐，化学污染，全球变暖和濒危物种，一系列的主题远远超过了地理探索的好奇心。还重点涉及到历史和新产品，新技术在当今社会中的应用，比如说一种金属，基因技

术,食物和农产品或者是新的考古发现。读者对科学现象与科学技术对人类影响的关心,激励了许多记者开展大量的新闻事件调查工作,获取并报道新闻事件真相或揭示科技现象。美国记者的科学态度和执着的亲自调查能力,编辑的扎实科技功底和严谨的科学精神,使得美国的文学作品和新闻报道的科技含量高、极富科学性,深受读者喜爱和信赖。

4. 美国的电影中科技故事与情节司空见惯

科幻电影是美国电影制作的重要内容,也是其独特魅力之一。1980年,一部由中央电视台译制部引进的美国21集科幻连续剧《大西洋底来的人》在中国却造成了不小的影响。《侏罗纪公园》是著名导演斯蒂文·斯皮尔伯格1993年执导的科幻影片,讲述约翰·哈蒙德博士在进行恐龙研究过程中发现一只吸了恐龙血,藏在树脂化石中的蚊子。他从恐龙血中提取出DNA,复制出恐龙,并建成一个恐龙"侏罗纪公园"。后来公园发生意外事故后又遭人破坏,造成灾难性局面。科学家艾伦和埃莉及来到公园的其他幸存者终于逃出险恶的侏罗纪公园。美国其它电影中给观众印象深刻的也是科技情节:经济犯罪案往往是盗贼靠技术手段潜入戒备森严的银行而得手。艺术犯罪案则是周密的技术。方案制定及精确的技术手段使用,而侦破者肯定是某位教授、博士或专业奇才。缉拿杀人犯,警方无力时,也会去监狱里找哪里囚禁的某位技术能人(非杀人、强击犯,常常是偷盗类罪犯)来做交易助阵,罪犯也是热爱美国的。测谎仪在美国的影片中出现的频率很高。美国的科技影片、特别是3D、4D科技类影片成了中国许多科技馆的主要放映影片,吸引了大批观众欣赏。

5. 美国的电视科技类节目独具魅力

探索频道(Discovery Channel)节目广受世界各地观众喜爱,它是由探索通信公司(Discovery Communications)于1985年创立的。探索频道主要播放流行科学、崭新科技和历史考古的纪录片,其节目覆盖科学、历史、自然、科技、探险、侦查和探究等层面。世界各地均有播放探索频道,美国版本主要放送写实电视节目,包括推理调查节目、驾驶系列和行业介绍等等,如著名的流言终结者系列;但也同时放映合家欢和儿童纪录片。观众纵然足不出户、亦可透过影片放眼世界、增广见闻。探索频道节目饶富教育意义、寓知识于娱乐,鼓励家庭观众活到老学到老。探索频道在美国主要播放与机械和流行科学有关的节目,如《美式重型机车》(American Chopper)、《流言终结者》(Myth Busters)。美国2009年开始热播的电视连续剧《别对我撒谎》(《lie to me》,又译为《千谎百计》)是一部描述心理学的美国电视剧,于2009年1月21日首播于福克斯电视网。居中卡尔·莱曼博士和吉莉安·福斯特博士利用脸部动作编码系统(Facial Action Coding System)分析被观察者的肢体语言和微表情,进而向他们的客户(包括联邦调查局等美国执法机构或联邦机构)提供被观测者是否撒谎等分析报告。片中的主要故事情节来自美国心理学专家保罗·艾克曼博士,其主要研究方向为人类面部表情的辨识、情绪分析与人际欺骗等。

二、美国科学传播植入文学艺术作品特点分析

除了专门的科普文章、书籍及影视科普作品外,美国文学艺术作品中常常植入一些现代科学技术知识及方法,间接地传播科学技术知识和方法。

1. 将展示和使用科学技术及方法作为创作理念之一

纯文学作品追求真实的再现、艺术的描写、心灵的震撼、文笔的优美等等,目前拥有不少的读者。社会节奏和生活节奏的加快,人们开始对文学作品表现出更多的需求,希望好看又有用,采取了务实的态度。这种需求导致了创作者、制作者、编辑和导演的转向和迎合。

2. 美国作家具有良好的科技背景

美国学校学生选择课程的自由度高,科学课向所有学生开放。美国社会的创新意识和创新行为影响着学生和每一个人。计算机的使用和各种技术装备、工具的使用迫使学生只有学习新知识、掌握新技术才能融入学生群体和竞争的社会之中,赢得自己的地位。从事文学创作人员的良好科技知识基础和社会需求的压力,使得植入科技成了基本功和必然的要求。

3. 隐形式科普方式

广泛展示和演示先进技术方法、装备和工具的使用。在电影、电视故事中,由知名影星使用并演示新技术、新方法、新装备是普及相关科技知识和方法的极好平台,容易引起观众的学习、模仿、应用,收效远胜于单纯的演示和推销。

4. 塑造高科学素质的故事主角

技术手段广泛应用于各种情景,各种技术无所不用其极。美国文学作品的主角,高富帅、白富美式的人物不断减少,科学素质高、受过良好教育、拥有坚韧的毅力的人物常常成为故事主角,赢得人们对知识、技术的尊重,这也是其隐形科普的成功之处。

5. 美国读者、听众、观众喜欢科技类作品带来的使用价值

美国人奉行实用主义哲学,对文学、艺术作品欣赏带有很强的功利主义倾向,从而导致了创作者、制作者的创作、制作方向。由于市场化运作,其创作、制作的作品必然认真分析市场需求而进行,成本回收及盈利也依赖市场的接受和肯定。从消费心理学角度分析,喜欢简单是消费者对产品及品牌的一种认知习惯。这种对简单的执着,使他们大多

倾向于信任并选择相对简单、直接和有视觉冲击力的品牌产品。

三、中国科学传播存在问题分析

"人类历史就是一般科学发展史，科学无时无处不在。但是科学只有被认识、被掌握才能为人们所用，并发挥其功能"。中国政府重视科普工作，科学传播得到较快发展，政府部门、社会团体、科技人员、教师和科普志愿者积极投身到科学传播之中，新闻出版传播机构发挥了主渠道作用，新媒体开始显示其强大传播力度和速度。然而，面对公众现实需求和期待，中国的科学传播尚存不小的差距。

1. 中国的科学传播落后于公众需求

中国对科普的重视程度似乎在世界上是最高的。从《中华人民共和国宪法》到《中华人民共和国科技进步法》乃至 2002 年制定的《中华人民共和国科学技术普及法》，将中国对科普的重视提升到单独立法的高度。中国历来制定的各种长期、中长期和五年科技发展规划均将科普作为重要的任务予以确定。2006 年《国家中长期科学和技术发展规划纲要（2006—2020 年）》制定实施后，国务院制定了《全民科学素质行动计划纲要（2006—2010—2020 年）》，随后又制定了《国家科学技术普及"十二五"专项规划》确定了科普的发展目标和重点任务及保障措施。科技部、中宣部、发展改革委、教育部、财政部、税务总局、海关总署、新闻出版署、中国科协等部门联合制定出台了一系列配套政策，倡导和鼓励科技人员、教育工作者、党政机关干部、社会各界广泛开展科学技术普及，提高公众科学素质，推进中国科普事业发展。然而，真正热心科普工作，长期积极从事科普工作的人员并不多，与公众需求还相差甚远。据《中国科普统计 2012 年版》显示，全国共有科普人员 194.28 万人，全国每万人口拥有科普人员 14.49 人。其中，科普专职人员 22.42 万人，科普兼职人员 171.87 万人。全国共有科普创作人员 11 191 人，占科普人员总数的 0.58%。全社会科普经费筹集额 105.30 亿元，科普专项经费 38.23 亿元，人均科普专项经费 2.84 元。政府拨款占全部经费筹集额的比例达到 68.94%，共计 72.59 亿元。社会的科普经费捐赠额仅为 0.84 亿元。

2. 直接式科普成了主要方式

中国政府部门和社会组织将科普作为工作任务，制定计划和工作方案，组织开展各种科普活动，但是通常是直接以科普之名组织科普讲座、群众性科普活动、演示或示范实用技术及方法等的形式开展的。中国的科学传播，特别是科普书籍也是以明确的科普书的形式撰写、出版的，比如《十万个为什么》，它是少年儿童出版社在 20 世纪 60 年代初编辑出版的一套青少年科普读物。50 年来，这套书先后出版了 6 个版本，累计发行量超过 1 亿册，是新中国几代青少年的科学启蒙读物，已经成为中国原创科普图书的第一品牌。

它在传播知识、普及科学方面发挥了积极的作用,影响几代青少年走上了科学的道路。许多科学家、院士回忆均认为恰恰是自己学生时代读了《十万个为什么》一书后,才走上了科学研究的道路,其影响非同一般,目前已即将出版第六版。据不完全统计,中国以多少个为什么为书名出版的书近千种,内容大同小异。其它许多医药卫生保健类的科普书籍也充斥在书店的书架上。据统计,2011 年,全国共出版科普图书 0.57 亿册,占全部 77.05 亿册各类图书的 0.74%;共出版科普期刊 1.57 亿册,占全部 32.85 亿册各类期刊的 4.79%。全国共发放科普读物和资料 8.71 亿份。广播电台播出科普(技)节目总时长为 16.37 万个小时,电视台播出科普(技)节目总时长为 18.76 万个小时。科技类报纸总印数 4.11 亿份,占全国报纸总印数的 0.88%。虽然也出现了像张树义的《走进亚马逊》那样优秀的科学考察记的科普书,图文并茂,极富情趣,展现了一幅幅原始森林珍稀动植物的美丽图景,把大量生态现象、行为和环境知识,以通俗易懂的形式表现出来,可读性强,该书于 2006 年即获国家科技进步二等奖。但中国大多数科普作品为直接式科普作品,目前创作出版的间接型科普作品不多,精品更少。

3. 说教式科普节目居多

中国目前科普主要还是以科普讲座为主,说教式、灌输式,与在学校上课的区别不大,有一定的普及科学技术知识的作用,但是收效一般,年轻人已不大接受了,成年人觉得没有必要。这在电视科普节目中表现的较为突出,如武汉电视台赵致真执导的《造物记:世博会的科学传奇》,不是简单的世博会的历史,而是一部借助世博会的历程展现的简明的科技史,对近代文明的整体观照,又让它的立意超越了科技本身,而是对人类智慧、人性和未来的追问和探寻。张开逊在《回望人类发明之路》一书中,以发明家独特的视角审视人类发明历程,从中凸显重大技术发明与文明的关系与联系,阐述技术发明的科学内涵以及科学对技术的基础作用,揭示人类技术发明的规律及其人文价值,获 2011 年国家科技进步二等奖。北京电视台曾涛执导的《科学启示录》以 16 世纪中西初会和近代科学革命诞生开场,至 21 世纪中国推进科学发展观止,全面评价了中华文明融会、接纳科学文明对于中国现代化进程的意义,探寻了当代中国科学文化形成的历史轨迹,在中央电视台播出。虽然上述作品已是很好的科普作品,但仍基本是直接型的科普作品。

4. 科技与生活、工作脱节制约了创作者的创作空间

人们在生活、工作中尚未形成科学思维习惯和意识,谈论和应用科技知识和方法的情景很少,未形成群体性行为,从而制约了文学创作者的创作和想象空间,也难以如实反映在其作品中。科技工作者离文化、文化人较远,双方交流机会和途径较少。中国警方侦破案例,更多的是靠发动群众提供线索或查看监视探头录像追查线索,运用先进科学技术知识、人才、方法及装备的情景还不太多。反倒是不断出现的违背科技常识的食品

安全、环境安全事件促使人们开始关心生活中的科技问题。

5. 文化与科技分离制约着各自发展

中国的体制机制造成了不同类型的人才分属不同的部门管理,自然科学和社会科学纳入不同的管理体系,尽管由其历史原因和管理需要,但是这种分离状态从深层次制约了文化创新与科技创新,也影响了中国科学传播能力的提高及与国际的接轨。文化与科技、艺术与科学既相互关联又各具不同特点,两者的融合和合作创新,有利于文化科学创新能力的提高,也将为科技人员的实现突破性创新营造良好、宽松的文化氛围。

四、提升中国科学传播能力的建议

科学普及对于科技创新具有重要的意义和影响,从这个意义上讲,科学传播对于一个国家、民族未来发展的作用并不亚于科技创新。科学技术只有被大众所掌握、应用,才会有广阔的发展空间和巨大的生命力。刘嘉麟院士指出"社会要发展,离不开科学传播和知识普及"。概括讲:直接式科普效果一般,方法有限,难以吸引读者、听众和观众,适合采取简单的方式进行基本常识和方法的普及传播。对于老年人、文化程度低的人群、求知欲强的人群可多使用。对于小学生,可多使用动画片、卡通片、木偶剧、连环画、绘画书等直接式普及基本科学和技术知识及实用方法。间接式科普效果很好,表现方式多样,寓教于乐、潜移默化式传播,易于被受众接受,示范作用强,易于传播、普及,并被模仿应用。对于文化程度高的人群、忙碌的人群,城市人可多使用。科技含量的植入要适度,多了易引起读者、观众的反感,少了则失去意义和机会。美国天文学家卡尔·萨根指出"科学普及所放弃的空间,很快就会被为科学占领"。中国的文学创作已经进入较为繁荣时期,各种文学形式百花齐放、争奇斗艳。文学评奖更是种类多、奖项多、获奖人更多,几乎天天都在颁奖,中国作家莫言获得了诺贝尔文学奖,标志中国文学进入了一个新的发展阶段。然而,中国的文学作品中鲜见科学技术知识和方法普及与传播的好作品,文学创作水平仍处于初级阶段。创作者更多是凭借惊人的毅力刻苦写作而成功的,其中高学历者并不多,有过良好科技背景或经历者也较少。为了使中国文学走向世界,提升中国文学的影响力、发挥文学在传播科学技术方面的重要作用,有必要与时俱进,学习借鉴美国文学发展发展方向与趋势,调整中国文学创作导向,提升文学作品的科技含量,增强对读者的吸引力和影响力,满足读者、听众、观众的多种需求和深层次需要。

1. 文学创作要深刻反映科学技术带来的现实生活的各种变化

满足人们为适应生活和工作方式变化而产生的被科普的需求。在追求丰富的故事情节和优美的文笔同时,增加科学技术的实用功能价值,增强文艺作品的复合功能和影响力。现实社会中不同学科、领域,不同产品和服务均出现了融合的趋势,尤其是消费者对产品和服务的需求不再是那么单一了，希望同时满足两种或多种功能，这对文学工作者和科学工作者是个值得关注的启示，市场变化了，你不跟进就可能出局，互联网技术、移动互联网技术的广泛普及，作品、产品和服务的地区间、国家间的边界在无形的消失。我们现在面对的新的文学作品、新的技术产品，新的文学和科技的服务往往是在全球同步面世，地球人几乎同时可以使用和分享新的产品和服务，所以，文学作品、科技及产品要做到同时满足世界消费者的需求和需要，才能有生命力，可持续发展，舍此别无他途。

2. 科普要善于利用文学形式，增加对读者、听众、观众的吸引力

现实生活中的各类人群，奔波于紧张的工作、繁重的学习、打工的艰辛、拥堵的交通之中，压力山大，若不是轻松活泼的文学艺术形式传播新的科学技术和方法，能有多少有兴致和心情的人去学习、接受你的科普。美国文学艺术作品的变化肯定与变化了的美国公众有关系，那是满足市场"新需求"而提供的"新供给"。无论是文学创作还是科技研发，最终要面向公众需求，市场需求，以满足、充分满足公众和市场的需求为目的而实施。从这个角度讲，文学和科学（除了国防、安全、基础研究、文化遗产保护等外）都应进行体制改革，坚定不移地走向市场，在竞争中生存发展或淘汰、消亡。美国市场化推进文学和科学的做法，值得我们认真学习借鉴和应用。

3. 中国文科学生培养中科学素质教育

中国的高等教育要增加文科学生的科学基础课学习，使其达到具备基本科学素质的水平。对于文学系、新闻系的学生更要增加高技术课程的学习，使之适应现代生活变化的新需求，掌握基本的技术方法和技术装备的使用。目前中国高校的文理科类的界限不再那么鲜明了，出现了融合的趋势。然而，文科与理工科学生课程还那么泾渭分明，导致本科学生、乃至硕士、甚至博士生身上打着分明的学科印记，难以充分满足用人单位、用人岗位对人才的复合需求，这种现象在文学和新闻工作者身上表现的十分明显，也制约了中国文学作品走向世界，一些科技人员缺少亲和力及人情味。有的自然科学工作者找对象都较困难，难讨对方喜欢，可能与其缺少必要文化素养不无关系。

4. 促进科研机构、科技人员与文化机构、文化工作者的交流

双方开展经常的正式或非正式交流，有助于增进融合和相互影响。中国目前学科、领域、系统内的交流与研讨活动开始活跃起来，然而，跨学科、跨领域、跨系统的交流还较少。科协、社科联组织应该加强交流合作，促进科技工作者与文艺工作者的交流，推进科学与文学、艺术的合作，弥补各自的不足。各种学术团体更应充分发挥各自优势，促进合作创新。科学可以为文化工作者带来实惠和便利，文化可以为科技人员带来轻松和欢愉，最终会为社会奉献带有科学性的文学作品和富有艺术性的创新技术

及产品。

5. 为文学艺术与科学的融合创新营造良好的社会氛围

科技进步、经济增长、社会发展影响和改变着我们的生活,适应这一变化,则将赢得文学新的发展机遇。错失机会,将会对中国的文学发展和竞争力的提升形成挑战。中国要实现文化的大繁荣、大发展,必须促进文化与科技的融合,依靠高新技术,提升文化发展的科技含量,创作满足人们迫切需要的新型文化作品、产品与服务。早在 2005 年,国家科技进步奖就增加了对科普作品的奖励,截止到 2012 年,已有 35 不科普作品获得了国家科技进步二等奖。国家在 2011 年又启动了文化科技创新工程,资助和扶持文化科技创新项目,致力打造文化创新、创意团队,为社会提供优质文化科学作品、产品和服务。科技部在 2011 年开始评选全国优秀科普作品,至今已评选出 100 部全国优秀科普作品并向社会推荐,这对激励作家和科学家的科普作品创作是一个良好的开端。特别是中国科学院院士、深圳华大基因研究院主席杨焕明一笔一画手写出的《"天"生与"人"生:生殖与克隆》科普著作,用科学、生动、有趣的语言和大量图片诠释生殖与生育、克隆与"克隆人"的诸多问题,文笔优美,成了唯一荣获了 2012 年度国家科学技术进步二等奖的科普作品。

科学传播对科技创新的成功具有重要的基础性作用,公众具有较高科学素质的社会是科技创新发生和应用的沃土,是实现创新型国家建设的必要条件。各类人群、各个机构都需要科学普及,也都应为普及科学贡献力量,才能使中国从科技大国真正变成科技强国。值得高兴的是,科普、科学传播开始得到重视和切实的推进。一些部门和地方相继启动了科普文学作品、产品竞赛、评奖活动,这无疑将形成良好的导向,促进中国科学传播进入一个新的发展阶段,同时,一些受消费者欢迎的科普产品、有竞争力科普企业初见端倪,为科学传播提供了新平台,将提升中国科学传播能力,为提高全民科学文化素质,实现建设创新型国家的目标做出重要贡献。

参考文献

[1] 百度百科,美国文学词条.

寓农村科普内容于电视文艺节目的思考

杨镇魁　王悦玲　毕献茗

河北围场满族蒙古族自治县科技局 国土资源局 林业局

摘要：文内首先论述了我国农村科普任务及其必要性，接着阐述了寓农村科普内容于电视文艺节目可行性，最后提出了在电视文艺节目传播科普内容的对策。

关键词：农村科普，电视，文艺节目，对策。

2012 年，中央一号文件明确提出："改进基层农技推广服务手段，充分利用广播电视、报刊、互联网、手机等媒体和现代信息技术，为农民提供高效便捷、简明直观、双向互动的服务。"针对农村科普任重道远，结合我国当今农业农村人才队伍的实际情况与诸项科普内容，经深重思考，为充分利用在农村较为普及的电视这一媒体，提出寓农村科普内容于电视文艺节目的对策，现详述如下：

一、农村科普的任务及其必要性

据 2010 年全国第六次人口普查公报，大陆农村人口为 6.74 亿人，占全国总人口 13.40 亿的 50.3％，占世界人口的 10.4％。我国农民文化素质相对较低，尽管建国 50 年来大力扫除文盲与近期的"普九"教育，据全国农业普查资料，我国农村人均受教育年限不足 7 年，在农村劳动力中，小学文化程度与文盲半文盲占 40.3％，初中文化程度仅占 38.0％，高中以上文化程度仅占 5.8％。在这一举世瞩目人稠众广的同胞中，科学技术素质更不容乐观。而农民即农、林、牧、渔业从业生产人员具有专业科技素养的比例为 0.3％，真正系统接受过农业职业教育者不到 5％，即使在统计数字中具大专学历者，除个别为县、乡（镇）任命并照发工薪的"村官"外，大都进城打工脱离了农村。

既然中国农村人口对于全人类及我国占举足轻重的比重，那么在全国农村科普任务的重大意义则勿庸赘言。特别是我国"三农"的粮油米蔬肉奶蛋鱼等产品，不但对城市人口，工人及其亲属、学生及科研院所人员乃全人民军队的生活保障是不言而喻的，即使农村人口若无充足多样的农产品调节供应，又该如何生活呢？

邓小平提出了"科学技术是第一生产力"的英明论断，对于在农村普及科学技术知识，则是相信并实践邓小平理论的体现，故应千方百计利用现代化新媒体将农村科普"进行到底"。

二、寓科普内容于电视文艺节目之可行

鉴于我国农民文化素质相对较低,特别是现代科学技术知识更为滞后的现实,并根据科普所囊括的"科技知识、科学方法、科学思想、科学精神、科学道理"等内容,必须充分利用农村群众接受便捷的传播方式。如电视文艺节目则是当今农民家庭比较普及,而又为受众喜闻乐见、通俗易懂,甚至百看不厌的一种新媒体。

尽管广大农民"日出而作,日落而息",但总有一日三餐和农闲及节日等空隙时间,特别大多数人有观看文化娱乐节目的意愿或爱好。如果寓科普内容于部分电视文艺节目,定会收到潜移默化的科普效果。事实上,在我国传统文艺节目中,即不乏有科普作用者。如相声名段《地理图》、《报菜名》,在使受众娱乐甚至忘形之余,便接受了有关知识。再如评剧《花为媒》中的唱段"报花名",豫剧《朝阳沟》中主角拴宝与银环归乡途中的"对唱",均具一定科普的作用,还有近年潘长江主演的小品《过河》更是农村科学精神、科学思想的直接体现。虽然上述文艺节目的作者与表演者在创作或表演过程中尚未刻意把可纳入的科普内容表现出来,但也充分证明了文艺节目中完全可纳入某些科普内容。

一般地说,诸如相声、小品、快板书、鼓词乃至通俗歌曲等农民能接受的表演形式,均可把适宜的科普内容纳入。如围场满族蒙古族自治县四合永镇原副镇长兼镇科协主席、农艺师杨悦泉,他自编自演的《寒地水稻栽培技术(快板书)》,近 200 句,合辙押韵,朗朗上口,稻农们听后不但喜闻乐记,而且完全可边唱边操作。

三、电视文艺节目传播科普内容之对策

1. 大力提倡编演录放看农村科普电视文艺节目

我国《科学普及法》第三章第二十条为"国家加强农村的科普工作"。而寓农村科普内容于电视文艺节目,在当今是既符合国情又可为农民提供高效便捷,简明直观的科普方式。为把农村科普与电视这一新媒体融合为一体,并保证收视率,必须大力提倡编、演、录、放、看双向乃至多向、多层、多方位互动。为真正收到科普实效,要求节目在具趣味性、娱乐性同时,必须具有科学性。因此,科普文艺节目的编剧或词作者由既深谙某涉农专业科技,又擅长某种文艺节目编撰者担负,或者擅长某种文艺节目编撰者,在熟谙某涉农专业科技常识后,再行编剧或作词。节目的表演与录制人选也应由在广大农村已负盛名的演职员担任。中央电视或地方电视台不但要定期播放,反复播放,还应以不同方式事先向县(旗、区)、乡(镇)级党政主管部门通知或广告,以便组织农村干部、村民收视。

为使编演录放看农村科普电视节目尽快能够活跃起来并收到实效,完全可采取有奖征集脚本、举办表演大赛、收视互动抽奖等激励提倡举措,当然电视台还可与涉农或其他企业公司联合设立编演录放看等奖项。

2. 应注意电视文艺节目在农村科普上的局限性

虽然我们深信无疑,含科普内容的电视文艺节目在农村科普上必然会发挥出其应有作用,但是并非所有文艺节目都能够赋予科普内容,更不能以电视文艺节目代替广播、报刊、互联网、手机等媒体的作用。

鉴于电视文艺节目在农村科普上的局限性,必须根据农村科普内容的多行业、多学科、多层次的特点,采取多种形式,对于农村种植、养殖、林果、加工、治气、储藏以及医疗卫生、计划生育、环境保护、国土资源、农业气象等专业或学科,凡适宜办班培训、咨询服务或发放"操作方案"、"技术要点"、"明白纸"等科普推广的形式,仍坚持被多年实践证明行之有效的传统科普方式方法。

3. 农村科普电视文艺节目的时效性与不断创新

寓农村科普内容于电视文艺节目,不但有一定的局限性,而且有明显的时效性。因为农业的新品种、新农机、新农药、新化肥、保护地栽培、错季栽培等新技术,随着农业现代化的进程,总是不断创新发展,所以具农村科普内容电视文艺节目,也必须与时俱进。

一般电视文艺节目,有的可能形成传统的"保留节目",从艺术欣赏与文化娱乐角度说,可经常回放,观众"难忘今宵"、"百看不厌"、"常看常新"。对于具科普内容电视文艺节目,单纯从文化艺术角度观赏,当然也可重播,但按科技进步与发展的要求,农村科普也理应跟上时代步伐。切实扭转那种"应景式"、"任务式"、"还愿型"科技传播"虚架子",因此则给电视文艺节目提出一个难题,即若真正以农村科普为标的,则应不惜代价与麻烦,把电视文艺节目做得与现代化科技进步同步发展。

我国农村的科普任重道远,意义重大,寓科普内容于电视文艺节目不失为一科普新媒体与创新传播方式,虽然电视文艺节目在农村科普上有一定局限性和时效性,但完全可以与时俱进,不断创新,并收到应有的实效。

参考文献

[1] 中华人民共和国科学普及法[M],北京:法律出版社.2003.

[2] 关于加快推进农业科技创新持续增强农产品供给保障能力的若干意见[C],中央、国务院.2012.

[3] 中华人民共和国国家统计局.2010年第六次全国人口普查主要数据公报[Z].2011.

[4] 张婧.对提升农民科学素质的思考[J].中国科普理论与实践探讨.中国科普研究所,北京:科学普及出版社,2010.

依靠媒体力量推动国家科普能力建设

——北京科技报社的尝试与成果

赵颖华

北京科技报社

摘要： 北京科技报的重要文章在网络广泛传播，成为诸多热点话题的引领者和科学依据，成为全社会共享的科普资源；北京科技报社开发的科普考察培训、展览展示、论坛活动、科学咨询等科普服务版块成为社会不可或缺的科普工作传播平台。作为科普品牌传媒，北京科技报社对提升领导干部公务员科学决策能力、公众科学素养和推动国家科普能力建设起到重要作用。

关键词： 探索，创新，坚持，独特。

一、坚持科学精神科普定位，打造科普传媒品牌

1. 第一步：激发阅读兴趣

2004年改版之初，我们以"阅读科学也是享受"为理念、以"奇特新"为特征、以"科味与人味完美结合"为操作手段；很快这个全新的科技媒体样式就引起社会各界关注，迅速被业内同行研究借鉴。这个新样式被读者称之为"可爱的阅读"。改版半年后，北京科技报在零售报摊的单期最高销量为65份，甚至超过了生活时尚类畅销读物。

2. 第二步：提升科学精神科学品质

仅仅突出趣味和人味还是不够的，我们要的是建立一个长久的品牌，科学的严谨性必须转化为我们可以利用的优势。2005年第一期，我们刊出了《2004中国十大科技骗局》，这是内容在科学权威性上提升的开始。如今这个年终特稿的选题已经持续了5年，对品牌建设做出重要贡献。这一类的代表作品有：《中医中药有没有科学性》、《假诺贝尔奖骗局内幕调查》、《望子成龙误导中国人奋斗方向》，《丘成桐痛击中国学术腐败》等。由于坚持了科学解读的艺术性，并没有降低可读性。

3. 第三步：内容确定为探索类

2007年9月，北京科技报再次全新改版。这次改版是在北京市科委请专业调查公司以《北京科技报产品定位和模式优化》为课题的支持下进行的。新版《北京科技报》借鉴美国《国家地理》的灵魂，定位为"中国人自己的Discovery"，实现综合类向探索类转变，

重点推出独家深度报道,突出本土化特色;形式上由过去的本儿报改为国际流行的周刊开本样式,封面设计仿照美国《时代》周刊红框加大图片样式,全彩轻涂印刷,每期 60 页的内容基本上能满足读者对一周科技资讯的需求。

由于读者以领导干部公务员为核心主体,我们强化了建言献策的内容。这些内容更加突出研究性,研究科学发展可持续的问题,如生态环境生态文明建设,和谐文化建设等。这一时期的特征选题有:《检察官进京拘捕女记者科学性研究》,《艾滋病疫苗还要不要再研制》,《缉拿外逃官员:劝返模式为何有效》,《官员博士化质疑》,《古树移栽风:环境灾难》,《污染源监管信息公开:哪个城市做得好》等等。这一次改版,使北京科技报的内容与推动国家科普能力建设的需求更加紧密的吻合起来。

二、发挥科技媒体优势,推动国家科普能力建设

2004——2006 年,北京科技报尝试了广告盈利模式、发行盈利模式和综合盈利模式,但是在残酷的市场竞争环境下,每一条路都不能让报社生存。2006 年国家科技大会召开,建设创新型国家成为我国发展战略,随后《纲要》颁布,提升全民族科学素养成为建设创新型国家基础。科普的春天到来了。这个机遇对正在探索生存模式的北京科技报来说,是一个转机。

在这个历史机遇面前,北京科技报"政府工程市场工程两手抓"的经营思想逐渐清晰起来,特别是经过 2007 年 9 月份成功改版的检验与推动,至 2008 年初,明确了"用政府的渠道做市场"的独特的经营思路。这一步将我们带向光明。

其后 3 年多的时间内,北京科技报社在以下四个方面充分发挥了科技媒体在科普传播方面的优势:

1. 提高政府科学决策能力

针对《纲要》确定的四个科普人群,我们认为领导干部公务员科学精神的提升最为重要。因此 2007 年改版之后专门辟出《科学之音》《焦点对话》等专栏,就社会热点采访权威专家进行科学决策论证和政策解读。杭州市科协对北京科技报的科学决策咨询价值给予充分认定,率先将报纸订阅到领导干部公务员作为科普必读读物至今已经 3 年。至 2009 年,北京科技报分别获得了天津、辽宁、兰州等省市科协的批量订阅。在纸媒发行每况愈下的情形下,北京科技报订阅量稳中有升。

目前,北京科技报已开发出科学决策参考内刊系列,这些内刊在信息咨询,课题研究方面有不同侧重,均受好评。此外,北京科技报还承担了《全国技术交易中心选址在北京市海淀区的可行性论证》、《科技工作者职称评审状况调研》、《科普工作有效渠道调研》等软课题研究,参与完成受芬兰国家劳动与经济部授权的《中国中部城市清洁技术和能源市场调研》等等。这些工作对于相关机构科学决策提供了重要依据和理性支撑。

2. 构建科普工作交流学习平台

在市科协科委领导支持下,北京科技报成立了"北京科技报顾问工作委员会"和"北京科技报科普工作指导委员会",两个委员会也成为科普工作领导者的工作交流学习平台。

2009年,我们依托两个委员会,组织北京市18区县科委、科协领导干部,科普通讯员、科技记者等在国内进行科学考察,并通过本报的专题讲座,了解科技传播规律、方式、技巧、路径。考察培训受到欢迎和好评,在拓展思路的同时加强了沟通合作。

我们承办的《全民科学素质行动》专刊、《全民科学素质工作》月刊和科普系列内刊,既是信息沟通平台也是科普工作者的学习交流平台,受到各地科普工作者积极热情的评价。齐让书记评价专刊为"政策指南,信息平台,沟通桥梁,也是历史记录"。

3. 强化科普传媒科学传播能力

6年来,北京科技报通过多种形式与内容结合进行科学传播。我们创办了中学生科学社、探索俱乐部,开发了灯箱报纸,举办科普夏令营冬令营和各种活动,走进校园、商厦、社区甚至监狱,在本市和外埠开展各种科普活动。包括与北京市科协青少年部、北京校外教育协会推出"杜邦杯青少年创意设计大赛",神六归来万人签名活动和《科技改变生活》系列主题图片展。

2009年,是北京科技报科普工作形式最为丰富的一年,在"科学北京人"系列科普内刊的基础上,又创新了多种科普传播形式。如北京市科委支持的《科普护照》,宣传介绍北京市100多家科普场馆和科普基地,发放到北京市100余家科普创新社区和市民手中。《科技酷生活——西城科技支撑社区发展专刊》,是第一本将科技课题的成果呈现和成果推广普及融为一体的科技大会会刊;《生态人类》则是第一本以打造"生态人类"为目标的高档双语季刊;《私人医生》是第一本将企业经营需求与北京科技报科普定位结合的市场化内刊。这些合作都得到合作方赞赏,受到读者欢迎。

2009年建国60年大庆,北京科技报还承接了园林局等机构的成就画册等多个单本画刊和图书,承接了15个公园科技成就展的策划制作工作,与水务局合作推出"人人参与节水北京"大型公众节水公益活动。面向社区的《科学北京人》在全市2 500多个社区发放;科普挂图在诸多社区悬挂。

4. 提升公众素养和四科水准

上述科学传播工作,在6年来逐渐拓宽、延展、深入;对北京市市民乃至全国公众科学素养的提升做出了贡献。在对热点焦点进行科学探索和科学解读的主体内容之外,"青年科学家"、"科学讲堂"、"科学健康新知"、"走进全国科普场馆"等合作专版,已成为北京科技报作为科普读物的标志,所有文章要在内涵上体现"四科",则是北京科技报的选题标准。2009年,北京科技报依托《全民科学素质行动专刊》组织了"北京市全民科学素质知识竞赛",北京18个区县的2万多人参赛。同年受北京市科协委托,组队参加中国科协全国电视大赛活动,出色完成北京市科协委派任务,带领北京队获得冠军。

北京科技报社内容和活动的科普传播,涉及节约资源、保护生态、改善环境、安全生产、应急避险、健康生活、合理消费、循环经济等观念和知识,倡导建立资源节约型、环境友好型社会,形成科学、文明、健康的生活方式和工作方式;满足了人们高品位、多元化的科学文化素质提升的需求。

文化创意与新媒体传播创造的正能量

周 静

贵州日报社

摘要：本文以"多彩贵州"塑造过程为案例，"多彩"模式实质：特质文化内核＋价值传播＋新文化经济模式，以文化创意、新媒体传播为切入点，深入剖析案例，从而分析新的技术支撑体系下出现的"互动式数字化复合媒体"催化了"多彩贵州"的品牌效应，使其有形和无形资产迅速提升。

关键词：文化创意，新媒体。

媒体形态，如数字杂志、数字报纸、数字广播、手机短信、移动电视、网络、桌面视窗、数字电视、数字电影、触摸媒体等建立在数字技术和网络技术的基础之上的新媒体组合成"互动式数字化复合媒体"。自动化、信息化、程序化，使人的劳动被信息动运动所代替，作为贮存劳动的货币与信贷和信用卡的信息形态整合起来。从金属币到纸币，从纸币到信卡，有一个稳步走向，使商业交换成为停息运动的过程。在有文字的社会里，信息成为联系日益专门化活动的主要媒介，新媒体的兴盛，同时其与传统媒体整合性和有机性正日益加强，更是将视觉与其他感官充分调动，瞬息间的爆发力所产生的正能量，成为人们相互储存的新型动力学。

一、"多彩贵州"品牌创意迅速崛起

从根本上讲，"多彩"模式带有自发自主色彩，没有国家战略支持，总体上是遵循地方政府主导与政策倾向，并逐渐以市场为导向，打造区域品牌，寻求独具特色的区域发展之路，发展文化旅游产业，以带动或涉及其他产业发展。这其中显示出新媒体的技术革命创造出的"快"神话。

正如微软公司总裁比尔·盖茨所说：现在是互联网时代，不是大鱼吃小鱼，而是快鱼吃慢鱼。你比别人快，才能在竞争中赢得机会。近几年来，"多彩贵州"迅速蹿红，声名鹊起，与文化创意的思维方式密不可分，与创意驱动下日新月异的新媒体技术迅速成长紧紧相扣。细心人会发现，自 2005 年推出"多彩贵州"系列活动以来，不仅传统媒体电视、广播、报纸通力合作，打组合拳，电视直播、转播、适时连线、第二现场等直观反映如火如荼，报纸高密度传播"多彩贵州"系列活动新闻，传统媒体的新介质——开通的各自电子报、手机报扩展了报纸发行区域的外延；而数字广播、手机短信、移动电视、网络、桌面视窗、数字电视、数字电影、触摸媒体等独立架构的新媒体领域不仅域内金黔在线、贵州旅游在线网、多彩贵州印象网站、贵州都市网、贵视网、贵州联通、贵州电信、户外电子屏幕等 27 家网站和其他新媒介,微博、微信、微控、博客、播客等新传播方式,以"多彩贵州"为主题的宣传层出不穷。人民网、新华网、新浪、腾讯等全国性网媒也纷纷在首页或开专栏推介"多彩贵州"。

在这样的背景下,"多彩贵州"品牌自诞生之日,就以创意和新媒体为稼接链,被放在整个贵州文化产业发展的大局之中进行思考,采用公益化、市场化双重模式运作,将品牌打造成为具有市场竞争力的文化产业实体,以带动贵州文化产业的全面发展,让文化插上腾飞的翅膀。"多彩贵州"品牌斩获"中国元素国际创意大赛"文化贡献奖、"中国最佳品牌建设"优秀案例奖两项重量级大奖。

二、文化创意新媒体经济到来

世界步入文化论输赢阶段,文化决定一个地域特质,自然资源越挖越少,文化资源越挖越多。科技进步已经把地球浓缩成一个村,传统概念中的东方和西方已经变成地球村的村东和村西,小小寰球从来没有像今天这样变得如此复杂,又如此简化——相互融合和相互竞争。当今社会是一个创意的社会,文化一旦和创意相结合,加以充足的资金支持,必将放射出巨大的能量。文化与经济的深度融合,源于人们创造力的文化创意活动,创意活动又往往以新技术、新媒体为载体形成综合竞争力,通过文化产业集聚起人的无限创造力,此时的文化已已不仅仅是承载了地域的软实力,而是地域发展的硬支撑和硬资源。

可以说,要成功推进转变经济发展方式,找到合适的城市营销方式,走更合理的可持续发展道路,也要借助于文化产业。

1998 年,150 个国家政府代表在国际会议上同意将文化纳入经济决策范畴。

1999 年世界银行指出,文化是经济发展的重要组成部分,文化也将是世界经济运作方式与条件的重要因素。

2001 年美国 GDP 的 31% 来自文化创意产业,英国达到 8%,韩国和日本都成绩斐然。由此可以看出,当单纯靠技术获利的经济成长空间受到挤压时,文化却以无限创意的手法使其再生,并融入各种产业。

此外,经济学家格外看重的还有文化创意产业吸纳了大量的就业者。

目前,中国的文化产业蓬勃发展,在继中国经济崛起的同时,中国文化复兴的例题已开始拉开序幕。据调查显示:中国目前已经形成长江三角洲、珠江三角洲、环渤海地区三大文化产业带。其中,广东、北京、上海、浙江、江苏、山东等东部 6 省市的文化产业资源拥有量均 1 000 亿元,合计占全国文化产业总资本的 66.08%。而西部 12 省区市文化产业资产拥有量合计只占到全国的 11%,东部 10 省市文化产业的年营业收入额合计占全国文化产业全年营业总收入的 80%,西部则不足 10%。

贵州作为多民族聚居大省,有文化历史久远,积淀深厚。贵州自旧石器时代早期,就开始有人类在此繁衍、生息和劳作。此后,贵州各族人民创造了丰富多彩的铜鼓文化、石文化、歌舞文化、建筑文化、服饰文化、傩文化等。从与周口店齐名的黔西"观音洞遗址"到有"亚洲文明之灯"之称的"普定穿洞文化",从悠远的春秋牂牁国到神秘的夜郎文明,从屯堡文化的大明遗风到"知行合一"理念形成的阳明文化,从明末到清在贵州文化史上被誉为奇迹的黔北"沙滩文化",汉晋风骨、盛唐遗俗、两宋服饰、明清建筑,积淀在贵州文化的各个层面中,散发着古朴淳厚、绚丽多姿的历史幽香。贵州还是我国红色旅游的热土,以"长征文化"为主线的红色文化光辉灿烂。在全省88个县(市)中,有68个县留下了红军的足迹,是当年红军长征途中历经时间最久、路线最长、故事最多的省份。全国55个少数民族中,贵州有49个,其中世居少数民族17个,有黔东南、黔南、黔西南3个民族自治州,11个民族自治县(道真、务川、镇宁、关岭、紫云、威宁、玉屏、印江、沿河、松桃、三都),250个民族自治乡。少数民族人口约1255万人,占全省总人口的36.11%,少数民族人口总数排全国第4位(广西、云南、新疆之后),比重排全国第5位(西藏、新疆、青海、广西之后)。民族自治地方面积占全省总面积的68.2%。长期以来,贵州各民族在生产生活中形成了多姿多彩的民族文化,如民族歌舞、民族节庆、民族民间工艺美术等等。

然而,资源的丰富并未能使贵州成为文化强省。贵州决策者认为:深厚的民族文化、红色文化、历史文化积淀是贵州最值钱的资源。如何有效地保护和开发,以创意为载体,新媒体、新技术为手段,盘活贵州的文化旅游资源,拓展文化旅游产业体系,使贵州成为新时期中国旅游文化创新区。

近年来,贵州的发展过程让我们看到"文化创意"这张牌在其中扮演重要角色,"文化+创意+新媒体+新经济"的新模式正在形成中。贵州全省上下全力推动的"多彩贵州"系列文化活动,有力地宣传、展示了贵州原生态的民族文化,扩大了贵州的影响,展示了贵州的良好形象。目前,"多彩贵州"商标已使用在了实体产业、服务平台、演艺活动和基地项目四大类别,网站、金融、房产、白酒、茶叶、演出、饮料等十余种行业中,拉动投资在40亿元以上,已初步形成产业集群,取得了一定成效。

2011年10月25日,《多彩贵州品牌价值研究与品牌"十二五"发展规划报告》出台,推出"多彩贵州·游"、"多彩贵州·艺"、"多彩贵州·赛"、"多彩贵州·味"、"多彩贵州·会"、"多彩贵州·风"、"多彩贵州·茶"、"多彩贵州·酿"、"多彩贵州·养"的子品牌架构体系。这显出中国首个区域文化品牌初显成效,表明多彩贵州正以实际成果贯彻落实党的十七届六中全会提出推动社会主义文化大发展大繁荣的精神内涵。"多彩贵州"品牌是贵州民族文化大发展大繁荣蓝图之中的一盘大棋,谋篇布局细致谨慎,落下的每一粒子,都从战略的高度宏观考量,以品牌之发展,助力贵州美好未来。

三、创意与新技术产业集群式发展之路

在贵州文化产业集群式发展平台打造上,通过大力实施项目带动、品牌引领、招商引

资等,贵州文化产业发展速度明显加快,据统计,2011 年贵州省文化产业总收入 394 亿元,文化产业增加值 140 亿元,占全省 GDP 比重 2.46%,与 2009 年、2010 年相比,年均增速达到 30%,高于全国和贵州省的 GDP 增速,基本建立文化产品特色鲜明、产业链条完整、市场要素繁荣的文化产业体系,形成公有制为主体、多种所有制共同发展的文化产业格局,到"十二五"期末,文化产业增加值达到全省生产总值的 5% 以上,文化产业成为我省国民经济支柱性产业文化产业发展呈现出喜人态势。

在文化集群式发展平台打造上,创意与新技术、新媒介积极配合,在及时发布重大事件权威消息,有效提升贵州声音的传播力和影响力方面功不可没。而创意与新技术、新媒体的数字眼光、移动互联、拆细移植、集成聚合的辐射中,新型集群式发展效应更是得到极大凸显。

一方面,人类生活方式的京华带来了新媒体、新技术革命,另一方面,新媒体最超强想象的变革基于移动互联的生活方式,会提供更多的需求,提供更多的市场空间,推动新技术、新媒体的变革。

正是基于对新世界的新认识,贵州围绕"多彩贵州"品牌化和产业化两个课题展开研究和规划,建立了"一个中心,两大体系,三项标准,四大平台,五大利润模式"的品牌运营模式(一个中心:多彩贵州文化产业发展中心;两大体系:品牌授权体系和品牌认证体系;三项标准:品牌认证准入与管理标准、品牌授权与管理标准、公益品牌申请与管理标准;四大品牌:群体展会平台、群体宣传平台、项目投融资平台、品牌研发孵化平台;五大利润模式:品牌授权费、品牌认证费、产业股份分红、展会经营利润、营销服务费);打造"文化品牌开花,多元产业结果"的全新模式和良好格局;着力策划具有较大市场空间与发展潜力并且符合多彩贵州品牌核心价值的多彩贵州·民族民间工艺品、多彩贵州·黔味馆、多彩贵州·客栈、多彩贵州·养生瑶浴、多彩贵州·生态农场等 5 个重点产业化项目。

相关产业链条的文化企业和项目单位负责人为共同拥有的"多彩贵州"品牌的核心竞争力和产业集聚效应,以及各衍生子品牌项目市场可行性等情况也作了生动诠释。

大型民族歌舞《多彩贵州风》、《多彩贵州·黔印象》等演艺活动,是"多彩贵州"品牌的炫舞空间。《多彩贵州风》已列入《国家文化旅游重点项目》名录,自 2005 年底公演以来,持续演出近 2 000 余场,观众近 200 万人次,得到了胡锦涛、温家宝、李长春等党和国家领导人以及海内外观众的高度赞扬与喜爱,创造了贵州演出市场前所未有的盛况和奇迹,已成为贵州进行对外文化交流和旅游推介的品牌。

"多彩贵州品牌研发基地"、多彩贵州城等基地项目是"多彩贵州"品牌的写实画卷。多彩贵州城坚持以旅游为核心,以集散中心为平台,以避暑产业和文化产业为支撑,将成为旅游的聚光灯、民族的万花筒、文化的调色板、避暑的御花园。多彩贵州城建设经营有限公司总经理杨武成说,多彩贵州城将继续传承多彩贵州文化,将多彩贵州品牌发扬光大。"多彩贵州品牌研发基地"将突破传统研发基地以孵化为主的单线操作模式,提出

"交易、消费、孵化"的三线运营思路,形成全省文化产业连通内外的桥头堡,提升贵阳在全国文化产业中的地位。

参考文献

［1］《理解媒介——论人的延伸》马歇尔·麦克卢汉著.

［2］《数字新媒体概论》张文俊著.

［3］《新媒体观》陆小华著.

科普能力政策研究

关于提高我国科普作品原创能力的几点思考

卞毓麟

上海科技教育出版社

摘要：繁荣科普创作，大力提高我国科普作品的原创能力，是加强国家科普能力建设的重要任务之一。本文着眼于科普图书，探讨了互相关联的三个问题：科普作品的人文关注；我国原创与引进科普作品的比较；科普创作队伍的培育。

关键词：科普作品，原创能力，人才培养。

一、科普作品的人文关注

科普作品既要普及科学知识，又要弘扬科学精神、倡导科学思想、传播科学方法。科学精神的核心包含着人文关注，因此我们的原创科普应当注重作品的人文含量，重视作品的科文交融。

其实，这在国际上也是一个带有普遍性的问题。早在 1959 年，英国著名作家斯诺（1905—1980 年）已经提出科学文化和人文文化的分歧与冲突。他说："事实上，在年轻人中间科学家与非科学家之间的隔阂比起 30 年前更是难沟通了。30 年前这两种文化早已不再相互对话了。然而他们至少还可以通过一种不太自然的微笑来越过这道鸿沟。现在这种斯文已荡然无存，他们只是在做鬼脸而已。"他的看法是，两种文化的隔阂，都是由于狂热推崇专业化教育引起的，解除这种局面"只有一条出路：这当然就是重新考虑我们的教育"。

不少有识之士为弥合科学文化和人文文化之间的鸿沟作出了巨大努力。然而半个世纪过去了，在世界上不同的地方，这道鸿沟依然不同程度地存在。在我国，"科""文"之间似乎连"做个鬼脸"的机会也不多，这很值得引起大家的重视。

我们进行科普创作，应该怀着一种强烈的意识或追求：消除科学与人文之间的鸿沟；或者，至少是在两者之间架起一座坚固而美丽的桥梁。明确的意识和追求贯穿于创作实践中，才会取得令人满意的效果。林语堂曾经说过："最好的建筑是这样的：我们居住其中，却感觉不到自然在哪里终了，艺术在哪里开始。"我想，最好的科普作品和科学人文读物，也应该令人"感觉不到科学在哪里终了，人文在哪里开始"。至于如何达到这种境界，那就要在实践中不断探究和尝试了。

科普作品要"贴近百姓，贴近生活"，也是人文关怀的一个重要方面。与此同时，我们又要防止片面地将"贴近百姓,贴近生活"仅仅理解为"治病保健、养花种草"。我们的目标始终是提高全民族的科学文化素养,努力实现《全民科学素质行动计划纲要》,这需要高屋建瓴,从大处着眼。为此,我建议大家再次细细体味温家宝总理今年9月发表的那首《仰望星空》诗。

二、原创与引进的竞技

我国出版的科普图书,在数量上,国内原创的多于翻译引进的。但是,正如《关于加强国家科普能力建设的若干问题》指出的那样,我国"高水平的原创性科普作品比较匮乏"。在人文关注和科文交融方面,我国原创的与国外的优秀作品差距还比较大。下面试举两例。

今年正逢美国的生物学家和环境科学家蕾切尔·卡逊(1907—1964年)百年诞辰。1962年,她的名著《寂静的春天》问世时,"环境"一词尚未进入世界各国的公共政策。她在书中告诫公众,决不要听信杀虫剂有百利而无一害的夸张宣传。她的警告引来了相关利益集团的憎恨和报复。然而,卡逊的巨大努力最终还是搬掉了无知、偏见、贫乏的基础研究和缺乏公共意识的绊脚石。如今,世界各地的人们依然在深深地怀念她。在我国,何时能够出现像《寂静的春天》那样影响深远的传世佳作呢?眼下似乎难以预期。

卡尔·萨根(1934—1996年)是美国的一流天文学家和顶级的科普大师。20世纪80年代中期,他带头提出了"核冬天"的概念。其合作者理查德·特科教授盛赞他有"那么一种献身精神和勇气去跟历史上最强大、最牢固的两个官僚机构——美国和前苏联的防务组织进行较量"。对于限制核武器和遏止核战争而言,"核冬天"理论确实功不可没。美国的《每日新闻》曾评论:"萨根是天文学家,他有三只眼睛。一只眼睛探索星空,一只眼睛探索历史,第三只眼睛,也就是他的思维,探索现实社会……"。在我国,何时能够出现社会影响像萨根那样广泛深远的科普大家呢?现在也很难预料。

许多引进的优秀科普作品,很注重历史的细节和人物的活动。早在1953年,我国前辈教育家顾均正先生在"向伊林学习"一文中就指出:"伊林的作品,都用历史观点来表现事物的发展。他批评过去的儿童读物没有时间观念……'好像是世界上各种事物一件件都在这里,但是有一样重要东西没有谈到。时间。它是一个睡着的世界,在这个世界里,时间是停止的。'"这很值得引以为戒。同时,在科普作品中多谈历史,还有助于人们更深刻地领悟科学的作用。把握好这一点,对提高我们原创科普作品的水准必有好处。

优秀的科普作品必定是美妙、生动的。半个多世纪前,伊林曾有一句名言:"没有枯燥的科学,只有乏味的叙述。"因此,科普作家必须加强科学和文学两方面的修养,而我们的尴尬正在于文理兼通的人才匮乏。《全民科学素质行动计划纲要》提出,要"改变目前科普作品'单向引进'的局面",这不仅任重道远,而且使人再次联想到:在中学阶段就把学生分成理科班和文科班,究竟是利多弊少,还是利少弊多?

三、创作队伍的培育

提高科普作品的原创能力,必须搞好科普创作的队伍建设。这既是当务之急,又要从长计宜。下面分别叙述这支队伍的几个主要组成部分。

首先是科学家。在整个科学传播链中,科学家总是处于发球员——发科学之球的地位。因此科学家们,尤其是著名科学家,直接从事科普工作就具有特殊的意义。希望有关政府部门能够专门研究、总结一下这方面的经验和教训,以利今后的工作做得更好。这些年来,一些典型的科学家作品曾经起过某种示范作用,诸如《院士科普书系》《名家讲演录》《大科学家讲的小故事》等。但是,还是经常听到读者抱怨有些科学家的作品看不懂,或者不好看,或者不能及时地反映最新科学成果。这些问题都有待于进一步改进。不久前,我国"嫦娥一号"探月卫星发射前夕,由"嫦娥工程"首席科学家欧阳自远院士亲任主编、"嫦娥工程"相关领域多位骨干专家为作者的 6 卷本科普丛书"嫦娥书系"适时问世,可以说正是著名科学家结合任务进展,十分及时地进行科普的一次成功尝试。

其次是全国和各地的科普作家协会。许多有经验、有才华的科普作家都是这些协会的成员。《国家中长期科学和技术发展规划纲要》提出的"繁荣科普创作,打造优秀科普品牌。鼓励著名科学家及其他专家学者参与科普创作。制定重大科普作品选题规划,扶持原创性科普作品"等,都应该而且可以更充分地发挥科普作家协会的骨干作用。近年来,一些科普作协在经费、人员方面遇到了一定的困难,很希望有关方面能一同会商、解决,千万不要忽视了如此宝贵的人力资源。

再就是相关的媒体从业人员,在科普和科技传播方面做了大量工作,但也面临着一些问题。例如,大批文科出身的记者或编辑科学背景"先天不足",如何做好科技报道?即便是具备理科背景的从业者,又如何能在繁忙的工作中不断"充电",等等。这些问题得不到妥善解决,势必严重影响媒体科普的深度、广度和力度。况且,在一些"科普强国"中,不少著名科学作家都是媒体从业人员。在我国的媒体从业人员中,也应该精心培育出一批新的优秀科普作家。我们必须充分关爱这支队伍,研究解决问题的途径,促使有潜力的人才脱颖而出。

大、中学应该成为培育科普创作人才的基地。今年夏天,上海科普作家协会与华东师范大学联合举办的科普创作讲习班取得了初步的成功,看来这是个好兆头,希望能够发扬光大。《国家中长期科学和技术发展规划纲要》的"若干重要政策和措施"部分,提出"在高校设立科技传播专业,加强对科普的基础性理论研究,培养专业化科普人才",这是非常重要的。我想,如果有条件的学校都能开设科普写作公共选修课,那就更好了。

关于科普能力建设的若干思考

武夷山

中国科学技术信息研究所

摘要： 国际社会中对于科普存在着一些比较新的观念值得我们思考，这些新的观念会为我国科普能力建设带来新的想法、新的突破。与此同时，建立相对完善的科普评估制度，对科普能力建设也将起到良好的监督与指导作用。

关键词： 科普，新观念，评估。

一、先进的科普观念是科普能力建设的根本指导

按照陈旧的、跟不上时代的科普观念来建设科普能力，只能是浪费钱财、事倍功半。因此，了解世界上的科普新观念是十分重要的。

世界上那么多国家，只有中国颁布了《科学技术普及法》，这一点是领先的。但是我们的科普观念还谈不上领先，我们非常需要学习借鉴。近年来，国外科普界有不少新思想和新观念。这些新东西未必都对我们有借鉴意义，因为各国国情不同，发展程度不同。不过，我们必须了解这些新东西，在了解的基础上才能进行选择和借鉴。

1. 科普的功利性问题

在我国，往往是将劳动者素质的提高作为科普工作的重要目标，也就是注重科普的功利性用途。国外也有类似观点，但提法有所不同。2000年，美国众院前议长金格里奇说，美国需要对科学和数学教育进行"大修"，这是头等重要的国家安全问题，因为在美国工作的计算机科学专业的研究生当中，出生于美国的还不到一半。发达国家更多强调的是科普的非功利性用途。例如，大家普遍认为，在现代社会中，科学技术已渗透到生产、生活、学习、休闲的每个角落。公众如果不懂科技，就无法参与涉及科技的重大问题的讨论，比如转基因食品、干细胞研究、核能应用，等等。公众没法参与讨论，民主制度就失去了根基，那将是非常危险的。所以，科普界讨论的许多问题与公众参与有关。他们认为，北欧国家，尤其是丹麦的议政会和公民理事会是很好的公众参与形式。

美国《国家科学教育标准》中说，学校科学的目标是培养学生能够：

——由于对自然界有所了解和认识而产生充实感和兴奋感；

——在进行个人决策之时能恰当地运用科学的方法和原理；

——理智地参与那些围绕与科学技术有关的各种问题进行的公众对话和辩论；

——在自己的本职工作中运用一个具有良好科学素养的人所应有的知识、认识和各种技能,因而能提高自己的经济生产效率。以上四条,又可分别称为提高科学素养的文化理由、实用理由、民主理由和经济理由。

可以看出,我们放在科普目标第一条的,他们放在最后。不是说,经济理由不重要,而是说,不能只关注这一条。

2. 对专家和公众地位的新认识

在传统的科普中,科技专家当然居于主导地位。随着后现代思潮中某些合理成分逐渐被纳入主流认识,人们对专家地位的看法也在改变。持极端看法的科学哲学家费耶阿本德甚至说,对公众进行广泛的"科学教育"的计划,只不过是国家为"专家"这一帮人作宣传的一种形式。搞不好,专家会成为民主制度所控制不住的特权阶层。因此,有必要推广丹麦的公民理事会,以限制专家在国家重大决策中的支配性作用。除丹麦外,荷兰在国家科技政策的制定过程中,公众参与程度也较高。西方国家把这样的公众参与(其中涉及公众与科学界的建设性对话)视作公众理解科学的重要内容之一。公众参与涉及科技的重大问题的讨论的形式有公民评审团(CITIZEN'S JURIES),协商式民意测验(DELIBERATIVE OPINION POLLS),共识会议(CONSENSUS CONFERENCE),等等。1994年,英国学习丹麦的做法,由伦敦的科学博物馆组织了关于作物生物技术的第一次共识会议。1999年,就放射性废料的长期处置问题开了第二次共识会议。

在专家作用受到怀疑的同时,普通人的作用必然比过去更受尊重。比如,在现代科普理念中,科普场馆方面不是将观众看成被动的知识接受者,而是看成"合作者和顾问人员"。

20世纪之前,人们在科普问题上秉持两个基本前提:(1)18世纪时的观点是,所有人都赋有判断力;(2)科学植根于常识,只不过是公共论理(PUBLIC REASONING)的精致形式而已。20世纪的科普毁掉了这两个前提,科学与公众越离越远,无知的大众似乎只有在科学专家面前俯首帖耳的份了。这一分离倾向可能与物理学在20世纪的支配地位有关。随着近10年来物理学威望的相对下降,生物科学和环境科学威望的上升,科学与公众的关系今后也许会发生良性变化。我国在这次制定中长期科学发展规划纲要的过程中,特别强调公众参与,这是非常可喜的。我相信,公众参与的事务今后会越来越多。

科普应面向所有国民。美国科学促进会于1989年推出了题为《面向全体美国人的科学》的报告。本书标题揭示了这样一种理念:科学教育和科学普及不是少数人的特权,一定要面向大众。书中说,"如果广大公众不了解科学、数学和技术,没有科学的思维习惯,科学技术提高生活的潜力就不能发挥。没有科学素养的民众,美好世界的前景是没有指望的"。"世界的变化已使得科学素养成为每个人的需要,而不为少数人所特有"。部分由于美国科学促进会通过此书和其他方式所进行的持久的宣传,现在美国很多机构和个人都接受了科学教育和科学普及要面向大众这样的观念。一个非常典型的例子是,美国科技中心协会(ASTC,其成员为科普场馆)的许多会员在创收问题上采取了适当的立场。据1998年的统计,美国科普场馆近年的收入中,平均约30％来自政府,24％来自社会捐赠,其余46％来自创收。但对于大中型科普场馆,创收所占比例已达60％,个别科普场馆的创收所占比例甚至高达70％—80％。对于后者,再努一把力,实现经费完全自给不是不可能的。但是,业内专家认为,若要经费完全自理,势必要提高科普场馆的门票价格,这就会影响低收入家庭参观科普场馆的机会,是不可取的。换句话说,对于他们,经费自理"非不能也,是不为也"。科普面一定要广,这一点在我国尚未引起足够的重视。在中小学常有这样的情况,只有所谓尖子生才有参与课外科普活动的机会,而所谓的"差生"则被剥夺了许多权利。

3. 关于科普场馆的议论

(1) 关于科普展览效果的实现。科普场馆是三种最重要的科普手段之一。近年来,国外对于科普场馆和科普展览有许多研究,比如,2000年有《现代科学博物馆》一书问世。像市场学的用户研究一样,"参观者研究"(VISITOR STUDIES)成了一个新的研究领域。有专家指出,博物馆的展览起不到强迫认同的作用。参观者总是要自己做出选择的。你设计的参观路线是这样的,他可能偏要倒过来走。你把两件展品放在一起,试图让参观者做出这样的理解,他们却完全可能做出别样的理解。你不可能完全控制参观者。因此,一个展览除了原先所设计的主题纲领,也必须为其他主题纲领留下余地。从现代的观点来看,最好的展览能够激励并接受另类的主题纲领。于是,展品含义的模糊性和参观者与展品发生作用的不可预测性,在过去会引起焦虑,不受欢迎,在今后却成了优点和效益所在。而在我国,至今尚没有人考虑"为其他主题纲领留有余地"的问题。"无心插柳柳成荫"的事例太多了,留有余地是十分明智的。

(2) 关于科普场馆的属性和规模。美国的多数博物馆既是公共的(因为它们享有大量的公共财政的支持,有时是直接支持,有时是以减免税形式的间接支持),又是私有的(因为它们多半为托管理事会所拥有)。产权不清带来许多问题,博物馆规模不断增加、数量不断增多,则使问题更加严重。一些论者认为,应明确博物馆的产权关系,使其要么完全私有,要么完全公有。另外,有专家认为,博物馆的规模小一些,也许倒能更好地为公众服务。在我国,追求科普场馆的规模则是普遍性的。

4. 关于对科普自身的研究

(1) 关于科学素养的含义。在英文中有两种表达,含义是不同的。一是 SCIENCE LITERACY,主要指获得科技知识;另一是 SCIENTIFIC LITERACY,试译为科学思维素养,强调科学的认知方式和批判性思考的过程。可以说,科学素养是工具性的善,科学思维素养是内秉的善。科学思维素养所要求的教学方式,目前的多数教师都还未掌握。如果按这样的要求去教学,学生们掌握的知识也许较少,但却更能够迎接和适应迅速变化的世界所带来的挑战。

（2）关于非正式学习的重要性。通过科普场馆、大众传媒和科普活动所进行的学习都属于非正式学习。经验事实表明，这类学习对学习者，尤其是少年儿童，会发生深刻的影响。而且，相对于正式学习而言，它的意义在不断增加。但是，有专家指出，遗憾的是，迄今还没有一个地位稳固的关于非正式学习的研究共同体。

（3）关于科普研究的分类。公众对科学技术的认识理解（PUBLIC PERCEPTION OF SCIENCE AND TECHNOLOGY），这是又一个与我国的科普大致对应的概念。专家认为，公众对科技的认识理解研究可分为舆论研究、采用研究、素养研究和态度研究。对于科技政策制定过程来说，态度研究最为重要。

（4）关于对科普写作的重视。随着时代的发展，人们认识到科普写作的技能对于个人事业发展是非常重要的。因此，科普写作课程很受欢迎。荷兰共有 13 个大学，其中 8 所开设了科普写作或含有科普写作内容的新闻写作课，每年有 600 人选修。学生普遍反映，上了这门课收获很大。授课方法以实战为主，强调多练习，这些课程的讲课时间与习作时间之比一般为 1∶3。老师经常将学生的习作成功地"卖"给报纸杂志，说明学生的写作水平大有提高。过去，这些课程只能作为选修课程。荷兰政府近年来开展了科学教育的改革，改革措施之一是，从 2001 年起，科学传播或科学新闻也成为了主修专业课程。除了大学开设此类课程外，荷兰生物学家联合会等社团组织也开设相关课程，但他们的主要目的是改善科学家与记者之间的沟通。

从总体上讲，发达国家专业人员对科普的认识要比我们目前的认识更丰富立体，科普方式更多样，应对措施更有效。因此，有必要继续留心他们在这一领域的新思想和新动向，择善而从。

二、科普写作能力建设是科普能力建设的重中之重

说到科普能力，很多人首先想到的是科普场馆建设。其实，一个国家、一个地区拥有多少优秀科普作家，是该国或该地区科普能力的最有力的反映，因为科普书刊的出版靠科普作家，科普影视脚本的撰写靠科普作家，科普场馆中展览的策划和解说词的撰写也离不开科普作家。因此，发达国家的科技界、教育界、科普作家团体和一些非营利机构都把科普写作能力的提高放在十分重要的位置上。

科普作家协会是专业科学传播人员相互切磋交流的平台。这里首先需要说明的是，science writing 直译过来是"科学写作"，而不一定是"科普写作"，但考虑到几乎所有科学作家（science writers）都强调写作的通俗性和可读性，加拿大科普作家协会（Canadian Science Writers' Association）干脆将自己定义为职业性科学传播者的全国联盟组织，那么，将 science writing 翻译为科普写作则更容易被中国百姓所理解和接受。全美科普作家协会（NASW）早在 1934 年就成立了，历史悠久，影响力大。除了这个国家级科普作家

协会外,美国还有一些地区级和州级的科普作家协会,前者如"新英格兰科普作家"组织,后者如哥伦比亚特区(首都华盛顿)科普作家协会。国际科普作家协会(ISWA)成立于1967年,是响应科学普及和技术传播日益国际化的趋势而问世的,其会员分布在26个国家。这个组织希望重点为本国没有科普作家协会的科普写作爱好者提供服务。

大学开设的科普写作课程是培养高水平科普写作人员的主渠道。拿英国来说,巴斯大学和格拉摩根大学各自提供了科学传播专业的科学硕士课程,昆士大学和都柏林城市大学共同提供了科学传播专业的科学硕士课程,帝国理工学院提供了科学传播和科学媒体制作两个方向的科学硕士课程。在科学传播课程中,必然少不了科普写作这门课。从2005年10月起,帝国理工学院又开设了非虚构作品创意写作硕士课程计划,该计划的初步重点就是科普写作,将请一些科普创作大师来讲课。

据美国威斯康星大学 Sharon Dunwoody 教授统计,全美国共有50家以上的大学提供科技传播课程,其中几乎都包括科普写作课。例如,美国麻省理工学院的写作与人文研究计划(面向本科生)包括四个方面:阐释与修辞;创意写作;科普写作;技术传播。他们的教师队伍中有小说家、散文作家、诗人、翻译家、传记作家、历史学家、科学家和工程师。另外,麻省理工学院还开设了科普写作专业科学硕士课程计划,为期12个月。美国威斯康星大学麦迪逊分校已经实施了十几年的"驻校科普作家计划",每学期请一位科普作家到学校来,以加强科普作家与科学家的互动,吸引更多的科学家关注和投身于科普写作。

随着时代的发展,人们认识到科普写作的技能对于个人事业发展是非常重要的。因此,科普写作课程总是很受欢迎。荷兰共有13个大学,其中8所开设了科普写作或含有科普写作内容的新闻写作课,每年有600人选修。学生普遍反映,上了这门课收获很大。授课方法以实战为主,强调多练习,这些课程的讲课时间与习作时间之比一般为1∶3。老师经常将学生的习作成功地"卖"给报纸杂志,说明学生的写作水平大有提高。过去,这些课程只能作为选修课程。荷兰政府近年来开展了科学教育的改革,改革措施之一是,从2001年起,科学传播或科学新闻也成为了主修专业课程。

非营利机构在科普写作能力建设方面大显身手。在美国新墨西哥州有一个名叫"圣菲科普写作研习班"的非营利组织,它的使命就是每年举办一次"圣菲科普写作研习班",至2006年已经是第11届。每次有40多人参加,大部分是美国学员,包括职业性的科普写作者、想转向科普创作的作家以及不同机构面向公众的科学信息宣传专员,也有少量学员来自日本、加拿大、法国、英国和肯尼亚等国家。2005年,在日本文部科学省等有关机构的资助下,日本高知大学建立了世界科普论坛,宗旨为帮助科技人员提高科普写作能力。它编辑发行了网络版科普杂志 The Hard Drive(这是双关语,硬驱本身是个计算机术语,同时又可以意味着,科普是一项艰难的事业)。另外它还打算采用编写图书、组织国际会议和研习班的形式来促进科普写作事业。2003年,日本科技记者协会会长牧野贤治教授在东京的记者俱乐部成立了一个科学新闻写作学校,为50名左右学员提供了与资深科学记者亲密接触的机会。它有点像传统的"私塾",又像欧洲的学术沙龙。他们每个月聚会两次,每期学习持续 5 个月左右。Makino 教授成立这个学校的原因是,他估计整个日本有大约 200 名科学记者和 300 名医学记者,其中多数人有科学背景,但是很少有人修习过科学新闻课程,因为当时日本的大学里没有开设这样的课程。因此,为了提高科学记者的科普写作水平,需要补上这一课。

近年来,国内注意开设"科学文化写作"、"科普写作"、"科普创作"、"科技写作"类课程的大学渐有增多,但是,这些课程的听课人数(且不谈培训效果)与全社会对科普写作专业人员的强烈需求相比,是远远不够的。我们有必要学习发达国家对科普写作的重视程度,借鉴其多条腿走路的培养途径,切实加强科普写作能力建设。

三、科普评估能力是科普能力建设的重要环节

1. 科普评估的作用

评估作为一种管理工具,具有品评鉴定、激励、导向、诊断、改进发展等多种功能。

(1)激励的功能:可促进机构努力向上,以求最佳绩效。

(2)回馈的功能:即检讨反省。评估是科普过程的一系列反馈环。评估能促进组织"省思"和学习。

(3)品评的功能:根据事实评判其绩效。

(4)改进的功能:评估的主要目的在改进。通过评估,可以了解计划或项目的优点与缺失,进而形成改进的意见和建议,使未来计划或项目的实施更趋完善、更有成效。

(5)品管的功能:评估可使产出维持一定水准,亦即对计划或项目的执行过程具有品质管制的作用。

(6)诊断的功能:通过收集资料和分析,可指出计划、项目、组织中的问题和困难,作为改进的依据。

2. 科普评估的类型

根据不同的标准,可以将评估分为多种类型。按照时间顺序,评估可分为预评估、形成性评估和总结性评估;按照评估者的来源,可分为自我评估、外部专家评估和参与式评估;按照评估内容,则至少可分为科普项目评估、科普计划评估和科普管理机构/执行机构的评估。

3. 科普效果评估

认知域:衡量受众通过科普活动学到了什么,包括对科学知识、过程、方法以及科技对社会的影响等的理解和掌握。

态度域:了解科普活动是否增进了受众的科学意识、科学兴趣和科学态度。

行为域:了解科普活动促成受众产生哪些与科学有关的行为或行为倾向。

四、建立科普评估制度,促进我国科普事业的健康发展

近年来,在政府和社会各界的重视和支持下,我国科普事业呈现出加速发展的良好局面。然而,由于多方面的原因,国家范围的科普工作长期存在着总体效率不高、责任不足、创新不昌、实效不明等问题。这些问题直接影响着我国科普事业未来的健康发展。解决这些问题,我们认为,亟需在我国建立并推行完善的科普工作评估制度。

建立科普评估制度,需要政府制订相关的政策法规去推动,而在此之前,则需要研究人员首先解决科普评估标准、框架和指标等评估工具问题。科普评估研究在国内尚没有见到具体的研究成果,我们受科技部政体司的资助正在做这方面的课题。通过一段时间的研究,我们对我国未来科普评估应取的框架和原则形成了一些看法,现概括几点供科普管理者和研究人员参考。

(1)科普评估框架的建立应以问题为取向。科普评估的重要功能在于诊断科普工作中所发生的问题、改进工作缺失和指引未来的决策或行动。因此,科普评估框架应以了解问题为取向。所谓以问题为取向,是指评估框架的建立要以解决中国科普存在的现实问题为出发点,尽可能通过该评估框架解决科普工作的主要问题。比如我国现今的科普工作还缺乏战略规划、科普项目多有低水平重复、科普专业机构普遍缺乏资金和人才、组织能力长期欠发达、效率低下、缺乏创新的动力和活力,等等。当然,我们必须清醒地认识到,评估只是解决问题的一种手段,它不可能解决所有的问题。

(2)科普评估框架应兼顾系统性和灵活性。科普评估框架的构建不能机械地拼凑,而是要尽可能具有合理的逻辑解释,同时要有充分的灵活性。根据我国科普工作的现状,我们将科普评估框架设计成3个子模块:战略规划或计划的评估、重大活动或项目的评估、组织/管理能力的评估。一方面,各子模块能够合成一个科学的系统,每一个子模块都试图从某一角度解决我国科普某一层面的问题,另一方面,各子模块之间又是相对独立的,具有不同的功能。当评估经费、时间充足时可以进行系统的评估,当评估经费不充足、时间有限时,可以进行个别模块的评估。不过,对于中央及有条件的省市的科普管理部门,我们建议3个模块的评估尽可能都做。这是因为,战略规划或计划的评估虽然可以明确科普事业的发展方向,但不能促进科普组织的绩效;项目或活动的评估虽然可以促进科普组织效率的提高,但不能保证组织的发展方向、提高组织完成使命的能力;而组织能力评估虽然可以提高组织达成使命的能力,但不能保证组织正确的发展方向。唯有进行3方面的全方位评估,才能最终保证我国科普事业的持续健康发展。

(3)评估指标要力求既全面又精简。在科普评估过程中,最关键的是设计适当的评估指标。评估指标是科普工作价值判断的重要依据,具有引导和标竿作用,能激励科普人员和机构朝着追求卓越的目标努力。对于科普评估指标体系,除了要遵循通常的目的性、科学性、可比性、系统性这四大原则之外,还要力求做到既全面又精简的原则。全面

性是相对的,因为科普现象和活动是复杂的,指标体系再周延,也无法面面俱到。精简性则是由我们有限的评估条件所决定的,因为评估工作是一项耗时、耗人、耗钱的复杂工作,指标越多,收集数据的成本越高。与发达国家相比,我国的科普经费还相对很少,未来能够投入于评估的经费会非常有限,因此,在设计评估指标体系时,应特别重视指标体系的精简型。

（4）提倡互动、参与式评估方式。所谓互动、参与式评估,就是吸收受评对象(如科普项目执行者)、利害相关人参与评估过程。以往的评估基本是自上而下的,评估者完全以一种权威的方式出现在评估对象面前,所有的主动权都掌握在评估者手里,受评对象只有被动地接受评估,没有任何的发言权。这样的评估由于忽视了受评对象的主体性,忽视了人的价值观的多元性,其结果自然难以为受评对象所接受,最终导致通过评估改进缺失的期望落空。

在科普领域提倡参与式评估,就是要打破传统的"自上而上"的评估方式,吸纳受评的科普机构、科普受众参与到评估中来,其好处体现在：① 受评机构参与评估有助于扩大评估设计的焦点及范围,降低评估中不实际、不公平等问题,提高评估工作的质量。这是因为,受评机构作为科普项目的执行者,对科普项目的情况了解全面而又深透。他们除了了解项目的现状和存在的问题外,还知道这种状况是如何形成的,了解这些问题的解决受到哪些条件的制约。这就是说,他们不仅了解存在的问题,而且了解问题的根源与症结所在。这些信息对于形成科学正确的评估结论是必不可少的。② 让科普项目的受众(比如青少年)参与评估,可以通过他们作为第三者的切身体验、从科普对象的角度反映科普项目的效果和问题。③ 科普项目五花八门,而外部评估专家不一定具备所评项目的完整知识,常常只利用自己熟知的评估工具、根据一种共同的模式来评估不同的科普项目,具体科普项目的特色较难在预定的指标体系中得到反映。要克服这一缺陷,也需要尽可能地发动受评对象、目标受众参加评估活动。④ 吸收受评对象参与评估,有助于评估结果的回馈利用。从以往实施的专家评估的情况看,受评对象对外部专家评估或担心抵触,或敷衍塞责,总认为自己工作的得失会被挖出来,从而对自身的未来发展造成影响。在这种情绪下,专家评估的结论和建议很多时候不能得到他们的真正认可和接受。科普专业机构是我国科普事业的主力军,由评估得到的改进意见,只有得到他们的支持、理解,才能得到切实的贯彻和执行。评估不是目的,而是手段,开展科普评估最终是为了改进工作,推动科普事业的健康发展。科普评估的这一目的能否达到,在很大程度上取决于各种科普执行机构是否理解评估活动,是否接受评估结论,能否在他们中间产生积极的心理效应。科普评估如果没有科普执行机构的积极参与,是很难达到预定目的的。

（5）定性与定量方法兼收并蓄。在各领域的评估实践中,评估者很多时候为求所谓的"科学客观"而过分依赖实证科学范式,表现出过度迷恋定量研究方法的倾向,这种倾向若出现在对科普评估中,会是非常有害的。这是因为,科普的对象是人,科普评估涉及许多"人"的方面,既存在可以量化的客观现象,同时也存在大量不可量化的主观现象。人的需要、人的学习兴趣、个体的经验和主观认识、个体态度、情感、观念等变化是无法进行准确量化的,因此,完全的定量研究对科普评估来说是不合适的。另外,科普活动具有很强的情景复杂性和多因素的制约性,单纯的定量分析会排除、掩盖许多有意义的信息,因此,在适度采取定量分析的同时,必须突出定性分析的作用。从我们掌握的国外科普评估案例来看,科普评估中采用定性方法明显多于定量。

定量分析依靠的是数据,而定性分析所依赖的是词语,两者相辅相成,可以使评估更为有血有肉。

(6) 科普评估重在积累经验教训,以利改进工作。传统的项目评估仅仅关注项目是否达到了预定的目标或是否产生了预期的效果,以此判断项目是成功还是失败。然而,近年来,国外评估界提出了更先进的评估理念,就是不仅要关注项目是否产生了效果,而且要分析这些效果是如何产生的,诊断项目还有哪些不足的地方,为什么存在这些不足,并提出相应的改进措施。对科普管理者来说,这样的评估无疑有价值得多,因为它能帮助项目管理和资助机构掌握已开展科普项目的经验教训,将其引介给其他科普项目执行机构,使未来的科普工作日臻完善,这对确保科普事业的持续发展是非常重要的。在此,我们有必要强调,科普评估是一种经了解、评绩效、明得失、找原因、寻改进、再发展的循环过程,科普评估能完成的最大贡献是确定科普工作需要改进的方面,提高科普工作的效果和效率。正如评估专家斯塔弗尔比姆所说,"评估最重要的意图不是证明,而是改进"。科普评估应为科普事业的可持续发展服务。

由此引伸一步,评估的目的若是为了诊断得失,以谋求改进的话,就应淡化评估的鉴定、分等功能,在评估时不应有评比打分,且将评估结果的优劣等第作为未来提供资助的依据。这种矛盾情形最易引起评估者进退失据,甚至引发评估者与受评者的争端。

总之,制度化的科普评估对确保我国科普事业的未来发展意义重大,应作为我国科普工作的一个重要组成部分,列入我国科普事业发展纲要。引进这一制度,需要科普研究者就科普评估的政策规范、组织管理方法、评估标准与指标框架等进行深入细致的研究,再通过政府支持建立专门的科普评估领导小组负责该项制度的贯彻执行。科普评估势在必行,如能真正落实,必将促进科普工作绩效的提升,加快科普组织的成长,开创我国科普事业的崭新局面。

科普内容与科普能力建设

曾国屏

清华大学

摘要：国家科普能力的建设，是一个与国情密切结合中提高的过程。这不仅包括种种科普硬件和软件的建设，特别还与科普内容的正确选择有重要关系。

关键词：科普内容，科普能力建设，科学素养，国际比较。

一、我国公民科学素质的现状及国际比较的考察

我国(指大陆地区，以下同)1990年开始引入和借鉴西方国家关于科学素养的思想和概念，借鉴其调查指标体系和方法，至今进行了6次全国性的调查。

2003年的调查结果显示，我国公众具备基本科学素养的比例为1.98%，比1996年的0.2%和2001年的1.4%有较大提高；但与发达国家20世纪90年代的水平仍有很大的差距，美国1995年具备基本科学素养的公众比例为12%，欧盟1992年为5%，加拿大1989年为4%，日本1991年为3%。

这里将我国2003年的调查结果与欧盟、美国、日本2001年的调查结果的比较中，集中于对科学观点、科学方法以及科学与社会之间关系的理解程度。

1. 对科学观点的理解程度及国际比较

如图1所示，我国公众对于科学观点的理解程度普遍低于其他国家，并且与其他国家表现出大致相同的变化趋势。事实上，在16个问题的正确回答中，我国处于最低的有11项。

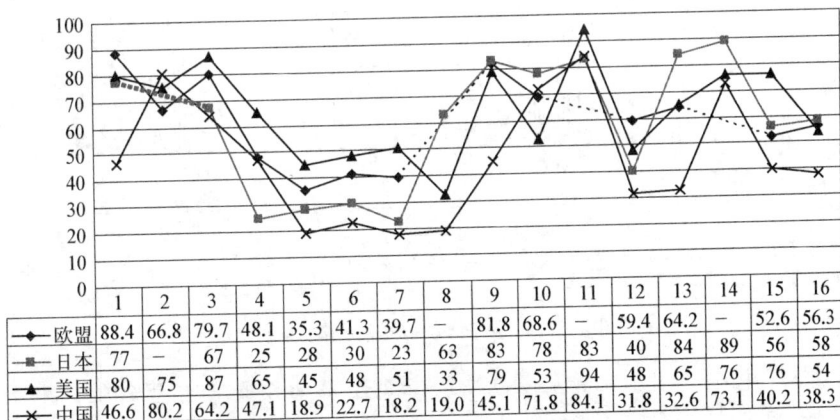

	1	2	3	4	5	6	7	8	9	10	11	12	13	14	15	16
欧盟	88.4	66.8	79.7	48.1	35.3	41.3	39.7	—	81.8	68.6	—	59.4	64.2	—	52.6	56.3
日本	77	—	67	25	28	30	23	63	83	78	83	40	84	89	56	58
美国	80	75	87	65	45	48	51	33	79	53	94	48	65	76	76	54
中国	46.6	80.2	64.2	47.1	18.9	22.7	18.2	19.0	45.1	71.8	84.1	31.8	32.6	73.1	40.2	38.3

图1 对科学观点理解程度的国际对比

备注1：1—地心的温度非常高；2—地球围绕太阳转；3—我们呼吸的氧气来源于植物；4—父亲的基因决定孩子的性别；5—激光不是靠汇聚声波而产生；6—电子比原子小；7—抗生素不能杀死病毒；8—宇宙产生于大爆炸；9—数百万年来，我们生活的大陆一直在缓慢地漂移并将继续漂移；10—就我们目前所知，人类是从早期动物进化而来；11—吸烟会导致肺癌；12—最早期的人类不与恐龙生活在同一个年代；13—含有放射性物质的牛奶经过煮沸后对人体仍然有害；14—光速比声速快；15—放射性现象并不都是人为造成的；16—地球围绕太阳转一圈的时间为一年。

备注2：《2003年中国公众科学素养调查报告》指出：从科学观点的测试题目来看，欧盟、日本和美国和国际组织成员国调查科学观点测试题目仍采用米勒的测试题目。但是，中国、美国和日本的测试题目基本一致，欧盟略有不同。欧盟的测试题目中，没有"宇宙产生于大爆炸"、"吸烟会导致肺癌"和"光比声速快"这三个题目。该调查报告中也没有提供日本的关于"地球围绕太阳转"的测试数据。图中以虚线表示相应的数据缺失。

资料来源：中国科学技术协会，中国公众科学素养调查课题小组：2003年中国公众科学素养调查报告[M].北京：科学普及出版社，2004.7.（原始资料参见：① *Science and Engineering Indicators 2002*，Volume l，National Science Board，2002，NSB02-1，US Government Printing Office，Washington，DC 20402；② *The 2001 Survey for Public Attitudes Towards and Understanding of Science & Technology in Japan*，December 2001，NISTEP RRPORT No.72，Shinji OKAMTO，Fujio NIWA，Kenya SHIMIZU，Toshio SUGIMAN，National Institute of Science and Technology Policy；③ EUROBAROMETER55.2，Europeans，Science and Technology，December 2001，the European Opinion Research Group EEIG，European Coordination Office.）

在这种普遍性和相似性之下，我国公众能正确回答问题最高的有1项（第2题），次高的有两项（第10、11题）。另外两项的正确率也不算太低。这是为什么？

2. 对科学方法的理解程度及国际比较

在对科学方法的理解程度上，美国和欧盟以及我国都表现出同样的特性，对"概率"的理解比例高于对"对比试验"的理解比例，日本例外。

但是，就我国来看，公众对"对比试验"理解的比例远低于其它国家，而对"概率"理解比例接近于日本而低于欧盟和美国，但差距不及"对比试验"明显（如图2所示）。这也是值得我们注意和思考的。

对科学方法理解程度的国际比较

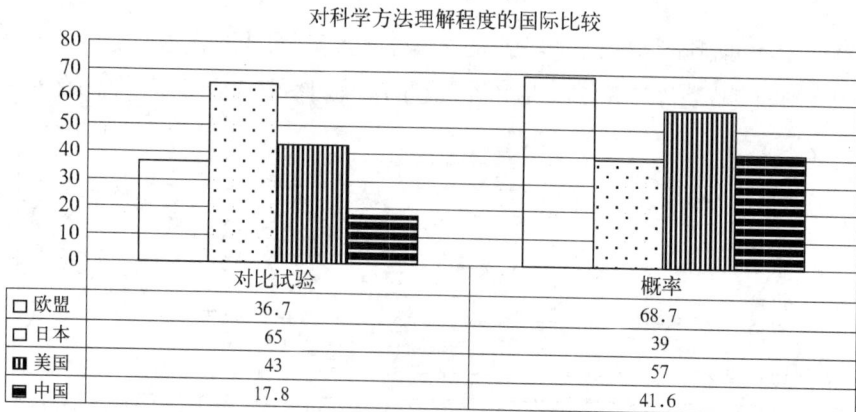

	对比试验	概率
□ 欧盟	36.7	68.7
□ 日本	65	39
▥ 美国	43	57
▤ 中国	17.8	41.6

图2 对科学方法理解程度的国际比较

资料来源：中国科学技术协会中国公众科学素养调查课题小组编.2003年中国公众科学素养调查报告[M].北京：科学普及出版社，2004，p7

3. 对科学与社会之间关系的理解程度及国际比较

所谓的对科学与社会之间关系的理解,各国实际上测量的都是公众对伪科学和迷信的认知程度。由于各个国家对于这个问题的理解不同,测试的方法也不一样,因此也难以进行国际间比较。

但就调查的结果来看,我国公众的迷信程度较高。有 26.6 % 的人相信"相面"、22.3 % 的人相信"周公解梦"、20.4 % 的人相信"求签"、14.7 % 的人相信"星座预测"、4.8 % 的人相信"蝶仙或笔仙"。

对科学技术信息感兴趣程度的国际比较（%）

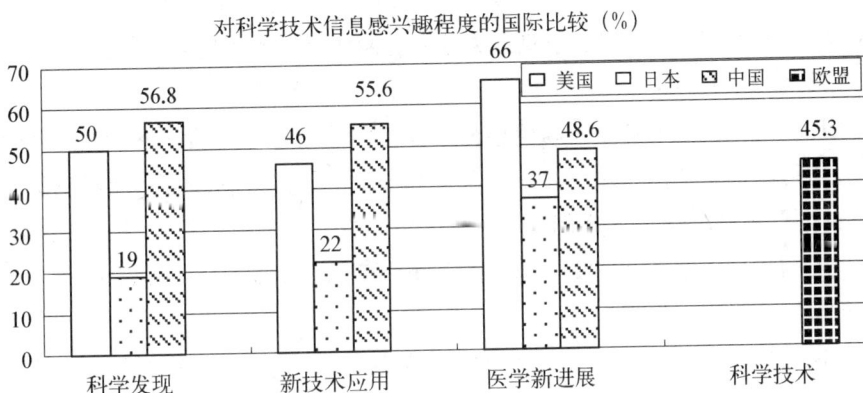

图3 公众对科学技术信息感兴趣程度的国际比较

数据来源:中国科学技术协会,中国公众科学素养调查课题小组:2003 年中国公众科学素养调查报告[M].北京:科学普及出版社,2004,p57。

备注:欧盟 2001 年的调查中,将信息分为体育、文化、政治、科学技术和经济金融五个方面的信息。科学技术作为一个项目来调查的。其中,科学技术排在第三位,之前分别为体育、文化。但是在对某种科学技术进步最感兴趣的调查中,欧盟的排序依次为:医药(60.3%)、环境(51.6%)、互联网、基因技术等。美国的数据来自,NSF2002,SEI,Chapter7 - 5～7 - 8,其有关科技信息的选项为:粮食和农业问题、空间探索、国际和国外政策问题、军事和国防政策、经济问题及商业环境、新发明和技术的应用、科学新发现、地方教育问题、环境污染、新的医学发现。日本的未知。我国的信息选项为,科学新发现、新技术的应用、医学新进展、外交、国防、教育、国家经济发展、工业生产形势、农业生产形势、环境污染与治理、健康与卫生保健、体育和娱乐、生产适用技术、致富。

以上情况表明,我国公众的科学素质相对于发达国家而言,存在着较大的差距。但是,我国公众对科学技术信息却是高度感兴趣的。如图 3 所示,我国公众对科学技术信息的整体感兴趣程度高于欧盟,对科学发现以及新技术应用的感兴趣程度高于日本和美国,对医学新进展的感兴趣程度高于日本而略低于美国。

我国公众对科学技术信息的"高度感兴趣"与"低科学素质水平"之间形成了强烈反差。这种反差反映了我国公民科学素质的独特性,或地方性。我们不能简单地用中国公众的科学素质水平很低来一言以蔽之地概括我国公民科学素质的现状,值得从历史、文化水平、社会生活和社会发展状况诸方面深入分析。

二、科普内容、公民科学素质的特性与生活科学

考虑到地方性等因素，不难发现，我国公众感兴趣的、理解程度较高的科学，与科普的内容有关，表现出以下五方面的典型特性，我们将之称为"生活科学"（living science）。

1. 与生活基本需求密切关联

所谓生活科学，首先密切联系着人们有关衣食住行的生活基本需求。按照马斯诺（A. H. Maslow）需求层次理论，这是人类生存的最低层次却也是第一位的需要，是社会存在和发展的基本条件。

结合图 3 各国公众对科学技术信息感兴趣程度的比较，美国和日本公众对医学新进展的感兴趣程度远高于科学发现和新技术应用，而我国公众对医学新进展的感兴趣程度却较低。但是，我国公众对健康和卫生保健感兴趣的比例却达到了 75%。这表明，我国公众感兴趣的是日常意义上与健康相关的信息，而对于当代医学科学前沿高深复杂的进展在目前阶段还不那么关注。

图 1 的结果显示，对于与日常生活紧密相关的概念，我国公众能很好的理解。但对于远离日常生活、较多涉及到学院科学原理、与现代高科技原理相关、需要阅读较多书籍和报刊等才能了解的问题，我国公众能答对的比例就较低，如题 5、6、7、8 等；并且对某些问题的理解远远低于发达国家，如题 1、13、15。

由此表明，我国公众理解程度的较高的地方，是与生活基本需求密切相关的。当然，这种基本需求会随着生活条件和社会发展水平的转变而发展变化。

2. 强调可用性和直接感知

相对于广泛受到尊重的科学理性原则来说，生活科学突出的是一种基于感性的认识，这种认识往往建立在的可获得的、直观感知的乃至简便好用的基础之上。

2003 年的调查显示，我国公民对科学术语的了解程度达到 12.5%，对科学观点的理解达到 30%，对科学方法的理解达到 8%，对科学与社会之间关系的理解达到 46.7%。四个数据显示了我国公众对科学认知的层次性，对于能通过直观判断的科学与社会之间的关系能有较好的理解，但是深入到结合理性要素的科学术语及科学观点层次理解程度则较低，特别是在涉及科学认识的严格操作程序——科学方法上，表现出更低的理解能力。而如图 2 所示关于对比试验的理解比例远低于概率问题，更是意味深长的。

在获取信息的途径上，如图 4 所示，电视是在我国公众获取信息的首位渠道，且比例远高于美国和欧盟；其后依次为报纸、广播和亲友；因特网这一新兴渠道在我国的比

重则非常之低。显然,这里明显低表现出与可获得、直观感知乃至简便好用等因素的联系。

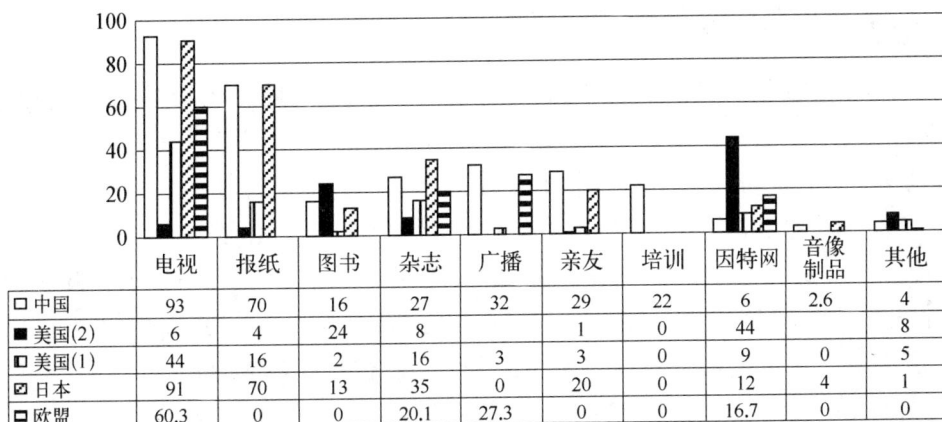

	电视	报纸	图书	杂志	广播	亲友	培训	因特网	音像制品	其他
中国	93	70	16	27	32	29	22	6	2.6	4
美国(2)	6	4	24	8		1	0	44		8
美国(1)	44	16	2	16	3	3	0	9	0	5
日本	91	70	13	35	0	20	0	12	4	1
欧盟	60.3	0	0	20.1	27.3	0	0	16.7	0	0

图 1　公众获取科学技术信息渠道的国际比较(%)

　　注:"0"代表"—",中国、日本和欧盟国家在渠道调查中为多选题,因此数据总和大于100%。美国为单选题。欧盟杂志选项为科学期刊。美国(1)指公众获得一般科学技术信息渠道的比例,美国(2)指获得详细的科学技术信息渠道(即获得进一步的科技信息倾向于采取的方式)的比例。美国的数据可以进一步从 SEI,Chapter7 - 34 获得,百分比合计不足 100%是由于回答"不知道"的未列出。欧盟的信息渠道来源选项为:TV(60.3%)、新闻报道(press,37%)、广播(radio,27.3%)、学校(22.3%)、科学杂志(20.1%)、因特网(16.7%),欧盟的原始数据来源见 eurobarometer - 154—2001 年,p13。

　　资料来源:中国科学技术协会,中国公众科学素养调查课题小组:2003 年中国公众科学素养调查报告[M].北京:科学普及出版社,2004,34

3. 与社会知识密切联系

　　这里所说的社会知识,是指人类的社会生活所涉及到的知识。社会作为许多个人的结合体,较多地涉及个人与个人之间必须遵守的共同规范或道德行为,因而社会知识可能更多地集中于人的主观世界及群体层次的知识,例如经济的、法律的、心理的、人类的、社会的、政治的等方面的知识。如果一定要从学科分类上来说的话,那么密切联系着人文和社会科学知识。

　　例如,人们在做出购物的决策时,并不一定考虑其"科学性"如何,而往往受到心理学上的"从众效应"的影响。换一种说法,公众可以不去深究某种事物或事件深层次的有关自然科学的原理知识,而只是通过社会的知识或方法就能达到预期的目的。在现实生活中,这种现象是大量存在的。

　　又如,社区科普中的"心理科普",往往是指针对社区中的弱势人群,如老年人、单亲母亲或者失业人员等所存在的心理问题进行必要的指导,帮助他们正确认识社会、战胜心理问题重拾生活的信心。这是典型的与社会知识相联系。

　　再如,许多家长和学生关心的"科学地填报高考志愿"。这里的"科学地"除了指填报志愿时需要遵循程序规范之外,更多的意指参考以往的报考和录取情况、目前的整体状

况、他人的经验、社会的评论等等各方面的知识来进行决策。这也是公众在处理日常性
社会事务的过程中注重参考社会知识的表现。

4. 将实用和工具作用置于优先

人们的现实社会生活中,往往是很"现实的",希望看到直接的效用和效果。"事实最
能说服人",就意味着实用性和工具性在科普工作中占有重要的位置。事实上,从我国公
民科学素质建设的目标来看,从早期的"改进生产、改善生活"到现阶段的"改善生活质
量,实现全面发展",都深深地体现着将实用性和工具性置于优先位置。

2003年的调查结果显示,我国公众最感兴趣的信息是致富信息,其次为健康与卫生
保健信息,再次为教育信息。很显然,这三类信息都是能带给公众可见的物质性成果的
有用信息。它们既与生活基本需求密切联系,又承载着关注实用性和工具性。

并且,在生活中,随处可见"科学健身"、"科学养生"、"科学饮食"等说法。这里的"科
学",实际上是"科学地(的)"的含义,是一种建立在朴素的功利性基础上要求实践能取得
实效的"科学的"方法。"科学"在这个意义上与"有效地(的)"、"合理地(的)"等同,即,
"科学健身"亦指"合理地健身"、"有效地健身"。这也体现在公众意识中的对于科普的实
用性和工具性。

5. 与文化传统底蕴内在相关

文化分为物质、制度以及精神三个层面,除了现实的物质水平的影响之外,传统文化
从制度和精神层面特别是精神层面深刻地影响着公民"生活科学"观念的形成。

文化的制度和精神层面主要指人类在长期的社会实践和意识活动中所形成的各种
社会规范、约定俗成的习惯定势、价值观念、审美情趣、思维方式等。在中国传统文化中,
人文精神被认为是其灵魂之所在,推崇的是个人修养、伦理纲常、社会秩序等,而近代科
学所倡导的理性批判、严格逻辑、数学方法、实验手段等基本要素则相对缺失,这必然会
影响我国公众对科学的理解与认识。

图1中,我国公众对科学观点的理解中第2题与第10题的高正确回答率,可能就与
文化传统的影响。例如,对于第2题,大家知道,中国传统文化中,关于孔子无法回答"小
儿辨日"的著名故事联系着地球与太阳的关系。对于现代中国,"太阳"数十年来在社会
生活中被赋予了特殊政治含义并如此深刻影响着人们生活的各个方面,促使了人们对于
地球围绕太阳旋转的基本认识。再例如,关于生物进化论的第10题,中国文化传统中的
无神论主导地位,近代以来与国家的兴亡"保种图强"相联系,在马克思主义哲学中作为
三大科学发现之一,如此等等,都会促使我国公民对此有较高的正确回答率。

对科学方法的理解上,也能探察到传统文化的影响。我国的传统思维模式中具象思
维由来已久,特别是在古代以来的中医、养生之中。具象思维有别于形象思维和抽象思
维,它是指以物象为媒介的思维活动,物象即感官对于事务形象的具体感知,也就是感知

觉。这种认知事物所采用的思维方式,对方法论的形成具有决定性的影响。再之,博弈的思想,也都可能是影响我国公众关于概率问题、对比试验的因素。

从公众对科学与社会的关系的理解这一维度上,更是充分体现了我国传统文化的影响。我国的传统文化中巫文化盛行,有学者认为"中国文化的源头,当从巫文化开始",而巫文化在中国古代政治中的渗透进一步导致其传播和扩散,从而促使我国迷信形式的多样化发展。这是我国公众科学素养第三个维度题项设计的直接原因,也是我国公众迷信程度较高的原因。

事实上,从科学走入生活,关注生活,到形成专门的"生活科学",已经成为了一种现实。我们不仅看到了众多的"生活与科学"这样的媒体栏目,以及各种各样的"生活科学研究中心",我们还看到了,也许,正是受我国文化传统和现实的影响,生活科学正在进入教育体制的建设中。

三、科普内容选择:生活科学与学院科学、后学院科学的结合

以上的分析和讨论,引发了对于学院科学、后学院科学以及生活科学关系的思考。同时,也引发了如何选择科普内容、促进公民科学素质建设的思考。

英国学者贝尔纳曾指出:"科学可作为(1)一种建制;(2)一种方法;(3)一种积累的知识传统;(4)一种维持或发展生产的主要要素;以及(5)构成我们的诸信仰和对宇宙和人类的诸形态的最强大势力之一。"这个概括中,包含了我们现今所称的"学院科学"和"后学院科学"(亦称产业科学)两种建制。

学院科学,"是科学最纯粹形式的原型",科学家出于好奇心、"为了追求真理和人类利益而相互信任地一起工作","为知识而知识"。学院科学处于作为知识体系的科学的核心,从事这类科学的人多是处于大学、研究中心等学院机构中的科学家们。他们远离世俗利益,享有充分的自主性,遵循一套不成文的规范自行运作。这也就是 R. K. 默顿所概括的科学精神气质——普遍主义(universalism)、公有主义(communalism)、无私利性(disinterested)、独创性(originality)和有条理的怀疑精神(organized skepticism),简记为UCDOS。

J. 齐曼注意到 20 世纪 80 年代以来科学发生着"一场悄然的革命",科学与社会政治、经济的相互作用日趋复杂,科学知识的生产日益同国家、企业的利益紧密相连,他将这种转变后的新的科学社会建制概括为后学院科学(产业科学)。在这种新型科学建制中,人们关心的是"生产力"、"创造财富"(GDP),科学家的行为规范发生了转变,齐曼将其概括为——所有者所有的(proprietary)、局部的(即地方性的,local)、权威管理的(authoritarian)、被定向的(commissioned)、作为专家的(expert),简记为 PLACE。

而生活科学,则是基于人们的现实生活的需要所形成的对科学知识的诉求、理解、获取以及运用的过程。这种知识可能是来自学院科学或者后学院科学已成体系的识见

(sense)，更可能是人们在日常生活中形成的感性的直观的有用的但是还未进入到体系层次的常识(common sense)，即经验性的认知。这里指向的是"生活质量"、"生活和谐"。如前所述，其特征是：与生活基本需求密切关联(Basic living demands)、强调可用性和直接感知(Accessibility and perception)、与社会知识密切联系(Social knowledge)、将实用和工具作用置于优先(Instrumental and Practical results)、与文化传统底蕴内在相关(Cultural tradition)。类似地，可简记为BASIC。

如果将学院科学、后学院科学以及生活科学的对象及目标进行对应的话，可以认为，学院科学对应着客观世界，独立于利益或效应，以追求学术上的建树(for learning)为旨趣；后学院科学(产业科学)对应着现实世界，与产业和经济紧密结合，以追求财富(for wealthy)为目标；生活科学则对应着生活世界，出于实用和有效性的考虑，谋求生存的福祉(for well-being)。

可见，科学技术，不仅联系着"认知"，而且联系着"生产"和"生活"。对于科学技术的理解，也就不能仅仅停留在"认知意义"上，而要深入到"生产实践"和"生活世界"之中。换言之，科学技术，要自觉地联系着国计民生。

从学理上讲，学院科学的UCDOS或后学院科学的PLACE，都只是对科学在不同时期的表现的概括。在科学建制化之前，科学就已经在孕育之中了，而孕育它的一个重要来源就是——常识，即"生活科学"所蕴含的内容。在此我们注意到，所谓的"生活科学"，已不仅仅是对于现实状态的概括，也是对于科学基本来源的一种探索。换言之，生活科学既联系着现实的直接的感受，又蕴含着对于科学究竟是什么的追问。

爱因斯坦指出，科学"只不过是我们的日常思维的精致化"，也就是说，科学起源于对常识的批判和提升。当代的批判常识主义(critical common-sensism)指出，从本质上说，科学的证据类似于与日常的经验判断相关的证据，科学调查和最平常的日常经验调查是相通相连的；并且，科学使得日常探究的那些程序得到强化和精致化，例如，汽车技工、水暖工、厨师以及科学家，都使试验得到控制，但是，科学已经提炼和发展出更为复杂精妙的试验控制技术。

相对于常识来说，科学知识具有更强的系统性。常识是零散的、零乱的，首尾可能不一致的。而科学知识则内在的要求它必须是系统化的、内部是逻辑自洽的。可以认为，消除常识的不自洽和整合其零散性的活动推动了科学的产生和进步，由此科学完成了从常识到知识的提升。或者，换一种说法，基于常识，以科学的方法如推理、论证、解释等对其进行甄别、提炼、存真祛伪，逐渐达到理论的程度，是完成从常识到知识提升的有效途径。并且，常识动态变化的，也是可错的，在进化的过程中达到更深刻的真理性认识，都是科学得以形成的过程。

在此意义上，从常识到知识，是一个提升的过程。从生活科学到学院科学、后学院科学，也是一个提升的过程。结合公民科学素质建设，就是对科学的认识、理解及运用水平的提升过程。对于后发国家来说，对此特别要加以重视，立足现实并关注前沿，注重常识并结合学术,是促进公民科学素质提高的一条有效途径。

从发达国家来看,美国公民科学素质建设的"2061计划",其立足点就是中小学的科学素质教育。《科学素养的基准》将《面向全体美国人的科学》中提出的科学素质目标转化为具体的学习目标,并直接影响了美国《国家科学教育标准》的制定。加拿大"国家K-12科学学习成果共同框架"也是以科学教育作为提高公民科学素质的主要方法。强调学院科学的正规教育作为公民科学素质建设的主渠道已经在世界各国得到了认同,尤其在发达国家已展开了有力的实践。

作为发展中国家,印度的《大众基础科学》强调:(1)特定科学原理和事实所要求的知识,(2)科学方法的内在化应用,以及(3)继续学习所要求的能力。并主要是通过解决五大类与公众生活和工作关系密切的问题来体现的:健康及其相关问题、环境及其相关问题、测量及其它多种问题、农业科学与技术、用于城市和城市化人口的技术。印度的标准是从最低限度的要求进行讨论的,认为每个公民都需要具备最低限度的、基本的科学技术知识,以及对科学方法有操作性、实践性的熟悉和理解。这些,很大程度上就是本文所说的"生活科学"知识。

对于后发国家,以正规教育为主渠道传播已成体系的"学院科学"知识的同时,以非正规教育渠道传播"生活科学"知识显得尤有必要。对于大多数公众来说,他们更关心的是与现实需求相关的知识的实际应用及其影响后果,而非高深的、远离人们现实生活的尖端科技和知识本身。可见,为了更有效地通过科普能力建设、提高公民科学素质,既需要重视"学院科学"的深刻性,更要结合现实及生活所需要的"后学院科学"和"生活科学"来进行,从而全面地而有效地引导公众理解科学、运用科学。

这也是科普能力的建设所需要重视的,能力是联系着内容的。毕竟,人们的现实生活中,既要追求事物的真相,要大力发展生产力,同时要追求健康幸福。从根本上来说,这三个方面并不是截然对立的,但侧重面有所不同,只有把几个方面有机地结合起来,这样才能更好地促进科普能力和公民科学素质的提高。

整合资源，创新方式，打造品牌
推动广西科普事业蓬勃发展

陈大克

广西壮族自治区科技厅

摘要： 广西是欠发达后发展地区，创新型广西建设对开展科普工作提出了新的更高的要求。广西自治区结合实际，围绕科普重点人群，整合资源，创新方式，打造品牌，扎实推进广西科普事业发展，提出了今后广西科普工作的努力方向。

关键词： 广西，科普，特点，对策。

科学技术普及在经济和社会发展中有着独特的重要作用。加强国家科普能力建设是建设创新型国家的一项重大战略任务，是提高公民科学素质、增强自主创新能力的重要基础，是推进创新型国家建设的重要保障。当今，科学技术发展日新月异，为赢得竞争优势，世界各国在争夺创新人才的同时，不断推出新的战略和举措，致力于普及和提高全体公民的科学文化素质，以增强国家竞争实力。广西作为欠发达后发展地区，开展创新型广西建设，既要依靠广大科技工作者的不懈努力，也要有赖于公众对科学技术的理解、支持和应用，既要加强科普能力建设，也要创新科普工作的方式。当前，在中国，尤其在广西这样欠发达西部省区，如何才能更好更快更有效普及科学技术知识，提高公众科学文化素质，是摆在我们面前的重大课题。

一、广西科普工作主要特点

近年来，广西科普工作在科技部的指导下，在自治区党委、政府的高度重视和正确领导下，积极探索、勇于创新、整合资源、发挥优势、突出特色、创新方式，有效地推动了广西科普工作的健康发展。总的来说，广西科普工作呈现以下几个特点：

一是坚持政府主导。科普工作是政府工作的主要职能之一，是科技工作的一项重要内容，是一项公益性的活动。在这样的定位下，政府的主导作用显得十分重要。多年来，自治区党委、政府高度重视科普事业的发展，把科普作为实施科教兴桂战略和可持续发展战略，提高全民科学素质、提高自主创新能力的重要措施。在自治区党委、政府的统一领导下，充分发挥联席会议制度作用，统筹协调广西科普工作。区、市、县三级建立了科普工作联席会议制度，由科技、科协等相关部门参加。每年由自治区政府或分管副主席召集科普工作联席会议，专题研究部署科普工作。广西自治区科普工作联席会议自1996年建立以来，成员单位发展到15个。全自治区14个地级市、98.6%的县（市）、城区建立了科普工作联席会议制度。在政策法规制订上，广西先后制订出台了《关于加强广西科普宣传工作的意见》、《广西"十五"科普工作纲要》、《广西科普教育大纲》、《广西科技素质提高计划》、《广西农村科技培训教育工程》、《广西科普条例》等政策法规文件，这些政策法规，从宏观上指导和规划了全区的科普工作。在经费的投入上，广西财政将科普投入列入预算，并逐年提高。2008年广西各级财政对科普的年投入4 500万元，多渠道科普投入达1亿多元，初步形成了政府投入、社会各界、企业投入的多元化多渠道格局。

二是以人为本。科普对象是全社会人群，渗透到社会的方方面面。针对不同的人群，有着不同的科普手段和特点，普及的内容就更要突出针对性。近年来，广西本着以人为本的理念开展科普工作，使科普工作走上经常化、群众化、多样化的道路。早在90年代初广西就提出并坚持"高科技、高起点，新思想、新形式，实用、实效"的科普工作原则，用新思想指导科普工作，科普工作的形式和内容注重体现高科技、高起点，注意常用技术与高新科技、普及与提高相结合，科普工作力求贴近生产、贴近工作、贴近生活、贴近大众，体现实用、实效，面向不同群体有针对性有重点的开展科普活动。

面向农民，广西各级宣传、科技、农业、科协以及各有关部门单位积极组织"乡土情深三下乡"、"科技服务县域经济专项行动"、"百场三下乡"、"植保进农家"、"科普大蓬车"、"广西农业科技大集"等活动，每年参加科技下乡的专家和科技人员2万多人次，培训农村技术骨干和农民专业户400万人次，较好地提高了广大农民的科技素质和文化素质，促进了农村经济的发展。

面向领导干部，广西定期组织"广西领导干部时代前沿知识讲座"。自2001年以来，已举办了52期，培训地厅级领导干部3.1万人次，有效地提高了领导干部的科技素质。

面向企业职工，广西各地职工技协积极组织开展技术攻关、技术革新、发明创造、技术推广、技能大赛等活动，促进了职工技能水平的提高和学习钻研科学技术的热情。每年举办全区职工技能大赛活动。

面向青少年，广西每年利用两次科技活动周组织开展"电脑制作"、"争当环境小卫士"、"青少年科技创新大赛"、"明天小小科学家"、"青少年网络作品创意大赛"、"小小发明家"明日科技之星、"爱科学月"等多种形式的活动，每年有200万中小学生参与社会实践和科普教育活动，极大地提高了广西青少年学科学、爱科学、创新科技的热情。

三是注重载体。当今世界，社会每前进一步都离不开科学技术的引领和支撑，科学技术已经渗透到社会发展的方方面面。科普工作应渗透到人类社会的每一项工作中去，我们人类的每一项工作都应包含科学普及方面的内容。科学的发现、技术的普及都有一个累积的过程，这个过程由于传播空间和技术手段的限制，科学技术不可能及时普及到每一个人，而科普工作者就是要举办科普活动去推动科学技术的普及和传播，宣传科技知识，这些活动就是载体。科学普及有了一个好的活动载体，就有了一个好的科学普及的途径,科技传播就事倍功半。近年来,广西组织开展了系列形式多样、主题鲜明的重大科普活动,科普活动形成品牌效应,成为广西科普活动的有效载体,对扩大科普活动的影响力,吸引广大民众参与,营造科普氛围,推进科普事业发展有着重要意义。如"广西科技活动周"、"全国科技活动周广西活动"、"乡土情深三下乡"、"十月科普大行动"、"全国科普日"、"科技服务县域经济专项行动"、"八桂先锋行科技进村入户大行动"、"农村科技引领先锋行"、"广西科技大集"、"科普大蓬车"、"科普虚拟展"、"科技下乡服务团"、"农业科技乡村行"、"科技歌圩"等等。从1992年起,自治区党委、政府决定,每年第一个月第一周举办广西科技活动周,形成"第一把手抓第一生产力"的良好氛围。广西已连续举办了18届广西科技活动周,坚持一年一个主题,内容包括科技表彰、科技展示、科学普及三个内容,宣传科学思想,传播科学知识,普及科学技术,在广西及全国产生了很大影响,成为了广西的科技节日。全国科技活动周广西活动已成功举办八届,每届广西都办出了声势,办出了特色,办出了实效,从自治区到地市县乡镇,累计组织开展了3 000多项群众性科技活动,参加活动群众累计达4 500多万人次。双休日博士、教授科普讲座从1998年5月开讲至今,每月一期,已成功举办了299期,听众达10.09万人次,从首府到各地市,从城市到农村,从未间断,不断拓展,越办越好,成为了广西科普知名讲座。广西十月科普大行动从1997年起,面向广大公众普及科学知识,倡导健康生活方式,成为了一项植入社会深受公众喜爱并积极参与的公益品牌活动。这些活动都成为了广西品牌科普活动,有效地提高了科普活动效果与质量,扩大了广西科普活动的影响。

四是基地建设。科普工作要有宣传的平台、展示的基地。长期以来,广西坚持以科普场馆、科普教育基地、活动中心等科普阵地建设为重点,以试点示范为先导,逐步形成了布局合理、管理科学、运行规范、符合需求的科普设施体系,有效地推动了广西科普能力建设。在基地建设上主要体现在两个方面:一是整合现有高校、科研院所的科普淘汰,不断挖掘开展科普推广的潜力,把高校、科研院所的科普资源推向社会。二是加大科普投入,强化政府对科普投入的主导地位。2008年自治区党委、政府投资2.5亿元新建成的广西科技馆,成为了广西科普教育的龙头和展示文化广西的窗口,成为了中国(广西)与东盟各国开展科技文化交流、科普活动和青少年科技教育活动的重要平台。广西各有关部门支持建设的科普示范基地、青少年科普教育基地、科普示范县(市、区)、科普示范村、科普示范户以及广西科技信息网、广西科普网络等为全自治区科普工作的开展起到了较好的示范和推动作用,并带动了全自治区科普各项工作的全面推进。

五是以科普促科技。研究开发和科学普及是科技工作的"两条腿"。科技只讲研究,不讲科学普及,不讲应用推广,就体现不出科技是第一生产力,体现不出科技的引领和支撑作用。因此,我们在重视科技工作中必须重视科普工作。只有科普工作做好了,研究开发才有市场,才有出路,才有方向。一直以来,广西把科普工作作为科技工作的重要内容,统一安排,统筹考虑。从1999年开始,自治区党委、政府组织实施的三年一轮的科技创新计划,提出了广西科技素质提高专项计划,设立和开展科普专项行动。同时,把科普软课题研究列入年度科技开发项目。几年来,组织实施了"1115"科普示范工程、"广西农村科技创新科普示范基地建设"、"科普示范村建设技术与示范"、"城镇社区科普示范基地建设"、"科技下乡运行机制研究"、"广西三农科技服务网建设"等一批项目,还开展了"八桂先锋行"科技进村入户大行动;科技"1+1+1"结对帮扶活动,在全自治区各地以试验示范形式,探索创建农村科技创新科普示范基地、建立新时期城镇社区科普工作机制及开发建设科普信息服务管理平台,实现科普资源共享等等。这些项目的实施,取得了很好的效果,如广西三农科技服务网已建成了由 51 个县级、402 个乡(镇)级、162 个重点示范村 5 级信息服务站、80 个专家和 8 193 个农村信息员组成的覆盖面大的"三农"科技信息服务体系,服务用户达 900 万人(次),大幅提高了农村信息化水平;编辑出版了《农村科普系列丛书》及一批科普声像作品,为新形势条件下广西科普工作的发展提供了理论和实践的依据和经验。

二、下一步工作打算

随着创新型国家战略的提出,公众对科普需求大幅增加,提升公众科学素质的任务更加艰巨,科普能力建设薄弱的问题更为突出。广西与全国一样,面临着如何在新形势下加强科普能力建设,促进科普事业又好又快发展的问题。近年来,广西科普能力建设与科普工作虽然取得了较大成绩,但还存在着科普工作发展不平衡;科普场所、设施和手段落后;科普投入不足;科普人才缺乏;科普创作能力不强等诸多的问题和困难。党的十七大报告对科技工作提出了新的更高的要求,"全面实现小康的目标"要使"科技对经济发展的贡献率要明显提高","到 2020 年迈进创新型国家行列";提出"提高自主创新能力,建设创新型国家"是"国家发展战略的核心,是提高综合国力的关键",要"弘扬科学精神,普及科学知识"。特别从去年的经济危机看,从中央到地方,各行各业都重视科技的支撑,依靠科技走出危机。科普工作在新的形势、新的背景下任重道远。从广西的实际出发,下一步科普工作的思路是:"加强建设,完善机制,不断创新,开放合作"。

(一)加强建设。包括科普基地的建设、传播渠道的建设和科普工作队伍的建设。

1. 推进科普基础设施体系建设。近年来,我区的科普基础设施建设虽然取得了一定的成绩,但与区域科普能力提升的需要之间的差距还很大。为了进一步夯实基础,我区将科普基础设施建设纳入广西经济和社会发展总体规划,着力实施"五个 2"工程和科普信息化建设,即在五年内全区新创建自治区级青少年科技教育基地 200 个;新创建自治区级先进适用技术示范基地 200 个;新创建综合性科普场馆 20 个、专题性科普场所 20 个;新创建网络化、数字化的科普公共服务平台 2 个。并充分挖掘和利用现代技术手段,开展数字化科普建设,利用音频、视频等技术及实物模型,打造视、听、感三位一体的科技体验;积极探索新型科普传播方式,在主要城市设置 LED 电子屏幕,推动公共场所科普传播设施的现代化、科技化。

2. 推进科普组织网络及传播体系建设。继续加强各级科普组织建设,积极探索科普工作联席会议的长效制度,以基层科普组织网络建设为抓手,以广西科技信息网、科普网、广西"三农"科技信息服务网和农技"110"服务站建设为手段,推动全自治区内街道办事处、乡镇人民政府组建科协,行政村建科普小组,基层发展农村专业技术协会。依托广西"三农"科技信息服务网和农技"110"服务站,将"三农"信息服务节点、乡镇农村信息服务站、农技"110"服务站设为科普工作室(站),服务节点和服务站的人员作为科普宣传员,从而形成覆盖面更广的基层科普组织网络,推动科普工作深入开展。同时,多元化促进科普传播体系建设,鼓励综合类报纸、期刊和电视、广播、互联网、三G手机等大众媒体的科技传播作用,培育扶持若干富有特色的、高水平的,对网民有较强吸引力的科普网站或栏目。广西将重点利用广西科技信息网覆盖面广面向农村的优势,多制作通俗易懂科普视讯宣传片,宣传科学技术知识,同时,研究开发网络科普的新技术和新形式,开辟具有实时、动态、交互等特点的网络科普新途径,开发一批内容健康、形式活泼的科普教育软件,以惠及广西人民群众。

3. 推进科普人才队伍体系建设。加强科普人才队伍建设,既是实施人才强桂战略的重要内容,又是提升科普能力的直接推动力。根据科普人才现状,大力推动科普人才工作体制和机制创新,营造有利于人才辈出的良好环境。在专职队伍建设方面,培养一批科普领军人物、科普首席专家、科普工作技术骨干人才,建设一批广西科普专业人才数据库,为科普事业发展提供人才保障;在兼职队伍建设方面,加快培养和发展以各级各类科技辅导员、宣传员为重点的兼职科普队伍,组建教育、科技、文化、卫生、宣传等五大行业科普志愿者队伍,不断发展和壮大科普兼职队伍,为开展科普活动注入新的活力。形成专兼职结合的科普管理、科普研究、科普传播、科普创作、科普产业开发的科普人才队伍。

(二) 完善机制。完善"政府主导,多元投入,市场运行"的机制。今后我区将继续从以下三个方面来强化科普机制建设。一是强化政府科普投入的主导地位,充分履行职能,从政策引导、体制机制上指导好科普工作。二是建立多元化的科普投入机制。以政府投入为主体,积极引导企业、社会团体、事业单位和个人,以引进新品种、新技术,设立科普基金、捐赠财产等多种形式支持资助科普事业。并建立完善的科普投入约束监督机制和科普效益评价指标体系,控制好科普投入的方向性和目标性,提高科普投入的效率。三是建立科普竞争、评估、激励机制,通过以项目招标的形式引入竞争机制,提高科普资金利用率;通过建立项目评估制度,提高科普项目实施成效;通过建立表彰与奖励机制,激励科普研究、科普创作和科普传播,推动科普工作发展。四是建立与市场经济体制相适应的科普运行机制,以公众的需求为科普工作的导向,充分发挥市场机制在资源配置上的作用,强化科普投入与产出,实现经济效益与科学普及"双丰收"

(三) 不断创新。一是科普作品创新。加强政策引导,建立有效激励机制,出台激励科普创作的政策措施,对优秀科普作品将给予支持和奖励,推动全社会参与科普作品创作。建立科普创作专项资金，引导文学、艺术、教育、传媒等社会各方面的力量积极投身科普创作，鼓励科研机构、大学、企业等社会力量开展科普展品和教具的基础性、原创性的科普教具的设计和研究开发，鼓励科研人员将有条件的科研成果转化为科普作品。引进现代营销模式与先进编创技术，拓展科普出版物的发行渠道，大力扶持科普出版物的发行工作。二是科普载体、科普内容创新。要与时俱进，采用市场机制与政府支持相结合的手段，多渠道推出一批科普精品专题栏目、品牌栏目。三是科普方式方法要创新。创新科普传播渠道、手段和方法，让更多的科学技术惠及广大人民群众。

（四）开放合作。树立合作的理念，加强与国内外建立起多方位、多层次的交流合作关系，研究学习国外和国内各省的科普工作经验、合作开展多学科交叉融合的科普理论研究，创新科普活动形式、模式，提高科普工作广度和深度。实施"走出去，请进来"方法，加强科普培训与交流活动。积极参与"泛珠三角经济区"等方面的科技协作，构建区域科普资源互补、联动发展的新格局。组织开展服务于中国—东盟博览会的科技专项行动中，与东盟国家建立科普交流渠道，探索科普工作国际化的新路子。

加强科普能力建设意义重大、责任重大。各级政府和社会各界对科普能力建设的高度重视是对广西科普能力建设工作的鼓励和鞭策。广西将以此为契机，进一步加快推进广西科普能力建设，加快广西科普事业的发展，为推动创新型广西、创新型国家建设作出新贡献。

科技人员科普能力建设研究

莫 扬 刘 佳

中国科学院研究生院

摘要： 科研发明工作是科普工作的源头,技术推广是科普工作的一部分,科技资源中有丰富而宝贵的潜在科普资源,科技人员参与到科普工作中去,与职业化科普管理人员、科技记者编辑、科普策划及设计人员合作,不仅能提高科普人才队伍的层次和专业性,更将大大增强科普工作的创新性和活力。

关键词： 科普,能力建设,科技人员。

一、科技人员科普能力建设的必要性

1. 科技人员应该积极参与科普

(1) 参与科普是科技界的社会责任。《科普法》规定:"科普是全社会的共同任务。社会各界都应当组织参加各类科普活动。""科学研究和技术开发机构、高等院校、自然科学和社会科学类社会团体,应当组织和支持科学技术工作者和教师开展科普活动,鼓励其结合本职工作进行科普宣传。"

(2) 科技人员是科普的重要力量。科研发明工作是科普工作的源头,技术推广是科普工作的一部分,科技资源中有丰富而宝贵的潜在科普资源,科技人员参与到科普工作中去,与职业化科普管理人员、科技记者编辑、科普策划及设计人员合作,不仅能提高科普人才队伍的层次和专业性,更将大大增强科普工作的创新性和活力。

2. 科技人员需要加强科普能力

(1) 科普工作性质及素质要求科技人员加强科普能力。科普具有公益性、社会性、专业性、时代性,科普工作的性质和特点决定了其素质要求。参与科普工作者要有自觉奉献公益的精神,其工作的主要驱动力不是物质利益;科普工作要把科学精神、科学思想、科学方法、科学知识用通俗易懂、容易接受的方式,通过一定的渠道和形式,向社会公众进行传播,科普工作的内容创作与传播等需要专业知识、专业方法、专业技能,还要求具有跨学科复合型知识和能力;同时,科技人员是以兼职或志愿者身份参与科普的,往往需要与其他科普专兼职人员合作,应具备良好的沟通合作、协调工作能力。

因此,要投身科普,实现有效的科技传播,科技人员仅有科技方面的专业知识是不够的,还需要科普专业方面的素质及技能。

（2）科技人员科普能力建设内涵。根据《科普法》及《关于加强国家科普能力建设的若干意见》，本文关于科技人员的界定是个行业部门的科研和技术开发机构、自然科学和社会科学类社会团体、企事业单位等的科技工作者。科技人员是以兼职或志愿者的身份参与科普活动的，科技人员科普能力表现为科技人员向公众提供科普产品和服务的综合实力。科技人员科普能力建设主要包括动员激励科技人员投入参与科普工作，提高科技人员科普专业素质及能力，等等。

二、我国科技人员科普能力现状分析

1. 科技人员参与科普概况

（1）总量持续增长。至今，国内还没有对科技人员参与科普进行专门的、全面系统的量化统计，本文关于参与科普的科技人员数量、投入工作量等情况分析，参考了两方面的调查统计，一是科技部自2005年开展的两年一次的中国科普统计，该统计调查了科技相关部门以科技人员及行政人员为主的兼职科普工作者规模（国防部门的统计数据为2008年新加入，见表1），二是中科院公众科学日的有关情况调查数据（见表2），2005年正式启动的"中国科学院公众科学日活动"是中科院系统每年一度最重要的科普活动。分析表1表2数据，我们认为，近年来科技人员参与科普活动总体数量持续增长。

表1　8个主要科技部门兼职科普人员数量(数据来源：科技部《中国科普统计报告》)

部　门	2004 年/人	2006 年/人	2008 年/人
农业部门	83 921	135 531	156 939
卫生部门	67 582	124 592	174 597
环保部门	8 711	13 223	15 598
林业部门	35 956	49 708	68 210
中科院	1 771	1 925	3 134
地震部门	2 002	5 895	8 417
气象部门	8 725	12 079	17 365
国防部门			512

表2　中科院公众科学日活动数据(数据来源：中科院科学传播办公室)

年	开放研究院所(个)	讲座(次)	一线科学家(个)	专兼职科普人员(个)	科普志愿者(个)	院士(个)
2005	58	0	100	500	300	21
2006	76	0	600	500	1 000	24
2007	83	128	700	552	1 874	26
2008	91	200	750	621	2 000	32
2009	91	205	950	1 000	2 500	30

（2）科技人员参与科普的主要方式。从调研中我们了解到，科技人员参与科普的方式主要是与活动专兼职组织者、传媒及教育工作者合作，参与科普活动、承担科普讲座、科普传媒内容策划创作等。主要形式除了传统的科普讲座、科普图书创作、报刊科普写作、制作展板及展品等外，还有一些不断创新的形式，如，科普电视节目策划制作、网络科普内容制作（包括博客中科普文章写作）、移动通讯科普内容制作等。

2. 中科院科技人员开展科普活动案例分析

2009年5月至9月期间，笔者对中科院系统内包括高能物理所、国家天文台、西双版纳植物园等26家科研院所及90余位科普工作负责人进行了基于深度访谈和问卷形式的调研。

（1）科技人员投入科普的最主要推动力是政策制度。从调研中，我们了解到，政策制度是目前我国科技人员投入科普的最主要推动力。

为了贯彻落实《国家中长期科学和技术发展规划纲要》、《全民科学素质行动计划纲要》，推进科研机构和大学开展科普活动，2004年9月1日，科技部下发了《关于开展国家重点实验室公众开放活动的通知》，2006年11月30日，科技部、中宣部等7部委联合发布的《关于科研机构和大学向社会开放开展科普活动的若干意见》，2008年8月科学技术部、财政部发布《国家重点实验室建设与运行管理办法》，在一系列政策推动下，公众科学日已经形成中科院科研院所最重要的制度化的科普活动，调动了越来越多科技人员投入到科普活动中去。

（2）缺少科普专业交流和培训成为主要困难。从问卷调查中关于"您所在单位向社会开放过程中遇到的主要困难是什么?"的答复的统计发现，受访者提出的困难集中在8个问题上，"缺少同行交流和培训"仅排"科普经费不足"之后成为选项排位第二的主要困难（参见图1）。

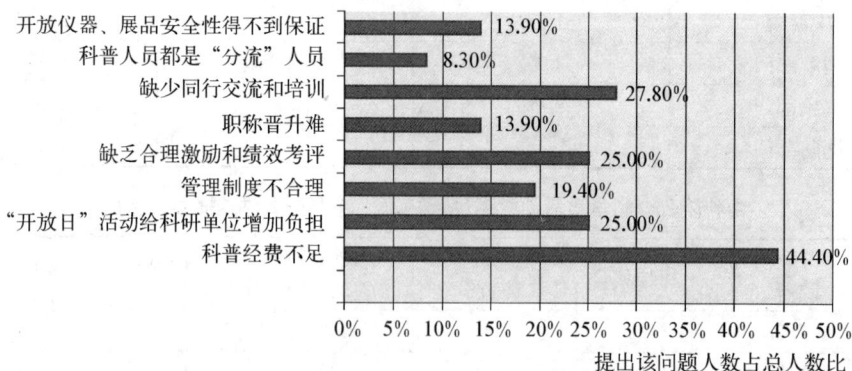

图1 针对中科院问卷调查关于"您所在单位向社会开放过程中遇到的主要困难是什么"

在访谈中，我们还了解到，虽然中科院系统专兼职科普工作者学历较高，但在科普组织管理及大众传播技能方面普遍没有受到过专门培训和教育，科普专业能力并不强。而中科院以往针对科技人员的科普培训明显不足,科普专业培训至今也没有资金保障。

3. 科技人员科普能力建设存在的突出问题分析

(1) 科技人员参与科普缺乏科学的评价及激励。

科技人员投入科普工作在国家政策方向上是被鼓励和支持的,但长期以来,科普工作在大部分科研单位没有科学的评价体系,科普工作的评价往往是追求规模而忽视效果。而在大部分科研机构,科普成果还是被排斥在职称评定、任用提拔考察指标之外,严重影响科技人员参与科普工作的积极性。

(2) 科技人员实际投入科普工作量相对较小。

从 2004 年至 2008 年,各部门科普兼职人员人均年度实际投入工作量不断减少,而以环保、气象、地震和中科院所属部门为代表的高科技人才密集部门,科普兼职人员人均年度实际投入工作量大多都不足各部门的平均值。以 2008 年为例,环保部门科普兼职人员人均年度实际投入工作量为 1.47 个月,气象部门为 0.96 个月,地震部门为 0.95 个月,中科院所属部门为 1.39 个月,而各部门的平均值为 1.30 个月。

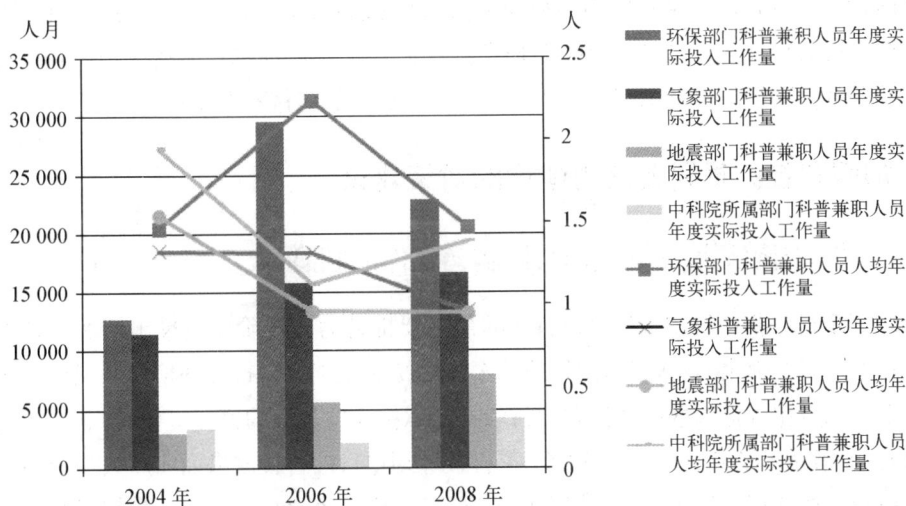

图2　8个主要科技部门兼职科普人员年度实际投入工作量(数据来源: 科技部《中国科普统计报告》)

(3) 能力建设经费投入少且无保障。目前我国科研机构的科普经费主要用于科普活动的组织、科普场馆的基建及运行、行政支出等。

根据中国科普统计,科普人才培养并没有明确、稳定的经费投入,人才培养的经费包含在上述四种支出方式的"其他支出"之中。到 2008 年,其他支出在科普经费使用额的构成中的比例为 8.9%。但其中人才培养的经费并没有单独列出,其数额和比例不得而知。在资助性科普项目中,也极少有人才培养方面的项目。

(4) 科技人员普遍缺乏科普专业技能培训。根据对包括科研机构在内的科普基地及中科院的调研,以科研为主业的机构大多没有以本单位为主体对参与科普的科技人员

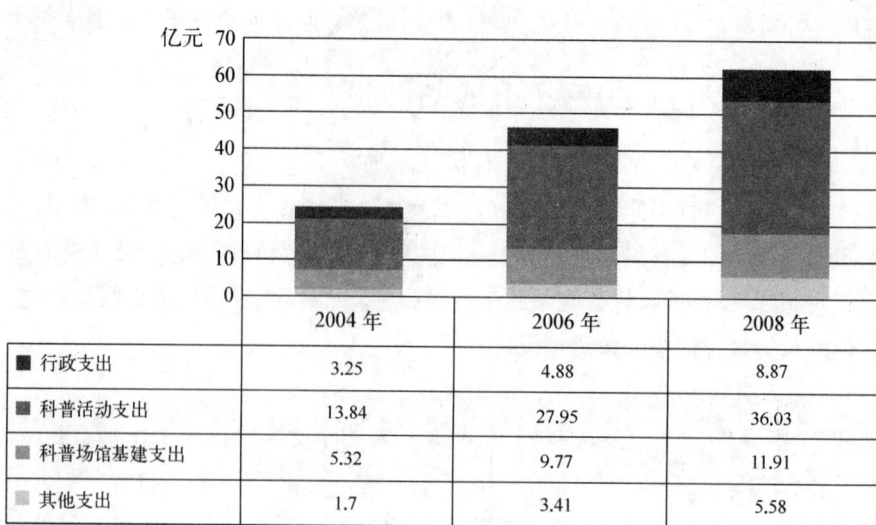

亿元	2004 年	2006 年	2008 年
行政支出	3.25	4.88	8.87
科普活动支出	13.84	27.95	36.03
科普场馆基建支出	5.32	9.77	11.91
其他支出	1.7	3.41	5.58

图3　2004年、2006年、2008年我国科普经费使用额(数据来源：科技部《中国科普统计报告》)

进行系统专业的培训。而目前国内又缺乏跨行业、跨系统的针对科普兼职人员及志愿者的培训，因此，绝大多数科研机构的科技人员没有机会参加系统专业的科普培训学习。我国现阶段对科技人员科普专业技能培训活动数量少、覆盖面窄、形式单一，内容肤浅，主要是科普活动前的讲解示范技巧、专业知识、展板展品制作基本要求。

三、加强科技人员科普能力建设的对策建议

1. 建立国家科技计划项目开展科普工作的制度

政策是目前我国科技人员投入科普的最主要推动力。现阶段应推出切实有效的动员性政策。我们提出的建议是，由科技部牵头尽快建立国家科技计划项目开展科普工作的制度。制度化规范国家科技计划项目承担者承担面向社会的科普责任，将非涉密的基础研究、前沿技术及其它公众关注的国家科技计划项目的科技成果面向广大公众传播与扩散作为科技计划项目实施的目标和任务之一，规定国家科技计划项目承担者必须运用一定比例的经费开展科普工作。

国家层面的科研项目开展科普工作，一方面，充分发挥国家科技计划项目的社会作用，将最新的科研成果全面惠及公众，另一方面，带动国家科技计划项目承担单位(团队)中部分相关科研人员投入科普工作的资源开发、传播活动中去，引导动员了前沿的、高层次的科研人才参与科普，不仅壮大了科普人员队伍，更加强了高层次科普人才的实力，带动科普工作与时俱进。

2. 科技人员职称评定中认可科普创作成果

科普是公益性事业，物质利益不是驱动力，对科技人员参与科普的支持和激励应集

中体现在社会荣誉、单位评价和职业发展方面。推动科研、高等教育等行业人员的职称评定制度调整,在职称评定中认可科普创作成果,是对科技人员参与科普创作的有效支持鼓励。

3. 调整科普投入结构增加科技人员科普专业能力培养经费

应调整科研等机构科普投入的结构,保障人才培养经费,保证对人才培养的经费投入占科普活动组织经费的 5%。同时,科技部门、农业、卫生、气象、中科院等部门,设立支持科技人员科普专业素质技能培训的专项。

4. 拓宽培养渠道组织多样的科普专业素质技能培养活动

科技人员参与科普属于兼职或志愿者性质,并且是跨行业、跨系统、跨部门的,目前,没有强有力的制度支撑和成熟的培训基地,在科技人员科普能力培养方面,整体上呈现主体不明、培训专业水平不高的局面。在增加经费投入保障的同时,应通过项目支持的方式拓宽培养渠道,资助学会组织、科普研究及教育培训机构、用人单位等组织形式多样的科普专业素质技能培养活动,如,短期培训、论坛交流、科技与媒体人员交换实习、笔会等。

5. 加大对科技人员中优秀科普人才的奖励力度

在逐步完善国家、社会及行业等各个层面的科普奖励政策的同时,设立专门奖项,鼓励表彰科技人员中优秀的科普人才。引导支持科研机构及高科技企业等设立科普人才奖励制度,特别加大对科技人员参与科普的奖励力度,不断完善激励机制,为科技人员参与科普创造良好的社会及工作环境。

"科技顾问"在科技成果与科普知识推广中的应用

戴　炜

广州博士科技有限公司

摘要： 通过分析我国科技普及的特点，界定"科技顾问"内涵，结合科技普及的要求，建立"科技顾问"市场运营模型，阐述"科技顾问"作为新型服务模式在加快科技普及中的运用与成果，为我国科技普及创出一条独具特色的发展之路。

关键词： 科技顾问，运营模型，科技普及。

一、我国科技普及的特点及存在的缺陷

科技普及包含两层含义，一是通常人们所理解的科普概念，即采用公众易于理解、接受和参与的方式，普及自然科学和社会科学知识，传播科学思想，弘扬科学精神，倡导科学方法，推广科学技术应用的活动[①]；二是科技资源的普及化运用，如科技项目成果的推广运用、科研机构资源对外开放、技术与人才的交易与交流等，主要的目的在于将优质的科技创新资源广泛地应用于技术创新、规模化生产中，以促进科技进步、提高生产力。

目前，在科学知识普及方面绝大多数情况为政府组织相关机构围绕某一主题或领域开展科学知识或科技成果的公益宣传，而在科技资源普及运作方面则主要以科技服务机构为主。运作模型如下所示：

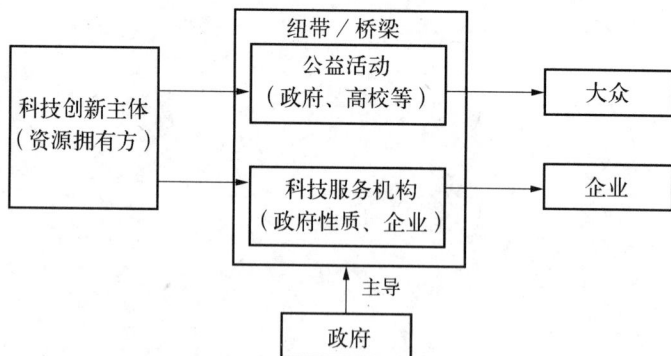

图1　科技普及运作模型图

---

① 《中华人民共和国科学技术普及法》，第一章第二条规定：本法适用于国家和社会普及科学技术知识、倡导科学方法、传播科学思想、弘扬科学精神的活动。

审视我国科技普及的发展过程,具有行政色彩的科技服务机构起着沟通科技资源供需双方的纽带作用,更是科学知识普及公益活动的主要承担者。虽然近年来国家对于科技普及的重视程度越来越高,民营企业逐步走向科技普及,但是纵观近几年我国科技普及的发展情况,仍存在诸多问题:① 科技资源普及的桥梁大多数是政府职能转变的产物,如生产力促进中心、行业协会等,带有较强的行政色彩,不利于科技资源的市场化运作与快速有效普及应用[1];② 尚未形成成熟的市场运行机制,科技中介企业市场化运行较为困难[1];③ 科技资源普及带有很强的区域性,科技资源非常有限,仅在区域的小范围内进行普及应用,带有强烈的区域特性,不利于先进科技成果的大范围高效率普及;④ 作为科技资源普及纽带,很多科技服务机构规模小,服务水平不高,缺乏懂技术、懂市场、懂管理、懂法律的复合型人才,缺乏高端产品以满足市场的需求[2];⑤ 大多数科技服务中介对科技资普及的理解并不深刻,科技创新体系不够健全,没有形成有效的普及模式并进行功能配套,盈利点少,经营情况不理想,更无暇顾及科学知识普及,这也造成科技知识普及活动通常由政府单位举办的现象。

为此,研发一种可将科技普及从行政主导转变为经济、企业主导的市场行为,在市场效应的推动下实现科技快速普及的科技成果;形成一套可进行独立市场化运作并具有良好盈利能力的市场运作机制与经营模式的科技服务模式;建立一个可突破区域限制,大范围快速实现科技资源普及并能将科技知识普及作为自身使命定期运作的科技服务主体,承担起科技普及的纽带作用。将科技普及从行政主导转变为经济、企业主导的市场行为是快速推进科技普及的时代呼唤,也是社会创新发展的必然趋势。

二、"科技顾问"在科技普及中的定位与研究成果

1. "科技顾问"在科技普及中的定位

综合科技普及的要求与特点,博士科技对"科技顾问"内涵做如下的界定:多行业跨区域整合各类科技资源,将科技元素与创新主体、社会受众紧密结合起来,通过良好的市场化运作,突破区域局限,在快速普及科技资源推动产业创新发展的同时坚持践行科技知识普及、提高全民科学素质的历史使命。

该定义从运作模式和服务功能两个维度对"科技顾问"在科技普及中的定位进行界定,指出"科技顾问"运作模式是通过市场化、企业化的行为实现科学快速普及;"科技顾问"服务功能是在加快科技资源普及运用的同时践行科技知识普及,提高全民科学素质的使命。

2. "科技顾问"的研究成果

构建一个完善的市场运作模式以实现"科技顾问"服务功能维度的要求,是关系到"科技顾问"是否有实际推行意义的关键。博士科技经过多年的研究,从"科技顾问"服务

功能维度的要求出发,充分考虑资源普及应用与知识普及推广之间的逻辑关系,特从科技资源普化与科技知识普化两条路线设计"科技顾问"的市场运作模型。具体如下图 2 所示:

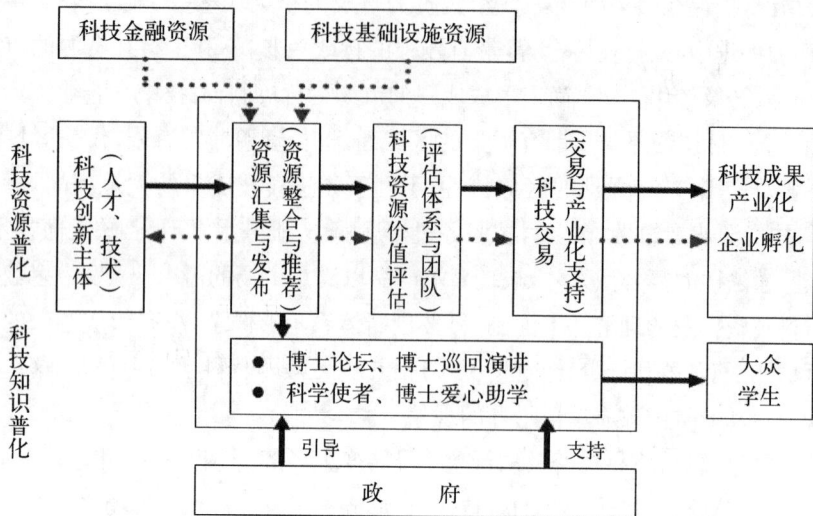

图 2 "科技顾问"市场运营模型图

3."科技顾问"在科技普及中的推广运用

(1)"科技顾问"在科技资源普及中的运用。只有将科技资源与区域企业的创新发展主线结合起来,实现科技资源的市场化流通,才能发挥市场的资源配置作用,才能打破科技资源的区域局限,才能将科技普及从行政主导转变为经济、企业主导的市场行为,在经济效益的推动下实现科技资源的快速普及。从图 2 我们可以清晰看到真正可以流动起来的有创新主体资源流①(人才、技术)和创新基础资源流②(科技金融、基础设施等),而对于科技服务资源则作为服务的基础贯穿于"科技顾问"服务的始末。

为此,围绕着科技资源的市场化运作,从科技资源的汇集与发布、资源价值评估、资源交易流通、产业化支持等方面为"科技顾问"的科技资源普及运作进行设计与推广运用。

① 科技资源汇集与发布。基于资源整合、资源共享的原则,搭建资源整合与推荐平台。通过线上网络平台与线下展示交流、虚实相结合的运作模式,将跨行业跨区域的各类科技资源以最快的速度沉淀到平台资源库中,通过计算机的自动撮合或专业人员的推荐,为科技资源的普化运用在第一时间寻找合适的对象。同时,对于未寻找到合适对象的资源或需求方进行供需信息的发布,并通过线下专业服务团队的运作为资源寻找项目或为项目寻找资源。

---

① 图 2 中用黑色箭头标注流动方向
② 图 2 中用红色箭头标注流动方向

博士科技通过"博士创新发展促进会"吸纳广东区域 4 000 多名博士(后)会员资源,随着全国性布局,2 年内突破万名,实现博士人才区域间的交流互动;博士科技与全国 150 多家高等院校及科研院所建立长期合作关系,以产学研、科技特派员、博士后工作站等形式,推动企业技术创新;博士科技跨区域多领域整合科技风险投资中心、科技评估机构、情报信息咨询机构、技术研发机构、专利代理机构、会计师事务所、律师事务所、各类行业协会、专业技术协会等机构,建设多行业跨区域的资源整合平台。至今,博士科技已通过线上线下相结合的方式,直接撮合 1 000 多家企业与博士会员、高等院校、科研机构的顺利对接,实现近 2 000 项技术的转移与转化。

② 科技资源价值评估。知识项目和相关的技术价值如果没有权威性、合理性的定价很难让交易双方达成交易共识,往往使得知识交易对接停滞,错过项目实施的最佳时机。通过组建权威的技术价值评估团队,树立社会公信力,制定详实、科学的技术评估方案,对科技项目本身的管理、科技、财务、创投等方面进行权威性的可衡量化的评估,不断完善科技评估体系,为知识项目的交易奠定坚实的基础。

博士科技早就围绕"科技创新六大体系"建设,导入专家委员会的 400 多名博士、专家,建立和健全科技评估制度,为转移的 1 000 余项技术进行了价值评估,积极发挥科技评估在技术交易、成功转化、产业升级中的咨询作用,加快科技资源的普及化运用。随着评估体系进一步完善和博士科技信誉度的提升,评估的价值将进一步扩大。

③ 科技交易与产业化支持。以技术、人才等为核心的知识元素在得到明确的价值定位之后,便可以像普通产品一样进行展示、交易与流通。各类科技资源均可以以项目的形式通过交易和产业化管理系统进行交易;另外,交易与产业化管理系统还通过产业化监控管理模块,组织专业服务团队为知识资源的移植和项目产业化提供执行监控、效果评价、发展指引与后续多次开发等产业化服务,确保科技资源普及的有效运作。

博士科技通过博士知识产权交易中心、知识市场、成果推广与转移平台出色实现科技交易与产业化功能。2010 年度共实现 983 项专利技术成果的转化和 1 000 余项技术成果转移,推动科技服务资源有效流动、合理配置。另外,博士科技还通过技术成果产业化监控管理模块,为 379 家企业提供产业化支持,在充分应用科技成果的同时进行多次开发与创新。

(2) 科技顾问在科技知识普及中的运用。从科技普及的第一层意思①和图 2 的科技知识普化过程可以看出普及主体为博士、专家等资源,普及的内容为高新技术成果或科技基础知识,普及的对象为大众和学生。针对普及对象和内容的不同,普及采取的方式也应发生变化。

① 针对社会群众的科技普及。采取专题科技论坛和博士/专家巡回演讲的形式,组

---

① 本文第一节所描述的"采用公众易于理解、接受和参与的方式,普及自然科学和社会科学知识,传播科学思想,弘扬科学精神,倡导科学方法,推广科学技术应用的活动"内容

织相关的专家团队与各区域的群众、企业和政府进行深入的交流,将科技发展的最新动态和技术成果带给各区域,为科技知识的普及搭建良好的沟通交流平台,为推动各地的发展积极献策。

博士科技依托专家委员会开展了"东莞发展与百名博士创业洽谈会"、"肇庆博士论坛"、"河源青年企业家与博士创业论坛"、"专业镇发展论坛"、"广东专业镇建设博士论坛"、"广东省专业镇科技创新论坛"、"广东省专业镇知识产权保护及品牌建设论坛"等"博士论坛"与"博士循环循环演讲"活动,并实现常态化,将科技普及的范围覆盖到广州、深圳、珠海、东莞、肇庆、河源、梅州、粤西、粤东等地,并随着博士科技的全国性布局,不断扩大到全国其他重点区域。

② 针对在校学生的科技普及。采用科学使者进校园、博士爱心助学、"大手牵小手"等方式,组建科学使者队伍,走进中小学,以科普讲座、实验研究、科技竞赛、户外实践等形式,带领科技兴趣小组学生开展丰富多彩的科普活动,树立青少年科普教育特色品牌,全面提升青少年的创新意识和动手实践能力,从而推动青少年科普教育的不断拓展。

早在 2006 年,博士俱乐部便组织博士开展"博士家庭 1+1 助学活动"、"百名博士助学活动"、"大手牵小手";2009 年开始举办"博士科学大使进校园"科普活动,并在 2010 年升级为"百所中小学、千名博士科学大使校园行"活动,建立起科学大使与青少年的互动交流平台,拉近与青少年的距离,指导青少年开展科技创新研究,从而推动青少年科普教育的不断拓展。

综上所述,科技顾问致力于提供一块技术成果、科技知识的推广场地,开辟一条新的服务高新技术产品孵化的通道,建立一座让政府、企业家、金融家和博士之间增进了解、寻求合作、共求发展的桥梁,推动博士与政府、博士与企业、博士与博士、博士与公众、企业与企业之间科技普及与合作的过程,积蓄科技普及的服务运营能力,加快推动我国科技普及。

我国科普人才队伍建设的问题及建议

王稼琼　张　静

首都经济贸易大学

摘要：本文介绍了科普人才相关概念、构成，分析了我国科普人才队伍建设方面存在的一些问题，并结合我国实际情况，提出了相应的建议，为帮助我国早日建成一支多层次、高素质、结构合理的科普人才队伍具有一定的借鉴作用。

关键词：科普人才队伍建设，问题，建议。

一、科普人才概述

21世纪，人才是第一资源。人才资源已经成为国家最重要的战略资源，在综合国力的竞争中具有决定性意义。

《国家中长期人才发展规划纲要（2010—2020年）》中指出，人才是指具有一定的专业知识或专门技能，进行创造性劳动并对社会作出贡献的人，是人力资源中能力和素质较高的劳动者。相应的，科普人才就是指从事科技传播或普及业（简称科普）事业的、具有一定专门性知识的、对科普事业作出贡献的劳动者。

培养科技传播及普及人才已经成为国家科普能力建设的重要内容。科普人才的队伍建设是科普事业发展的出发点和落脚点，科普事业的发展离开人的作用是不可想象的。中国科学技术协会讨论的《科普人才发展规划纲要（2010—2020年）》中称，未来十年，我国科普人才将在现有基础上翻一番，到2020年，全国科普人才总量达到400万人。

通常情况下，按照从事科普工作时间占全部工作时间的比例以及职业性质，科普人员一般分为科普专职人员和科普兼职人员。

科普专职人员是指从事科普工作时间占其全部工作时间60％及以上的人员，包括各级国家机关和社会团体的科普管理工作者，科研院所和大中专院校中从事专业科普研究和创作的人员，专职科普作家，中小学专职科技辅导员，各类科普场馆的相关工作人员，科普类图书、期刊、报刊科技（普）专栏版的编辑，电台、电视台科普频道、栏目的编导和科普网站信息加工人员。[①]

科普兼职人员是科普专职人员队伍的重要补充，他们在非职业范围内从事科普工

[①]　中国科普统计2011.北京：科学技术文献出版社.2011.

作,工作时间不能满足科普专职人员的要求,主要包括进行科普(技)讲座等科普活动的科技人员、中小学兼职科技指导员、参与科普活动的志愿者和科技馆(站)的志愿者等。

科普人才通常必须具备两方面知识,一部分是一定的科技专业知识,另一部分则是如何通过传播学理论进行科普活动的知识。

二、我国科普人才队伍目前的现状和问题

1. 科普专业技术人员比较少,高素质科普人才严重缺乏

2010 年全国共有科普人员 175.14 万人,全国每万人口拥有科普人员 13.06 人。其中,科普专职人员 22.34 万人,占科普人员总数的 12.76%;科普兼职人员为 152.8 万人,占科普总人数的 87.24%。2010 年全国共有中级职称以上或大学本科以上学历的科普人员 84.03 万人,占科普人员总数的 47.98%。中级职称以上或大学本科以上学历的科普专职人员 12.29 万人,占科普专职人员总数的 55%;中级职称以上或大学本科以上学历的科普兼职人员 71.14 万人,占科普专职人员总数的 46.95%。(见图 1)

高素质科普人才和科普专业技术人员的缺少,直接导致我国的部分科普活动缺乏趣味性,很难与科普对象产生互动,最终致使科普活动流于形式。

2. 科普人才中缺乏复合型人才,尤其是缺乏优秀的科普展教人才

我国的现行的教育系统对学生是按照专业和学科进行培养的,这就注定了我们的毕业生要么擅长自然科学方面、要么擅长社会科学方面。这种情况下,复合型人才就很难培养出来。

展教人才是联系科普活动和科普受众的纽带,他的专业素质直接影响了科普活动的趣味性和科学性。优秀的展教人才不仅要熟悉相关学科的科技知识,并且需要较高的视野和人文情怀、用传播学的方法来进行科普活动。所以,优秀的展教人才必须会运用伦理学、教育学、心理学、传播学、美学等相关学科知识。

3. 科普创作人才奇缺,目前科普创作队伍老龄化、专业队伍后继乏人

武夷山先生说:"一个国家、一个地区拥有多少优秀科普创作者,是该国或该地区科普能力最有力的反映"。科普创作是科普工作的源头,然而我国目前科普创作人才的现状已经严重制约科普效果的提高和科普事业的发展。

按照科技部的数据统计,2010 年全国共有专职科普创作人员 10 981 人。科普创作人员占科普专职人员的比例为 4.96%。我国每 1 万名公民中科普工作者有 13.4 人,而年龄在 40 岁以下的中青年科普作家所占比例仅为 20.6%,年龄在 50 岁以下的占 40%。

新华网也曾经报道过,拥有 2 000 多名会员的中国科普作家协会是科普创作的主力

军,但 60% 的会员在 50 岁以上;北京市科协 2000 年对该地区的 750 多名科普作家的调查显示,近 80% 的人在 50 岁以上;科学普及出版社对 78 位多产科普作家的统计表明,60 岁以下的只有 9 人。

4. 志愿者队伍在科普活动中没有发挥应有的作用

2010 年全国注册科普志愿者共有 238.85 万人。而同期全国大学生在校生人数几乎达到 3 000 万。大学生应该成为科普志愿者的主要力量,他们有一定的专业知识,具备一定的科学素养,同时,他们有一颗热情的心,可以用自己的激情和活力增加科普活动的趣味。在一次与紫竹院园林科技科科长访谈的过程中,他也提出应该让更多的大学生参与到科普事业中来。然而以笔者自己切身的经验,大学生参与科普太少。社会没有充分利用好这一股强有力的力量。

5. 人才培养体制上缺乏对科普人才培养的专业设置

目前,科技传播与普及专业尚未成为我国高等学历教育独立的本科专业。在我国教育部 2012 年最新颁布的《普通高等学校本科专业目录》中,科普并不是一个独立的学科专业,这就意味着我国的高等院校不可能培养出具有科普专业学位的学生。所以,我国科普工作者普遍缺乏科普理论基础。

三、对我国科普人才建设方面的建议

1. 充分发挥高校的人才培养摇篮作用

(1) 提供更多机会让高校学生在校内接受科普教育。针对我国高校按专业和学科培养学生的特点,高校应该开展多种形式的科技活动,让学生更好的了解其他专业和学科,从而促进学生提高综合素质和科学素养。同时,针对自然科学专业的学生,应增设科技传播专业的选修课程。高校应鼓励学生利用高校本身拥有的丰富科普资源来提高自身的科学素养,比如说图书馆众多图书资料,规模较大的多媒体教室等。

例如,英国的一些高校为理工科学生专门开设了"科学交流课程",通过诸如模拟记者招待会、交谈会、科技论文写作等各种形式的活动,培养理工科学生传播交流的基本技巧,以及直接与公众交流合作的能力,从而为他们将来从事科普创作打下良好基础。

(2) 注意发挥学生科协和科普社团的主动性和创造性。引导学生科协和科普社团投入科普实践,并在实践过程中向他们提供有效帮助。在实践中锻炼和提升大学生科普能力是一条行之有效的捷径。

比如说,在高校成立大学生科普志愿者服务站,组织大学生利用课余时间、节假日和暑期三下乡活动,开展面向基层针对当今社会科技传播的热点。

(3) 在高校中增开科技传播与普及的专业。目前,像中国科学院研究生院、北京大学、清华大学、北京理工大学、北京师范大学、中国农业大学、复旦大学、中国科学技术大学、湖南大学这 10 所重点院校已经设立了科技传播专业方向或研究中心。学校主要是以培养硕士生为主,要求学生熟悉自然科学和社会科学,既要有现代科技知识背景,同时又能够掌握传播学知识,有较强写作能力。

但是这样还远远不够,在欧美发达国家,很多大学都已经开设传播专业或相关研究方向,招收科学传播或相关专业本科生或者硕士生。比如说,伦敦大学下属的 4 个学院都开设了科学传播的相关课程。其中,伯克贝克学院提供业余科学传播学位证书,帝国科学学院提供科学传播硕士课程。

2. 发挥作家协会等各种组织在科普活动中的作用

科普作家协会具有科普创作专业性强、素质过硬的先天优势,在科普活动中能发挥很关键的作用。不仅仅作家协会,各种各样的行业协会在本行业上都有绝对的话语权。要把鼓励各种行业协会,尤其是其中的行业人才投身到科普事业中来。这会极大的拓宽我国现有的科普人才网络

3. 培训乡土人才,充分发挥其参加科普活动的积极性

由于各个方面的原因,农村科普基础依旧薄弱,其科普手段仍然停留在开展几次科技下乡和搞几场科普讲座和培训的阶段上,并没有增加新的服务手段。尤其是在我国中西部贫困地区的农村,科普就是某种意义上的"奢侈品"。

乡土人才,顾名思义也就是"草根人才",广泛分布于广大农村、乡镇、社区,与人民群众日常生活联系紧密。我们可以通过培训乡土人才,鼓励乡土人才投身科普事业,为广大人民群众创作一批喜闻乐见的科普作品,以暂时弥补当前我国农村科普活动的不足。

4. 引导和鼓励更多的科普志愿者参与科技传播活动

首先,要多渠道、高标准的大力招募志愿者,形成"老中青"三代组合的志愿者队伍。其次,建立科普志愿者培养机制。对科普志愿者进行科普知识专业化培训,定期考评。最后,定期组织科普志愿者经验交流、现场观摩及外出考察。对有贡献突出的科普志愿者,应予评先、表彰、奖励、宣传,给予鼓励和肯定。

5. 建立科普创作人才的长效培养机制

政府应该加大对科普创作人才培养的重视,主要是在学校教育计划和社会培训计划中做出安排。

在高等院校开设科普创作课程,英国就有一家大学已经创立了科幻创作系。可以设立专门的培训项目,并鼓励省科普作家协会等社会团体定期或不定期举办科普创作培训班。

四川在科普创作方面就一直走在全国前列。成都每三年会定期举办"世界科幻大

会",由省政府出面协调各方,邀请国外科幻界参加,互相学习和交流。同时,程度还举办各种科幻活动,例如,科幻作家和读者见面会、科幻作品讨论会、科幻书刊展览、科幻影视展、科幻人物表演等活动。

综上所述,期望通过以上各种针对科普人才队伍建设的措施,能尽快为我国的科普事业提供一支多层次、高素质、结构合理的专兼职科普人才队伍。

参考文献

［1］ 张义芳. 国外科普工作特点及其对我国科普事业的启示[J]. 科普研究. 2007,(5).

［2］ 万群,沈扬,杨湘杰、沈琼. 高校科普人才培养模式及其对策研究[J]. 学会. 2009,(2).

［3］ 中华人民共和国科技部政策法规与体制改革司. 中国科普统计 2011 [M]. 北京:科学技术文献出版社. 2011.

［4］ 贾英杰,董仁威,王晓达. 繁荣四川省科普创作的几点思考[J]. 软科学. 2008,(7).

［5］ 赵晓霞. 科普人才仍不能满足科普发展需求[EB/OL]. http://www.sina.com.cn. 2010 - 07 - 30,人民网—人民日报海外版.

［6］ 郑念. 我国科普人才队伍存在的问题及对策研究[J]. 科普研究. 2009,(2).

［7］ 王延辉、刘荆洪. 怎样打造高素质的科普志愿者队伍[J]. 海峡两岸. 2012,(3).

构建完善的科普教育基地网络

潘 政

上海科技馆

摘要： 近年来,科普工作的重要性已经得到了广泛认可,但也存在着一些问题,如目前国内科普场馆建设方面。但在合理的规划原则、有效的建设思路以及科学的运营模式指导下,科普工作面对的诸多问题必将被我们之一攻克。

关键词： 科普工作问题,规划原则,建设思路,运营模式。

科普教育基地泛指可用于科普教育并向社会公众开放的各类场所,包括科技馆,各类专业、行业博物馆,以及高校、科研院所、厂矿企业的科技实验室、试验基地、工作场地,青少年科技活动中心等。大体可分为三个层次：综合性科技馆/科学博物馆。专业/行业博物馆。社区科普活动场所。

一、现状分析

近年来,科普工作的重要性已经得到了广泛认可,但也有着令人担忧的一面。目前国内科普场馆建设存在以下几个主要问题：

（1）分布不均。由于缺乏全国性的总体布局的发展规划,再加上我国社会、经济发展的地区差异较大,导致了我国科普场馆分布的不平衡。

（2）运营不善。在运营管理上,一些科普场馆存在着重建筑轻内容、重建设轻运营的现象,很多基地的运营投入严重不足。

（3）创新乏力。由于对科技馆和科学中心的理论研究不够深入,导致教育、展示的理念和形式缺乏吸引力。创新意识和创新型人才的缺乏导致了各场馆间展项展品重复雷同的现象较为严重。

（4）发展不均衡。中小规模的科普教育场所的生存和发展艰难,科普教育基地网络应有的多层次、多方位的社会功能无法充分发挥。

三、规划原则

为了使政府投入的资金和各种社会资源都能够更好地发挥作用,提高科普资源的使用效率,对科普教育基地的规划应当遵循下列原则：

（1）布局合理。在政府层面,应当在充分研究、科学论证的基础上,统一制定全国科普教育基地的中长期建设和发展规划,明确科普教育基地的大致数量与分布。鼓励各地在新建一批具有合理规模和先进展教水平的科普教育基地的同时,加快对现有场馆的更新改造工作。

（2）规模适宜。科普教育基地的建设规模要同城市人口规模、教育文化需求以及自身的功能定位符合,要同城市综合发展水平相适应;并考虑到建设所需的财力、物力等物质条件;日常运行所需保障条件;以及与经济发展水准相应的互动关系,以确保科技馆建设投资效益的充分发挥和科技馆的可持续发展。

（3）特色鲜明。在同一个城市或邻近的地区,不宜重复建设内容雷同的综合型科技馆,但可以根据当地的观众资源及其科学文化需求等条件,或自然资源和科技、产业、文化等社会资源,建设一批具有鲜明特色的行业/专业博物馆等中小型科普教育基地。

四、建设思路

为了避免盲目建设、确保场馆质量,建设人员对于场馆的定位、理念、内容、形式、手段等应有一个清楚的认识。

（1）功能定位。定位将决定一个场馆的投资、规模、建设目标、社会功能,乃至理念、内容、形式等,因此一定要切合自身的实际。定位的依据包括:（1）经济实力。（2）社会需求。（3）周边环境。

（2）教育理念。理念是一种认识,是一种价值观,她将决定行为方式和价值取向。当今的科普教育基地应努力营造从实践中学习科技的情境,使观众在参与、互动的过程中,体验科技的美妙与神奇,感受科技带来的乐趣,激发公众对科技的兴趣与追求。

（3）内容体系。展示的内容体系是教育理念的具体化、结构化,是在教育理念的指引下,整合所需表达的科学内容的模式。当前科普教育内容体系应重点突出科学方法的传授、科学精神和科学思想的培育,并强化科技与社会的互动、科学精神与人文精神的融合。

（4）展示形式。展示形式是理念与内容在视觉传达、艺术形式和参与方式上的体现,是思想、科学内涵的外在表达,能够体现科学技术与艺术的结合;而展示技术、展示手段创新是展示形式创新的具体体现和落地支撑。

五、运营模式

要使得科普教育基地走上可持续发展的道路,除了政府的大力支持必不可少外,也需要各个场馆根据自身的实际情况,寻求切实可行的运营模式。

（1）科学的运营管理体系。

① 机构设置:设置合理、运行高效的机构对于任何一个想要获得成功的组织来说

都是必不可少的。

② 展示水平：展示水平的高低是一个科普场馆科普教育水平的最直观的反映，也是一个场馆是否能实现可持续发展的关键。

③ 节能降耗：通过各种节能降耗措施，降低运营成本，也是科普教育基地实现可持续发展的一个重要手段。

（2）有针对性的市场营销战略。

① 公益性与市场营销传播：科普教育基地最重要的使命是传播科学，只有把尽可能多的人吸引到科普教育基地来，才能更好地完成其社会责任。凡是有助于实现这一目标的现代化的市场营销传播手段都可以找到用武之地。

② 丰富的科普活动：成功的临展、丰富的教育活动和高质量的科学电影不仅能成为常设展的有力补充，更是提升科普教育基地知名度、扩大社会影响、吸引公众反复前来的一种有效手段。

③ 需求与服务：为了满足公众的各项需求，科普场馆还应该尽可能提供一系列的配套服务，包括人性化的导览系统、健全的票务制度、舒适的参观环境、周全的餐饮购物设施等。

（3）社会功能的拓展。

① 区域的拓展：综合性科技馆/科学博物馆可以利用科普大篷车、科普小分队等各种形式在更大的范围内传播科学，支持和指导学校和基层的科普活动。

② 参与主体的拓展：科普教育基地除了自身提供的科普展示与活动，还能够为其他社会资源开展科普教育创造条件、提供平台。

六、结语

各个层次的科普教育基地之间的良性竞争氛围的形成，有助于形成以综合性科技馆/科学博物馆为龙头，以行业/专业博物馆为中坚，以社区科普活动场所为基础的科普教育基地网络，从而有力推动全国科普事业的发展，全面提升公众科学素养，为实现建设创新型国家的目标奠定坚实的社会基础。

中国公民科学素质基准体系的
可行性和科学性研究

刘小玲　　李健民

上海市科学学研究所

摘要：分析国内外已有科学教育标准，从公民利益诉求与国家需求导向两者相统一的角度，探讨制定基准的可行性和科学性问题，提出制定基准的"四个定位"与"四种理念"。

关键词：公民，科学素质，基准。

自 2006 年以来，全国各地都在贯彻落实国务院发布的《全民科学素质行动计划纲要(2006—2010—2020 年)》(以下简称《纲要》)，同时也在翘首以盼《纲要》当中提到的《中国公民科学素质基准》(以下简称《基准》)的出台。

基准的制定，简单地说有三个方面的问题：(1) 为什么要制定基准？即回答必要性的问题；(2) 能不能制定基准？即回答可行性的问题；(3) 怎样才能保证基准合理？即回答科学性的问题。关于第一个问题，《纲要》已经明确地给出了答案，本文不再赘述。

一、构建科学素质基准的可行性

"基准"(benchmark)的含义是指"水准基点"。美国《科学素质的基准》认为，基准是"测量或判断质量、价值等的标准和参照点"。由此推知，所谓"公民科学素质基准"是测量和判断公民科学素质水平的基本标准。

1. 我国科普工作为制定基准奠定了基础

基准并不是横空出世的，而是需要前期科普工作的大量积累。美国从 1979 年每两年对美国公民进行一次科学素质测评开始，到 1989 年推出《2061 计划：面向全体美国人的科学》作为全美科学素质建设工作的指南，再到 1995 年才正式发布美国公民的《科学素质的基准》，其中经过了 16 年的时间。

我国从 1992 年开始平均每两年进行一次全国公民科学素质调查，至今也经过了十几年的时间。虽然我国科普工作还存在一些问题，但总体而言，进步是非常显著的，主要表现在：(1) 公民科学素质达标率整体上呈现上升趋势，公民崇尚科学的意识也在不断增强，需要一套基准为公民自测和提高科学素质提供指导。(2)《中华人民共和国科学技术普及法》的颁布实施,标志着我国的科普工作进入了法制化轨道,要求我国公民科学素质建设工作逐渐走向建制化、可量化和评估化阶段。(3)《纲要》的出台,提出了公民科学素质的明确定义以及行动目标,需要制定基准,对科普行动计划总目标和总要求等内容做出具体的说明,使之具有可操作性。

2. 有国内外相关标准可以参考

制定基准不是闭门造车,而是要充分参考和借鉴国内外相关科学教育标准,取百家之长,为基准所用。

相关的标准有:美国《科学素质的基准》(1995 年),印度《公民基础科学》(1999),中国《科学(7—9 年级)课程标准(实验稿)》(2001 年)。分析这些标准的目标、内容、特点、设计原则和理念,为制定我国基准提供借鉴意义。第一,基准是对完成总目标或总任务的路径的具体说明。第二,基准围绕着科学素质的定义而设计,科学素质的内涵在一定程度上体现了国家的导向和需求,是一国国情的某个侧面的反映。我国的基准水平应该界于美国和印度之间。第三,基准要立足于当前公民科学素质的基础。根据我国的现实情况和国外经验,我国所确定的公民科学素质包含的知识和基本技能以九年义务教育为底线,符合我国的现实情况与未来发展需要。

从国内外相关科学标准的分析当中,深化我们对构建我国基准体系的科学性问题的认识。

二、构建科学素质基准的科学性

基准的科学性涉及两个方面,一是定位的科学性,基准应该定位在一个什么水平上?二是内容的科学性,基准的内容应该体现什么原则和理念? 包含哪些具体的要求?

1. 基准的定位

基准是公民的基准,一方面要反映公民科学素质的实际情况,另一方面也要回应公民的利益诉求。因而,从公民的维度出发,我们认为基准的定位,第一:立足公民既有的素质水平和受教育程度。即到 2020 年,完成九年义务教育的公民需要具备哪些科学素质内容。第二,回应公民的利益诉求。科普必须依靠人民,为了人民,服务人民,因此,基准应该是切近生活、贴近生产、贴近社会,让百姓喜闻乐见的,它描绘了公民健康生活、良好工作、理解科学和技术、有效参与社会事务的基本要求。

实施公民科学素质建设又是一项建设创新型国家的基础性社会工程,因此,基准的内容又必须在某种程度上回应国家的利益诉求。从国家的维度看,基准首先必须以《纲要》为依据,围绕着《纲要》提出的科学素质的定义以及重点发展目标展开体系设计。《纲要》强调了科学素质的能力导向:一方面,在具备"四科"之后,要把"四科"转化为"两能力";另一方面,以"两能力"的提高来引领"四科"的全面提升。因此,我国的基准体系要体现以能力为导向。其次,体现国家未来发展需求。从现在到2020年,我国将加快建设创新型国家和社会主义和谐社会,以及公民自我需求的实现和自我发展,要求公民必须具备四个方面的能力:(1)科学生活能力,(2)科学劳动能力,(3)公共参与能力,(4)终身学习和全面发展能力。

公民维度与国家维度的结合,既尊重了公民在科学素质建设当中的利益诉求,也贯彻了国家的引导目标,真正体现了公民与国家在价值取向上的统一,进而实现国家与公民的良性互动,体现科普的人文关怀。这既是科学发展观在科普工作中的具体体现,也是科普工作的一种新范式。

2. 基准的理念

以公民和国家两个维度四个需求为定位原则,衍生出制定基准的如下理念(如图所示)。

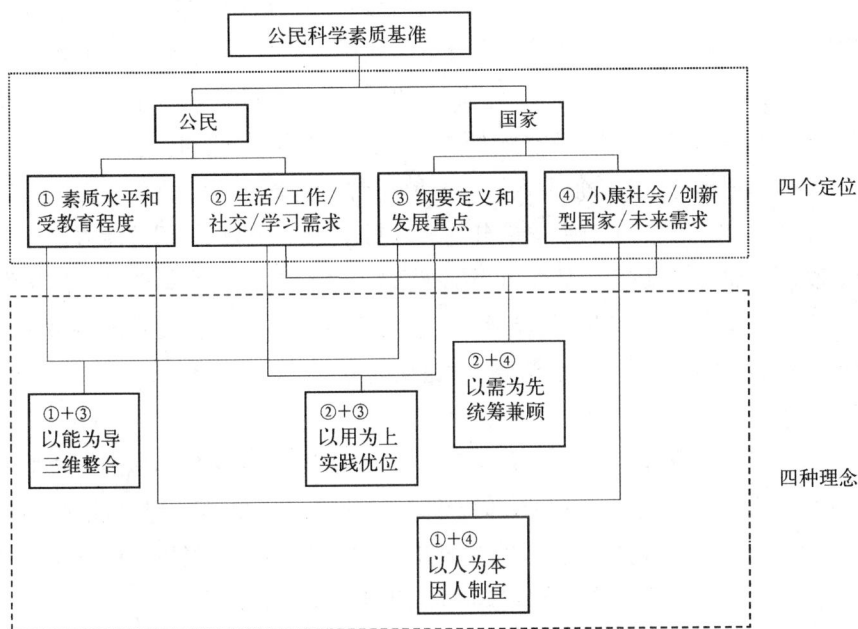

制定基准的定位与理念关系

(1)以需为先,统筹兼顾。基准体系把学习、借鉴世界各国有益经验与我国社会主义初级阶段的具体国情相结合,全方位、多角度的思考公民科学素质标准的内涵和水平,充分反映国家需求对公民科学素质的要求。另一方面,基准的制定应该充分体现对全体公民学习权利、自我发展权利的尊重,要符合全体公民的最大利益。

同时,基准作为测量未来15年公民科学素质的参照和指南,必须充分考虑社会的发展趋势,这就要求基准在具备现实适用性的基础上,具有一定的未来前瞻性。

（2）以能为导，三维整合。以能力为导向的科学素质，就是要突出能力在素质建设中的引领作用。本文所指的能力，主要是与科学素质相关的能力，这种能力的内涵包含三个维度：知识构成、价值取向、行为表现。以能力为导向的科学素质也可以解析为这三个维度，它以应用"四科"为基础，把科学精神和科学思想渗透到科学知识和科学方法当中，从"知识构成、价值取向、行为表现"这三个维度综合体现为各个领域的能力。

在基准体系当中，每一个维度之下对应着若干条标准。其中，知识构成维度的标准，侧重于公民了解必要的科学技术知识和掌握基本的科学方法等方面；价值取向维度的标准，更多地与树立科学思想，崇尚科学精神等方面有关；而行为表现维度的标准，则可以通过观察和考核公民的行为来测量和评估。

（3）以用为上，实践优位。制定基准，应该具有"实践优位"（practice-dominance）的思想，即研究和制定基准的最终目的并不是为了追求一种纯粹的理论，而是为了获得一种实践的方案，获得百姓能够认同的方案并能够付之操作。因此，在制定本基准的时候，力求做到内容具体、目标明确，具有较强的可操作性。

国际上采用美国米勒（J. Miller）博士的三维度科学素质调查问卷已经多年，我国在1992年之后也应用改良后的米勒问卷进行了七次科学素质调查，积累了很多非常有价值的数据。因此，在我国基准体系设计过程中，应该吸收米勒指标体系的一部分设计思想，把"理解科学概念和术语"、"理解科学原理和方法"以及"关注和理解科学技术对社会的影响"作为"知识构成"和"价值取向"的一部分指标，包含于以测评能力为主的综合指标体系之中，并且增加"行为表现"这部分基准以测评公民的运用知识的能力。

（4）以人为本，因人制宜。基准的"全民性"本质上体现在为全体公民提高科学素质提供一个普适的指南，制定基准，只能通过解决与百姓生活和工作关系密切的共性问题来体现。只有做到"以人为本"，才能让广大公民充分调动起学习和应用现代科学技术知识的积极性和主动性。

但如果再考虑到我国四类重点人群提高科学素质要求的多样性，以及对科学素质需求侧重点上的差异，就有必要在一个面向全体公民的素质标准体系中体现出四类重点人群的独特的素质要求，做到"因人制宜"，体现出"以重点人群科学素质行动带动全民科学素质的整体提高"的《纲要》精神，这是基准体系不断走向完善的方向。

三、结语

基准的制定，既是一项基础工作，又是一项系统工程。解决基准的必要性、可行性和科学性问题，只是万里长征的第一步。更重要的也是更难的工作在于：基准的具体内容是什么？本文提出了以能力为导向的公民科学素质，基准体系由四个方面的能力构成：科学生活能力、科学劳动能力、公共参与能力、终身学习和全面发展的能力。围绕着这四方面能力，如何把基准的定位和理念贯彻其中，构建起基准体系及描述具体内容，将是我们以后重点关注的工作。

参考文献

［1］ 国务院. 公民科学素质行动计划纲要(2006—2010—2020 年).

［2］ 美国科学促进协会. 科学素养的基准. 中国科学技术协会译. 北京：科学普及出版社,2001.

［3］ 张增一,我国公民科学素质标准定位的思考与建议[J],科学中国人.

［4］ Narender K. Sehgal. Scientific Literacy and Culture：Minimum Science for Everyone. 中国科协光盘版资料.

［5］ 李健民,刘小玲,从能力建设看科学素质的内涵,科技导报,2008(16).

浅析新媒体在科普场馆中的科普传播

张 婕

重庆科技馆

摘要: 随着经济的发展,现代科普传播载体从单一的纸介质转向多媒体,呈现出了许多崭新的特征。本文以传播学家拉斯韦尔的"5W模式"理论为参照,结合科普场馆普及科学知识,倡导科学方法,传播科学思想的工作实际,探讨了新媒体时代,科普场馆在遵循传播学基本规律的前提下,在保持和发扬行之有效的传播途径,分析了努力把握现代科普的脉搏,勇于创新下的新媒体在科普场馆中的传播的有益尝试。

关键词: 科普场馆,新媒体,科普传播,5W模式。

科普的根本手段是信息的传播,没有信息的传播就无法实现科普。因此,科普手段从根本上依赖于信息传播手段,信息传播手段的变革必然会带来科普手段的变革。1948年,美国政治学家、传播学家拉斯韦尔在其发表的《传播在社会中的结构与功能》一文中,最早以建立模式的方法对人类社会的传播活动进行了分析与研究,即著名的"5W模式",也称为"拉斯韦尔公式"(图1),涉及控制研究、内容研究、媒介研究、受众研究和效果研究等5个方面[1]。而在当今网络技术高速发展的新媒体时代,作为传播领域内的重要组成部分,科普场馆的科普传播也应遵循这一影响深远的客观规律。科普信息的传播要更广泛、更有效,从新媒体的角度提高认识,加深理解,从而更大程度的做好普及科学知识,倡导科学方法,传播科学思想,弘扬科学精神的科普工作。

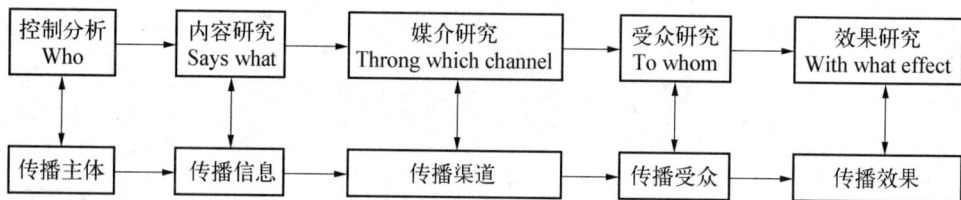

图1 拉斯韦尔公式(5W模式)

一、新媒体的概念

"新媒体"和"旧媒体"是一个相对的概念。从大众传媒发生和发展的过程当中[2]。通过多种观点的综合分析,现目前对新媒体倾向于这样的一种界定:应用综合网络技术和数字技术,通过互联网、局域网、无线通信网、卫星等渠道,运用电脑、手机、数字电视机、户外电子广告屏等终端,向受众提供信息和娱乐服务的新型传播媒介[3]。

在新媒体时代下,科普场馆的科普工作要与时俱进,以传播学基础理论为指导,从新媒体的角度,找到自己的位置,不断创新和发展科普传播的新模式,发挥更大的作用。

二、新媒体在科普场馆的科普传播方面的"5W 模式"分析

1. 从控制研究看新媒体对科普场馆科普传播形式的影响

控制研究主要是针对于传播者的分析。对于科普传播而言,传播者是传播活动的起点,在整个过程中担负着科普知识和科技讯息的收集筛选、加工创作、整理传递的任务,是传播行为的主体[1]。

科普场馆作为校外科普教育基地,其传统科普的组织手段和传播途径主要是平面媒体的传播,包括科普报刊(图书)、科普展览、科普活动、科教电影,广播电视等等。应该说这些途径曾经起到过很好的传播效果,然而新媒体技术的发展和知识经济的崛起,直接冲击着传统的科普观念和科普传播方式[4]。因此,新媒体时代,科普场馆在保持和发扬传统科普传播传播方式的同时,应更积极有效的借助电脑、手机、数字电视机、户外电子广告屏等新媒介终端,作为现代科普的新途径和手段,更大范围的向社会各阶层传播开去。据统计,2010 年,我国公民利用互联网获取科技信息比例为 26.6%,较 2005 年提高了 20.2 个百分点。网络日渐成为科普主力军[4]。

2. 从内容研究看新媒体对科普传播内容的影响

信息是传播的材料,也是内容研究的对象。科普信息的大众性、综合性、开放性、专业性特点,使得各类大众对信息的选取需求不尽相同。尤其是随着经济的发展和社会的进步,人们在不同阶段对科普信息的选取也在不断变化,需要随着社会的发展而适时调整。因此,新媒体在科普场馆中的科普传播应细分大众群体,并对内容进行专门划分,实时更新信息,做到统筹兼顾,与时俱进,不断满足公众全面发展的需要。

3. 从媒介研究看新媒体对科普传播手段的影响

科普传播媒介是科普传播过程中传播者和受传者之间的中介,是科普知识和科技讯息的物质载体。随着经济的发展,新媒体时代的媒介载体越来越多样化,并且越来越现代化,科普场馆的科普传播也应由传统的挂图、书刊、报纸、广播等扩大到数字电视、数字科技馆、手机等实体,并在不断缩短科技与公众的距离,使科普传播手段和途径更加多样,增添了时代气息。

4. 从受众研究看新媒体对科普传播接收者的影响

受众也被称为受传者、阅听人,是传播信息接收者的总称。20 世纪 80 年代,国家对

青少年的科普教育越来越重视,科普场馆作为校外科普教育基地在我国陆续建成,并逐渐成为新媒体时代青少年学习科普知识的主要阵地,因此,新媒体时代青少年必将是科普传播的主要受传者,也将是科普传播的主先锋。

5. 从效果研究看新媒体对科普传播目标的影响

传播效果指受众接受科普知识和科技讯息后,在观念、态度、感情和行为等方面所发生的变化,是科普传播活动的归宿和新的出发点。新媒体时代,随着新的网络科技的发展,科普场馆科普传播手段也越来越丰富,既使公众对所传播的科普信息的得到理解或提出疑问,也使科普工作人员在传播科普信息过程中不断自我学习,提升自身的科普知识水平,使双方朝着良性互动的方向发展前进。

三、目前科普场馆借助新媒体传播的有益尝试

1. 面对突发事件或灾害救助过程中的科普传播

新媒体的发展,使得人类面对各类灾害或突发情况后的科普传播手段和方式多样,应急救援的传播速度大大提高,改变了以往科普工作"润物细无声"的渐进式科普传播速度。另外,新媒体对科普传播的效果通常也是最好的,效率往往也是最高的。因为这个时候科普知识,不仅人们非常关注,而且还与公众的切身利益密切相关,留给公众的记忆也是最深刻的。例如,重庆科技馆利用每年的"5.12"防震减灾科普活动,与重庆市地震局合作,通过科普讲座、知识竞赛等活动形式,利用动画和三维技术、广播电视新闻等更生动、形象、直观的方式,向公众传播科普知识。实践证明,这些新媒体手段,不仅缩短了科普传播的速度和质量,也大大提高了科普传播的效果。

2. 面向公众的网络科普传播——数字科技馆

相对于传统科普传播,网络科普将全世界的计算机连接起来,从而形成了一个巨大无比的数据库,有海量的信息、海量的存储,以及个性化的"各取所需"。随着科学技术的进步和网络的不断发展,使得科普场馆利用网络来传播科学知识在技术层面和应用层面变得成熟并普及。数字科技馆就是新媒体时代发展的必然产物,它打破了科普场馆在时间、空间等多方面的限制,利用虚拟现实技术来构造出一个虚拟的世界。通过在线科学观测、实验、考察、调查、在线参与科学、体验科学等活动形式,许多实体科技馆的展品无法表达的和实现的表现形式,都可以在数字科技馆中虚拟的表现出来,因而成为实体科普场馆的有益补充,并逐渐成为科普场馆现代化的网络平台。

3. 迅猛崛起的智能手机媒体给科普传播开辟新的空间

科普传播要利用公众易于理解、接受和参与的方式为载体来实现,智能手机作为迅

猛崛起新媒体,无疑成为科普场馆科普传播的新"蓝海"。素有"掌上电脑"之称的智能手机,方便、快捷的网络搜索功能,使得科普场馆的官方微博、微信等科普传播方式应运而生,公众可以在第一时间了解科普场馆的实时科普信息,点击科普知识链接,参与互动,从而扩大了科普传播的手段和途径。

四、结语

新媒体时代,科普场馆的科普传播方式随着新媒体的出现而趋于丰富和现代化,创新和发展新媒体的科普传播势必是科普工作者重要任务和难点。针对新媒体科普确定目标群体、进行受众分析,发挥新媒体科普交互性优势,积极进行有效的新媒体推广,将新媒体科普做出新的天地是科普工作者共同的期待。

参考文献

[1] 孔庆华,曲彬赫. 现代科普传播模式的创新与发展[J]. 科技传播,2010(2).

[2] 中投顾问. 2009—2012 年中国新媒体产业投资分析及前景预测报告(上下卷)[R].

[3] 曲彬赫,冷盈盈. 新媒体时代的科普信息传播[J]. 科协论坛,2011(3).

[4] 林闻娇,牛峰.科普如何借助媒体有效传播探析[J].科技传播,2011(1).

加强科普能力建设的若干思考

曹晓星

四川省科技厅

摘要：四川是一个西部大省，科技力量雄厚，全省科技人员数和每年取得的科技成果数量名列全国前列，同时四川又是一个农业大省，农牧民的科技素质较为低下，为了加强"科教兴川"的力度，提高广大公众的科学技术水平，四川省科技厅在全国率先成立了"科技宣传与普及处"，负责贯彻落实和制订科普法规政策，组织重大科普活动，指导地方的科普工作等。多年来我省在加强科普能力建设上作了一系列工作，取得了成效。

关键词：四川，科普，基地。

一、加强科普能力建设，初步形成了一批各具特色的科普场地

科普能力建设作为一项公益性事业，近年来受到我省各级政府的高度重视，作为为民办实事的一项工作。四川省委、省政府对科普场馆建设十分重视，确定将位于成都市中心的原展览馆由四川省、成都市共同投资近 4 亿元，建成了集航天、机械、电子、儿童科普、科技成果展示为一体的综合性"四川科技馆"。成都、自贡、绵阳、攀枝花等市根据本地自然、生态、人文、农业、科技等优势条件建成了各具特色的都江堰水利工程、成都大熊猫繁育研究基地、自贡恐龙、自贡盐业、三星堆遗址、"两弹一星"纪念馆、二滩电站展览馆、瓦屋山国家森林公园、九寨沟青少年科普基地以及在川的大学科研单位建立的两栖爬行动物、中医药传统文化、四川大学自然博物馆、人体科学馆等共计 41 个省级科普场馆，基本上覆盖了全川 21 个市州。这些科普场馆建设完全符合科技部规定的标准，做到了有经费，有专职人员，有场地。目前我省绵阳、宜宾两市建筑面积达到了 3 000 平方米以上的科普场馆也正在抓紧建设中，准备明年初开馆。

二、充分发挥科普场馆的作用，开展形式多样的科普活动

在每年五月国务院批准的科技活动周中，四川省政府都下发了文件，明确提出在科技活动周期间，全省科普场馆要免费对公众开放，并组织各种科普活动。今年五月四川省科技活动周的开幕式就在四川科技馆举行，同时举办了生态环境保护、科技成果展示、国防科技展和诺贝尔获奖者展览及举办各种科普讲座，开展科技、卫生、安全等科普咨询

活动,吸引了近 5 万余人参加科技活动。各地的省级科普馆也在每年科技活动周期间开展了形式多样、内容丰富的科技活动,在生态保护、人文地理、自然风情、科技知识、卫生健康等方面开展科普活动。我省的科技场馆已成为弘扬科学思想、传播科学知识的重要场所,成为提高公众科学素质、爱国精神的不可或缺的基地。

三、注重采用先进的信息网络传播科技知识

我厅组织专家编印了四套农村适用科技丛书和 37 种农村科技知识信息软件,通过网络和各种渠道传播到广大农牧民手中。在甘孜藏族自治州建立了科普网络和培训中心,并延伸到县乡一级,用汉藏双语向农牧民传播科技知识,近三年共培训了 20 余万人次。

我厅还组织编印了《青少年科普知识》、《社区科普知识》发放到部分小学和社区,受到了青少年和社区居民的欢迎。

我厅在多年来抓科普能力建设中取得了一定成效,但还有一些困难和问题亟待国家重视和解决。

一是国家应有专门的组织管理机构,统一制定科普能力建设的标准、规范,并指导管理国家级、省级科普基地,以及对国家级科普基地进行认定、评估。目前我省的省级科普基地分属科协、教育、文化、旅游、林业、大学和科研单位等多部门和单位的分头管理,缺乏一套完整的组织协调系统和规范性法规、条例,包括科普场馆人员的使用、奖励等办法。

二是应有稳定的资金投入。现在国家缺乏科普能力建设的投资渠道和运行经费。省上也缺乏相对的财政支出科目。各地政府和相关单位建立起的科普场馆在运行中基本上没有固定的经费来源渠道,对场地维修、人员开支影响很大。建议国家应明确科普能力建设的投资主体,开辟专门资金渠道,这对我省也是促进。

三是要有明确的、可操作的优惠政策来支撑。目前国家制定了科普场馆建设的部分优惠政策,如门票免税等,但由于科普场馆多为国家财政投资,实行统收统支,没有税收优惠。在企业、单位和个人对科普场馆的捐赠方面国家也没有相应政策。建议是否参照发达国家的经验,建立国家科普能力建设基金,吸引公众对科普的免税捐赠。

四是重点建设一批国家级科普基地,支持和指导各地建设一批各具特色的科普基地。国家应在各省市或按照区域如:东部、西部、中部等各重点建设一个综合性的科普基地,支持各省市建设具有地方或专业特色的科普基地。加强对科普基地的管理和指导工作。另外,积极组织和开展科普旅游活动,通过开放科普基地吸引游客使之学到科学知识,达到教育目的。国家应积极支持建设国家、省(市区)、市(州)、县级科普网络信息系统,通过现代化手段加快科普知识传播。

新媒体与我国科技馆科普能力的提升

冯 翔

中国科普研究所

摘要： 本文总结了近年来我国科技馆科普活动的主要状况，并详细探讨了新媒体的兴起对科技馆的科学传播形式、途径产生的影响，并分析了我国科技馆展品开发中存在的主要问题，最后提出建立新媒体科普产品研发中心的建议，以确保我国科技馆的科普能力的进一步提升。

关键词： 新媒体，科普，科技馆。

一、科技馆最新的国际发展趋势

虽然展览馆与传统的媒体例如出版物、报纸、电视相比较，似乎不像是媒体。但如果从广义上来定义媒体，由于科技类展览馆在传播和普及科学知识这一方面的作用与出版物、报纸、电视相似，实际上科技馆也可以视为媒体。在科学技术高速发展的今天，新成立或经过改造的大型科技馆也早就以交互性展示系统、科技展厅、多媒体科普剧场为主要发展对象，传统的展品、挂图、展板在新馆中已不占有主要地位。发展到今天，科技馆既具有展览馆的传统功能，也开始更大量的使用新媒体，在继续以往的科学传播形式（常设的展示展览和临时的专题特色展览）的同时，也开始组织一些在新的科学传播理念指引下而逐渐发展起来的科学传播活动，具体的形式包括：

1. 演示性和体验性项目

由于国外科普产业的发展，以及对于游乐园大型游乐设施设计理念的借鉴，采用现代化技术的大型电子化设备使现代科技馆既具有教育的功能，也具有较高的娱乐性。由于技术水平的提高，大型电子化设备有着较强的模拟自然现象的能力，4D影院和大屏幕电影使演示性项目在最新型的科技馆中达到了一个前所未有的高度。尽管科技馆在科普信息的便捷性、方便性上不如电视、电影与网络等媒体，但现代化科技馆在所展览由于在空间上有着其他所不具备的优势，所以它提供给普通公众的展品、电影、互动性设备在视觉、听觉以及其他感觉上的直观性、冲击性、真实性远远超过电视、电影与网络等媒体，具有独特的不可替代的优势。

中国科技馆新馆是一个符合国际发展趋势并在某些领域保持世界领先的现代化科技馆，它通过对不同群体的划分，相应地提供设备先进、完善的体验性设备，例如中国科技馆新馆一楼的科学城堡适合于学龄前和小学低年级的儿童,主要是以游戏的形式让孩子感受生活中的科学知识。而对于年龄稍大的青少年则通过飞行模拟器、驾驶模拟器、太空模拟器等新型体验性设备。这些设备的引入与青少年喜爱的电子游戏有极大的相似性,因此寓教于乐,效果大为提高。中国科技馆拥有目前世界上最先进的球幕影院、巨幕影院、动感影院、4D 影院及天象节目演示共 5 套国际顶尖级放映设备,可给观众带来在普通影院无法获得的奇妙体验和强烈震撼。本次特效电影节将集中展映 20 部特效影片,同时开展"看"、"听"、"学"、"探"、"秀"、"答"、"赛"七大主题活动,为观众解密电影科学、展示电影技术,使观众更真切地体验科技的乐趣、感受科技的力量。北京天文馆蔡司天象厅是一个大型的现代化的体验性设备,采用最先进的蔡司九型光学天象仪,可以在直径 23 米的球幕内模拟出真实的夜空,9 000 多颗星点足以让都市人在天文馆内感受到星空的灿烂。

德国蔡司公司不仅进行科普设备硬件的研发,还进行科普设备软件的研发,德国蔡司公司为迎接国际天文年(1999 年)开发了"探索宇宙"节目 ——和伽利略一起领略宇宙魅力,是全球首部专门为光学天象仪和数字投影系统结合的天文馆打造的,配以三维动画以及电影脚本的高水平球幕剧场节目。北京天文馆蔡司天象厅 2008 年改造使用的经费高达 6 千万,其中经费中很大一部分(400 万美元)都用于引进美国 SGI 公司的实时全天域激光图。该系统由美国 SGI 公司两台超大型图形工作站和德国蔡斯公司的激光投影设备组成,是世界第一套全激光全天域天象仪。这些极为吸引参观者的演示性和体验性项目需要的设备早已超出以往科技馆展品的范畴,集中了现代电子技术、新媒体技术等各种现代高科技技术,是一个有较大发展空间的领域。但国内的企业规模小,研发能力有限,尚无研制开发整套产品的能力。

2. 互动性项目

尽管互动从很长时间以来都是科普活动所追求的一个目标,但传统的科普展品在技术上对这一目标的实现显然力不从心,科技馆可以通过科普展品单方向向参观者传播科学知识,而观众基本上不能向科技馆做任何意义上的科学传播[1]。从国外科技馆的发展趋势来看,科技馆的科学传播途径可以大致区分为三个:科技馆对参观者的传播;参观者对参观者的传播;参观者对科技馆的传播[2]。在传统形式的科技馆里,由于信息交流的渠道狭窄,往往只能实现第一种传播途径。

在中国科技馆新馆、北京天文馆新馆等对外开放以后,我们可以看到国内科技馆在后两个途径上的努力和进展。现代国际上对于科技馆的主流学术观点是强调参观者有

---

[1] 参观者在参观完展品以后,虽然也可以向科技馆提出自己的意见,但大多数只是感谢或投诉,不能视为科学传播意义上的双向信息交流。

[2] Kristin Knipfer et al. Computer support for knowledge communication in science exhibitions: Novel perspectives from research on collaborative learning. Educational Research Review 4 (2009) 196 - 209.

参与展览馆的各种活动的各种机会,并将这些活动区分为身体、智力、感情、社会等四个维度。

身体维度主要是指参观者亲自参与展品的布置活动;智力维度主要是指科技馆的科普活动应激发参观者的智力参与,科技馆经常采用的方式主要为有奖竞赛、有奖征答、征求意见等涉及到智力层面的公共活动;感情维度是指科技馆的科普活动要激发参观者的感情,以达到科技馆和参观者达到两者情感上的互动,科技馆应思考自己的展品、节目等应通过什么样的方式和手段,以更好地实现激发参观者的感情的目的,例如通过一些手段激发参观者对大自然和宇宙的敬畏、对我国古代科技成就的尊敬、对信息时代前景的向往等;社会维度是指科技馆要实现科技馆的后两个科学传播途径(参观者对参观者的传播,参观者对科技馆的传播)。因为传统的科技馆已经可以很好地实现第一个科学传播途径,尽管新媒体的发展使得这一个传播途径的能力也得到较大提高,但总之本质上相差不大,因此不在本文的重点探讨范围。而传统的科技馆在没有新媒体的帮助下很难实现科技馆的社会维度(参观者对参观者的传播,参观者对科技馆的传播)。发达国家的科技馆为实现这个维度,往往采取在科技馆中组织参观者对与展品相关的某个科学主题进行辩论的方式。这种形式在一定程度上实现了参观者与参观者的科学传播,但应该说,这样的参观者与参观者的传播形式既需要耗费参观者一定的时间、精力,也需要占用科技馆的人力资源与场所,因此成本较高,对于基本上属于公益性组织的科技馆来说,在经济上不太可行。科技馆毕竟不像电视台,有较高的广告收入来维持这种节目。因此,以网络为主要特征的新媒体将帮助科技馆实现参观者对参观者的传播和参观者对科技馆的科学传播。

数字图书馆已经使得图书馆的定义已从一个物理上的定义,转化为一个性质和功能上的定义,读者已经不需要非要去图书馆才能借阅到书,只要有因特网和登陆的帐号、密码,即能在全世界的任何角落浏览大英图书馆、法兰西图书馆的数字化图书。与此相似的是,数字化的科技馆也可以在时间、空间维度上扩展科技馆的功能。因特网与新媒体的发展使得科技馆不同参观者之间的交流更为便利,这种交流主要通过虚拟现实来实现,参观者在参观完科技馆后可以登录科技馆的网站,在初次登录科技馆网站的时候,网站会要求参观者输入自己的性别、年龄、职业、兴趣、看过的展品或参加过的活动等选项,并根据现在条件来划分社区,使同一个社区的参观者的话题大致在同一个范围内。这样,既达到参观者通过科学辩论、交谈达到科学传播的目的,又避免了现场辩论对实际条件的过高要求。

二、成立新媒体科普研究发展中心的建议

随着科学技术的发展,科普展品的发展速度很快。在发达国家以及我国中心城市的大型科技馆里面,科普活动初期最常用的展板、挂图等展品已经渐渐被大型、多媒体、网

络化的科普展教品所逐渐淘汰。同时,科普展品的概念也开始发生变化,科普展教品开始不局限于单一的展品,集成了各种现代新媒体技术的科普展厅、剧场、虚拟现实也是当代科普展品的一种新的表现形式。应该说,当今国际科普展品的发展趋势为我国建立新媒体科普研究发展中心提供了理论和现实上的可能。新媒体科普研究发展中心的技术含量极高,往往是一个国家科学技术水平、工业水平与创新能力的集中体现。我国由于在领域本来就起步晚,新媒体企业基本上既没有自己实力雄厚、专业化的研究开发,也没有开展基础研究的能力或与基础研究的机构保持密切联系,不能及早发现未来的潜在市场,也不能做到密切关注潜在市场。

我国新媒体科普尚未形成一个真正意义上的行业。尽管中国科技馆的一些部门曾经试图进行一定程度上的研发,例如中国科技馆的展览设计中心主要从事常设展品的设计工作,资源管理处主要从事临时展品的设计工作。但总的来说,由于中国科技馆的主要任务是为公众服务,而不是进行研发,研发能力有限,无法从根本上解决我国新媒体科普研发水平和能力低下的问题。在这种状况下,国家应提供一定的政策支持,例如建立一个国家级的新媒体科普研究发展中心,这将是推动我国新媒体科普与科技馆科普能力提升的主要手段。我国建立新媒体科普研究发展中心的目的,不是要彻底取代原来其他的新媒体生产企业,而是通过一个国家级的研发中心,在科普机构与科普新媒体企业之间建立一个互动的平台,促进科学技术等知识以及市场需求信息的流动,提高我国新媒体科普产品的设计水平和技术含量。研发中心并不进行新媒体科普的实际制造,而是进行市场需求的分析、产品设计、生产计划、技术与产品的推广、广告和销售工作,提高科普新媒体的发展水平与生产厂家的经济效益。

在产品设计的理念上,应该大量采用国际上流行的新媒体理念和最新的科学传播理念。国际上关于科技馆的科学传播效果的研究表明,在参观者参观完以后进行一次参观者之间以展品为主题的探讨,是科技馆可以采纳的所有科学传播方式中效果最好的一个,但也是现实上最缺乏可行性的一个。日本学者吸收了国际上科学传播的学术成果,设计出 Agent Salon[①] 系统,在一定程度上克服了"参观完再讨论"的现实困难。这种终端提供设立在科技馆的服务器对参观者的职业、性格、爱好以及对展品的态度、观点进行收集、整理和统计,通过一定的智能程序区分不同的参观者全体,最大限度地减少参观者之间的信息不对称现象,使不同参观者通过一定的蓝牙技术在手机上就可以进行知识的共享,而不需要在科技馆参观以后集中在一个特定的场所进行科学交流(而这往往是不现实的)。

尽管现在 Agent Salon 系统尚未投入商业运行,但这种设计理念充分反映了新媒体时代的精神:集中网络在信息传播的速度与范围上优势,不断拓展传统媒体科普资源的

---

① Sumi, Y., & Mase, K. (2001). AgentSalon: Facilitating face-to-face knowledge exchange through conversations among personal agents.

适用范围,使线下的优良资源不断地转化为网络资源。在新媒体时代,并非必须使用大型的、代价昂贵的展品、设备才能实现科学传播的成功,通过因特网这一手段,在新的设计理念的指引下,整合原有的科普资源,也是一个重要的手段,而且更适合于我国这样一个发展中国家。总之,新媒体科普是传统媒体科普的延伸和拓宽。它不是要取代传统媒体科普,而是以国际互联网为基础、整合以往的科普资源,从而创造出一种新的科学传播形式。尽管在科普资源实际数量的增长上,新媒体科普可能贡献不大,但由于这种传播形式极大地加速知识流动、分享以及全球化的趋势,因此事实上极大地丰富了科普资源。面临这个趋势,鸵鸟政策是无济于事的,只有通过学习发达国家的先进经验,结合我国传统传媒科普的特点,发展我国的新传媒科普事业,才能使我国公民科学素质能不断提升,才能为实现中华民族的伟大复兴做出自己的贡献。

参考文献

[1] Kristin Knipfer et al. Computer support for knowledge communication in science exhibitions: Novel perspectives from research on collaborative learning. Educational Research Review 4 (2009) 196 - 209.

[2] Sumi, Y., & Mase, K. (2001). AgentSalon: Facilitating face-to-face knowledge exchange through conversations among personal agents. In Paper presented at AGENTS'01 Montréal, Quebec, Canada.

探索新媒体在科技馆安全教育功能上的延伸

付 杏

重庆科技馆

摘要: 面对各种突如其来的灾害威胁,我们是否都具备了冷静处理,积极自救的能力了呢? 事实证明,在我国每年约有13万人死于各种事故灾害,其中中小学生就占了1万人。导致人员伤亡的主要原因并不是灾害本身,而是中小学生缺乏正确的应急处理方法。科技馆是中小学生接受课外实践教育的重要场所,如果将科技馆作为中小学生安全教育的实践基地,就能有效地培养中小学生安全防范意识及自救方法,这是科技馆自身优势所决定的,同时,科技馆需要继续结合新颖的传播方式,利用新媒体发挥其安全教育阵地功能。

关键词: 安全教育,科技馆,新媒体。

一、科技馆为什么要关注安全教育

1. 我国青少年人群接受安全教育的现状

(1) 现状严峻。由于现代社会的多元化发展,危及人类生存的安全问题也出现多样化、复杂化的发展趋势。温室效应、环境污染、交通事故、流行疾病等等,随时威胁到我们人类的安全与健康。中小学生由于年纪小,自我保护意识弱,生命安全时时在受到各种有害因素的威胁。据有关统计显示:在我国,每天大约就有40个孩子死于交通事故;每年有近两万名少年儿童非正常死亡;还有40—50万左右的孩子受到中毒、触电、他杀等意外伤害。资料显示,多年来我国每年交通事故死亡数均超过10万人,位居世界第一,这与我国在对未成年人的安全宣传教育上的缺失有很大关系。[1]

(2) 学校因素。从学校的角度看,有些学校没有进行全面、规范、系统的安全管理。虽然国家教育部门定期或不定期地要求中小学校进行专项整治,但是有些措施并不能从根本上预防校园安全事故,甚至只是在事故发生之后才进行弥补,不能系统考虑校园安全各个因素之间的关系。部分学校对校园安全工作不够重视,只是应付上级检查,而把更多精力投入到提高应试成绩上。有些学校没有一套适当有效的事故预防管理方法,则难免在学生的安全防护上出现漏洞。我国至今还没有专门的校园安全管理机构和管理人员。总之,分析校园安全事故,"理论丰富,实践缺乏"的教育模式是导致这一结果的一大原因。

2. 国内科技馆开展安全教育的情况概要

利用科技馆这个展示平台来宣传安全教育,最早在国外的一些专题科技馆中得到应用,而近年来国内的部分科技馆中也开设了以安全教育为主题的展厅,有了新的尝试。虽然国内真正选用安全主题的科技馆还是少数,但这些成功的案例也可以给科技馆的新建及改造提供有用的资料。

重庆科技馆的防灾科技展厅通过模拟狂风、暴雨、雷击、火灾、地震、泥石流等多种灾害,并让市民体验灾害发生的情景,了解灾害发生的科学原理和政府防灾减灾的政策措施,让市民学会科学面对灾害,促进人与自然和谐相处。

南京科技馆的公共安全教育展区是科技馆颇具特色的展区,整个展区由人民防空、交通安全、消防安全、社会治安、用电安全、自然灾害、卫生健康、核生化知识、生产生活安全和地震体验 10 个主题展区组成,通过互动体验方式,向广大市民特别是青少年学生,普及防空知识,增强公共安全意识,提高应急自救互救技能,受到广大青少年的喜爱。

乌海科技馆安全教育展厅以关注青少年安全教育、服务青少年健康成长为宗旨,以介绍知识、传授技能、提高素质、强化意识、规范行为为目标,以多媒体演示、亲身体验、拓展训练为手段,为公众特别是广大青少年提供了一个"通过亲身体验,从而全面了解自救避险知识"的平台。这一安全教育展厅的开放,对增强公众特别是青少年安全意识、提升他们的自救能力将发挥积极作用。

在 2012 年的全国消防科普教育工作大会上,提名了第四批 70 个"全国消防科普教育基地",其中重庆市科技馆、南京科技馆榜上有名……

二、怎样将新媒体和自身优势结合起来普及安全教育

1. 在科技馆开展安全教育的资源优势

现如今,安全教育是学校乃至整个社会需要长期进行的必修课,但面对学校、单位缺乏开展安全教育的固定设施及相关人员,因此安全教育长期都处于理论大于实际的状态。而在我国,科技馆已成为大中型城市的配套基础设施,它是一个城市向公众普及科学知识,传播科学思想和科学方法,弘扬科学精神的集中场所,拥有较完善系统的硬软件设施,同时能利用不断更新的"新媒体"丰富传播方式,如果将安全教育融入科技馆展示内容中,则能起到很好的宣传教育效果。

(1) 科技馆的硬件优势。

① 科技馆拥有固定的展示场所,便于长期定点开展安全类教育。

② 我们知道"兴趣是最好的老师",科技馆的展示教育方式是比较灵活的,主要是通

过具有一定趣味性、参与性的展品来吸引观众的兴趣,激发观众主动学习的欲望,能够加深观众对知识的印象,达到较好的学习效果。

③ 展品的形式更注重理论与实践的结合。展品从内容展示上,主要分为知识性展示和应用类展示。知识性展示,即通过一体机、多媒体或是数字影片来传授知识点,使观众形成较为全面的知识系统,便于理解记忆。如重庆科技馆防灾科技展厅中的"火灾与防火"和"家庭中的安全知识"这两件展品,分别通过一体机和多媒体,介绍了"家庭""森林""城市"中的防火应急知识以及家庭中关于食物安全、化学物品的使用等安全生活常识,有针对性的点明了人们在日常生活中可能遇到的容易导致安全隐患的认识误区。应用类展示,它的展示形式更为丰富。展品通过参与性较强的体验形式,用全息、幻影成像等新技术让观众亲临灾害现场,做出正确的应急救灾行为,达到培养观众安全应急技能的目的。目前,在具有安全教育展示内容的科技馆或是主题馆展厅中,应用类展示展品的受欢迎程度明显高于知识性展品,这也与人类好动的天性相关。就以重庆科技馆中的"暴风体验"和"模拟地震体验"来说,在严格控制了开放时间的前提下,每天的参与人数也能达到参观总人数的三层。将知识性展品与应用类展品相结合的展示形式,能够将应用技能培训的效果最大化,这一点就很好的弥补现有安全教育理论重于技能实践的弊端。

④ 展品的展示主题多样化。安全教育是个大课题,它包含了很多方面的内容,除了我们通常理解的消防安全和自然灾害外,还包括交通安全、社会治安、用电安全、卫生健康等相关内容,而我国涉及到安全教育类的展馆中,除了为数不多的几个科技馆以外,往往都是展示内容比较单一的主题馆,比如厦门消防馆、上海地震馆等,要让观众较全面了解生活中的安全知识,难度较大。而科技馆可以结合自身综合性的展示内容,将各种主题的安全教育内容汇集到一起来集中展示。

(2) 科技馆的软件优势。

① 现在学校单位开展安全教育的另一大难题就是没有专业的技能培训人员,而这些学校单位往往都是外请专家或是内部人员自学承担,容易造成培训成本负担或是培训准确性上的难题,这一点也是造成目前社会上大部分学校单位搞形式化培训,走过场的原因之一。而科技本身就具有这样的人员培训优势,专业的辅导团队对展厅的安全展示内容有系统全面的学习认识,可以引导观众参与学习展项,在观众体验的过程中向他们传授更多的知识及技能。这种一静一动的展示结合方式,是安全培训提升效果的有力武器。

② 除了有专人对观众进行语言引导外,形式多样的主题活动也能起到一定补充作用。主题科普活动灵活多变的表现形式也是吸引观众的主要手段。

2. 科技馆将自身优势结合新媒体可以采取的对策

科技馆固定、系统、全面的展示形式和专业化的辅导团队是进行社会安全培训的有力条件,如何才能吸引观众的关注度,如何结合新颖的传播方式,利用新媒体发挥其安全教育阵地功能,这是科技馆人应当共同探讨的问题。而笔者认为,需要从以下几个方面加以完善：

（1）结合展厅改造。

① 针对现有展厅的展示内容较为零乱，需要重新的筛选整合。首先要将公共安全教育分类，使观众形成比较系统全面的认识。比如消防类、交通安全类、灾害防护类、应急自救类等，分主题分版块展示。做到多主题多展示，主题不鲜明的要积极补充。科技馆现有展品多数都采用了多媒体，如果能将多媒体资源网络化，与观众形成资源共享。

② 要丰富展品的展示形式，多选用参与性较强且内涵丰富的展项，引进新的展示技术，提高观众的参与热情。

③ 探索展品的表现形式，可尝试运用比赛竞技、现场演练、手工制作等互动方式，多角度宣传安全自救的方法技能。

（2）资源合作。

与专业媒体机构建立合作。相关主题日时，可在展厅中开展专业培训讲座，并邀请专家志愿者现场讲授。

（3）创建信息平台。

紧跟信息发展的脚步，采用最新最快的传播方式，如微博、数字科技馆、论坛等网络平台，向大公宣传安全教育内容。

总之，随着社会对公共安全的认识及重视，科技馆要不断利用新媒体这一资源，广大传播知识的能力，而科技馆安全教育功能将在不断地在努力实践中得到突现，而作为科技馆本身，应当肩负起这一发展使命，将安全教育的历史车轮继续推进。

参考文献

［1］ 邓鹏宇，吴清：《我国中小学生命与安全教育现状及对策》，现代教育科学网．

理论思考与上海科普实践

李健民　　刘小玲　　张仁开

上海市科学学研究所

摘要： 科普能力建设，归根结底是一个怎么提高科普工作绩效的问题。科普工作绩效是多种因素参与科普过程的综合表现，是科普工作系统运行的必然结果。根据系统论，科普工作系统是科普工作主体、科普工作客体、科普工作载体、科普内容和科普方式、科普工作的条件和环境等五个方面构成的。

关键词： 科普能力，科学素质，创新能力。

科学需要传播和普及，没有科普，就没有人们的科学认识和对科学的应用。科普的价值和意义在于它的广泛性和有效性，因此，科普能力的重要地位不容置疑。

一、对科普能力的几点认识

科普能力建设是一个长期的、基础的系统工程。其时间属性表现为科普能力与科普发展阶段密不可分，科普能力在不同的科普发展阶段有不同的表现状态；与此同时，科普能力水平的提升有利于促进科普阶段的向前发展。其基础属性表现为科普能力关系着一个国家的科技创新能力和创新型国家建设，科普能力是提高公民科学素质的重要基础，是增强自主创新能力以及推进创新型国家建设的重要保障。

1. 科普能力与科普发展阶段

从科普能力的主体性原则出发，科普以公民为中心，在科普工作开展阶段体现为公民的参与状态，在结束阶段体现为公民的科学素质水平。

以这两个维度为坐标系，纵观新中国成立之后我国科普工作的历史，大致经历了三个阶段。

公众接受科学：1994 年以前，科普的重点只是在于普及和传授科技知识，科普方式主要表现为单向传播，公民被动地接受科学知识。科普能力的概念，还没有引起管理者的重视。

公众理解科学：1994 年到 21 世纪初，我国提出了公民科学素质建设要"普及科学知识、弘扬科学精神、宣传科学思想、传播科学方法"，促进公民对科学事业的全面理解；科普方式逐渐摆脱传统的"传播者本位"，强调反馈式的双向传播，注重发动公民主动参与，这对科普能力提出了更高的要求。

公众参与科学：进入 2006 年以来，自主创新型国家建设目标的提出，对科普工作提出了新的期待和要求。科普工作不仅要使我国公民掌握和理解科学技术知识与方法（即学科学），具有科学精神（即讲科学和爱科学），而且要倡导学以致用的能力（即用科学）。这预示着我国开始进入了以能力为主的公民科学素质建设的新阶段。突出公民的参与状态由主动提高自身素质进而发展为积极融入科技事务的决策过程，与决策者互动。

因此，公众接受科学、公众理解科学、公众参与科学这三个历史阶段，构成了一条公众的参与从被动到互动以及公众科学素质从"知"科学到"会"科学的整体上升和加速前行的轨迹。与此相对应，在科普能力建设中，科普与能力的关系经历了从模糊的实践探索上升到明晰而有理论根据的科学政策的历史演进。

2. 科普能力与科技创新能力

科学普及和科技创新是科技工作的一体两翼，科普能力和科技创新能力相辅相成、相互促进，共同推动整个科技事业的发展。

当今世界，科技创新对经济和社会发展的影响越来越重要。科技创新是一项复杂的社会活动，一个国家、一个社会的科技创新能力是以具备一定开拓创新能力的人为前提条件的。只有"不断提高全民族的思想道德素质和科学文化素质"，才能"为现代化建设提供强大的精神动力和智力支持"。

从目前来看，我国科技创新能力较弱。2004 年我国科技创新能力在 49 个主要国家（占世界 GDP 的 92%）中位居第 24 位，处于中等水平。另一方面，我国具备基本科学素质的公民比例也比较低，1996 年为 0.2%，2001 年为 1.4%，2003 年为 1.98%，2005 年为 1.60%，2007 年为 2.25%。从国际上看，美国 1995 年就达到了 12%；欧盟国家 1992 年为 5%。由此可见，虽然我国公民科学素质达标率整体上呈现上升趋势，但与发达国家的差距还是非常大。

科技创新能力的培养一方面是科技创新的重点领域和方向的选择问题，是确立企业的技术创新主体地位问题，另一方面，甚至更为重要的，是培养创新人才的问题，是普遍提高全民科学素质的问题。

3. 科普能力与创新型国家

创新型国家的建设和发展，必须以营造有利于创新的社会文化和环境为根本，这一点已经成为共识。

科普工作着力推动的"科学知识、科学方法、科学思想和科学精神"以及"应用它们处理实际问题、参与公共事务的能力"，蕴含着全社会热爱科学、崇尚创新、宽容失败、实事求是、尊重客观规律等价值观、方法论和实践，为创新型国家建设奠定了良好的社会基础。

二、科普能力建设的思考

科普能力建设,归根结底是一个怎么提高科普工作绩效的问题。科普工作绩效是多种因素参与科普过程的综合表现,是科普工作系统运行的必然结果。根据系统论,科普工作系统是科普工作主体、科普工作客体、科普工作载体、科普内容和科普方式、科普工作的条件和环境等五个方面构成的。

这五个方面不是孤立的,而是相互关联,不同方面的因素作用于科普过程,具体体现为:科普人才队伍、科普基础设施和科普教育基地、科学教育和传播体系、科普作品、科普工作组织网络、社会环境。它们共同构成了科普能力的六大要素,科普能力建设,正是这六个要素的不同组合与相互作用而形成的实践过程,塑造着两条能力主线:以能力为导向的科普工作——管理和服务能力,以能力为导向的公民科学素质——参与公共事务和处理实际问题的能力。

三、上海的实践——五力整合

2007 年,科技部确定上海市为全国科普能力建设试点城市。上海计划从科普场馆建设、科普品牌活动培育、科普作品创作出版、科普工作监测评估四个方面来推进能力建设,一年多来,在能力建设方面取得了长足进步。总结实践经验,我们认为,通过"五力"整合,即组织体系的渗透力、社会资源的整合力、创新示范的引领力、注重社会效果的影响力、工作效率的调控力,有效推进了上述四个方面的科普能力建设。

1. 组织体系的渗透力

组织体系的渗透力,是指不断优化科普组织设置,扩大工作覆盖面,探索建立有利于科普事业协调发展的组织体系的能力。

在组织体制方面,上海积极创新科普工作领导体系的组织设置方式。一是有机整合科普联系会议与科学素质工作领导小组的力量,做到"两个班子,一个调子",计划规划共商定,工作任务同步推。二是上海市政府系统专门设立了科普工作处(市一级)和科普工作科(区县一级),主抓科普的管理、协调、督促和检查工作。

在管理制度方面,上海先后出台了一系列管理办法,如:《上海市科普税收优惠政策实施细则》(2003),《上海市科普教育基地考核办法(试行)》(2007),《科普场馆的管理办法》(2008)。

2. 社会资源的整合力

社会资源的整合力,是指围绕以活动为龙头,以资源为支撑的原则,梳理、集成科普口事业单位、市各种学会和区县科协现有科普资源共享平台,并向社会提供服务的能力。

2008 年,上海精心打造了上海科普资源开发与共享平台。通过政府推动、社会参与、以点带面,运用网格思想及技术,实现了全市范围科普资源的整合、集聚、开发、共享。

3. 创新示范的引领力

创新示范的引领力,是指通过评选各种科普示范项目,启发和推进科普活动的形式创新和内容创新,并对相关区域和活动形式产生强大的辐射、示范和带动作用的能力。

近年来,上海市组织实施了以科普示范社区、科普示范学校、科普旅游线路等为主要内容的科普示范工程。如:优秀科普示范社区从 2006 年的 25 个增加到了 2007 年的 29 个,科普旅游示范线路增加至 8 条。

4. 注重社会效果的影响力

社会效果的影响力,是指通过政府科普经费投入以及科普奖励措施的扶持,带动全社会重视科普、喜欢科普、投身科普事业,并通过注入新内容和新形式,提高特色科普活动的社会效果,逐步形成科普活动的专业优势、创新优势和品牌优势,推动上海科普活动效果的优化升级的能力。

在经费投入方面:2007 年政府投入科普经费 3 000 多万元,带动全社会投入 2 亿 4 千万元,带动比大约为 1∶8。

在活动开展方面:上海市举办了各种各样公众喜闻乐见的活动,取得了良好的科普效果。例如,"明日科技之星"评选活动,成为了青少年科技后备人才选拔培养的重要机制和载体;上海科普艺术展演活动是对新时期科普工作方式与手段的又一次创新;上海国际科学与艺术展已成为上海"科技节(周)"的品牌项目。

在科技服务社区方面:2006 年成立了全国第一家科学商店——华东师大科学商店,目前全市已有科学商店 9 家。目前正在草拟《上海市科学商店总店服务章程》,使之走向正式化和制度化。

5. 科普工作效率的调控力

科普工作效率的调控力是指以科普法规制度为依据,科普管理部门调整工作关系和掌控政策执行情况,维系科普事业的有序开展,从而引导乃至监控测评科普工作绩效。

按工作性质的不同,科普工作调控分成两条主线,一条是科普工作绩效评估,主要是依据《纲要》提出的目标,对有关行动计划、基础工程、政策措施的执行效果进行测量。上海提出的市区(县)科普工作测评指标体系共 3 个一级指标、10 个二级指标,31 个指标项。

另一条是科学素质评估,主要是在《纲要》实施背景下对全民科学素质的变化状况进行动态地监测评估,掌握公民科学素质的变化的情况。根据我们去年完成的国家科技部

2006 年科技计划专项(KP‐2006‐01)《公民科学素质基准和公民科学素质监测指标研究制定》课题,"以能力为导向的中国公民科学素质基准"包括 4 个主题,14 个专题,大约 173 条基准。

四、结语

提出建设"科普能力"的理念,是在新的高度上思考科学推进社会发展的途径,深刻地思索科学普及活动的内涵,有助于我们在更加广阔的背景中规划科普工作。

然而,科普能力是一个广泛而抽象的概念,蕴藏在科普工作的细节当中。上海的"五力"整合,既是科普能力建设的实战经验,也是对科普能力建设的一种认识论探索。科学发展观蕴含着的"以人为本"的科技观,落实在科普能力建设当中,就是要实现科普为民所享、科普为民所有、科普为民所治。

组织体系的渗透力,奠定了科普的公益性基础,实现科普为民所享。社会资源的整合力,拓展了科普事业的空间,在政府的牵引作用下,科技团体、大众传媒、大学、研究机构、企业以及民间基金会等在科普方面发挥积极作用;创新示范的引领力,突破了传统的、僵化的、陈旧的科普形式和内容;注重社会效果的影响力,推进科普由点及面,突出了个人与社会的交互作用,形成若干品牌活动;只有科普事业走向社会化,才是科普为民所有。科普工作效率的调控力,体现的是公民对科技活动的知情权、参与权和决策权的尊重,科普为民所治,最终保证了科普的人文关怀,推动科普事业持续发展。

参考文献

［1］ 国务院. 全民科学素质行动计划纲要(2006—2010—2020 年).

［2］ 美国科学促进协会.科学素养的基准.中国科学技术协会译.北京:科学普及出版社,2001.

［3］ 上海市科学学研究所. 上海科普工作绩效评估研究报告.

［4］ 李健民,刘小玲,从能力建设看科学素质的内涵,科技导报,2008(16).

裸眼立体显示技术在科技馆
展览中的实践应用

洪唯佳　王雪梅

中国科技馆

摘要： 裸眼立体显示技术作为一种新型的传播媒介，已逐渐应用到科技馆的展览设计中，服务于科技馆的科普工作。本文讲述了裸眼立体显示技术特点，列举了其在科技馆展品中的应用和设计需注意的问题，并对此项技术在科技馆展览设计中未来的应用进行了展望。

关键词： 裸眼立体显示，科技馆，展品设计。

裸眼立体显示技术作为新型的传播媒介，已成为人们互动交流的一种新方式。它在无需佩戴任何辅助设备（如眼镜、头戴式显示器）的前提下，能较好地展示出物体的三维立体效果，给观看者提供良好的视觉感受。它同时还具有传统显示器的交互性、灵活性和实用性。因此，可在科技馆展览设计过程中运用此项技术将科学原理、科学知识转化为形象生动的立体图像，并通过与参观者互动的方式呈现出来，使参观者在轻松愉悦的环境中了解相关方面的科学内容，感受科学的乐趣。

一、裸眼立体显示技术概述

裸眼立体显示技术能够真实地重现客观世界的景象，表现出场景的深度感、层次感和真实感，将此项技术运用到科技馆的科学普及工作中，能够吸引更多的参观者与展品进行互动。为了能在展品设计的实践过程中更好的运用裸眼立体显示技术，首先我们来了解一下裸眼立体显示技术的基本原理及特点。

1. 立体视觉的基本原理

人类双眼基本上是为形成视觉信息的立体化而生成的。人们都是用双眼来辨别三维空间的物体，在观看空间某个对象时，由于人的左右眼之间有一定的距离，一般为 45 至 65 毫米的距离不等，这个距离使得左右眼的观察角度相对固定，且被观察的物体在人的左右眼视网膜上所形成的像存在略微的差别，这种差异就是双眼视差。视差的产生对于立体视觉的形成起着非常重要的作用。

由视差而产生的两幅视角不同的图像输送到大脑后，视觉中枢通过信息（如物体运动、阴影、纹理、形状和立体状态等)处理来实现立体视觉,呈现出有景深的景象。

2. 裸眼立体显示器的基市原理及分类

裸眼式立体显示技术是基于人类的双眼"视差",即人眼睛的功能决定了立体视觉的形成。它是结合人本身参与的系统,显示器件其实只完成了立体视觉的部分功能,而人体的生理功能完成剩余的工作。

目前市场中的研发方向主要集中在基于平板显示器(TFT LCD, PDP 等)的裸眼立体显示技术。根据分割左右眼视图的方法不同,裸眼立体显示器大致可分为光屏障式技术(Barrier)、柱状透镜技术(Lenticular Lens)和指向光源技术(Directional Backlight)三种,具体情况见表1。

表1

类　型	光屏障式	柱状透镜	指向光源
图像显示器件	TFT LCD、PDP	TFT LCD、PDP	PDP
优点	与LCD液晶工艺兼容,在量产性和成本上较具优势	3D技术显示效果较好,亮度不受到影响	分辨率、透光率方面能保证,3D显示效果出色
缺点	阻挡背光,影像分辨率和亮度会下降	视区固定,单一立体显示	技术尚在开发,产品不成熟

从展览设计的角度出发,考虑到技术成熟度及展览成本等方面原因,通常选用光屏障式技术或柱状透镜技术的裸眼立体显示器。

3. 裸眼立体显示技术的特点

裸眼立体显示技术最大的优势是摆脱了眼镜的束缚,且具有较好的视觉效果,但可视角度和可视距离等方面还存在很多不足。即观众在观看裸眼立体显示器时,需和显示设备保持一定的距离和一定的视觉角度才能更好地观看到有立体视觉效果的图像。因此,在科技馆展品设计过程中,需充分考虑到裸眼立体显示技术自身特点,结合展品内容、操作方式等具体情况进行设计,最大限度的体现裸眼立体显示器的优势,避免其不足。

二、裸眼立体显示技术在科技馆展览中的设计与实践

自20世纪90年代以来,随着科技的进步,基于平板显示器的裸眼立体显示技术越来越成熟,我们把它作为一种辅助的展示手段更多地运用到了科技馆的常设展览和短期展览的展示中,通过良好的视觉体验及互动的展示方式,吸引更多的观众参与到体验科

学的展览活动中去。下面介绍两件由笔者设计的采用裸眼立体显示技术的科普展品，以期能从中总结出裸眼立体显示技术在科技馆展览设计中需注意的问题及其普遍规律。

1. 同素异形体

该展品是 2009 年建成的中国科技馆新馆探索与发现主题展厅"物质之妙"展区的一件展品。展品展现了金刚石、石墨与碳 60(C60)，红磷与白磷，氧气与臭氧三种同素异形体的立体结构以及它们的物理、化学性质等内容。在展品设计之初，考虑到晶体结构的复杂和枯燥，如何能更好的体现物质结构特点，展现自然界中物质结构之美、之妙，进一步激发参观者的兴趣，是一个急需解决的问题。通过调研笔者了解到裸眼立体显示技术能较好的呈现出立体景深景象并且公众对这项技术了解较少，如果将其运用到同素异形体的展品中应该能取得较好的展示效果。

在展品的结构设计过程中笔者希望给参观者以视觉惊奇感，呈现给观众一个立体悬浮的晶体结构景象，不希望观众直接看到裸眼立体显示器。因此在设计过程中采用了意向化的分子模型，将立体显示器置于中间最大的球体中，周围为暗环境，巧妙地隐藏了显示器的外形。在整个设计过程中主要遇到了两个问题：一是由于裸眼立体显示技术自身的特点，参观者的最佳观看角度有特定的距离和可视区域。而来科技馆的观众参观较为随意，如果仅凭指示牌，请观众站在特定位置，多数观众会忽略这个细节。因此我们在地板上设计了压力传感器，控制展品视频的播放，即地板上设置了一个区域其中包含三个踩踏点，这个区域正是观看裸眼立体显示器的最佳观赏点，观众通过选取标有"碳"、"磷"、"氧"字样的踩踏式开关，观看相应的视频。第二个问题是按设计好的脚本内容进行制作后样片的景深效果不突出。后经试验发现，在单一暗色背景下，突出晶体结构颜色的方法能很好的解决这一问题，即增强了画面的对比度。最后完成的展品选取了纯黑色背景和色泽鲜艳的晶体结构，对比明显，立体感很强。

2. 二氧化碳从何而来

该展品是 2010 年中国科技馆短期展览"低炭生活"中"自然界的碳循环"主题下的一件展品。展品意在通过观众的互动了解大气中二氧化碳的产生来源。在展品设计之初由于了解到火山爆发、生物的呼吸作用、燃料的燃烧以及雨水冲刷石灰岩四个方面是大气中产生二氧化碳的主要来源。而立体显示技术的优势之一是具有良好的视觉体验。诸如火山爆发、雨水冲刷石灰岩的景象用有景深的立体景象呈现在观众面前能产生更好地展示效果，使得观众对于此项科学内容有更加深刻的印象，因此确定采用此种展示方式。展示手段确定后，就着手于方案的进一步细化和完善。在实践过程中笔者发现裸眼立体显示技术对于景深的效果营造的较好，但当出现较长的文字内容，如"生物的呼吸作用产生二氧化碳"的字样时，就破坏了整个场景的氛围营造，且文字内容也不需要立体显示。最终设计调整为显示器下部增设一个灯箱，当观众选择不同内容时，相应的灯箱会闪亮,提示观众目前展示的内容。此外,与上一件展品类似,由于目前立体显示技术的局限性,观众需要和显示设备保持一定的位置才能看到立体效果的图像,因此在展品结构设计的过程中有意对观众的参与区域进行了限定,即观众只有靠近操作台,才能选取所要了解的二氧化碳来源片断,锁定了观众的观看视角。

裸眼立体现实技术是一种新型的多媒体展示手段,其应用还要根据具体的展示内容进行筛选,不能随意滥用。在应用的过程中还要注意其自身的特点,从增强景深效果、巧妙限定观看位置和视角、尽量减少文字呈现以及采用多种互动方式等多个设计角度进行考虑,以期达到最佳的展示效果,提升科普展示教育的质量。

三、裸眼立体显示技术在科技馆展览设计中的应用展望

随着裸眼立体显示技术的发展,其研发成本也在逐渐降低,相信在不久会有更多科技馆的展品运用到此项技术。如,把抽象复杂的数据进行可视化处理,应用在普及DNA、蛋白质结构知识以及医学常识等领域,使得公众更为直观地了解到相关内容。还可将裸眼立体显示技术与虚拟现实技术相结合,提供给观者深度感和层次感的立体视觉效果,使得参与者仿佛置身于虚拟世界中,令人有身临其境的感觉。相信这些体验活动都将会给观众带来很强的视觉冲击,进而对所讲述的科普内容有更为深刻的认识。

四、结语

在利用裸眼立体显示技术传播科学内容的实践过程中,笔者深刻体会到如何巧妙地运用这种展示手段,更好地展现科普知识的内容,提高公众对科普内容的关注度及兴趣是此类展品设计的核心。此外,在此类展品的设计中还需反复思考如何让观众既得到强烈地视觉冲击体验,同时又能更多地了解展品表达的科学内容,真正做到寓教于乐。这也是今后设计此类展品时需不断探索、努力的方向。

参考文献

［1］ 朱秀昌,刘峰,胡栋,数字图像处理与图像通信,北京邮电大学出版社,2002.
［2］ 刘文耀,光电图像处理,电子工业出版社,2002.
［3］ 谭军,陆波,余桂丰,立体电视技术的发展概况及基本原理,中国有线电视,2004.

专题性科普场馆的运行机制及管理模式研究

——以上海市为例

张仁开　李健民

上海市科学学研究所

摘要： 优化科普场馆运行机制和管理模式，是提高科普场馆综合绩效的关键，也是加快全市科普能力建设的重要举措。

关键词： 科普场馆，运行机制，管理模式。

专题性科普场馆是指由政府、企事业单位或其它社会组织建立的、不以营利为目的、面向公众开放，具有行业(专业)特色，通过实物展示、情景模拟等形象化手段，向公众普及科学知识、倡导科学方法、弘扬科学精神、传播科学思想的科普场所。与综合性科普场馆或基础性科普教育基地相比，专题性科普场馆具有明显的行业和专业特色，是某一行业或学科领域的科技教育基地。

一、上海专题性科普场馆运行机制及管理中存在的主要问题

1. 宏观管理体制不顺，尚未真正做到"分级、分类"管理

全市科普场馆类型多样，有企业投资的、也有政府投资的，有专题性的、也有综合性的，有市级的、也有区(县)级的，但目前对这些不同类型、不同级别的科普场馆还缺乏"因馆制宜"的管理方案。多数场馆在组织管理体制上"先天不足"，专职管理人员缺乏，管理组织松散，管理上显得"力不从心"。

2. 资金筹措机制不完善，运营经费缺乏保障

一是科普场馆经费来源的社会化、多元化程度比较低，许多科普场馆的运营经费大部分来源于政府投入，自身和上级主管部门没有或很少有经费投入，社会团体、个人的捐助以及门票经营收入所占的比例也很低。二是场馆缺乏独立的经费使用权。三是科普场馆经费支出存在一定的不合理性。从运行经费的支出来看，科普经费主要用于工作人员费和运营费(主要是水电等物业费)，而展品的更新维护只占很少的比例。

3. 人才使用机制不健全，科普工作人才素质不高、队伍不稳

部分科普场馆没有独立的人员编制，没有专职的工作人员，场馆负责人、讲解员和日

常管理人员都是兼职人员。大部分科普场馆缺乏对其工作人员的考核制度,一些单位的年终考核也不把科普工作成绩算作工作业绩,从而导致科普场馆工作人员的积极性和主动性普遍不高。

4. 资源共享机制不健全,难以实现科普资源的有效整合

不同类型、不同行业、不同区域的科普场馆缺少交流与合作,科普场馆中介服务体系不健全,科普场馆与各类学校、研究机构以及社会、企业之间缺乏畅通的交流渠道。科普场馆与社会资源特别是学校教育资源的互动不够。

5. 评估监督制度尚未建立,科普场馆难以实现持续、稳定发展

对科普场馆项目,还缺乏一套行之有效的评估监督办法,特别是对科普场馆的运行管理绩效缺乏科学合理的评估方法和方案,从而导致许多场馆"重建设、轻管理","重过程、轻绩效",有的甚至"只建场馆,不见科普"。

二、完善上海专题性科普场馆运行机制及管理模式的政策建议

1. 构建"分类指导、分级管理"的宏观管理体制

对公共公益类场馆而言,政府管理部门采取直接投资的形式参与其建设和运营管理,保障其运行所需的大部分经费,场馆在政府管理部门的直接指导下开展科普活动,为社会提供免费的公益性公共性的科普产品和服务。对准公益类场馆而言,政府管理部门采取部分投入的形式,保障其日常运行所需的部分经费,同时鼓励场馆主办单位加大投入或引导社会投入,对场馆提供的科普产品和服务,采取"有偿购买"的方式推向社会和公众。对市场运作类场馆而言,政府管理部门不直接投资场馆建设和运营,而是通过项目资助、政策优惠等方式引导科普场馆朝着公益性方向发展,提供更多的公益性服务和产品。

2. 健全"政府引导、多元投资"的资金筹措机制

转变传统的科普投入方式,引导社会资金投入,鼓励企业投入,同时积极吸纳国外资金,引导和鼓励科普场馆合理创收、科学创收,形成多渠道、多元化、社会化的投入格局。

3. 优化"以人为本、人尽其才"的人才使用机制

首先,完善科普人才教育培训体系,应有针对性的对科普工作人员(包括管理人员和讲解员)进行较为系统的培训。

其次,畅通科普人才交流渠道,鼓励各科普场馆采取咨询、讲学、兼职、短期聘用、技术合作、人才租赁等方式积极灵活地利用和吸纳国内外人才智力。

第三,建立科普人才考核激励机制,全面实施科普工作者执证上岗制度,健全全市性的科普优秀人才奖励机制,设立"上海市优秀科普人才奖",奖励那些在科普实践工作和科普理论研究中表现突出、做出较大贡献的科普工作者,并进行宣传、树为典型。

4. 完善"多方互动、合作共赢"的资源整合机制

鼓励和引导科普场馆以优势互补方式进行最经济和最有效率的专业分工和资源协同,处理好场馆内外的各种关系,协调好场馆发展面临的各方需求,逐步建立和完善"多方互动、合作共赢"的资源整合机制。

一要加强不同区域、不同行业和不同类型科普场馆之间展品、设施、人才的交流与合作,使有限的科普资源发挥更大的社会效益,形成推进科普事业的整合合力与协同效应。

二要充分发挥市科委科普处、市科普促进中心及科普教育基地联席会议制度的指导、组织、桥梁和纽带作用,定期举办各类论坛、沙龙,邀请场馆的相关工作人员进行工作交流,协同组织巡回展览,统一组织到国内外其他场馆的考察学习活动。

三要构建全市性的科普场馆资源共享服务平台(网站),提供各类共享信息和物质资源,包括展品资源、人才资源和活动举办信息等。

5. 建立"以评促建、评建结合"的监测评估机制

建立健全科学的、具有较强可操作的、全方位系统化的科普场馆评估体系。

一要强化科普场馆改造、新建的立项评估,制定《上海市科普场馆管理办法》,严格执行《上海市专题性科技场馆标准》等相关政策文件,加强对科普场馆改造提升项目及新建项目的立项评估和审批。

二要加强场馆建设、运行管理的中期评估,不定期地组织专门人员对项目的进展情况进行检查。

三要探索开展场馆运行管理的绩效评估,引导科普场馆工作面向创新主题展开,推进和改善科普场馆的绩效管理,提高科普场馆的运作效率及运作质量。

四要建立场馆认证制度,对符合认证规则、达到认证水准的科普场馆,纳入市科委资助范围之内,授予"上海市专题性科普场馆"称号,并予以挂牌,在资金资助、政策扶持、税后优惠方面给予倾斜。

河北省科普原创现状及其对策

俞宏华　张美玉　张志伟　李　婷　杨国安

河北省科技厅 河北省科学技术情报研究院

摘要：科普原创是科普的基础,是科普工作的重要内容。本文针对河北省科普原创现状,重点是针对科普原创存在的问题及原因分析,提出建立组织保障、鼓励创新、经费支持、培养队伍、市场运作等为内容的鼓励、支持科普原创的长效机制,搭建科普原创服务平台,组织多学科、多部门共同参与,实现河北省科普原创整体突破,跨越式发展。

关键词：河北省,科普原创,分析,对策。

一、科普原创及其作品的界定

科普就是针对科技创新的成果、方法、思想、精神在全社会的传播。科普创作就是用通俗易懂的方式,解释科学原理、科学奥秘,阐述科学方法,表达科学思想、科学精神,是一项具有创造性的活动。科普原创就是针对科普创作内容与创作形式而进行的创新。因此,科普原创作品的界定包括以下两方面：首先,由科学技术成果、科学发现、科学发明以及实践家、探险家亲身经历加以梳理、总结、演绎的科普作品；其次,内容源于一般性科学知识,但介绍时赋予它新视角、新切入点、新表达方式,创作形式上有创新的科普作品。

二、河北省科普原创现状

1. 科普原创作品数量

科普原创作品包括科普图书、科普(技)音像制品、电台和电视台播出的科普(技)节目、科普展教制品等各类科普作品。据统计,2005—2007年我省共创作各类科普原创作品98种(部、件),其中科普图书23种,平均每年出版7.7种；科普展教作品50件,平均每年制作16.7件；广播科普作品7部,平均每年制作2.3部；电视科普作品8部,平均每年制作2.6部；科普(技)音像制品10种,平均每年出版3.3种；网络科普在调查年度没有原创作品,但2008年创作了原创作品16种。

近年来,科普原创作品的总量变化较大,2006年较2005年原创作品的总量下降了23%,2007年较2006年下降了33%,呈逐年下降的趋势,如图1-1。

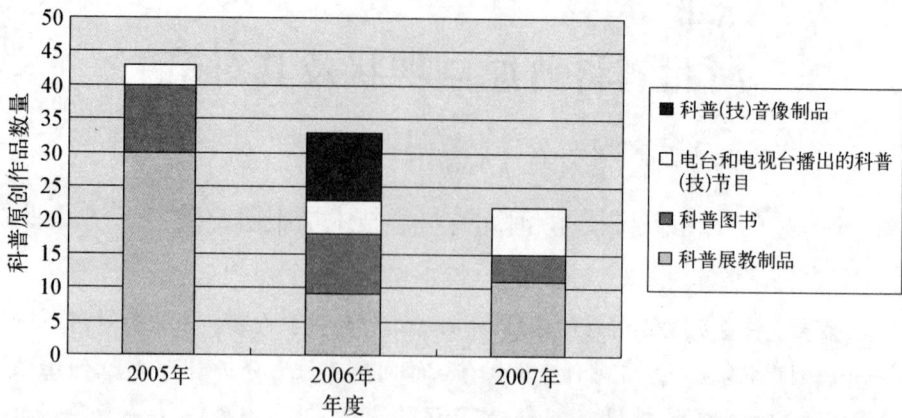

图 1-1 科普原创作品数量情况

不同品种间作品数量变化差异较大,如图 1-2。其中科普图书 2006 年较 2005 年下降 10%,2007 年较 2006 年下降 55%;科普展教制品 2006 年较 2005 年下降 70%,2007 年较 2006 年增长 22%;广播电视作品 2006 年较 2005 年增长 66%,2007 年较 2006 年增长 40%。

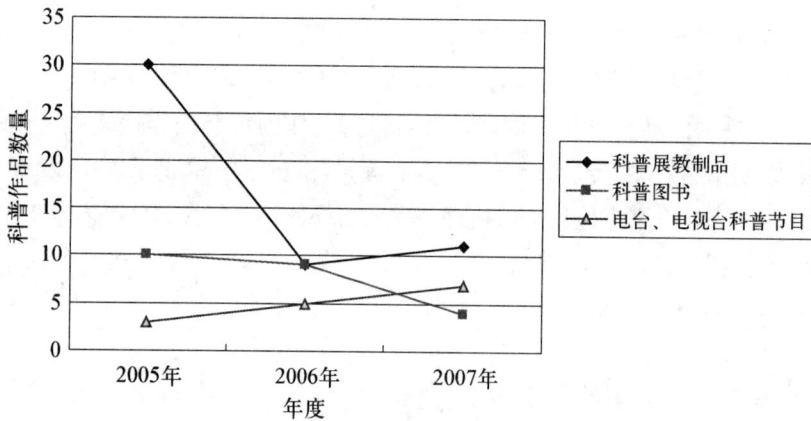

图 1-2 科普原创作品变化趋势

2. 科普原创作品内容

我省科普原创作品的内容既有纯科技知识介绍,也有科技与人文相结合的,但以一般性纯科技知识介绍的为主。不同品种的作品,内容知识类型各有不同,其中科普原创图书内容主要以健康类科技知识介绍为主;科普音像制品的内容主要为农业实用技术;科普展教作品主要为物理、化学、生物、天文、地理等自然科学领域的科技知识介绍;广播电视科普原创作品中,除少数介绍农业生产科技知识外,其余多为生活中特别是日常生活中一般性科学知识。

3. 科普原创的来源

从科普原创作品的内容来源看,我省原创作品的内容主要来源于一般性科学知识和科技成果两方面,其中73.5%科普原创作品的内容来源于一般性科学知识,另有26.5%来源于科技成果。尽管有26.5%的原创作品来源于科技成果,但由于原创作品的基数太小,2005年至2007年实际源于科技成果的原创作品仅有26部(件),平均每年8.7部(件),约占我省每年产生科技成果的0.04%。从不同种类科普原创作品内容的来源看,2005年至2007年共有13件科普展教品创作内容来源于科技成果,有3种科普图书创作内容来源于科技成果,有2部广播电视科普作品创作内容来源于科技成果,其余科普作品的内容都来源于一般性科技知识。

4. 科普原创队伍

据对我省科普原创作品作者的统计,2005年至2007年我省参与科普原创活动的人员30人,其中专职创作人员占38.5%,非专职人员约61.5%。年龄最大的75岁,最小的25岁,人员年龄结构如图1-3所示。

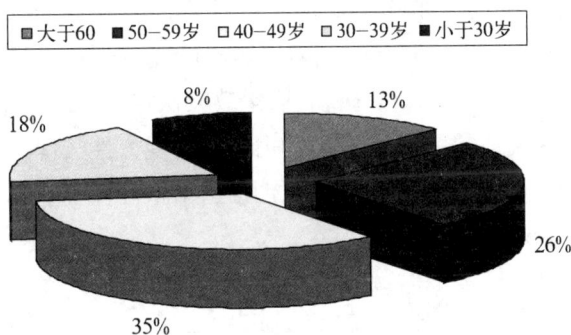

图 1-3 科普原创人员年龄结构图

5. 科普原创经费

从我省科普原创不同种类作品获得经费资助的情况看,不同种类科普原创作品所获资金的构成不同,如图1-4。科普展教作品获得的资助主要来源于政府、企业和自筹三个渠道,其中政府资金所占比例较高;科普图书的大部分资金来源于自筹资金和其他资金,仅有一小部分来自政府和社会团体;科普音像制品的资金均来源于政府的资助;电台和电视台制作的科普(技)原创节目未获得政府、企业和社会团体的资金资助,完全是自筹资金。

6. 科普原创政策环境

自国家相继颁布《中华人民共和国科学技术普及法》、《国家中长期科学和技术发

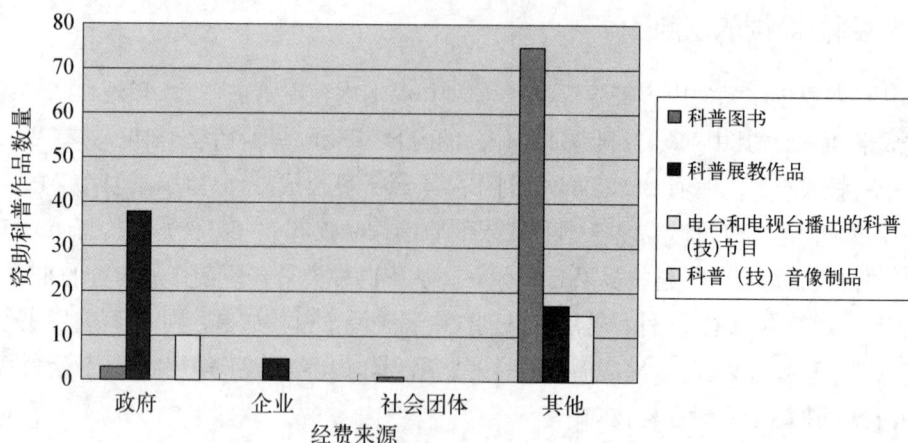

图 1-4　科普原创经费情况

规划纲要(2006—2020 年)》、《全民科学素质行动计划纲要(2006—2010—2020)》、《关于科研机构和大学向社会开放开展科普活动的若干意见》、《关于加强国家科普能力建设的若干意见》、《科普基础设施发展规划(2008—2010—2015)》等有关科普政策之后,我省为了贯彻和落实上述文件的精神,先后制定了《关于贯彻落实〈中华人民共和国科学技术普及法〉的实施意见》、《河北省"十一五"科普工作规划》、《关于鼓励科普事业发展税收优惠政策问题的通知》、《河北省实施科普税收优惠政策认定规则》、《河北省科普信息交流工作暂行办法》等一些鼓励、促进本省科普能力建设的地方性法规。《河北省实施〈全民科学素质行动计划纲要〉工作方案》对科普原创提出了指导性要求,但仍缺乏具体的、可操作性的政策支持。

三、河北省科普原创存在的问题及原因分析

1. 科普原创存在的问题

(1) 科普原创作品总量偏低,精品少。统计结果显示,虽然我省拥有 7 家图书出版社、5 家电子音像出版社,市级以上电台、电视台 24 家,60 多家科普网站,但近年来我省科普原创作品的数量平均每年仅 32.7 种(部、件),若平均到每个原创单位更是少的可怜,如每个出版社年平均创作原创科普作品 1 种,每个科普场馆年平均制作原创科普展教品 0.5 件,每个电台或电视台平均年创作 0.2 部原创节目。我省不仅科普原创数量少,而且原创作品的质量也较低。如出版的每种原创科普图书,大部分的发行量仅在3 000 至4 000 册左右,音像作品的发行量仅2 000 张。这从一个侧面说明我省原创作品的质量亟待提高,缺乏精品。

(2) 原创作品的内容单调,创作形式陈旧。科普内涵今天已经发生了很大的变化。不仅指普及科学知识,还有弘扬科学精神,传播科学思想和倡导科学方法。科普的根本

目的是促进公众理解科学,提高公众的科学文化素质。因此,科普的意义不应该是单纯的灌输,还应该是让受众面对主体和过程(包括自然的和科学的)的一种体会和理解,是一种交流和感染。惟其如此,才能使受众在接纳科学知识的过程中理解科学活动、理解科学的对象、理解科学的社会作用,受到思维方式和文化的感染,逐渐地拥有科学精神,逐渐地使科学精神融入到我们的文化之中,改善我们社会的文化氛围。从我省科普原创作品内容来看,多为一般性科学知识介绍,在选题策划上仍主要侧重于知识、技术普及;在创作构思、结构框架和表达方式上,仍然跳不出灌输式、教育式等教科书式的老框框,创作形式比较陈旧。

(3) 缺乏鼓励科普原创的优惠政策,尚未建立激励科普原创的长效运行机制。科普创作是一项对创造性要求很高的脑力劳动。但由于政策等方面的原因,其劳动得不到社会的认可,极大地挫伤和影响了科普原创作者的积极性、创造性。要推动科普原创的发展,一方面需要制定鼓励科普原创的优惠政策,引导文学、艺术、科技、教育、传媒等社会各界,共同参与科普原创工作;另一方面还需要建立长效激励机制,对科普原创给予支持和奖励。

目前,我省虽然出台了 些有关激励科普的政策,在一定程度上为全省科普事业健康发展创造了良好的政策环境与社会氛围,但这些政策多为指导性的,缺乏明确、具体鼓励原创的可操作性的政策文件,缺乏激励科普原创的长效运行机制。

(4) 科普原创缺乏资金的支持。科普原创属于公益性事业,政府应在政策上给予支持,在经费上给予保证。从我省科普原创经费资助情况来看,目前全省广播电视科普创作经费全部来自于广播电视机构自身事业发展经费,经费渠道单一;原创科普图书创作经费也几乎都来源于自筹,来自于政府资助的科普创作,仅限于科普展教作品,但经费也较少,致使科普场馆现有的展教品比较落后、陈旧,更新较慢。科普原创缺乏资金的支持,严重制约了我省科普原创工作的开展。据全国科普工作统计,2008 年全国人均科普专项经费为 1.84 元,我省人均科普专项经费为 0.39 元,远低于全国平均水平。而同期山西、河南、辽宁、山东、内蒙古人均科普专项经费分别为 1.40 元、0.57 元、1.67 元、0.62 元和 0.5 元,均大幅度高于我省人均科普经费,影响了对科普原创的投入。

四、对策与建议

科普原创是科普的基础,是科普工作的重要内容。为了做好科普原创工作,必须针对我省科普原创存在的主要问题,建立组织保障、鼓励创新、经费支持、培养队伍、市场运作等为内容的鼓励、支持科普原创的长效机制,搭建科普原创服务平台,组织多学科、多部门共同参与,实现我省科普原创整体突破,跨越式发展。

1. 加强对科普原创的组织领导

科普原创涉及到多部门、多学科,是一项系统工程。建议设立由省科技厅牵头,联席会议成员参加的"科普原创指导委员会"。制定鼓励和促进科普原创的政策,编制科普原创工作规划,制定科普原创的规范标准,每年制定重大科普作品的创作计划,组织对优秀科普原创作品进行奖励。

2. 建立科普原创的投入机制

由于我省人均科普专项经费远低于全国平均水平,政府对科普工作的投入规模还有提升的空间。因此,建议各级人民政府加大财政资金投入,形成以政府投入为主导,全社会共同参与的多元化科普原创投入机制。一是在省、市两级财政预算中,增设专项科普原创财政资金支出科目,支持全省科普原创活动。二是建立"科普原创基金",配合重大科普原创作品创作计划,资助科普原创精品的创作。三是制定政策,鼓励有关部门、团体、企业、事业单位结合各自的工作和优势,安排一定的经费支持本单位科技人员进行科普原创。四是鼓励民间资本参与科普原创活动。

3. 制定政策,鼓励科普原创

为了改变科普原创作者的劳动不被社会认可,其作品不算科技成果,科普原创缺乏动力的现状。建议加大科普原创奖励力度,设立优秀科普原创作品奖,科普原创优秀作品应纳入省级科技进步奖的奖励范围,在省级科技进步奖中,科普原创作品获奖数量要占一定的比例。设区市、县(区)人民政府可以根据本地实际,设立相应的科普原创奖励项目。制定相应的政策,对于那些有突出贡献的科普创作人员在工作、生活、进修、提职等方面享有合理的待遇。在职称评定中,科普原创作品与其他研究成果享有同等地位。

4. 加强科普原创队伍建设

随着现代科普内容的不断延伸和科普手段的现代化,对科普原创人员的素质要求越来越高。建议在有关大中专院校设立相应规模的科技传播专业,开设科普创作课程,培养一批现代化的科普原创人才,解决我省科普原创队伍后继乏人的问题。政府和社会组织应设立专门的培训项目,提高现有科普原创人员业务素质。完善考核办法,鼓励有关部门、团体、企业、事业单位支持本单位科技工作者兼职从事科普原创工作。

5. 建立科普原创服务平台

一是整合我省有关部门各类科普信息资源,集成现有科技成果、科普图书、期刊、挂图制品、展教品、音像视频等各类科技信息,建立数字化科技信息资源库和共享交流平台。二是在加强纸质传媒建设的同时,应重点加强电子传媒、展教媒介建设,为科普原创作品提供出版、制作服务支撑平台。三是建议政府应通过行政手段或提供补贴等方式,在电视台、广播电台增设科普原创栏目;增加报刊科普专栏的数量和版面;支持出版社对科普原创作品的出版;培育扶持一批科普网站和虚拟博物馆、科技馆等科普作品传播服务平台。

6. 探索科研计划科普化

一是在我省中长期科技发展规划中明确科普原创任务,使各级政府对科普原创保持持续的重视,并且逐步培养起全社会对科普原创重要性的认识。二是在综合性的或重大的科研计划中,要有与科研项目有关的科普项目,与科研项目一同并列立项,并给予资金支持。三是在科研计划中,要有有关项目的普及设想,对能转化为科普作品的项目,在科研项目立项时,就明确该项目需要进行相关的成果普及,在成果鉴定时,要有科技成果转化为科普作品情况的评价指标;实行"研究经费追加科普拨款制度",即完成了科研项目的科普转化任务后,再追加科普项目经费。

7. 实施科普原创工程

科学技术成果是产生科普原创精品的沃土。近年来,我省每年产生科技成果 2 000多项,其中获奖成果就有 200 多项,然而,这些成果真正转化为科普作品的却是凤毛麟角。因此,建议省科技厅实施科技成果转化为科普原创作品的工程。其内容包括:根据河北省重大科普选题指南,以我省现有的科技成果为基础素材,组织大众传媒、科技团体、科学家和科普作家,创作一批重大科普原创作品。

实施科普原创精品工程。围绕着我省社会、经济出现的热点、难点问题,以普及新知识、新技术、新发明、新理论、新原理、新理念为内容,创作一批脍炙人口的精品力作。

地区科普能力的评价研究

李 婷

河北省科学技术情报研究院

摘要：科普能力是指一个国家或地区在一定时期内，由当时的科普资源状况和经济技术条件所决定的、各种科普生产要素综合投入所形成的，可以相对稳定实现的科普产品或服务产出的能力，即在普及科学知识、倡导科学方法、传播科学思想、弘扬科学精神方面的产品或服务的产出能力。建立地区科普能力的指标评价体系，促进地区科普能力建设跃升。

关键词：地区，科普能力，评价。

一、地区科普能力的内涵

科普能力是指一个国家或地区在一定时期内，由当时的科普资源状况和经济技术条件所决定的、各种科普生产要素综合投入所形成的，可以相对稳定实现的科普产品或服务产出的能力，即在普及科学知识、倡导科学方法、传播科学思想、弘扬科学精神方面的产品或服务的产出能力。

在《关于加强国家科普能力建设的若干意见》（国科发政字〔2007〕32号文件）中，对国家科普能力的内涵作了明确的界定："国家科普能力表现为一个国家向公众提供科普产品和服务的综合实力。主要包括科普创作、科技传播渠道、科学教育体系、科普工作社会组织网络、科普人才队伍以及政府科普工作宏观管理等方面。加强国家科普能力建设，提高公民科学素质是增强自主创新能力的重要基础，是推进创新型国家建设的重要保障"。

基于科普能力的定义和国家科普能力的界定，我们提出地区科普能力的概念，指一个地区向公众提供科普产品和服务的综合实力。即地区在科普经费供应充分、人员配置合理和基础设施有效运转的情况下，在组织管理正常和政策环境不断优化的条件下，可能提供的科普创作和科普活动等科普产品或服务。

二、地区科普能力指标体系的构成

在地区科普能力的定义中，科普经费、人员配置和基础设施属于科普投入，科普创作和科普活动属于科普产出，组织管理和政策环境属于科普支撑条件，据此建立地区科普能力构成的指标体系。

本课题建立地区科普能力的指标体系如图 1。在地区科普能力的指标体系里，设一级指标为科普投入、科普产出、科普支撑条件；二级指标为科普经费、人员配置、基础设施、科普创作、科普活动、组织管理和政策环境；三级指标为包括科普专职、兼职人员、科普经费等在内的 19 个指标。我们从科普投入、科普产出、科普支撑条件 3 方面按其下属指标的顺序阐述各指标的含义。

1. 科普人员

科普人员是科普活动的组织者和实施者，建设结构合理、素质较高的科普队伍是科普能力建设的根本任务。科普人员分专职科普人员和兼职科普人员。专职科普人员是指直接从事管理、研究以及实施科普工作的人员；兼职科普人员是指在非职业范围内从事科普工作的人员。

2. 科普基础设施

2008 年 11 月 4 日，在国家发展改革委、科技部、财政部、中国科协联合发布的《科普基础设施发展规划（2008—2010—2015）》中，指出"科普基础设施主要包括科技类博物馆、基层科普设施、数字科技馆以及其它具备科普展示教育功能的场馆等类型。"本文选择由科普场馆（含科学技术博物馆、专业科技馆、青少年科技馆站）、非场馆类科普基地、科普宣传场地（含城市科普（技）活动室、农村科普（技）活动场地）和科技馆展厅面积。

3. 科普经费

科普经费指用于科普工作管理、科普研究、科普活动和科普设施建设等科普事业的费用，随着经济的发展，增加科普经费投入是促进科普能力建设的根本保证。主要包括科普专项经费、年度科普经费筹集额、年度科普经费使用额以及活动周经费筹集额 4 方面。

4. 科普创作

科普创作就是用通俗易懂的方式，解释科学原理、科学奥秘，阐述科学方法，表达科学思想、科学精神，是一项具有创造性的活动，是科学普及的根基。科普创作的形式和途径有科普图书出版、科普（技）音像制品、电视台播出科普节目时间、电台播出科普节目时间、科普网站等。

5. 科普活动

科普活动指普及科学技术知识、倡导科学方法、传播科学思想、弘扬科学精神的社会活动，组织开展好内容丰富的科普活动是提高公众科学素质的重要途径。主要包括四类主要科普活动（含科普（技）讲座、科普（技）专题展览、科普（技）竞赛、科技冬夏令营）、科技活动周。

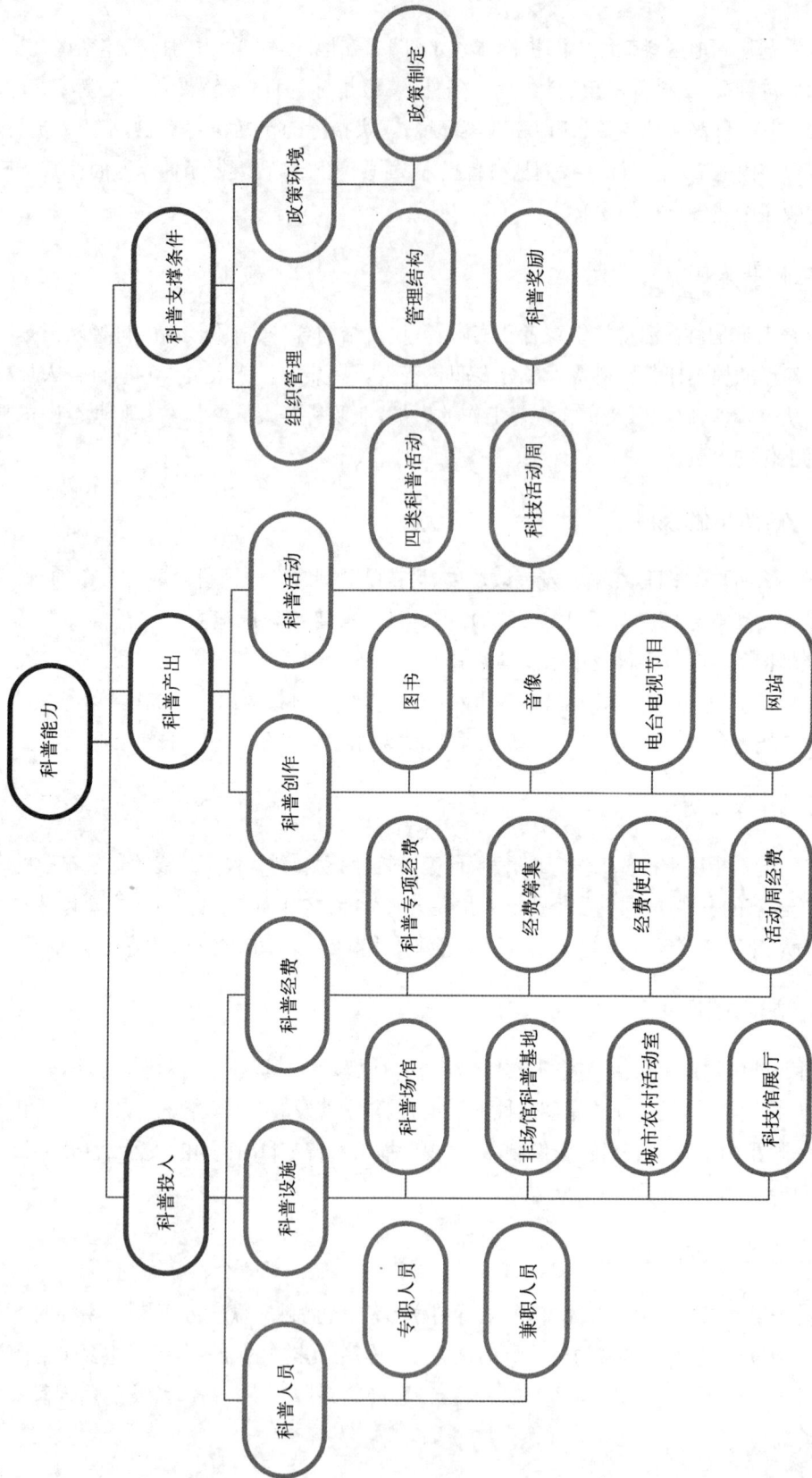

图 1　地区科普能力指标体系的构成

6. 科普组织管理

科普组织管理是指在计划、组织、指挥、协调、管理等方面完成科学普及活动的机构和管理手段。本文从组织建设和科普奖励分析。

7. 科普政策

科普政策指为促进科普工作健康发展而制订颁布的法规、条例等。科普是一项公益性、长期性的事业,为科普工作创造良好的环境和条件,在法律上给予保护,在政策上给予支持,对提升科普能力至关重要。

三、地区科普能力评价方法

本研究选用主成分分析法(PCA)进行地区科普能力定量评价的数学工具。因为其优点在于能够实现指标项权重的客观性,避免人为因素对评价结果干扰。

1. 数学模型

设有 p 个原始指标 x_1, x_2, $\cdots$, x_p, 经过标准化后构成 p 维随机向量,对其作正交变换,得到新指标 F_1, F_2, $\cdots$, F_p, 新指标可由原指标 x_1, x_2, $\cdots$, x_p 线性表示,即

$$
\begin{aligned}
F_1 &= u_{11}x_1 + u_{12}x_2 + \cdots + u_{1p}x_p, \\
F_2 &= u_{21}x_1 + u_{22}x_2 + \cdots + u_{2p}x_p, \\
&\cdots\cdots \\
F_p &= u_{p1}x_1 + u_{p2}x_2 + \cdots + u_{pp}x_p,
\end{aligned}
\tag{1}
$$

且满足 $u_{k1}^2 + u_{k2}^2 + \cdots + u_{kp}^2 = 1, k = 1, 2, \cdots, p$ 其中,u_{ij} 由下列原则确定:① F_i 和 F_j 不相关;② F_1 是 x_1, x_2, $\cdots$, x_p 的线性函数中方差最大的,依此类推。

根据该原则确定的综合变量指标 F_1, F_2, $\cdots$, F_p 分别称为原始指标的第一、第二、$\cdots$、第 p 个主成分。分析时可只挑选前几个方差最大的主成分。

2. 评价步骤

① 将原始数据按照式(2)进行标准化处理,以消除变量之间在数量级上或量纲上的差异。

$$
x'_{ij} = \frac{x_{ij} - x_j}{\mathrm{var}(x_j)} (i = 1, 2, \cdots, n; j = 1, 2, \cdots, p).
\tag{2}
$$

其中,$x_j = \dfrac{1}{n}\displaystyle\sum_{i=1}^{n} x_{ij}$; $\mathrm{var}(x_j) = \dfrac{1}{n-1}\displaystyle\sum_{i=1}^{n}(x_{ij} - x_j)^2$

② 计算标准化数据的相关矩阵

$$R = \begin{matrix} r_{11} & r_{12} & \cdots & r_{1p} \\ r_{21} & r_{22} & \cdots & r_{2p} \\ \cdots & \cdots & \cdots & \cdots \\ r_{p1} & r_{p2} & \cdots & r_{pp} \end{matrix}$$

③ 求相关矩阵 R 的特征值和特征向量。令

$R - \lambda I = 0$，求得特征值、特征值贡献率和累计贡献率。

④ 选择累计贡献率不小于 85% 且特征值大于 1 的前 $m(m < p)$ 个主成分 F_1，F_2，…，F_m。

⑤ 构造综合评价函数，$F = \alpha_1 F_1 + \alpha_2 F_2 + \cdots + \alpha_m F_m$. 其中，$\alpha_i (i = 1, 2, \cdots, m)$ 为标准化后第 i 个主成分的方差贡献率。计算出每个样品的综合函数得分，以该得分进行排序评价。

四、地区科普能力评价的实证研究

1. 全国不同地区科普能力的评价

（1）指标和数据。2007 年，我国开展了科普统计调查工作，由科技部政策法规与体制改革司汇编完成《中国科普统计》（2008 年版），以下分析评价的数据就来源于此数据集。

由于已有的科普统计内容中没有科普支撑条件的内容，我们在以下的评价中假定科普支撑条件对不同地区科普能力的影响是一样的。因此选择的指标为科普人员、科普基础设施、科普经费、科普传媒、科普活动 5 方面 16 个定量指标，具体为：科普专职人员总数、科普兼职人员总数、科普场馆个数、科技馆展厅面积、城市农村科普活动场地个数、非场馆类科普教育基地个数、年度科普专项经费、年度科普经费筹集额、年度科普经费使用额、科技活动周专项经费筹集额、科普图书出版总册数、音像制品发行总量、电台电视台播时间、科普网站个数、四类科普活动参加人次（科普讲座参加人数、科普展览、科普（技）竞赛参加人数、科技夏（冬）令营）、科技活动周参加人数。

（2）评价结果。首先从规模角度利用主成分分析法评价全国不同地区科普能力水平（定义为科普规模能力）。对 16 个指标全部选用总量进行计算，比如经费选用年度科普经费投入总数，这样计算的结果反映不同地区科普能力总体规模大小。计算结果如表 1。从中得出位于全国前列的地区是北京、广东、江苏、浙江、上海、湖北、湖南、山东等地；中游地区有安徽、河北、云南、四川、福建等，其中河北位于 12 名；下游地区有西藏、海南、青海、宁夏、内蒙古等地。

其次从强度角度利用主成分分析法评价全国不同地区科普能力水平（定义为科普强度能力）。用人口总数去除 16 个指标总量值，比如这里的经费就是人均年度科普经费投入

额,这样计算的结果反映不同地区科普能力实力大小。计算结果如表1。从中得出位于全国前列的地区是北京、上海、天津、宁夏、江苏、浙江、新疆等地,中游地区有辽宁、广东、福建等,下游地区有西藏、海南、青海、内蒙古等地。河北省位于24名,属于下游偏上位置。

表1 计算结果

| | 科普规模能力计算结果 | | 科普强度能力计算结果 | | 排名比较 |
	结果值 X1	排名 Y1	结果值 X2	排名 Y2	Y1－Y2
北 京	14.495 78	1	27.739 02	1	0
天 津	－3.206 38	24	4.143 598	3	21
河 北	0.884 436	12	－2.836 26	24	－12
山 西	－2.893 48	22	－2.148 27	19	3
内蒙古	－4.178 86	27	－2.818 59	22	5
辽 宁	1.098 792	10	－0.448 72	11	－1
吉 林	－3.170 46	23	－1.155 6	15	12
黑龙江	－2.658 92	18	－3.146 81	26	－8
上 海	4.704 994	5	11.089 45	2	3
江 苏	8.828 859	3	－0.204 02	9	－6
浙 江	6.544 917	4	2.132 175	5	－1
安 徽	1.005 774	11	－2.238 68	20	－9
福 建	－0.434 26	15	－0.891 62	13	2
江 西	－1.893 42	17	－2.697 95	21	－4
山 东	1.683 974	8	－3.707 05	30	－22
河 南	1.261 925	9	－3.474 67	28	－19
湖 北	3.769 869	6	－0.343 18	10	－4
湖 南	2.917 648	7	－1.271 21	16	－9
广 东	11.312 4	2	－0.567 7	12	－10
广 西	－0.472 42	16	－1.978 37	17	－1
海 南	－6.523 11	30	－3.743 31	31	－1
重 庆	－3.291 54	25	－2.001 06	18	7
四 川	0.450 803	14	－3.541 76	29	－15
贵 州	－2.854 74	20	－2.821 27	23	－3
云 南	0.485 067	13	－0.961 61	14	－1
西 藏	－6.989 55	31	－3.128 59	25	6

	科普规模能力计算结果		科普强度能力计算结果		排名比较
	结果值 X1	排名 Y1	结果值 X2	排名 Y2	Y1－Y2
陕　西	－3.487 83	26	－3.270 13	27	1
甘　肃	－2.885 23	21	－0.127 52	8	13
青　海	－6.070 53	29	1.466 591	6	23
宁　夏	－5.611 89	28	2.362 115	4	24
新　疆	－2.813 61	19	0.590 996	7	12

通过两个角度计算结果的比较分析,首先得出科普规模能力和科普强度能力排名保持一致的区域占全国一半地区,其中始终位于全国上游的地区有:北京、广东、江苏、浙江、上海、湖北,多为经济科技发达地区;始终位于中游的地区有:辽宁、福建、广西、云南;始终位于下游的地区有:陕西、西藏、海南,经济实力欠发达地区。其次是科普规模能力远大于科普强度能力的地区有河北、山东、河南、四川,都是人口大省,这说明这些地区是科普能力建设大省而非强省。第三是科普规模能力远小于科普强度能力的地区有天津、甘肃、青海、宁夏、新疆等,这说明这些地区虽然科普投入产出的规模不是很大,但是强度较大。

（3）与相关研究的比较分析。在我国,已有学者针对地区科普能力定量评价展开探索性研究,通过文献检索,搜集到与本研究相关的研究是中国科技信息研究所佟贺丰等人进行的《地区科普力度评价指标体系构建与分析》研究,该研究基于《关于加强国家科普能力建设若干意见》中国家科普能力的定义,提出地区科普力度的概念并进行定量评价。首先,在指标建立上,它包含地区在科普投入产出的总体情况,我们又加入包括组织管理和政策制定在内的科普支撑条件;其次,在评价方法上,它利用专家主观赋予权重,而我们的研究完全基于统计数据进行计算,不反映人的主观意愿,这两点是两个研究的最大区别。

现在把两个研究的评价结果的排名情况进行比较,如图 2。从中看出《地区科普力度评价指标体系构建与分析》中科普力度排名除了河北、山东、广东、甘肃与本研究科普规模能力排名相近外,其他地区科普力度排名于本研究科普强度能力排名相一致。

由此得出:一是本研究的评价结果能够反映地区科普能力的水平,结果可信;二是从规模和强度两个纬度去评价地区科普能力更加全面、丰富地揭示事物全貌。

2. 河北省内各地区科普能力评价

河北省内 11 所城市科普能力水平评价的各指标数据来源于 2008 年和 2006 年度河北省科普统计调查科普统计。

对于科普工作组织管理和政策环境包括的 3 个定性指标,因为属于同一省份,我们假定它们对各个地区科普能力建设的影响程度基本相同,所以在评价同一省内不同城市的科普能力水平高低时,我们仍不考虑它们的影响。

(1) 科普规模能力评价。对 16 个指标全部选用总量进行计算,利用主成分分析法进行计算,评价河北省各地区科普规模能力水平。

2008 年度科普规模能力的计算结果看,排名第一、第二的分别是石家庄、保定,其次邯郸和唐山,排在最后 3 位的是张家口、廊坊和衡水。

表 2   河北省各市科普规模能力计算结果

	2008 年		2006 年	
	科普规模能力得分值	排　名	科普规模能力得分值	排　名
石家庄	6.502 751	1	10.632 73	1
唐　山	1.427 428	4	2.148 565	3
秦皇岛	0.417 907	5	−1.712 92	7
邯　郸	2.080 97	3	−0.998 78	5
邢　台	−2.719 81	8	−1.457 99	6
保　定	4.970 579	2	3.889 851	2
张家口	−3.158 67	9	−2.963 25	9
承　德	−1.288 71	7	−2.015 54	8
沧　州	−0.952 48	6	0.870 311	4
廊　坊	−3.635 48	10	−4.217 52	11
衡　水	−3.644 55	11	−4.175 47	10

计算 2006 年度各地区科普规模能力的得分及排名。排名第一、第二的分别是石家庄和保定,其次是唐山和沧州,排在最后的是张家口、廊坊和衡水。

比较 2008 年度和 2006 年度科普规模能力的得分和排名。两个年度的科普规模能力排名基本一致。石家庄和保定显示出较强科普规模能力,处于我省上游水平,如石家庄两次都位于第一位,保定一直位于第 2 名;科普规模能力水平还需要进一步提高的区域是衡水、廊坊和张家口,两个年度排名都处于我省倒数前 3 名;科普规模能力两个年度都位于中游的地区是秦皇岛和承德。科普规模能力在两个年度有一些提升的是秦皇岛和邯郸,2008 年它们分别上升了 2 位;科普规模能力在两个年度有一些下降的是沧州,2008 年下降了 2 位。

(2) 科普强度能力评价。利用主成分分析法评价我省不同城市科普强度能力,即 16 个指标数据是由各市人口数去除总量值得出。

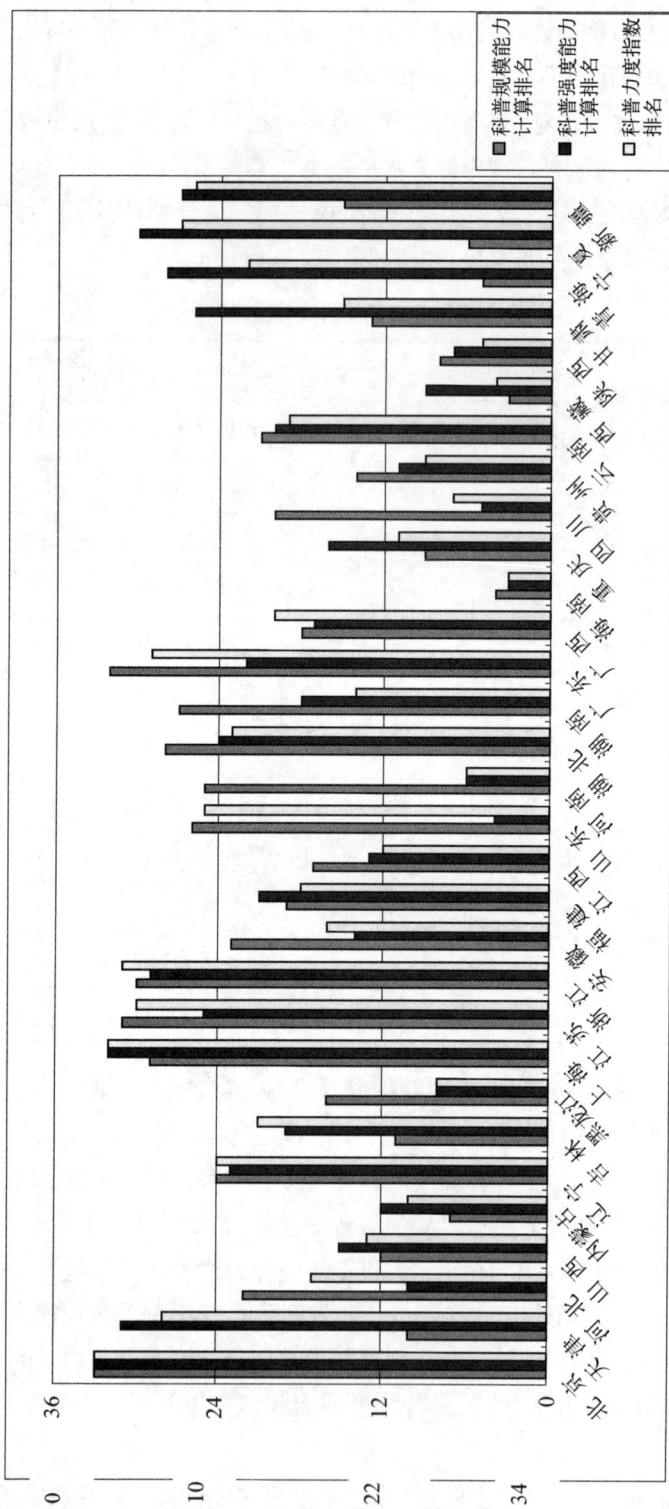

图 2　各省科普能力排名比较

表 2 河北省各市科普强度能力计算结果

	2008 年		2006 年	
	科普规模能力得分值	排 名	科普规模能力得分值	排 名
石家庄	3.025 383	1	2.417 211	1
唐 山	1.006 427	9	−0.321 77	9
秦皇岛	5.776 843	8	4.958 812	8
邯 郸	−1.128 63	5	−2.550 44	5
邢 台	−2.694 93	10	−1.597 29	10
保 定	−1.592 52	2	−1.368 95	2
张家口	−1.554 87	11	0.188 204	11
承 德	3.488 984	4	2.401 129	4
沧 州	−2.138 48	3	−0.849 4	3
廊 坊	−1.815 29	7	−1.709 21	7
衡 水	−2.372 91	6	−1.568 28	6

2008 年度科普强度能力的计算结果看,排名第一、第二的分别是石家庄和保定,其次是沧州和承德,排在最后的是张家口、邢台和唐山。

利用同样的方法计算 2006 年度各地区科普强度能力的得分及排名。排名结果和 2008 年度的完全一致。

2006 和 2008 两个年度的科普强度能力排名完全一致。石家庄和保定显示出较强科普强度能力,处于我省上游水平,如石家庄一直位于第一位,保定一直位于第 2 名;科普规模能力水平还需要进一步提高的区域是张家口、邢台和唐山,两个年度排名都处于我省倒数前 3 名;科普规模能力位于中游的地区是邯郸、廊坊和衡水。

(3) 两个角度计算结果的综合比较。科普规模能力和科普强度能力排名较一致的地区:位于前列的是石家庄和保定,两个角度计算的排名都稳定在第一和第二名;位于下游的地区是张家口,两个年度科普规模能力排名均为第 9 位,科普强度能力排名均为 11;位于中游地区秦皇岛和沧州,其中秦皇岛科普规模能力排名 5 和 7,科普强度能力排名 8。沧州科普规模能力排名 6 和 4,科普强度能力排名 3。

科普规模能力和科普强度能力排名差异较大的地区:科普规模能力优于科普强度能力的地区是唐山,科普规模能力排名 4 和 3,科普强度能力排名 9;科普规模能力劣于科普强度能力的地区是廊坊和衡水,其中廊坊科普规模能力排名 10 和 11,科普强度能力排名 7,衡水科普规模能力排名 11 和 10,科普强度能力排名 6。

五、综述

通过研究,可以对各省、各市科普能力建设水平做出直观评价。评价结果与相关研究、统计数据及实际情况相对照,认为结果客观、可信。通过各地区科普能力水平评价及名次排列,对促进地区科普能力建设也有着重要意义。

我们建议:

(1)逐步建立地区科普能力的监测与评价体系。在定期开展的全国科普工作统计调查的基础上,科技管理部门应建立省级与地市级的科普能力监测与评价体系,把评价结果及排名结果列入科普统计数据集中,让各地及时了解本地在科普能力建设方面的实际效果与存在问题。

(2)进一步丰富现有科普工作统计调查数据的内容。在已有基础上,建议增加科普支撑条件的调查内容,调查各区域科普组织建设、科普奖励、科普政策等定性指标,为以后科普能力评价提供更全面的数据支持。

科普须防"失真"、"失声"、"失效"

王超英　冯桂真　孙　哲

中国农学会　农业部人力资源开发中心

摘要： 科技惠及民生，科普智慧公众。科学普及承载着普及科学技术知识、倡导科学方法、传播科学思想、弘扬科学精神和提高公民科学素质的重任，必须秉持尊重科学，直面社会、讲求实效的原则。但目前，我们的科普专家和制品储备满足不了公众与社会的科普需求；一些科普宣传不能全面反映科技成果的长处及不足；很多科普活动只追求形式却忽视实际效果……在一定程度上影响了我国科普事业的发展。本文通过对科普"失真""失声""失效"现象的思考及其原因分析，提出了解决问题的四条建议，希望对开展国家科普能力建设有所裨益。

关键词： 科普，失真，失声，失效，原因，建议。

一、科普"失真"、"失声"、"失效"现象

科学研究和科学普及是科技进步的两个方面。科学普及，应当科学准确地反映科学知识和技术研究、开发、推广、应用的成就。否则，科普工作和活动就很难达到预期的目的与应有的效果。

1. 科普的"失真"问题

随着人们对科学技术发现和认识的不断深入，科学技术特别是应用技术的"双刃剑"作用日益被人们重视甚至警醒。药剂可以治疗疾病但对人体有副作用；化肥可以增加农作物产量但有残留；民用核电使用不当将对环境造成极大而极长期污染；火箭卫星在探测宇宙奥秘的同时留下众多"空间垃圾"……，这里虽有人盲目使用的问题，更多的却是技术本身伴生的缺陷，需要科学家特别是技术研发人深入研究并制定相应的补救预案和措施。

在我国，普及知识和推广技术同为科普主要任务，但出发点和落脚点必须科学。在介绍新技术时，理应全面准确，既介绍其成效和正面作用，也要介绍其"副作用"及防范和解决办法，为政府决策、社会应用和公众理解提供全方位的思考和参考依据。但出于多种原因，目前一些专家特别是发明人只讲技术好的或有利的一面，不愿讲或者不敢讲所存在不足以及需要注意的一面，导致科普宣传出现"失真"。例如，笔者曾参加一次转基

因作物科普宣传活动,转基因水稻生产研发项目的专家在向听众进行科普宣传时,大讲转基因水稻的好处,特别强调其经济效益及在该领域与美国竞争时要争取主动,而在讲对人体健康和环境影响时只寥寥数语;散发的科普宣传小册子文字也很简单,没有对长期大规模生产、食用转基因作物可能给几十年后地球上环境和物种所造成的长远影响加以全面综合地分析,更没有提出假如出现较大规模基因漂移或物种遗传变异等危害发生时将采取什么样的应对措施。如此简单地要求公众接受并支持转基因水稻的科普宣传,因受到绿色组织同场精心准备的反宣传,没能达到预期的效果并一度造成现场失控。

2. 科普的"失声"问题

科技是第一生产力。科技只有应用于生产实际,才能真正发挥第一生产力的作用;同样地,科技必须通过面向公众进行科学普及,才能充分发挥惠及民生的作用。

实现从科学研究到科学普及的转化,必须经过科研、推广、科普及更多方面的专家共同努力和科普再创新,才能完成科技成果科普化过程,其中科普人才和科普资源两大保障缺一不可。但在很多专业领域,高层次、有名望的科普专家和通俗易懂、便捷实用的科技成果科普化资源储备十分有限甚至匮乏。不久前,当自我包装成"中医食疗第一人"的张悟本[1]宣扬把"吃出的病吃回去",忽悠得不少人相信"绿豆治百病大法"时;当"绍龙观道长"李一[2]号称身怀"驾驭220伏电"的绝技和利用电流断症、治癌的特别"医术"时,我们的医学家、科学家、科普专家却暂时集体"失声"。不可否认,对专家而言,也许如此歪理邪说不值一驳,但科普宣传没能在第一时间站出来予以正面争辩解惑,或者说应急科普需要发出权威的声音时却默默坐看舆论出现混乱,不能不叫人遗憾令人深思!

3. 科普的"失效"问题

开展科学技术普及,关键要讲求实效。紧紧追踪当今科学技术进步,密切围绕国计民生的热点,准确把握安全健康生活的需求,开展主题、内容、形式鲜明、丰富的工作和活动,并对公众树立科学意识、传播科学方法、普及科学知识技术起到因势利导、潜移默化的宣传教育意义,才是科普的宗旨。

《科普法》明确提出:科普工作应当坚持群众性、社会性和经常性,结合实际,因地制宜,采取多种形式。但一直以来,我国并没有充分借鉴国际上普遍采取的科学传播理念和做法,我们的科普工作没有形成一整套规范化制度和模式,很多科普工作和活动过分重视形式而轻视内容;过分讲究包装而忽略效果。由于工作关系,笔者近些年多次参加科技活动周、全国科普日和科技文化卫生三下乡等活动,颇有感触:现在的科普以及其他类似活动,标题策划响亮,涉及单位众多,经常是从中央到地方拿出可观的人力物力财力举办一个气氛热烈、场面热闹的启动仪式,然后经过领导讲话、发奖发牌、赠钱赠物的程序之后即宣布启动仪式结束;而启动仪式的结束基本上意味着该次科普活动的结束,顶多再加上免费发放科普制品和文艺演出。这样的科普活动被戏称为"脉冲式"科普,也可看作是另一类形象工程,即领导满意,主办、承办、协办单位皆大欢喜,至于老百姓受没受到教育、投入产出值不值却少人问津,这样的科普活动怎能达到良好的成效? 长此以往,我们开展科普工作和活动的目的、意义、效益难免不受到有关方面的强烈质疑。

二、科普"失真"、"失声"、"失效"的原因剖析

科普"失真""失声""失效"问题,与我国事业单位的现行政策、体制有关,受整个社会存在的人心浮躁、急功近利情绪影响很大。但从自身因素深刻分析,笔者认为主要存在以下几条原因:

1. 科普人才和人力资源薄弱

愿意学术研究,不愿科学普及;愿意业内交流,不愿说服大众,是多数科学家的特点,加之缺乏明确的激励引导,很多科学家不愿在科学普及方面多花费精力,导致高水平的专业科普专家严重缺乏;同时,受编制、资金等影响,基层科普队伍建设举步维艰,我国科普人才和人力资源暂时无法对国家科普能力建设起到有力的支撑作用。

2. 科技成果科普化十分有限

科学家包括科研团队在科技成果普及化方面投入的人力、财力、物力相比科研开发少之又少;科学家、科普专家与科普产业工作者对接不通畅,沟通不紧密,在科普创作中鲜有合作,由此导致科普创作资源总量不足,专业化现代化科普创作资源更是匮乏,很多科技成果无法准确迅速地面向公众进行科普,真正实现科技惠及民生、科普惠及大众尚需时日。

3. 科普软实力建设亟待加强

不断创新完善科普宣教内容、方式方法和长效工作机制,在扎实有效地培养提高公民的"四科两能力"上努力下功夫,是科普工作和活动的本质要求。目前从省到县,科技科普场馆建设大兴土木,硬件设施配套你追我赶,然而这些做法不能决定科普的根本发展。我国科普软实力建设相对滞后问题一直没有得以解决,因此,科普的成效和作用难尽人意。

三、科普防"失真"、"失声"、"失效"的若干建议

随着知识经济和科学技术的迅猛发展,科学普及正面临重大的机遇和挑战。我国科学普及,不论从政策到投入,从内容到形式,从机制到人,都需要根本性的变化与创新。在"十二五"开局之年和新一轮事业单位改革即将开始之际,针对我国科普现状及发展趋

势,向国家及有关部门提出如下建议:

1. 进一步明确科普是我国重要的公益性事业

"发展科普事业是国家长期任务"[3]。"国家机关、武装力量、社会团体、企业事业单位、农村基层组织及其他组织应当开展科普工作"[4]。建议国务院和地方政府依照《科普法》,明确从事科普工作的单位的分类和职责;制定、执行引导和支持科普工作的新政策,把面向公众特别是五大重点人群所开展的科普工作和活动固定为政府购买社会服务之列。

2. 鼓励科学家和技术研发人同重视科学研究一样重视科普工作

建议科技部、人力资源和社会保障部协同有关部委在科技研发立项、获奖、科技人员晋升职称、业务考核等政策措施中,增加科研教学单位、科学家和技术研发人具有面向公众开展科普的权利与义务,把科学家和科技人员撰写科普作品、参与科普活动,以科学准确的表述、及时便捷的方式、通俗易懂的形式对公众宣传普及科研新成果和新技术,作为其业务考核和职称晋升的必备条件。

3. 启动实施国家科普能力建设工程

建议由科技部和有关部委、部门联合实施该工程,其中包括科普专家和科普工作者队伍建设,重点人群科学素质提高,科普原创制品创作与开发,科普宣教活动追踪评价,促进科普产业发展等主要任务和重点工作。

4. 加快科普工作和活动创新

科普内容创新是基础,要加大现有科技成果科普化力度,抓紧科普原创素材和科普资源包等开发应用;科普方式创新是途径,充分引入当代新闻媒介和信息传播手段,促进科普宣传更加快捷、高效;科普机制创新是保证,有利于构建科普工作和活动全社会大联合、大协作局面的形成;科普队伍创新是关键,将为推动未来我国科普事业又好又快发展提供源源不断的人力资源和人才资源。

参考文献

[1]、[2] www.baidu.com//百度百科/百度名片.

[3]、[4] 《中华人民共和国科学技术普及法》.

卫生应急科普能力建设的实践探讨

毛群安　　解瑞谦

中国健康教育中心

摘要：为提高我国健康教育系统风险沟通能力，中国健康教育中心（卫生部新闻宣传中心）利用中美新发和再发传染病合作项目支持，通过开展卫生应急科普试点、测试与研究，探讨公共卫生人员和社区居民的信息需求、现状与特点，开发相关培训教材，并开展针对性的培训工作，项目取得了一定的成果。

关键词：卫生应急，科普，能力建设。

一、能力建设项目的设计思路和目标

在全球范围内，突发公共卫生事件不断发生，对人类生命安全和社会经济发展构成了极大威胁。大部分群众往往面对突如其来的突发公共卫生事件不知如何防治。一方面是因为常态下我国卫生应急知识宣传不够深入，另一方面是因为在突发事件发生后未能很好地与公众进行沟通，提供适宜信息和科普知识。

提高我国医疗卫生人员卫生应急科普能力，有助于提高公众对传染病、食物中毒、职业中毒、环境危害和自然灾害等的认知水平和自身预防保护能力，增强健康安全意识和社会责任意识，避免或减少事件的危害。但是，如何了解和掌握突发事件目标受众的需求（认知需求、信息需求和情感需求）和特点（知识、态度、观念、行为、信念、价值观和关注点），有针对性地（有计划、有组织、有系统）开发和传播相关知识和技能，是我们需要解决的重点问题。

为此，2008年起中国健康教育中心（卫生部新闻宣传中心）在中美新发和再发传染病合作项目的支持下，在有关部门的支持与帮助下，借助社会各方面的技术资源，开展了卫生应急科普的试点与研究工作。该项目根据我国卫生应急科普工作现状和存在的问题，在中美新发和再发传染病合作项目总体框架下，以提高公共卫生人员的风险沟通能力，识别普通公众风险沟通的有效渠道，开发适当的传染病疫情健康信息模板为目标；主要围绕信息开发、材料制定、人员培训、适宜技术开发、试点研究，以及项目成果推广等六个方面，借鉴国外先进知识、技术和经验，与美国疾病预防控制中心合作，在充分考虑我国实际的基础上开展相关项目工作。

二、科普能力建设项目的主要活动

1. 公众卫生应急科普知识测试

目前,我国卫生应急科普工作基础比较薄弱,这方面的工作体系和机制尚不完善,能力建设工作不足。在实际工作中,一个突出的问题是:在突发事件发生期间,医疗卫生机构提供给公众的卫生应急知识和技能不能很好地满足公众的需要。

为指导基层卫生应急人员在突发事件应急处置过程中掌握风险沟通原则,及时提供适宜的信息,开发适宜的卫生科普知识,该项目选择福建、贵州、江苏等项目省的社区公众为测试对象,通过小组访谈对卫生应急人员开发的卫生应急科普知识和信息进行评估,从而了解公众在突发事件不同阶段科普知识和信息需求的特点,并判断开发的科普知识和信息的完整性和实用性,用以指导卫生应急工作者。

2. 公众呼吸道传染病健康素养测评

SARS疫情暴发后,我国各级医疗卫生机构均加强了应急体系建设,开发了形式多样化科普宣传材料,如禽流感、SARS、鼠疫、手足口病、食品中毒等的科普图书、手册、挂图、折页、漫画和光盘。告诉公众传染病防治知识并不复杂,然而在突发事件的不同阶段向不同的受众解释,使其理解疾病及相关防治措施的复杂性,并形成恰当的健康决策就不是那么简单。这就需要了解不同受众的健康素养。

基于健康素养越来越被认为是一个健康教育与健康促进工作的评价指标,目前国际框架的健康素养研究较少,而全球又面临着流感大流行的严重威胁。该项与美国疾病预防控制中心、美国 TRI 公司和北京大学医学部合作,共同界定了该项目研究实用的健康素养定义,即个体获取、处理、理解和沟通健康相关信息,并做出适当健康决定的能力。同时,开发了适合我国国情的呼吸道疾病健康素养测评工具,该工具包括针对呼吸道疾病防治知识的文字、图表、宣传画、音频、视频、网络等传播材料的阅读、计算、理解和寻求信息的能力测量。预试验效果良好,下一步将针对不同社会背景、经济状况和文化水平的公众开展现场调查和行为干预试点工作。

3. 四川健康教育志愿者队伍建设

对于当地卫生工作者的短缺,健康教育志愿者是一个很好的补充。5·12汶川地震后,我中心与四川省疾病预防控制中心在汶川建立了一支健康教育志愿者队伍,取得了一些成效和经验。

2010年,该项目在汶川县建立了一支30人的健康教育志愿者队伍。在开展需求评估调研的基础上,组织有关专家编写了《健康教育志愿者工作手册》,并在成都市举办第一期培训。通过培训使其熟悉和掌握突发事件相关处置救援知识和安全防范技能,帮助当地公众提高一般的健康知识水平。目前,这支队伍初步具备了在农村基层开展健康教育活动的技能。

4. 在线风险沟通能力培训工具包开发

建设一支形式多样、数量庞大、素质较高的科普队伍,提高卫生应急知识的普及力度,是卫生应急科普能力建设的总体目标。当前,健康教育系统需要借助现有的优势资源,对现有的科普队伍(专兼职人员)进行卫生应急科普知识、技能等方面的培训。

CDCynergy 是美国疾病预防控制中心开发的一个面向美国公共卫生人员的多媒体培训工具包。CDCynergy 产品主要包括基本风险沟通策略、社会推广、健康素养、信息图谱和一些不同类型突发事件案例。该项目以 CDCynergy 工具包为基础,根据我国国情和健康沟通需求,开发出适合我国基层公共卫生人员的健康沟通培训工具包,并将以网络版和多媒体光盘形式满足广大公共卫生人员的需要。

5. 突发事件卫生应急风险沟通培训

我国是自然灾害影响较严重的国家之一,公共卫生、事故灾难和社会安全等突发事件也频频发生。如何通过风险评估快速确定沟通对象、内容和渠道是卫生应急工作者必须掌握的基本内容。该项目根据卫生部应急办的要求,在中美两国应对突发公共卫生事件风险沟通经验的基础上,结合我国实际,开发《突发公共卫生事件应急风险沟通指南》和《突发公共卫生事件应急风险沟通手册》,对 9 个项目省应急风险沟通师资人员进行培训,并将逐渐覆盖全国各省,以提高基层卫生应急人员风险沟通决策和应急科普工作的能力。

三、科普能力建设项目的主要发现和启示

1. 风险沟通原则在我国同样实用

2007 年卫生应急风险沟通培训项目试点阶段,中美两国卫生应急风险沟通专家首次在福建三明市开展了卫生应急风险沟通培训工作,并探讨针对公众的卫生应急风险沟通原则(即减少信息的不确定性、增加公众对事件的可控感、建立信任、坦诚沟通、满足人们在压力情况下的认知需求)的实用性。

项目发现,培训后开发的信息体现了更多的风险沟通原则,经修改的新闻发言稿、网络公告及每日疫情报告能更好地迎合公众的 3 种心理需求(认知需求、信息需求和情感需求)。因此,培训是有成效的,也为今后项目省应急风险沟通培训工作的奠定了基础。

2. 公众不同阶段信息需求不同

在常态下,一般是鼓励公众去寻找需要的健康相关信息。但是,在突发事件发生后,

情况发生了变化,人们将根据事态的进展自发地寻找信息。此时,我们需要根据不同的公众,采取不同的方式,正确引导公众获取真实的信息。

公众卫生应急科普知识测试活动项目研究表明,社区居民在虚拟禽流感所致的流感暴发案例中,随着疫情变化(疫情尚远、疫情邻近和身处疫区三个不同阶段),对信息的需求有所不同。表现在:社区居民对人禽流感疫情暴发的关心不仅是"仅限国内",而且是"全球"。随着事态的进一步发展(疫情逐渐严重),社区居民防护意识逐渐加强,信息的需求(疾病特征、防护措施、采取措施、病情进展和信息获取)逐渐增多。

3. 不同阶段希望的传播渠道不同

常态下,公众一般很少主动寻找健康信息,特别是针对某一方面的健康相关信息。但是,当突发事件发生后,随着事态的发展,公众表现出进一步寻找信息的欲望。在威胁尚远时,居民获取信息主要是被动的,主要渠道是电视新闻、报纸等。当威胁临近(尚未到达居民社区),居民将会主动地寻求信息,如年轻人将会利用互联网(网站、搜索引擎)寻找相关信息。但是,当威胁到达身边时,居民表现为通过人际渠道更主动地寻求信息,如拨打电话(医院、疾控中心、居委会、熟人等),或到当地卫生部门、居委会询问,或邻居、熟人间相互询问等。

公众卫生应急科普知识测试活动项目研究结果提示:我们应当注意,突发事件发生后需要根据不同阶段确定主要的沟通渠道,清楚什么时候需求将知识和信息放在网上,什么时候提供热线,什么时候开展人际沟通。

4. 突发事件期间公众理解力下降

对于不同的事件,以及不同事件的不同阶段,风险沟通工作的侧重点是不同的。研究表明,在突发事件的发展过程中,应急状态下很多人对信息的理解和反应与常态下不同,公众容易产生恐惧心理,担忧度上升,注意力持续时间可能缩短,对有矛盾的信息处理能力也下降,对可信的作息源依赖性增加。

公众卫生应急科普知识测试活动项目研究提示:在发布相关信息时,尽量避免使用专业用语,要用具体的而不用宽泛的语言。在信息制作的过程中,可以通过使用非技术性语言、使用简单的语言、剔除修饰语及说明、剔除缩略语、使用正面语言、使用肯定句等来满足人们在应急状态下的认知需求。

5. 增加可控感受可减少公众的恐慌

公众卫生应急科普知识测试活动项目通过现场调研和测试发现,突发公共卫生事件发生后,一方面公众需要了解医疗卫生机构采取积极的措施,同时还需要提供相关健康知识,提高公众的防病治病能力,降低发病、伤害或死亡,另一方面公众还需要来自卫生行政部门统一指挥下及时发布的事件相关信息,让公众时刻能够了解到事件的进展,增加可控感,减少或避免引起恐慌。

因此,可以提示我们在突发事件发生期间,不仅要向公众传播卫生防护知识,还需要向公众发布相关信息。一方面需要展示政府或其他部门已经采取和正在采取的预防及控制措施,告诉公众哪些部门负责此次事件的控制工作,让公众知道对今后几天应该做出怎样的预期(对卫生部门、对疫情发展等),增加公众对事件的可控感;另一方面需要向公众推荐个人防护控制的方法,以进行自我保护及保护家人,同时,还要告诉公众到哪里可以获得更多的信息,加强公众的控制能力。

6. 需要实用性好的卫生应急科普知识

四川健康教育志愿者队伍建设项目组建的健康教育志愿者队伍由村医生和普通老百姓组成。调查发现:他们都有一副热心肠,愿意为他人提供帮助;都对卫生应急知识的宣传与教育感兴趣;缺乏卫生应急相关知识和经验;需要获得接近生活实际的相关知识;需要提供的知识具有可操作性和实用性;村委会是开展健康科普知识的重要和主要活动阵地。

四、未来项目发展的思考

风险沟通是成功应对各类突发公共卫生事件一个决定性的要素,卫生应急科普宣教工作则是健康教育系统的一项重要工作内容。根据中美处置突发公共卫生事件经验,坚持透明、及时、一致和同情的沟通原则,将科普化的卫生应急相关知识和信息有效地传播给公众,并时时了解公众的需求是应急风险沟通的关键。这些不仅需要训练有素的风险沟通专业人员和科普工作者的参与,而且还需要在日常工作中做好充分的准备,如预先开发和测试相关的信息,掌握有效的信息传播方式。

因此,该项目将继续围绕我国风险沟通能力和卫生应急科普能力建设为重点,通过评估突发公共卫生事件处置过程中风险沟通和卫生应急科普知识的需求,研究和实践卫生应急科普知识开发机制、资源共享平台建设、不同沟通渠道的优势,以及科普化工作的适宜技术,致力于完善我国卫生应急科普工作的规范化、专业化,进一步提高公共卫生人员的风险沟通能力,提高公众的健康决策能力,规避、控制和消除各类突发事件的危害。

我国国防科普现状与建议

武晓雪

国防科工委

摘要： 国防领域历来是新知识、新科技最先应用的领域。我国国防科普工作的目标是普及国防科技知识，提高全民的国防观念和科学素质，引导民众树立正确的战争与和平观，加强国防和军队现代化，培养青少年为国奉献的责任感和使命感，提高全民族科学文化素质，构建和谐社会。针对目前我国国防科普的现状提出建议，有利于传播国防科技知识和更好地开展国防科普工作。

关键词： 国防科普，国防科普现状，国防科普建议。

一、国防科普与国防教育

2006年制定的《全民科学素质行动计划纲要（2006—2010—2020年）》（简称《科学素质纲要》）和《国家中长期科学和技术发展规划纲要（2006—2020年）》（简称《中长期科技发展纲要》）及若干配套政策，进一步对我国科普事业的发展进行了具体部署。《科学素质纲要》提出了我国科普事业发展的中长期目标，对"十一五"期间科普事业的发展进行了规划，并提出了具体保障措施。《中长期科技发展纲要》把我国科学技术普及作为科技发展的重要内容，这些都大大推动了我国科普事业的发展。

国防科普指的是国防科学技术和知识的普及与推广，是由国家和社会团体来组织进行的，以国防科技知识、科技方法、科学思想、国防科学精神、国防安全意识和爱国主义思想为主要内容，通过多种方法、多种途径向社会公众传播和普及的活动，是科普和国防教育这两大系统的交集。

从整体上看，国防科普活动与国防教育在目的、原则、途径与方式上有很多相同之处，差别不大。两者应该是相互补充、相互支持的关系。两者的不同点在于，国防科普活动所具有的科普性、易于接受性和信息性不是国防教育工作中重点考虑的因素。在途经和方式上，国防科普活动更强调多样性和易于接受性。国防教育是国防建设的重要组成部分，是建设和巩固现代化国防的基础和增强民族凝聚力、提高全民素质的重要途径。国防科普属于国防教育的重要组成部分，是国防教育的有效手段之一。

二、我国国防科普的现状

1. 我国国防科普传媒的现状

(1) 国防科普图书类。国防科普类图书的出版单位以具有军事背景的军队下属出版社、国防(军工)院校出版社及军工集团公司的行业出版社为主,而在其他类型出版社,如:社会类、自然类、综合类等出版社中基本不会出现。军事类图书包含军史、政治、部队建设、教学用书、理论著作等多种类型,科普类图书为其中一类。在某些军事类出版社中,如:国防大学出版社,出版图书的方向为教学类、著作类和军史政治类,科普类图书很少出现。

国防科普图书出版特点:

第一,以军事装备介绍为主,军事技术理论为辅的内容结构。由于国防科普图书具有主要面向青少年和非军事从业人员的特点,78%的图书以展示和介绍军事装备为主,此类图书易被广大读者接受,传播内容效果好。另外,类似《美军生存手册》等的翻译类图书以其大量介绍的国外军事内容为主,吸引了不少读者。

第二,社会热点带动图书的出版和销售。因某个时期的社会热点带动相关国防科普图书的出版和销售。如:从 2005 年的"神五"凯旋到 2008 年的"神七"升天,引发了全社会对我国航天事业的极大关注,有关航天事业发展和技术介绍的图书也得到一定重视。

第三,国防类图书并非出版热点。在科普图书市场中,生态与环境类图书一直是社会热点问题,除了实用的手册性质的图书外,还有一些带有故事情节的相关图书。生活类和综合科普型的科普图书也有其生存的空间,而国防科普类图书因与日常生活关系不密切,很难得到普通读者的重视。

第四,系列图书优、劣势明显。部分国防科普图书以系列丛书的形式推出,从多角度将知识展现给读者,内容全面,适于收藏,但购买整套丛书势必造成消费上升,只想了解部分内容的读者比较难以取舍,希望阅读某一册或几册的读者也必须以全价购买整套图书。系列图书的利弊问题在一定程度上影响了图书的销售和传播效应。

(2) 国防科普电台、电视类。近年来,国家逐渐加大在电视媒体上对国防科普事业的支持力度,有些电视台专门开辟国防类栏目,如 CCTV - 2、CCTV - 7 等。另外,在数字电视频道中还专门设置国防军事频道,全天不间断播放国防科普类电视片。尽管电视媒体的国防科普节目的播放趋于常态化,但部分节目需要特定的接收条件,如国防军事频道属于数字电视频道,需安装数字机顶盒才能收看。

(3) 国防科普网站类。目前的国防科普类网站由政府类网站、商业网站、教育科研机构网站、个人论坛类网站组成。国防科普网站在全国科普类网站中总量较少,门户网站军事频道和军事论坛类网站的关注度较高,其他国防科普网站关注度不高。

2. 国防科普场馆的现状

目前,我国大多数的国防科普场馆集中于经济比较发达的大中城市,经济落后的地区和小区县及乡镇基本没有可用的场馆和设施,不具备进行国防科普的必要设施和条件;即使是在经济发达的城市里,国防科普设施也主要集中在政府机构、科研院所及大专院校里,远郊区县或基层社区基本没有必要的国防科普设施。因此,应在国防科普宣传教育基地的建设过程中,遵循专业性、行业性特色的原则,将科工局直属的专业型科普教育基地作为重点,参照社会型科普教育基地值得借鉴的地方来对国防科普宣传教育基地进行建设。

3. 国防科普活动现状

我国国防科普活动还处于各单位独立策划、组织或单位间合作组织的阶段,并没有上级部门进行统一的管理规划。各军工集团、地方国防科学技术工业办公室、行业协会、学会、高校都举办了具有各自特色的科普活动,有些已经成为品牌活动,在民众中具有较高的知名度和美誉度。

4. 国防科普人员现状

我国在经济发达地区的国防科普人员在数量和受教育程度上都优于中、西部地区,这一点尤其体现在基层国防科普人员身上。目前活跃在国防科普工作一线的多是年龄较大的科普人员,此类人员往往有着多年的国防科普工作经验,而年轻的科普人员很少能够成为国防科普工作的主力力量。我国的国防科普创作人员队伍比较薄弱,这是因为:国防科普创作人员需要有较高的文化素质,文理兼备,而目前培育创作人员的土壤比较匮乏;国防科普的地位得不到提高;创作人员的劳动成果得不到尊重,致使一些国防科普作家逐渐放弃创作,且很难吸引新作者进入这个领域。

5. 国防科普经费现状

国防科普经费未在财政预算中单列,能够投入的经费很少,致使国防科普工作缺乏足够的经费支持,影响了工作的开展。

三、推进我国国防科普工作的建议

1. 繁荣国防科普创作,大力提高国防科普作品的原创能力

针对新时期公众需求和欣赏习惯的变化,结合现代国防科技发展的新成就和新趋势,大力倡导国防科普的知识性和娱乐性结合,专业科技人员与文艺创作人员、媒体编创人员的结合,使国防科普创作既要普及现代国防科学技术知识,大力弘扬科学精神、倡导科学思想、传播科学方法,又要掌握和创新国防科普作品的创作技巧,做到内容与形式的

有效统一；推动全社会参与国防科普作品创作，既要引导文学、艺术、教育、传媒等社会各方面的力量积极投身国防科普创作，又要鼓励科研人员将国防科研成果转化为国防科普作品，要采取多种形式，建立有效激励机制，对优秀国防科普作品将给予支持和奖励。

2. 加强国防科普基础设施建设，建立更加广泛的国防科普传播渠道

针对当前国防科普基础设施不足的问题，根据提高我国公众国防科学素质的需要，在科学论证的基础上，制定《国防科普基础设施发展规划》和《国防科学技术馆建设标准》。通过新建、改建和扩建等方式，建设一批布局合理、管理科学、运行规范、符合需求的国防科普场馆；鼓励企业、社会团体和非营利组织等社会力量建设专业国防科普场馆，同时推动国防科研机构和大学建立定期向公众开放的制度，开展国防科普活动；加强基层国防科普场所建设，将城市社区国防科普设施纳入城市建设和发展总体规划，将国防科普工作纳入社区工作的重要内容，通过设立社区国防科普活动场所，举办国防科普讲座、展览、培训、竞赛等多种活动，满足社区居民的国防科普需求。

3. 专兼职结合，建设高素质的国防科普人才队伍

不断壮大由国防科技工作者、国防科学课程教师、国防科普创作人员、大众传媒的国防科技记者和编辑、国防科普场馆的展览设计制作人员、国防科普活动的策划和经营管理人员、国防科普理论研究工作者等组成的国防科普人才队伍；适应市场化进程和现代传媒业发展的需要，在高校设立国防科技传播专业方向，跨学科培养一批国防科技传播、国防科普创作和理论研究的创新型人才；加强具有理工科和文科教育背景的专业化、职业化的国防科普创编和策划人才队伍建设；开展面向国防科普工作管理人员、国防科技场馆展览设计人员、国防科技记者和编辑、国防科普导游、国防科普讲解员的培训，进一步提高国防科技传播队伍的素质；积极倡导广大国防科技人员投身国防科普事业，全国民众对国防科技领域的最新发展有更多的了解。

4. 政府拨款和社会投资相结合，加大对国防科普的投入

将国防科普经费列入各级财政预算，逐步提高国防科普投入水平，保障国防科普工作顺利开展；积极引导社会资金投入国防科普事业，逐步建立多层次、多渠道的国防科普投入体系；在实施国家科技计划项目的过程中，积极推进国防科研成果的科普化工作。

政府在科普产业化中的角色和作用

李　新　刘巨澜　任大庆

沈阳市科技局

摘要：多年的尝试和探索表明，科普事业要有较大的发展，需要动员社会力量兴办。要社会力量兴办科普事业，就必须走科普产业化的道路，即科普设施和科普服务的产业化经营。

关键词：政府，科普产业化，角色，作用。

"科普"是指"科学技术普及学知识，推广科学技术，提高公众的科技文化素质"。改革开放以来，随着国家对科普投入的增加，教育事业、社会化科普工作健康发展，我国公民科学素质有了很大提高。但从整体水平上看，我国公民科学素质水平还很低，与发达国家差距很大，远远不能实行现代化建设和综合国力竞争的需要，甚至影响社会的稳定。实践证明，公民科学素质水平不会随着经济发展和人们物质生活的改善而自动提高。近年来，我国科普事业发展取得了长足进展，但"科普事业"还任重而道远，科普工作存在问题主要是科普的投入不足，且投入渠道单一；科普场馆供需矛盾还比较突出，科普展教设施和展品设计水平还比较落后；科普队伍规模小且缺乏高水平的专业科普人才，科普图书和影视作品创作的原始创新能力差；对科学精神、科学思想和科学方法的宣传不够；科工作的管理体制和运行机制相对落后，科普理论缺乏创新等。引起这些问题的原因是多方面的。本文主要从政府公共财政的角度，对科普资金的筹集渠道、投入方向、作用方式以及达到的效果等方面入手，在分析的基础上提出与实际相结合的科普产业化的建议。

一、科普产业化——未来社会科普的必有之路

多年的尝试和探索表明，科普事业要有较大的发展，需要动员社会力量兴办。要社会力量兴办科普事业，就必须走科普产业化的道路，即科普设施和科普服务的产业化经营。

1. 科普产业化的定义

在不断提高物质技术装备水平的基础上，实行科普生产区域化、专业化；经营商品化、规模化和产前、产中、产后一体化，从而实现现代科普工作的根本目的——改善和提

高人民群众的精神和物质生活质量。

2. 科普产业化的必然性

当今我国科普发展呈现出五种新趋势：

一是科普纳入国家战略。2006年制定了《全民科学素质行动计划纲要》，明确了到2020年我国公民科学素质发展的战略目标——科学技术教育、传播与普及有长足发展，形成比较完善的公民科学素质建设的组织实施、基础设施、条件保障、监测评估等体系，公民科学素质在整体上有大幅度的提高，达到世界主要发达国家21世纪初的水平。

二是科普队伍职业化。自上世纪70年代以来，随着一大批科技馆和科普传媒的建立和发展，我国已经形成了由科技类场馆职业工作人员、科普内容产业创意人员（包括科普作者）、非营利科普机构从业人员等组成的专门从事科普工作的职业化队伍。

三是科普的休闲功能显现。在发达国家形成了一套科普旅游产业和科普文化产业的开发机制，美国传媒娱乐业的产品出口已成为仅次于军人的第二大出口行业。我国的科普文化产业也蓬勃发展，中央电视台2001年建立了独立的科技频道，各地方电视台、电台、报纸开辟的科普板块都受到群众的欢迎（如：湖南卫视热播的《百科全说》和其他电视台的各种健康讲座类节目）。

四是中小学科学教育改革形成潮流。国务院不久前办颁布的《国家中长期教育改革和发展规划纲》明确坚持以人为本、推进素质教育是中国教育改革发展的战略主题，科普作为素质教育的重要方式，显得更为重要。

五是开始了科学家与公众对话的时代。科学家越来越多的通过媒体走到公众面前，开展各种培训讲座。在多次突发事件中，如"非典"、"苏丹红"、"汶川地震"，科学家与公众在电视上、网络上开展多全方位的交流，有利的缓解了大众的恐慌情绪，公众更积极配合政府采取的各种应对措施。

上述五种趋势，有利的证明了，随着社会进步，生活水平的提高，人们对精神文化生活需要的提高，科普产业化正随之进行。

3. 科普产业化的作用

科普产业化过程中，各类科普资源将会按照市场规律进行配置，形成科普资源的最大化合理利用。首先是科普的表达方式更重实效性。科普提供方为了市场利益，将形成以客户为导向的运行机制，科普服务方将会从被服务方的需求考虑科普内容，科普的表达方式不再是以前的单方发射而是双向互动；其次是科普的投入机制更完善。科普投入不再由政府大包大揽，各类社会力量都会积极介入，获利后再投入，形成科普经营的多元化，实现科普产业由小到大，由弱到强的可持续发展；最后是科普工作影响更广泛。在市场无形的指挥棒下，政府、科学家、媒体以及给类社会精英都会联合起来，公众将会得到高质量的科普服务,从而真正实现提高国民科学素质的目的。

二、科普产业化链条的关键环节——政府的角色定位

科普产业化涉及四个方面:政府、科研机构、科技企业和公众,政府是各方联系的纽带也是整个链条上的关键环节。

1. 政府是科普产业化的管理者

《科普法》第十条第一款规定:"各级人民政府领导科普工作,应将科普工作纳入国民经济和社会发展计划,为开展科普工作创造良好的环境和条件。"科普产业化是影响到全民素质的大事,政府要从宏观的角度考虑整个科普产业化的发展,监督规范产业发展,保证科普产业化真正为老百姓服务,为社会进步服务。

2. 政府是科普产业化的投资者

科普作为一项社会公益性事业,与社会每名成员相关,是一项基础性的民生工程。《科普法》中对政府的科普投入也有明确规定,科普投入纳入各级政府财政预算。越是发达的地区,科普的投入也就越大,科普产业化的进程也越复杂,政府的投资责任也就越重。

3. 政府是科普产业化的服务者

为了科普产业化的健康发展,政府要制定相关的法律、法规为科普企业提供政策支持;政府要培养科普人才,为科普产业化的运行提供人力资源保障;政府要建立正确的舆论导向,引导公众建立崇尚创新、相信科学、追求真理的行为准则,营造科普产业化良好的发展氛围。

三、政府在科普产业化中的发挥作用

1. 政府要集合各方资源,建立科普产业化的发展平台

在科普产业化过程中,政府将不再是以往单打独斗的局面,更多时候以组织者、管理者和监督者的身份出现。政府要搭建一个各方参与的发展平台,让科研机构、科技企业和公众都可以收益。其具体做法是:政府通过制定政策或主动牵线搭桥将最新的技术或科技理念从科研机构中引出,通过招标或委托引进企业参与,运用市场化的力量,将科普知识传授给公众,教育公众,达到普及科技知识的目的。在这一过程中,科研机构的科技知识走出了象牙塔,得到了世俗化的转换,企业创造了利润和税收,公众得到了知识;政府的资金得到了有效地利用,进而实现了多方获益的良性循环。

实施中,政府可以建立一些 NGO 组织,如"科普联盟"、"科普志愿者"等,通过民间组织把科研机构、企业、社会精英和有志于从事科普事业的人集合到一起,在组织内通过市场发挥资源配置作用,各方力量主动实现互通联合。

2. 政府要考虑多方因素,培育科普投入市场

科普事业是一项周期长、见效慢的基础性事业,政府首先要投入建立科普设施,营造科普氛围,进行先期的科普产业化培育,让企、事业看到科普产业化的市场预期和前景,从而积极投入科普产业。在宏观上,政府要不断对社会的科普资源进行开发,把一切可以科普化的资源纳入自己的管理体系,做大科普产业化的基础。如不断扩大科普基地、科普示范学校、科普示范社区的数量,对一些条件尚不具备但具有科普前景的,建立科普示范展室,通过政府投入支持,使之成为科普基地;政府从全局高度上规划管理区域内的科普产业化发展方向,形成地区特色,在一些重特大项目投入上,政府发挥主导作用,建立科普精品项目,促进地区内科普产业化品牌的形成。

3. 政府要保证公众利益,坚持科普公益性原则

科普始终是一个关系到国民素质的基础公益性事业,是政府为社会全体公众提供的平等的普惠的科学服务,完全按照市场化的经营模式,一味追求利益便难以实现科普产业化的公益性原则。农村科普、提高农民和外来务工人员一直是科普的薄弱环节,政府要在这样的薄弱地区,针对重点人群开展科普服务,使科技创新的成果真正惠及到社会全体成员。政府还应鼓励从事科普产业化的企业在营利活动外,开展一些非盈利活动,政府可以从政策上给予一定的税收优惠或者企业美誉度的认定。

4. 政府要完善科普机制,提高科普产业化管理水平

首先政府要成为科普人才的培养者。任何产业化都是以人才为首要发展基础。政府作为管理者要做好科普人次的储备和交流工作,做到人尽其才,发挥最大效能。此外政府也要考虑科普产业化的应急机制。近些年"非典"、"禽流感"、"汶川地震"等社会突发事件频发,提高公众科学健康的心理,通过科普使公众掌握处理突发事件的科学方法,提高公众的科学素质和对爆发突发事件的心理承受能力成为政府科普工作的一项重要工作。最后是政府对科普产业化发展的全局意识。政府引导具有科普资源的企事业单位参加各种纪念日宣传活动,如:世界博物馆日、世界知识产权日、世界水日等,不断提高公众的科学认知,培养科普产业化的市场人群。

关于青年科普志愿者激励问题的研究

雷　露　刘文川

首都经济贸易大学

摘要：现代社会中,青年科普志愿者在我国科学技术普及工作中扮演着越来越重要的角色,社会也逐渐认识到我们需要给予这部分人力资源以更多的重视。于是,如何开发并有效发挥青年科普志愿者的作用成为热门话题。本文章主要基于对中外志愿者情况以及激励理论的分析之上,提出一些相对行之有效的方法来达到激励广大青年科普志愿者的作用。

关键词：科普,青年志愿者,激励,措施。

"志愿者"一词最早起源于西方发达国家,而其英文 volunteer 来源于拉丁文 valo 或 velle,含义为"希望、决心或渴望",但由于文化背景和理解视角的不同,不同国家和地区对志愿者的称谓和定义又有着些许的差异。我国在 2006 年颁布的《中国注册志愿者管理办法》中对志愿者(也称志愿人员、义工、志工)的定义为：不以物质报酬为目的,利用自己的时间、技能等资源,自愿为社会和他人提供服务和帮助的人。

青年科普志愿者的定义,顾名思义则是对志愿者年龄方面加以限定的基础上更强调了运用自己所具备的某方面专业知识服务于我国科普事业之中的志愿者们。就我国来说,青年科普志愿者主要集中在大专院校之中。

一、我国青年科普志愿者的管理与激励现状

虽然我国志愿者服务起步较晚,大规模开展志愿服务活动始于 1993 年底由共青团中央发起实施的中国青年志愿者行动,但综观古今,无论是古代儒家的"仁者爱人"、墨家的兼爱与非攻、道教的积善成仙、佛教的慈悲为怀,还是现今影响几代人的雷锋精神和新涌现的郭明义精神,以上种种无不凸现"爱"的主题——志愿者服务的核心理念,可见这种精神或说是理念早已深深根植于我中华民族文化之中。但是,现今志愿者管理往往是自上而下,与行政命令有着较为紧密的关系,因而,学校参加了志愿活动的青年志愿者之中,有一部分人并不是怀有"我要参加"的心态在自愿践行着志愿活动,而是以"要我参加"的被动心态在践行着,非自愿的情况下实行志愿活动,一方面有违志愿活动的内涵,另一方面志愿活动最终能达成的效果也会令人产生质疑。

在青年志愿者数量方面,以 2008 年北京奥运会赛会志愿者数据为例,在共录用的

77 169 人中,北京高校 51 507 人,北京区县 10 516 人,京外省(区、市)5 363 人,部队人员 8 348 人,港澳台及海外 1 435 人(见图 1)。

图 1 清楚的表明高校志愿者在 2008 年北京奥运会中举足轻重的作用,他们在总人数中的比重约为 67%。以 2008 年北京奥运会为契机,越来越多的青年志愿者加入到多种多样的志愿活动中来,如 2009 年哈尔滨大冬会、2010 年上海世博会、广州亚运会等都活跃着青年志愿者的身影,所以对于此类人群的科学管理和有效激励,必然对我国志愿者事业的发展起到关键作用。2011 年 12 月数据显示,全国注册青年志愿者人数达到 3 392 万人,建立各类志愿服务站(服务中心、服务基地)17.5 万个。随着我国科普意识的增强,青年志愿者们不仅活跃在大型赛事、活动的舞台上,也将目光更多的关注到科普志愿活动中来,青年志愿者运用自己的专业知识、无限的热情承担着科普志愿活动宣传员、讲解员等多种多样的工作中。

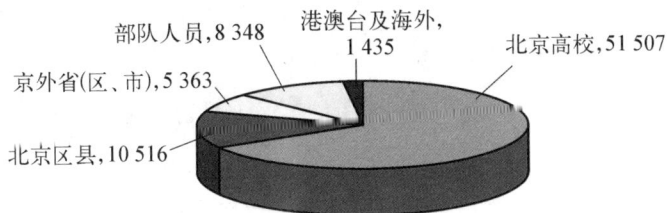

图 1 北京奥运会赛会志愿者来源分布(单位:人)

资料来源:魏娜等. 2008 北京奥运会、残奥会志愿者工作成果转化研究. 北京. 中国人民大学出版社,2010:5

我国青年科普志愿者管理与激励的现状如何呢? 在此,我们结合上述内容及其他相关情况使用 SWOT 分析的方法,即从内部优势(Strength)与劣势(Weakness)以及外部机会(Opportunity)与威胁(Threat)对我国青年科普志愿者管理与激励现状进行分析,详见表 1。

表 1　　　　　　　　　　　我国青年志愿者管理与激励现状分析

内　　　部	外　　　部
优势(S): 1. 我国具有博大、精深的慈善传统; 2. 我国青年志愿者基数庞大; 3. 青年志愿者知识储备结构、内容与时俱进,具备一定专业基础; 4. 青年朝气蓬勃,对志愿活动具有较高热情; 5. 政府在财政等发面给予支持;	机会(O) 1. 国际型科学技术交流活动等在我国举办机会增多,为我国青年科普志愿者活动的开展提供了更宽广的舞台; 2. 地区、国际交流机会增多,便于对先进志愿者管理经验的学习;
劣势(W) 1. 志愿者管理行政化,部分青年志愿者服务意识薄弱、动机不纯; 2. 缺乏全国统一性的科普志愿者法律法规; 3. 激励方式方法缺乏科学性、针对性; 4. 国民对志愿者和志愿活动的认同度仍相对较低;	威胁(T) 1. 国外优秀经验习得过程中,由于文化、社会背景等的不同易出现效果的偏差;

二、可适用于青年科普志愿者群体的激励理论概述

随着时代不断发展,逐渐演化形成了许多侧重点不同的激励理论,例如:内容型激励理论中的马斯洛需求层次论、奥尔德佛的 ERG 理论、赫兹伯格的双因素理论、麦克利兰的激励需要理论;过程型激励理论中的期望理论、公平理论等;强化型激励理论中的斯金纳强化理论等。在众多激励理论中,我们应选择何种理论作为理论支撑需要充分结合青年志愿者的特点再加以选择,可以打破理论与理论的界限,综合加以利用。本文将主要结合赫兹伯格的双因素理论、麦克利兰的激励需要理论以及斯金纳强化理论探寻适宜对青年科普志愿者进行激励的方式方法。下面先对涉及的几种激励理论进行简要介绍:

(一)赫兹伯格的双因素理论

赫兹伯格认为有两种不同类型的激发因素,一类是促使人们产生工作满意感的因素,称为激励因素;另一类是促使人们产生不满的因素,称为保健因素。激励因素是与工作内容紧密相连的,此类因素的改善通常可以给人以较大程度的激励并产生满意感从而对工作更加积极;而保健因素的满足则主要是防止人们产生不满情绪,因为如果此类因素被忽视导致人们不满的同时还会挫伤其积极性。

科普志愿服务虽本就不是以物质收获为目标的,但志愿服务也并不意味着一定要志愿者完全承担产生的更种必要花销,如吃饭、交通等,所以较为合理的作法是在给予志愿者一定物质补助的基础上注重激励因素的开发,如志愿服务上的成就感、认可度、挑战性、责任感或是个人成长、知识习得等。

(二)麦克利兰的激励需要理论

激励需要理论是由心理学家麦克利兰(David McClelland)提出的。他认为人在较高层次上有 3 种需要:对成就的需要(need for achievement)、对权力的需要(need for power)、对归属的需要(need for affiliation)。成就需要是指人渴望卓有成效地完成任务或达到目标;权力需要的本质是渴望控制其环境中的各种资源;归属需要是一种希望与人为伴、归属于某些群体的需要。

该理论启示我们探寻青年科普志愿者的内在需要继而有针对性地对具有不同需要的青年志愿者进行激励则可以达到事半功倍的效果。乐于参加志愿服务的志愿者在服务过程中除对权力的需要体现不明显外,对于成就以及归属的需要则有较为清晰的显现。科普志愿活动的挑战性以及如若自始至终坚持下来后看到呈现出的良好结果等都可以满足对成就需要有所追求的青年们;而志愿者组织之间的互帮互助以及来自社会的高度认可、支持等对于有强烈归属需要的青年们则是极具吸引力的,这会激

励他们更努力并快乐的进行科普志愿服务,同时也更利于志愿团体成员间融洽人际关系的建立。

(三)斯金纳强化理论

斯金纳是强化理论的主要代表人物,他着重研究的是人的行为结果对其行为的反作用。他发现,当行为的结果有利于个体时,这种行为就可能重复出现,行为的频率就会增加,这种情况在心理学中被称为"强化",而能对人们行为频率产生影响的刺激物则被称为强化物。因此通过控制强化物来改变对象行为的理论即为强化理论。在管理中,通过强化理论改造对象行为的方式通常有四种:

(1)正强化。即通过形式多样的奖励对人们好的行为进行奖励,使好的行为得以重复出现。

(2)负强化或回避。即通过事先说明不符合要求的行为会产生何种不良后果,从而使得人们规避此种不被欢迎的行为。

(3)自然消退。即对某种行为采取不予理睬的处理办法,使其明白该种行为是不被认可的,从而逐渐减少该种行为的出现机率。

(4)惩罚。即通过具有强制性的措施创造出一种令人不快的环境,以表示对此种不符合要求行为的否定,以期消除此种行为重复出现的可能性。

该理论在青年科普志愿者管理与激励方面给我们的启示是,由于广大青年仍处于人生观、价值观形成阶段,对于一些事物的认识还不够深刻,因而在激励过程中需要选择正确的强化物进行激励,起到正确的引导作用。与此同时,强化的方式要依据不同情况进行选择,此外还要注意选择正确的强化时间。

三、国外激励青年志愿者的经验及措施

以下是部分国家在激励青年志愿者方面的一些作为。由于青年科普志愿者包含于青年志愿者之中,所以对于青年志愿者的激励方法对于我国激励青年科普志愿者同样具有着很大的参考价值。

(一)美国

美国有着相当庞大的志愿者队伍,其对青年志愿者在物质方面的奖励主要表现为学费及奖学金的转化。如参加"为美国服务的志愿者",服役期满一年后可以得到两个学期的奖学金9 450美元,而且选择联邦职业时可免除考试资格;而参加"全国民事社区服务队"的年龄在18岁至24岁的志愿者,10个月的服役期满后可得到6 000美元的津贴及2 362.5美元的一次性奖学金。

（二）新加坡

新加坡对志愿者的奖励是多层次的，十分重视精神方面的激励，为优秀的志愿者设立了各种奖项。例如人民协会的社会服务奖依据志愿者每年服务的时间和业绩分为"公共服务奖"、"公共服务勋章"、"公共服务星条勋章"，每年国庆日由总统或总理颁奖。

（三）其他国家

韩国从 1995 年起使初中学生的志愿服务活动义务化，特别是自 1998 年以后，更是使志愿服务活动的分数占到高中成绩的 8%；墨西哥政府对大学生志愿服务的要求更为严格，每个大学生在校期间至少要从事六个月的志愿服务，否则将无法获得毕业文凭；而泰国则以大学毕业生到贫困地区做一年志愿服务可以获得更多找到一份理想工作的机会来激励青年们积极加入到志愿服务中来。

四、青年科普志愿者激励方式方法建议

（一）对青年科普志愿者实行全过程激励

目前我国对青年志愿者的激励虽有向前推进的趋势，但是全程激励的意识仍有待加强。

针对青年科普志愿者，在上岗前，应注意对其进行思想上的动员以及专业知识的培训工作，思想上的动员可以在帮助广大青年摆正志愿心态的同时认识到自己所要投身的志愿服务事业的崇高性，此举有利于加强青年志愿者的归属感以及自身对科普志愿服务的认同感；而岗前培训不仅是对科普志愿服务中宣传的知识的科学性负责，同时也可以满足部分青年对专业知识渴求的需要，如此一来，学到知识的同时还使青年们体会到传播知识的快乐。但岗前培训在我国多数志愿活动中没有被给予足够的重视，有学者对济南高校在校大学生进行的无记名问卷调查中关于志愿服务岗前培训的题目统计结果显示（发出问卷 1 200 份，实际收回问卷 1 126 份）：有 66.3% 的同学表示组织方没有进行志愿服务的培训，15% 的同学仅受到了基本理念培训，14.2% 的同学受到了基本技能培训，4.5% 的同学接受过归属感培训，而没有同学选择接受过责任与权利培训。

在实施科普志愿服务过程中，畅通的沟通渠道，民主化的管理氛围，上级领导不时地慰问，等等这一切都可以成为青年科普志愿者保证持续志愿服务热情的动力之源。

科普志愿服务后的激励自然也是必不可少的，特别是对于并不以追求物质收获为目的的志愿者队伍来说，精神上的激励则显得尤为重要，对优秀科普志愿者进行表彰，或是邀请青年科普志愿者参加经验分享会、庆祝仪式等活动都是不错的选择。不过需要注意的是斯金纳强化理论启示我们强化的时间一定要正确加以选择，有些强化一定要注意及时性原则。

（二）志愿服务对象选择时应注意与青年志愿者专业相结合

不同主题的科普志愿活动应在青年科普志愿者招募征集过程中结合专业背景加以考虑,这主要是出于两方面原因:一方面,具有相关专业背景的青年志愿者在志愿活动中可以更加得心应手;另一方面则是出于对青年志愿者激励的角度,与所学专业相关的志愿服务活动可以为广大青年们提供一个广阔的实践舞台,不仅可以加深对专业知识的认识与应用,更可以从志愿活动中对自身所学知识的肯定中感受到认可,从而更加愿意投身到相关志愿服务领域之中。

（三）建立相对完善的青年科普志愿者识别系统

青年科普志愿者识别系统其实是对企业识别识别系统理念的应用。企业识别系统(CIS Corporate Identity System)主要由企业理念识别(Mind Identity,MI)、企业行为识别(Behavior Identity,BI)、企业视觉识别(Visual Identity,VI)三部分组成。而构建青年科普志愿者识别系统恰好也可以从这三方面入手,同样,青年科普志愿者理念识别系统应该为整个识别系统中的核心,可以包括科普志愿服务的宗旨、口号等具体内容;青年科普志愿者行为识别系统可以主要包括志愿服务方式、具体行为准则、系列主题活动策划等来体现,对内可以采用讲解、培训等方式,对外则采用请媒体加以报道、制作宣传短片或者与人们进行互动活动等方式;青年科普志愿者视觉识别系统则主要包括标志、服装等可视内容,这个系统可以帮助青年科普志愿者在志愿服务中被快速、准确识别出来。有针对性合理的青年科普志愿者识别系统的建立有助于通过实现青年们关于归属的需要、尊重的需要、认可的需要等而达到良好的激励效果。

（四）将科普志愿服务考评结果切实加以应用

现阶段我国对青年志愿者参加志愿服务后的考评结果应用并不理想,没有建立起一定的体系。事实上我们可以学习国外的一些做法,如将科普志愿服务考评结果更多的应用到一些荣誉称号的评比之中,或是增强企业在选择员工时对科普志愿服务考评结果记录的重视程度等,或者我们也可以考虑当累计参加与所学专业相关的科普志愿服务满足一定小时数后可以冲抵部分选修课学分等措施。通过一定的引导,也可以达到激励青年投身科普志愿服务之中的目的。

参考文献

［1］ 共青团北京市委员会、北京青年研究会. 志愿者形象及其社会影响. 北京. 人民出版社,2009.

［2］ 共青团中央. 中国注册志愿者管理办法.

［3］ 法制网. 我国注册青年志愿者人数达 3 392 万人. http://news. cntv. cn/20111205/116726. shtml,

2011 年 12 月 05 日.

［4］ 张德,吴志明. 组织行为学(第二版). 大连. 东北财经大学出版社,2006.

［5］ 刘健. 国外如何开展志愿者活动. http://www. people. com. cn/GB/40531/40557/41317/41320/3024602. html,2004 年 12 月 01 日.

［6］ 刘健. 国外的志愿者活动. http://digest. scol. com. cn/2002/04/29/132293877. html,2002 年 4 月 29 日.

［7］ 宋海英. 大学生志愿服务活动激励机制建设. 青春岁月,2012(18).

企业科普活动的案例研究

何 丽 张晓梅

中国科普研究所

摘要：对企业科普活动案例研究表明企业是科普的重要力量；企业与政府或者社会团体的合作、公众的参与是企业科普形式的有效尝试；本文认为提供与企业产品有关的科普活动是能够持续发展的；认为建立企业科普的奖励和监督机制是必要的。

关键词：企业科普，案例研究。

案例研究是社会科学多种研究方法之一。案例研究适合于回答"为什么"，"怎么样"时，研究者几乎无法控制研究对象，或者关注的问题是当前工作中的实际问题。科普活动是在自然情景下发生的，研究者无法控制和预料科普活动的结果，因此运用案例研究能够真实地反映企业实际科普活动，使分析更具针对性。

本研究所选取的案例来自笔者访谈调查的企业，选取这两个案例的原因如下：一是强生公司和欧莱雅公司都属于外资企业，是较早进入中国并从事公益类科技活动，在科普活动方面积累了不少经验。二是两个公司从事的是两种不同类型的科普活动。案例所用资料分别由强生（中国）公司和欧莱雅（中国）公司社会公益部提供。

一、对企业科普活动的界定

本文采用科普法对科普的定义，即科普是一种活动，科普是公益事业，是社会主义物质文明建设和精神文明建设的重要内容。科普活动是国家和社会采取公众易于理解、接受和参与的方式，来普及科学知识、倡导科学方法、传播科学思想、弘扬科学精神[①]。企业的发展离不开社会环境，同时企业也做不少社会公益活动如赈灾捐赠活动，但这不是本文讨论的范围。按照科普法的定义，只要企业从事公益类科技活动就可以考虑纳入科普活动的范围。具体来说，企业科普是指学校正规科学教育以外的，企业主要通过大众传媒以及各类宣传、展教、培训等方式，采取公众易于理解、接受和参与的方式传播科学知识、科学方法、科学理念等社会教育活动。按照这样的标准，本文选择了强生公司和欧莱雅公司的科普活动作为研究对象；还由于篇幅所限，每个公司只选择一个案例进行

---

① 中华人民共和国科学技术普及法，科学普及出版社，2002 年 第 456 页。

研究。

二、企业科普活动案例研究

(一)强生婴儿抚触项目在中国

1. 项目背景

真心的抚触,不只对婴儿的健康有帮助,对情绪的安抚,情感的传达,有更大的效果。不要小看这个简单的动作,在抚触的背后,有你无法察觉的温暖,自手中慢慢流露⋯⋯

婴儿抚触是通过抚触者双手对被抚触者的皮肤和相关部位进行有次序、有手法技巧的抚摩,让大量温和的良好刺激通过皮肤的感受器传到中枢神经系统,以产生积极生理效应的一项先进育儿科学;目前,在许多国家,抚触已被公认为是对婴儿健康最有益的一种医疗技术之一,并开展了多方面的相关研究。强生发起的婴儿抚触项目,不仅有效协助脑瘫、早产婴儿的康复,对于健康婴儿的发育同样有益,因为大量温和的刺激通过皮肤的感受器传到中枢神经系统产生的生理效应,可以促进婴儿的健康发展、促进婴儿体重的增长及应激能力的提高。

作为一个婴儿护理品牌,强生婴儿一直致力于通过推广先进的育儿理念与技术,促进中国专业新生儿健康护理事业的发展。十几年来,强生婴儿在中国大力地推广抚触,并鼓励更多的父母通过婴儿抚触增进亲子之间的情感交流。旨在推动中国育儿早期教育的发展,提高中国婴儿的健康水平

2. 实施过程

自从 1995 年强生婴儿将这一全新的婴儿护理理念介绍到中国,至今婴儿抚触技术已在全国范围的众多医院得到临床应用和推广。1998 年,在中华护理学会、中华医学会儿科学分会及中华医学会围产医学分会的联合推荐下,婴儿抚触正式被纳入主流继续教育的课程;为了推广该项目,自 2000 年起,强生婴儿与中华护理学会联合在全国范围内连续举办了 5 届婴儿抚触大赛;2000 年,中华护理学会和强生(中国)有限公司联合举办了首届"全国婴儿抚触大赛,一批的婴儿抚触理论及技术操作专业能手脱颖而出。2001 年,为了推广广泛婴儿抚触项目。由中华护理学会、中华医学会儿科学分会、中华医学会围产医学分会、美国全球抚触研究中心(TRI)联合,共同对婴儿抚触师资格进行认证培训与考核。同时,首次共同制订了强生标准婴儿抚触室的认证资质和规定,使婴儿抚触项目的开展更为专业化、规范化。全国 38 家医院首次获得认证资格,并被授予"强生标准婴儿抚触室"认证铭牌。2004 年,全国累计建成 440 多家获美国抚触研究中心(TRI)及中华护理学会、中华医学会儿科学分会、中华医学会围产医学分会三大权威组织共同认证的强生婴儿标准抚触室,培训并认证了专业抚触师 20 000 余名。2005 年,"强生婴儿抚触中国 10 年行活动"于同年 5 月 20 日在上海拉开帷幕,会上中国卫生部,妇幼保健局社区卫生司妇女处处长王斌宣布刘纪平教授、沈月华教授两位中国儿童保健专家为强

生婴儿抚触大使,并举行了授证仪式。2007 年,第五届婴儿抚触大赛在全国 12 个城市举办,近 1 200 个家庭参加了比赛,婴儿抚触由此更加深入人心。2008 年,中华医学会儿科学分会、中华医学会围产医学分会与强生婴儿联合进行了"过去十年中国婴幼儿护理和教育科学发展"的调查,结果发现,婴儿抚触已经成为中国近 10 年最具影响力的育儿科学之一,80％以上的家庭正在实践或曾经进行过"婴儿抚触",尤其是在 0—3 岁的婴幼儿家庭中,"婴儿抚触"的实践率达到 91.9％。全国建立标准强生婴儿抚触室达 886 家。为了向中国父母更有效地宣传"婴儿抚触"的益处,强生婴儿联合两大学会共同将每年六月的最后一个星期日设立为"强生婴儿抚触日"。2008 年 6 月 29 日,首届"强生婴儿抚触日"主题活动在全国各大城市成功举办。同日强生婴儿联合两大学会以及世界著名育儿网站宝宝中心开展了以"抚触迈入网络新纪元"为主题的第二届"强生婴儿抚触日",并建立了全国首个专业婴儿抚触网站(www. babytouch. babycenter. cn),旨在为广大父母提供便捷、专业的抚触指导与经验交流平台,实现"抚触每一天"。

3. 实施效果

在项目实施的 8 年中,强生婴儿抚触项目已经被推广到 300 多个城市的 1 500 多家医院,截至 2009 年 5 月,强生婴儿帮助建成了 800 多家强生标准抚触室,培训抚触专业医护人员达 3 万余名,全国已有超过 800 万名新生儿受益于强生婴儿抚触教育活动。

(二) 欧莱雅"破解头发的奥秘"科普展

1. 项目背景

"破解头发的奥秘"展览是由全球最大的化妆品公司欧莱雅集团与法国科学工业城经过多年的研究开发,共同策划并设计完成。整个展览的准备过程耗资巨大,欧莱雅集团多达 10 个实验室的研究人员参与了这个创造性过程。

自 2001 年起,"破解头发的奥秘"已经在全球三大洲 15 个城市巡回展出,造成了极大的社会影响,共吸引 200 多万参观者。2009 年初,欧莱雅集团将"破解头发的奥秘"科普展捐赠给中国科技馆,准备在中国进行巡展。

科技和创新始终伴随着欧莱雅的成长,并将科学研究作为集团核心的企业战略。欧莱雅对于头发研究与成果为其奠定了世界美发专家的美誉。欧莱雅相信:在每个市场,只有对当地人的头发皮肤有更多认识和了解,才能开发出适合各种不同人群的产品,来满足全球消费者对美的多样化的需求。

2009 年恰逢欧莱雅的百岁诞辰,在全球经济危机的背景下,欧莱雅集团在中国连续第八年实现了两位数的增长。中国市场的快速发展坚定了欧莱雅集团在中国长期发展的信心。因此,欧莱雅集团将"破解头发的奥秘"这个深具影响力的科普展览捐赠给中国,以示其对中国大众以及消费者的真诚回报。此外,欧莱雅也希望通过这个平台,让更多的人们感受到科技的力量如何给人类带来更多美的感受。这一展览同时也是与中国科协"科普资源共建共享"活动宗旨相一致。

"破解头发的奥秘"科普展 2001 年首次在法国展出后，便开始它的全球巡展。捐献给中国科技馆后，该头发科普展先后已在成都和苏州进行两站巡展，成都站由于是首战，持续三个月左右；苏州站持续一个多月。欧莱雅希望此次巡展能以尽可能长的时间跨度使更多公众亲身"破解"头发的奥秘。

2. 实施过程

欧莱雅"破解头发的奥秘"展览占地 450 平米，由四个部分组成，它们分别是：从生命到物质、产品背后的科学、模拟发廊及世界之发。四部分分别向参观者展示不同的科研与创新：头发的构造与属性；洗发水、定型剂、润发乳、染发剂等美发产品的研发和生产；如何改变形象；发型、美发沙龙、流行歌曲以及谚语。展览的设计风格独特，有趣的图片、生动的模型及栩栩如生的视听效果都被用来充分激发参观者对"头发"的兴趣。同时，展览有极强的参与性与互动性，寓教于乐、通俗易懂。

3. 实际效果

科技和创新始终伴随着欧莱雅的成长，欧莱雅并将科学研究作为集团核心的企业战略。欧莱雅由于头发研究与成果，奠定了世界美发专家的美誉，而此次"破解头发的奥秘"中国巡展已为更多中国人带来了更多奇妙的体验。

成都站的展览在半年时间内还是吸引了 184 030 名的参观者。展览在当地深受好评，观众通过参观、互动、交流，对头发、对与头发相关的人体科学知识有了更新更深的认识；当地媒体也对"破解头发的奥秘"展览给予高度评价，认为其引人入胜的设计使科学变得既通俗易懂又趣味盎然。欧莱雅的这一大型科普公益活动取得了很好的社会效益，让包括大中小学生在内的各个社会阶层的人们免费得到了头发科学知识的普及，对提升全民科学素质发挥了作用。这从一个侧面很好地证明了欧莱雅具有企业社会责任意识——运用自身的资本、技术和人才优势，与社会共享在科技领域的研究成果，提高大众对科普的认识。

苏州站的展览，由于欧莱雅发用产品的生产主要集中在苏州，且欧莱雅在中国的三大工厂中的标杆工厂也在苏州工业园区，这一切使得此次苏州站的展览更具意义。苏州市政府和市民都对这一生动、有趣、启迪智慧的展览给予了鼓励和支持。苏州市政府领导也在开幕式上表示："感谢中国科协和中国科技馆把苏州作为'破解头发的奥秘'科普展的第二站，也感谢欧莱雅公司为苏州带来了如此高水准、具有重要价值的科普展览，苏州市政府认为认为这必将使苏州市民兴起学科学、爱科学、用科学的新热潮。欧莱雅这样以实际行动推广科普的做法，是非常受欢迎并需要提倡的。"在为期一个多月的展览中，共有 6.5 万参观者来到现场。

通过这种方式的巡展，欧莱雅不但与公众分享在美发领域里一百年的创新经验与专业知识，也由此告诉其员工、合作伙伴、消费者等群体：研发是欧莱雅的 DNA，瓶瓶罐罐的化妆品里装的是科学。从数据而言，仅 2008 年，集团就注册了 628 项专利，全球范围研发投入达到 5.81 亿欧元。欧莱雅集团在中国上海的研发中心共有一百多位技术人员专门从事科学研究,其核心任务就是研究适合中国人以及亚洲人在护肤、彩妆、头发三方面的需求,开发适合中国人以及亚洲消费者使用的创新性产品。

4. 经验分享

以一支染发剂开始美的旅程的欧莱雅公司始终坚持对当地市场的深层探究。欧莱雅相信:只有对当地市场的目标客户的头发皮肤有更多认识和了解,才能开发出符合市场需求的产品,满足他们对美的要求。在业务快速发展的同时,欧莱雅始终不懈努力,大力支持文化、教育、环保、艺术、科研和公益等项目,其发起和赞助的诸如"中国青年女科学家奖"、"欧莱雅西部助学金"、"绿色环保行动"等各种公益活动,得到了社会的广泛认可。"破解头发的奥秘"科普展中国巡展系列活动,从捐赠展览到全程支持,是欧莱雅回报社会、贯彻企业可持续发展的重要体现。

三、分析和讨论

(一) 把企业的科普纳入企业的社会责任范畴。

在科普主体多元化的今天,企业的积极参与,无疑是好事。无论其参与的动机如何,只要企业愿意从事公益类科技活动,它们是有能力做的。在由于国家财政投入不足导致科普投入总量不足的情况下,企业的参与意义更加重要。企业作为重要的社会组织,企业对社会应尽的义务就是企业的社会责任。科普是公益事业,企业科普也就是企业的社会责任,而具有社会责任理念和企业公民意识是现代企业的重要标志,可以增强企业的竞争力,也是走向国际市场的通行证。如果企业树立社会责任理念并根据企业的实力履行其社会的社会责任,把科普纳入其应尽的社会的社会责任之中,那么企业的发展将会对中国科普事业的发展起到积极的推动作用。

(二) 配合企业产品销售的企业科普活动能够持续发展。

强生公司是从事婴儿护理产品的生产和销售的,作为一个婴儿护理品牌,强生婴儿一直致力于通过推广先进的育儿理念与技术,促进中国专业新生儿健康护理事业的发展。欧莱雅是做头发洗护产品企业,其科普活动必定与头发有关。这也是一举两得,既从事了科普活动,回报了社会,同时也对企业及其产品进行了广泛传宣,取得了单纯的商业广告难以达到的效果。我们不能要求企业从事公益类科技活动时没有经济回报。《中华人民共和国科学技术普及法》第 6 条规定:"国家支持社会力量兴办科普事业。社会力量兴办科普事业可以按照市场机制进行". 企业科普活动带来其产品销售的利润回报也是企业能够持续科普活动的动力。

(三) 企业科普的新方法

传统的科普重视单向的科学普及,而现代科普需要引入把公众作为科学技术的使用者、消费者、利益相关者以及政策参与者等新的维度。以公众为中心的科普模式将以往科普外部注入、要求培训的方式转变为需求引导、接收为主。协助公众认识、理解和欣赏科学①。而这两个案例都能把公众作为其产品技术的使用者、消费者纳入其活动。推广全民科普知识，离不开政府的强力支持与协作。在案例中，强生和欧莱雅都积极与当地相关负责部门或者专业团体配合，避免了由信息不对称可能造成的重复工作与效率低下。同时，当地政府和相关部门也以负责的态度与强生、欧莱雅合作，共同完成科普活动。因此可以说，强生公司和欧莱雅公司是相关专业科普活动的发起者，当地政府和社会团体则是科普的支持者，公众是参与者，三者缺一不可。这种企业与政府或者社会团体合作、公众参与的方式进行科普，这对企业科普来说不妨是一种新的尝试和创新。

(四) 建立对企业科普活动的奖励机制和监督机制

企业科普活动不是企业的主要工作或法定责任。大型国有企业有专人或兼职这方面的工作。而外资或合资企业大多由其公关部门完成科普活动。既然企业的发展对科普事业做出了贡献，就需要社会对其关注和理解，那么对在企业科普活动做出贡献、长期坚持科普活动回报社会的企业或人员的大张旗鼓的奖励也是理所当然，营造从事科普活动光荣的社会氛围，以吸引和鼓励更多的企业加入到科普活动，并允许企业在科普活动方面存在的差异，同时对以科普的名义进行的违法活动也要曝光和整顿。对企业的访谈调查也表明，长期进行科普活动的企业也希望政府或社会组织给予它们精神支持和鼓励。而目前对企业的科普奖励机制和监督机制都还不到位。

参考文献

［1］ 黎友焕、赵景峰：基于社会责任的的企业发展方式变革[J]，商业时代，2007(9)21—23

［2］ 林毅夫：企业承担社会责任的经济学分析[J]，经理人内参，2006(18)

［3］ 朱效民：30 年来的中国科普政策和科普研究，中国科技论坛[J]，2008 年 12 月(12 期)9—13

［4］ 詹姆斯。麦吉：社会责任与商业困境[M]，布鲁金斯学院，1974

［5］ 中华人民共和国科学技术普及法，科学普及出版社，2002 年 10 月

---

① 朱效民：30 年来的中国科普政策和科普研究，中国科技论坛[J]，2008 年 12 月(12 期)9—13

中国公民科学素质调查概述

高宏斌　何　薇　张　超

中国科普研究所

摘要：本文从文献研究和对比研究的角度简单论述了历次中国公民科学素质(养)调查的概况,重点介绍了最近一次中国公民科学素质调查(2007 中国公民科学素质调查)与以往调查的不同和创新之处。其中的创新点主要体现在指标体系的修改、定性调查方法的引入和科学素质指数表示方法的创立。

关键词：科学素质,科学素质调查,定性调查,科学素质指数。

一、引言

在国际上,科学素质的研究工作是从上世纪 50 年代开始的。而科学素质的调查和测量工作是从上世纪 70 年代末开始的。该调查和测量首先是美国从 1979 年由米勒教授利用其提出的三维度测量体系进行每两年一度的美国公众科学素质调查。调查结果体现在美国重要的科学期刊《科学和工程学指标》(Science and Engineering Indicators)的第七章(或者第八章)"公众对科学技术的态度和理解"(Science and Technology：Public Attitudes and Public Understanding)上[1]。欧盟调查委员会(Eurobarometer)是欧洲十分重要的调查机构,这个调查机构的建立和研究内容体现了欧洲经济和社会发展一体化的精神。欧盟调查委员会进行的第一次公众对科学技术发展的态度和理解状况的调查是在 1992 年[2,3]。日本的调查是不定期进行的,其调查所采用的指标和内容基本与美国的一致[4]。俄罗斯、巴西、印度等国也采用经过修改后美国或欧盟的问卷进行本国公众对于科学技术态度的调查。我国自 1990 年借鉴国际上的公民科学素质研究体系,采用国际通用指标设计调查问卷和调查方法。并且于 1992 年、1994 年、1996 年、2001 年、2003年、2005 年和 2007 年正式进行了七次大规模全国公众的科学素养抽样调查[5,6,7,8,9,10]。

二、我国历次公民科学素质调查概述

本文提及的我国七次公民科学素质调查是指在国家统计局备案的,并基于科学抽样方法的全国范围的抽样调查过程。如果不讨论抽样方法和备案程序,我国最早的一次公民科学素质调查是在 1989 年由中国科协组织 150 多个地方科协和全国学会进行的调查。该次调查开中国公民科学素质调查和研究之先河,为今后的科学素质研究和历次调查工作提供了宝贵的第一次经验和数据。

本次调查之后,中国科协的研究人员经过独立研究和与美国米勒教授的交流,在以往的研究和调查工作的基础上经由国家统计局批准,在国家科委和中国科协的资助下进行了七次中国公民科学素质调查,时间节点分别为 1992、1994、1996、2001、2003、2005 和 2007 年(表一)。该项调查工作的结果主要发布在历次调查对应下一年的《中国科学技术指标》一书中。

表一   中国历次调查技术参数对比表

	1992 年	1994 年	1996 年	2001 年	2003 年	2005 年	2007 年
样本量	5 500	5 000	6 000	8 520	8 520	8 570	10 080
抽样法	不详	PPS	PPS	分层四阶 PPS	分层四阶 PPS	分层四阶 PPS	分层三阶 PPS
加权	性别	性别	性别	线性 多变量	非线性 多变量	非线性 多变量	非线性 多变量
黄皮书	1992 1994	1996	1998	2002 2002 英	2004 2004 英	2006	2008
总体	四普	四普	四普	公安部 户籍	五普	五普	五普 (1%抽查)
调查单位	科委科协	科委科协	科委科协	科协	科协	科协	科协

在我国公民科学素质研究人员的不懈努力下,中国公民科学素质调查的指标体系、问卷和调查方法得到了不断的改进和提高。这些改进和提高表现在指标体系的不断完善、中国公民科学素质变化观测网的建立、调查技术参数的发展和调查手段和表现方式的丰富[10]。这些方面的改进在本世纪初的几次调查中体现的尤为明显。下面就 2007 中国公民科学素质调查的改进进行详细论述。

三、2007 中国公民科学素质调查的创新

2006 年 2 月 6 日由国务院正式发布实施的《全民科学素质行动计划纲要(2006—2010—2020)》(以下简称科学素质纲要),旨在加强我国公民科学素质建设,通过发展科学技术教育、传播与普及,尽快使全民科学素质在整体上有大幅度的提高[11]。

2007 中国公民科学素质调查肩负着《科学素质纲要》对公民的科学素质的首次评估任务。客观形势要求调查的指标体系要有双重考虑,既要国际上的相关调查可以对比、又要与以往调查的结果有延续性。同时要求能够为地方的科学素质调查工作提供帮助和支持。而且,还要继续探索公民科学素质结果表现的方式和方法以便于为相关研究提供基础的和丰实的数据。

（一）新的抽样方案

2007 中国公民科学素质调查是抽样问卷入户调查。调查对象为中国大陆（不含香港、澳门和台湾地区）18 岁至 69 岁的成年公民（不含现役军人、智力障碍者）。设计样本量 10 080 份，回收有效样本 10 059 份。

为了实现每个省都有相当数量的样本；同时只要各省相应追加样本就可以估计本省情况，有效地提高样本的利用率，节省了各省纲要办的调研工作经费的目的。本次调查采用分层三阶段不等概率抽样，即以全国为总体，以各省级单位为子总体进行抽样；在各子总体内，采用分层三阶段不等概率抽样。并根据调查对数据分析的要求将全国划分为必选层和抽样层，然后在必选层内共抽选街道（乡镇）344 个，在抽样层内共抽选区（县）166 个，总共抽取一级抽样单元 510 个。

为了最大限度地提高利用调查样本对总体估计的精度，除保证样本抽样分布的合理性外，使调查样本对总体有更好的代表性，本次调查以国家统计局公布的全国最新的 1% 人口抽样调查统计数据为参照总体，对调查结果在性别、年龄、文化程度及城乡结构等方面，进行了非线性的口径加权处理。

在本次调查中，有包括广东、黑龙江、吉林、内蒙古、贵州五个省（自治区）根据统一的抽样方法扩充样本（样本量均超过 2 000 份），并行开展了本省的公民科学素质调查，其调查结果可以有效地进行全国对比分析。

（二）进一步完善的指标体系

《科学素质纲要》中指出，公民具备基本科学素质一般指了解必要的科学技术知识，掌握基本的科学方法，树立科学思想，崇尚科学精神，并具有一定的应用它们处理实际问题、参与公共事务的能力。简言之就是"四科两能力"。基于对历次中国公民科学素质调查数据和资料的分析和研究，为了适应《科学素质纲要》对于公民科学素质监测评估的新要求，遵循建立指标体系的科学性、可比性和导向性三原则，在本次调查的与研究中拟定了全新的中国公民科学素质指标体系框架，并依据此框架和以往公民科学素质调查的指标体系形成了中国公民科学素质调查实用指标体系（表二）。

表二 　　　　　　　　中国公民科学素质指标体系结构表

一级指标	二 级 指 标	三 级 指 标
公民对科学的理解	对科学知识的了解	对科学术语的了解
		对科学观点的了解
	对科学方法的理解	对"科学地研究事物"的理解
		对"对比实验"方法的理解
		对概率的理解

一级指标	二级指标	三级指标
公民对科学的理解	对科学与社会之间关系的理解	对迷信的相信程度
		处理自身健康问题的行为
公民运用科技信息的能力	对科学技术的感兴趣程度	对科技新闻话题的感兴趣程度
		最感兴趣的科技发展信息
	科学技术信息来源	利用大众媒体的情况
		参加科普活动的情况
		参观科普设施的情况
	参与公共科技事务的程度和能力	个人关注
		和亲友谈论
		热心参加
		主动参与
公民对科学技术的态度	对科学技术的认识	科技与工作
		科技与生活
	对科学家的职业和工作的看法	对科学家的职业的看法
		对科学家的工作的认识
	对科学技术发展和创新的看法	对科技发展的期待
		对科技发展与自然资源的看法
		对科技发展与人才资源的看法
		对基础科学研究的态度
		对科技创新的期待及对技术应用的看法

（三）定性调查方法的引入

定性调查是社会学的研究方法之一,是通过对有意选取的具有重要社会特征群体采取深度访谈、座谈和田野工作等调查方式,深入了解公民总体的尽可能多的社会侧面,以便进一步理解其社会维度的形态和具体特点。鉴于我国历次公民科学素质连续调查中所发现的问题,和对最近国际相关科学传播研究发展新趋势的理解,在 2007 年中国公民科学素质调查中,采用了定量调查和定性调查相结合的调查研究方法。在本次调查中主要采用的定性方法是深度追问和小组访谈两个方式。

通过各省(市、自治区)追加深度追问问卷的方式,本次调查工回收有效深度追问问卷 498 份,通过分析和总结问卷中的追问内容,达到了深入和形象的了解我国公民获取科技知识和科技信息的渠道、方法和手段,公民在实际生活和工作中对科学技术知识和科学技术信息的了解情况和需求状况,公民对科学技术发展的看法和态度等问题的目的。

在小组访谈部分,本次调查对预选调查点的经济发展状况以及教育、文化、民族等人口特征充分的研究分析基础上,通过与当地政府和科协有关单位协商在我国东部、中部和西部各选择一个有经济发展水平代表性的省,在每个省选择城区、城乡结合部、农村(兼顾民族特征)的座谈调查点,共进行了 11 组访谈。

(四) 新的表示方法

在以往历次的中国公民科学素质调查的结果表示方面都是使用百分比的方式来表示公民的科学素质水平。该方法也是来自于米勒教授基于该项调查的评价方法。在2007 年调查引入新的指标体系和为《科学素质纲要》评估服务这一新任务后,百分比的表示方法明显的不能适应调查的需求。

在对 2007 年调查的数据分析中,首次引入"公民科学素质指数"的测算方法,即将测度公民科学素质的数项核心指标简化为单一的科学素质指数形式表示。与测算具备基本科学素质的比例(百分比)不同的是,该方法更能全面深入细致的反映出公民科学素质的整体水平或特定群体的科学素质水平。简单地说,2007 年测算具备基本科学素质公民比例的方法研究的对象是通过四部分测算筛选出来的几百个合格者,而测算指数的方法则将所有调查样本作为研究对象。指数表示的方法不仅可以描述个体,同时也适应描述不同分类的群体科学素质的水平。为了达到国际对比和历史沿革的目的,2007 公民科学素质调查使用了百分比和指数两种表示方法来描述我国公民科学素质的现状。

公民科学素质的理论和实践研究是《科学素质纲要》工作中的重要一环,对于公民科学素质的调查亦是《科学素质纲要》监测评估工作中的重要内容。以上所述的我国公民科学素质调查的改进与创新是非常重要的也是非常有益的。涉及公民科学素质调查的研究和工作仍有很多领域值得去研究和探索。

参考文献

[1] National Science Board. Science and Engineering Indicators 2002. Washington: US Government Printing Office. 2002.

[2] Pardo Rafael. Calvo Felix. Attitudes towards Science among the European Public: A Methodological Analysis, Public Understanding of Science, 2001, 11(2): 155—195.

[3] EUROBAROMETER: Europeans' Science and Technology, The European Opinion Research Group EEIG, European Commission Publications Office. 2001.

[4] Shinji OKAMATO. Fujio NIWA. Kenya SHIMIZU, et al. NISTEP(National Institute of Science and Technology Policy) REPORT No. 72, The 2001 Survey for Public Attitudes Towards and Understanding of Science & Technology in Japan. Tokyo, Japan. 2002.

[5] 《中国科学技术指标》(黄皮书),2002,中国科学技术部,科学技术文献出版社 p149—168.

［6］《中国科学技术指标》(黄皮书),2004,中国科学技术部,科学技术文献出版社 p121—136.

［7］《中国科学技术指标》(黄皮书),2006,中国科学技术部,科学技术文献出版社 p162—175.

［8］《中国公众科学素养调查报告》,2001,中国科学技术协会 中国公众科学素养调查课题组,科学普及出版社 p121—180.

［9］《中国公众科学素养调查报告》,2003,中国科学技术协会 中国公众科学素养调查课题组,科学普及出版社 p72—106.

［10］何薇,张超,高宏斌. 中国公民的科学素质及对科学技术的态度. 科普研究. 2008,3(6)：8—37.

［11］国务院. 全民科学素质行动计划纲要(2006—2010—2020)[M].北京：人民出版社,2006.